编　委　会

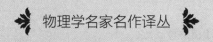

物理学名家名作译丛

唐纳德·帕金斯　编著
来小禹　陈国英　徐仁新　译

粒子天体物理

Particle Astrophysics

中国科学技术大学出版社

安徽省版权局著作权合同登记号:第 12151483 号

Particle Astrophysics,Second Edition by Donald Perkins
first published by Oxford University Press 2003
All rights reserved.
This simplified Chinese edition for the People's Republic of China is published by arrangement
with Oxford University Press Inc.,New York,United States.
ⓒ Oxford University Press & University of Science and Technology of China Press 2015
This book is in copyright. No reproduction of any part may take place without the written permission
of Oxford University Press and University of Science and Technology of China Press.
This edition is for sale in the People's Republic of China(excluding Hong Kong SAR,Macau
SAR and Taiwan Province)only.
此版本仅限在中华人民共和国境内(不包括香港、澳门特别行政区及台湾地区)销售.

图书在版编目(CIP)数据

粒子天体物理/(英)唐纳德·帕金斯编著;来小禹,陈国英,徐仁新译.—合肥:中
国科学技术大学出版社,2015.6
(当代科学技术基础理论与前沿问题研究丛书:物理学名家名作译丛)
"十二五"国家重点图书出版规划项目
书名原文:Particle Astrophysics
ISBN 978-7-312-03557-9

Ⅰ.粒…　Ⅱ.①唐…②来…③陈…④徐…　Ⅲ.粒子物理学—天体物理学
Ⅳ.①O572.2②P14

中国版本图书馆 CIP 数据核字(2014)第 311039 号

出版	中国科学技术大学出版社
	安徽省合肥市金寨路 96 号,230026
	http://press.ustc.edu.cn
印刷	安徽联众印刷有限公司
发行	中国科学技术大学出版社
经销	全国新华书店
开本	710 mm×1000 mm　1/16
印张	22.75
字数	471 千
版次	2015 年 6 月第 1 版
印次	2015 年 6 月第 1 次印刷
定价	68.00 元

内 容 简 介

过去几十年来,基本粒子物理和天体物理两个领域之间的交叉研究日益紧密.本书阐述了这一课题的背景及最新进展,适合高年级本科生和低年级研究生阅读.该书开始几章介绍了基本粒子的性质与相互作用,接着讨论了早期宇宙,包括暴胀、暗物质与暗能量、星系结构演化等.最后两章分别讨论宇宙线和恒星内部的粒子物理.粒子相互作用和宇宙大尺度演化之间的密切关联是贯穿于本书的主题,本书同时强调实验与理论的相互促进.

本书是在几年前第 1 版的基础上扩展、更新而成的.在这个快速发展的研究领域,侧重点当然是放在最新进展方面.然而,也借这个机会重新组织了材料,并更详尽且大幅度地进行了阐述.

译　者　序

　　物理学追求物质世界的简单性和统一性.自公元前三百多年前古希腊学者探讨特殊正多面体为自然基本元素开始,人类一直尝试着简单地认识复杂现象.粒子天体物理学正传承着这一基本精神,活跃于当今科学前沿.

　　认识微观世界的任何进展均会影响到人们对宇观自然现象的理解.举一个致密物质方面的例子.古代哲学家认为原子是构成物质的基本粒子,不可分.但继 1897 年汤姆森发现了原子含有极轻的、带负电的电子后,1911 年卢瑟福得出这样的图像:原子的质量及正电荷其实集中于一极小的核.鉴于原子如此"空旷",福勒于 1926 年就推测:仅受原子核和电子自身体积所限,密度达到 10^{14} g/cm^3 的物质是可能的.这是关于最密物质最早的、带有猜测性的思考.存在这种物质吗? 怎么形成它? 它的基本成分如何? 这些属于后来的研究.我们现在知道,大质量恒星演化至晚期时强大的引力塌缩可产生这种密度最高的物质,伴随着超新星爆发,并表现为脉冲星.不过,关于如此庞大且极高密度物质的基本组分至今尚无定论,相关研究涉及夸克之间强相互作用的非微扰行为.

　　尽管物质世界以不熟悉的暗物质、暗能量为主,但自然界的精彩却要归功于那些相对少量的重子物质.粒子物理标准模型是伟大而成功的,其预言的关键粒子——希格斯玻色子——也在本书英文版出版之后被发现.无疑,即便要探究暗物质和暗能量的本质,我们也要借助重子物质的表现才得以实现.

　　唐纳德·帕金斯教授曾任教于牛津大学物理系.此书是他在讲授相关课程的基础上撰写而成的,分 3 个部分较系统地介绍了粒子天体物理领域,值得物理学和天文学相关学者阅读或参考.

译　者

2014 年 11 月

第 2 版 序

本书是在 2003 年第 1 版的基础上扩展、更新而成的.在这个快速发展的领域,侧重点当然是放在最新进展方面.然而,也借这个机会重新组织了材料,并更详尽且大幅度地进行了阐述.

为方便起见,本书分如下 3 个部分:

第 1 部分包括第 1 章至第 4 章,基本上是介绍实验室涉及的基本粒子及其之间的相互作用,属于所谓的粒子物理标准模型范畴.尽管包括希格斯玻色子①在内的一些推测尚待实验检验,但标准模型对于全世界加速器获得的大量数据给出了极精确和详尽的解释.这里也介绍了在原先标准模型之外的发展,特别是中微子质量和味混合等话题,并阐述了标准模型的可能拓展(如超对称和基本相互作用的大统一等).我也借这个机会在第 2 章简要解释了相对论变换、等效原理以及广义相对论场方程的解(这跟天体物理有重要联系).

第 2 部分(第 5 章至第 8 章)描述宇宙大尺度的现代图像,重点是早期宇宙的基本参数;这些参数在所谓的宇宙学一致性模型(Concordance Model)中被精确地测量和表达.这部分也强调宇宙学中若干重大问题和疑难:暗物质本质,暗能量本质及宇宙学常数大小,宇宙中物质与反物质的对称性,暴胀的确切机制,以及一致性模型中参数的任意性(正如描述粒子物理标准模型需要约 20 个参数那样).

第 3 部分(第 9 章和第 10 章)关系到来自外太空轰击我们的粒子和辐射的研究,并涉及若干恒星现象(如脉冲星,活动星系核,黑洞,超新星等;它们似乎导致了宇宙线"雨"的形成).在这里我们碰到了宇宙中一些最有活力的和奇异的过程,几乎每天都有新的这类实验发现.

以上各部分题材某种程度上也大体反映了我们在 3 个方面的认识状况.

有人会说,第 1 部分加速器粒子物理方面的课题已被极好地理解了;对于

---

① 欧洲核子中心(CERN)继 2012 年 7 月 4 日宣布发现希格斯玻色子后,2013 年 3 月进一步确认该发现.François Englert 和 Peter W. Higgs 因此荣获 2013 年度诺贝尔物理学奖.(译者注)

量子电动力学而言,理论与实验之间的吻合程度好于百万分之一.但不管最终的"万物理论"——如果有的话——形式如何,粒子物理标准模型一定是其中的一部分,即使这个模型只能解释宇宙总能量密度微不足道的4%.

正如在第2部分中一致性模型所述,我们对宇宙基本参数的认识,尽管目前尚不准确,但相较于十年前而言达到了可喜的精度.相反,第3部分中有关众多粒子与辐射的研究却遗留了太多未解决的问题,这可能是粒子天体物理领域内认识得较差的方面.例如,尽管一个世纪之前就发现了宇宙线,但关于它如何被加速只是最近我们才有了些想法,而已经探测到的最高能量的宇宙线,量级上为10^{20} eV.再如,我们至今不知道三十多年前就发现的γ射线暴的物理机制,这种爆发或许是现今宇宙中发生的最激烈事件.

还有一些属于粒子天体物理的话题这里没有介绍,主要是受篇幅所限或因为我认为那些课题太成熟或太不成熟了.第1版并未涉及广义相对论,但在本版第2章我基于等效原理和狭义相对论尝试了合理论证,给出了爱因斯坦场方程的几个重要解.不管怎么说,同为牛津硕士系列(Oxford Master Series)、由郑大培(T. P. Cheng)所著的《引力、相对论和宇宙论》已充分地阐述了广义相对论.

本书第1版拟适用于三、四年级物理专业的本科生,因此我在合理范围内保留了原先的叙述和数学处理.我相信重要的是去关注显著的进展以及在热点和多学科方面亟待解决的问题,而不是花大量的时间和篇幅赘述理论.为简单明了起见,很多时候我毫不犹豫地牺牲了数学上的严谨性.本书中我也安排了一些例题,并辅以每章末的习题.书末给出了习题的答案或提示.

致谢

感谢如下个人、实验室、杂志社、出版社等允许我在本书中采用了有关作者的图和表.

[1] Addison Wesley Publishers for Figure 5.9, from *The Early Universe*, by E. W. Kolb and M. S. Turner (1990); for Figure 10.1, from *Introduction to Nuclear Physics*, by H. A. Enge (1972); for Figures 1.12, 1.13, 1.14, 5.4, 5.7, 5.10, 9.8 and 9.9 from *Introduction to High Energy Physics*, 3rd edition, by D. H. Perkins.

[2] American physical Society, publishers of *physical Review*, for Figure 1.2, and publishers of *physical Review Letters*, for Figure 7.12; *Astronomy and Astrophysics*, for Figure 7.2.

[3] *Astrophysical Journal*, for Figure 5.2, 7.13, 7.14 and 7.6.

[4] *Annual Reviews of Nuclear and Particle Science* for Figure 9.2.

[5] Elsevier Science, publishers of *Physics Reports*, for Figure 9.13, and publishers of *Nuclear Physics B*, for Figure 10.3.

[6] Instiute of Physics, publishers of *Reports on Progress in Physics*, for Figure 1.7.

[7] CERN information Services, Geneva for Figures 1.1 and 1.6.

[8] DESY Laboratory, Hamburg, for Figure 1.5.

[9] European Southern Observatory, for Figure 9.6.

[10] Fermilab Visual Media Services, Fermilab, Chicago for Figure 1.11.

[11] Prof. D. Clowe for Figure 7.6; the SNO collaboration for Figure 9.25.

[12] Prof. M. Tegmark for Figure 8.7; Prof. A. G. Riess for Figure 7.13 and 7.14; Prof. Chris Carilli, NaRO, for Figure 9.20; Prof. Y. Suzuki and Prof. Y. Totsuka of the superkamiokande Collaboration for Figure 9.22 and Figure 4.7; Prof. Trevor Weekes, Whipple Observatory, Arizona for Figure 9.11.

目　　录

第 1 部分　粒子和相互作用

第 3 部分　宇宙中的粒子和辐射

第 1 部分
粒子和相互作用

第1章 夸克与轻子及其相互作用

1.1 概　　述

高能粒子物理学所研究的对象是组成物质的最基本构成,以及这些基本组分之间的相互作用. 高能粒子物理的实验研究主要是通过制造大型的加速器以及探测装置进行的. 利用这些实验设施,人们可以探测物质小到 10^{-17} m 尺度上的结构,这一尺度大约为质子大小的百分之一. 与此相反,天体物理学研究的是宇宙的大尺度结构与演化,其研究范围包含最大约 10^{26} m 的极大尺度的物质的行为和辐射性质. 实验上的观测手段主要是利用在地球上和卫星上的望远镜和探测器. 这些各式各样的望远镜所能探测的范围包括可见光、红外、紫外等波段,而探测器能探测到射电波、X 射线、γ 射线还有中微子. 这些观测给出了大量的地球以外的现象,它们中的某些甚至来自于宇宙最遥远的地方.

本书所要叙述的是一门到目前依然有太多未知内容的学问,因此本书的目的在于表明实验室所进行的粒子物理研究有助于人们理解宇宙的演化,同样天空中的观测也有助于理解粒子间的相互作用. 尽管在本章中,我们所讨论的物质的组成成分都是由地球上的加速器所研究出来的,但是越来越多的迹象表明在宇宙学尺度上另一未知形式的物质和能量可能很重要,甚至占主导地位,在后面的章节中我们将讨论这一问题. 无论如何,对实验室中的基本粒子的性质和它们之间相互作用的透彻理解对于大尺度的天体物理的研究是不可或缺的.

首先,我们要介绍基本粒子物理所采用的单位. 长度的单位通常用飞米(fm)来表示(1 fm = 10^{-15} m),比如质子的电荷半径为 0.8 fm. 典型的能量标度是千兆电子伏特 GeV(1 GeV = 10^9 eV),比如质子等价的质能为 $M_p c^2 = 0.938$ GeV. 表1.1 列出了高能物理中通常采用的单位,以及它们相应的国际单位值. 附录 A 则给出了各个物理常数的值.

在量子水平上描述粒子之间的相互作用,经常要用到常量 $\hbar = h/(2\pi)$ 和 c 一个简单的方法是使用自然单位制,即取 $\hbar = c = 1$. 确定这两个单位之后,我们只需再随意地确定一个单位,即能量的单位,取为 GeV = 10^9 eV(十亿电子伏特). 这样其他物理量的单位也就可以确定,比如质量单位为 $Mc^2/c^2 = 1\,\text{GeV}$,长度的单位为 $\hbar c/(Mc^2) = 1\,\text{GeV}^{-1} = 0.197\,5\,\text{fm}$,时间的单位为 $\hbar c/(Mc^3) = 1\,\text{GeV}^{-1} = 6.59 \times 10^{-25}\,\text{s}$.

表 1.1 高能物理中的单位

物理量	高能物理单位	SI 单位制中的数值
长度	$1\,\text{fm}$	$10^{-15}\,\text{m}$
能量	$1\,\text{GeV}$	$1.602 \times 10^{-10}\,\text{J}$
质量,E/c^2	$1\,\text{GeV}/c^2$	$1.78 \times 10^{-27}\,\text{kg}$
$\hbar = h/(2\pi)$	$6.588 \times 10^{-25}\,\text{GeV} \cdot \text{s}$	$1.055 \times 10^{-34}\,\text{J} \cdot \text{s}$
c	$2.998 \times 10^{23}\,\text{fm} \cdot \text{s}^{-1}$	$2.998 \times 10^{8}\,\text{m} \cdot \text{s}^{-1}$
$\hbar c$	$0.197\,5\,\text{GeV} \cdot \text{fm}$	$3.162 \times 10^{-26}\,\text{J} \cdot \text{m}$

1.2 夸克和轻子

粒子物理的标准模型是一个被大量实验所验证的理论模型,我们将在第 3 章中详细地讨论这一模型.在粒子物理的标准模型中,我们的物质世界是由少数的几个基本粒子所构成的,它们是夸克和轻子.表 1.2 中给出了这些夸克和轻子的名字以及它们所带的电荷.这些粒子都是费米子,即它们的自旋为 $1/(2\hbar)$.对于表 1.2 中的每个粒子都存在一个反粒子,反粒子带相反的电荷和磁矩,但是它们和相应的正粒子具有相同的质量和寿命.比如说,正电子 e^+(见图 1.2)是电子 e^- 的反粒子.与质子和中子不同,夸克和轻子非常小而且没有内部结构,它们被认为是点状的——时至今日,我们依然没有发现夸克和轻子是由更基本的粒子所构成.

表 1.2 夸克和轻子的味道

记号	名字	$Q/|e|$	记号	名字	$Q/|e|$
u	上	$+2/3$	e	电子	-1
d	下	$-1/3$	ν_{e}	电子中微子	0
c	粲	$+2/3$	μ	μ 子	-1
s	奇异	$-1/3$	ν_{μ}	μ 子中微子	0
t	顶	$+2/3$	τ	τ 子	-1
b	底	$-1/3$	ν_{τ}	τ 子中微子	0

首先考虑带电的轻子,大家最为熟悉的就是电子了.μ 子和 τ 子比较重,它们是电子的不稳定版本,其平均寿命分别为 2.2×10^{-6} s 和 2.9×10^{-13} s.这些带电轻子的性质,比如质量、寿命、磁矩都已被精确测定.值得一提的是由量子电动力学算出的磁矩在百万分之一的精确度范围内与实验吻合.对于中性轻子-中微子,情形就比较复杂了,而且目前也比较不清楚.

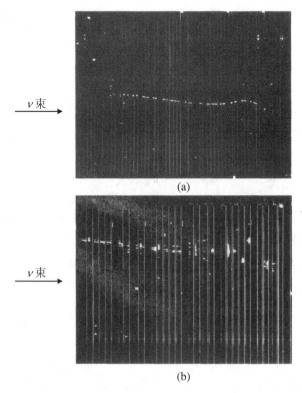

图 1.1

注:在 CERN 的实验中利用火花室探测器测量到的从左边入射的能量约为 1 GeV 的中微子束流的相互作用.该探测器由一列相互平行的竖直且带高电压的金属板组成.一个带电粒子会电离平行板之间的气体,导致气体的火花(盖革)放电.因此带电粒子的径迹就是一行火花.图(a)的事例是 μ 子中微子.通过与金属板的相互作用它转化成一个 μ 子,该 μ 子在静止前穿过了许多金属板.图(b)的事例是电子中微子转化成电子.图(b)情形中分散的火花代表电子-光子簇射,正如在第 9 章中将提到的,这与 μ 子的直线轨迹是截然不同的.在这两种情形中,反应都是弹性的,$\nu_l + \mathrm{n} \to l + \mathrm{p}$,其中 $l = \mu$ 或 e,反冲的质子会停留在金属板中.(承蒙 CERN 资讯服务的允许)

1.2.1 中微子

对于每一带电轻子,都存在一相应的中性轻子,称之为中微子,通常用 ν 来表示.相应于不同种类或不同味道的带电轻子 e,μ,τ,有 ν_e,ν_μ,ν_τ 三种中微子.例如,

在核子的 β 衰变中,原子核中的(束缚)质子会转变为一个中子以及一个正电子 e^+,同时还会产生电子中微子,即 $p \rightarrow n + e^+ + \nu_e$. 在接下来的相互作用中,如果中微子能量足够大,它还可以转化为电子,即 $\nu_e + n \rightarrow e^- + p$,但它永远也不会转化成带电的 μ 子或 τ 子(图 1.1). 这就是说,在反应中味道是守恒的.

表 1.2 中的所有粒子(包含它们的反粒子)除了中微子,都是有两种自旋状态的费米子,即以动量方向为 z 轴的话,自旋可以有两个态 $s_z = \pm 1/(2\hbar)$. 但是中微子只有一个自旋态 $s_z = -1/(2\hbar)$,而反中微子为 $s_z = +1/(2\hbar)$. 这样自旋和动量矢量定义了螺旋度,中微子是左手的,而反中微子是右手的(见 3.6 节). 为什么会有这样的左右不对称性,以及为什么反中微子的散射截面与中微子的散射截面不同,这些问题目前尚不清楚. 然而事实可能更为复杂. 在上面的描述中,我们假设了中微子和反中微子是狄拉克粒子,即正反粒子是不相同的,正如带电的轻子与反轻子. 既然中微子只能是两个可能自旋态中的一个,那么它的速度必须为光速 $v = c$,而且是无质量的.(否则我们总是可以通过不同参照系之间的变换来翻转自旋相对动量的方向.)然而,由于中微子是不带电的,还有另外的一种可能性,即中微子的反粒子就是它本身. 这就是所谓的 Majorana 中微子. 这种中微子的自旋朝上和朝下的态就对应于狄拉克表象下的中微子和反中微子态. 遗憾的是目前的实验尚不能区分这两种可能性. 在第 4 章和第 6 章中,我们将叙述有质量的中微子可以提供一种解释宇宙中重子-反重子不对称问题的机制. 而这一问题是当前宇宙学中最令人困惑的难题之一. 但是,出于习惯,除非我们在文中特别指明是 Majorana 粒子,否则我们所说的中微子和反中微子都指的是粒子和反粒子.

让问题显得更为复杂的是,事实表明,带电的轻子总是可以用具有特定质量的本征波函数来描述,但是中微子却总是不同质量本征态的叠加. 这些质量之间的差别很细微,因此对于给定的动量,它会对应于细微的速度差别. 这一特性将会导致,对于真空中传播的中微子,其不同质量本征态之间由于步调不一致而具有相位差,因此中微子看起来像是在不同的味道本征态 ν_e, ν_μ, ν_τ 之间来回振荡. 关于中微子的振荡,我们在第 4 章和第 9 章还会详细地讨论,中微子振荡可以用来测量不同本征态之间的质量差,它们之间的差别非常小,大概的数量级为 $0.1\,\mathrm{eV}/c^2$. 其所对应的味道振荡波长极其大,对于能量量级为 $1\,\mathrm{GeV}$ 的中微子,其波长将达到 100 或 1 000 km 的量级. 事实上中微子振荡现象早在 1964 年就已经被提出,但是由于不同的质量本征值之间的差别太小,因此此后又经历了 30 年的研究——直到泡利提出中微子之后 60 年——人们才观测到这一现象的存在. 表 1.3 给出了中微子质量(而非质量差值)的直接测量值,比如 ν_e 是利用氚 β 衰变的端点形状给出的. 从表中也可看出,目前所给出的质量上限是比较大的.

1.2.2 夸克的味道

表 1.2 中列出了各种不同夸克,它们都具有分数的电荷,$2|e|/3$ 或 $-|e|/3$,

其中$|e|$是电子所带电量的绝对值.和带电的轻子一样(见表 1.3),表 1.4 中从上到下,夸克的质量依次增加.和轻子一样,夸克除了具有电荷和自旋外还具有另一内部自由度,称为味道.由于历史的原因,这些不同味道的夸克具有奇特的名字:"上","下","粲"等.另外和轻子一样,这些夸克可以分成三个双重态,而同一双重态的两粒子之间相差一个单位电荷.

众所周知,轻子可以单个地以自由粒子的形式存在,但是夸克却不行.夸克之间的强力是如此奇特以致在通常的能量下,夸克总是以组合态的形式存在,而这种组合态被称为强子.通常又把强子分成两类,一种是由三夸克所构成的重子 QQQ,另一种是由夸克-反夸克所构成的介子 $Q\bar{Q}$.比如 p(质子) = uud,n(中子) = ddu,$\pi^+ = u\bar{d}, \pi^- = \bar{u}d$.可以说当今世界上的普通物质主要是由 u 和 d 夸克所构成的,这两种夸克构成了原子核中的质子和中子,质子和中子再加上电子就构成了原子和分子.较重的夸克 c,s,t 及 b 也可以形成重子,比如 sud,sdc,…,还有介子,比如,$b\bar{b}, c\bar{c}, c\bar{b}, \cdots$.但是这些重的强子态都很不稳定,它们会很快地衰变成只含有 u,d 夸克的强子.与此类似,较重的带电轻子 μ, τ 会衰变成电子和中微子.这些重的夸克和轻子可以通过加速器实验室中的对撞产生,也可以通过高能宇宙线和大气层的碰撞产生.然而这些重的粒子看起来在目前相对较冷的宇宙中扮演着次要的角色.比如,每一分钟都有数百个高能的 μ 子穿过我们的身体(它们作为宇宙线的次级产物入射到地球),但是和人体本身所具有的电子数目(量级为 10^{28})相比,这只是一个很小的数目.来自宇宙线中的 μ 子,加上来自地面和大气的放射性元素在衰变中辐射出的 μ 子,可以引起自然界中的基因突变.

表 1.3　以能量为单位的轻子质量, mc^2

味道	带电轻子质量	中性轻子质量
e	0.511 MeV	$\nu_e < 2.5$ eV
μ	105.66 MeV	$\nu_\mu < 0.17$ MeV
τ	1 777 MeV	$\nu_\tau < 18$ MeV

表 1.4　组分夸克质量

味道	量子数	近似静止质量(GeV/c^2)
上或下	—	0.31
奇异	$S = -1$	0.50
粲	$C = +1$	1.6
底	$B = -1$	4.6
顶	$T = +1$	175

当然,我们相信这些重味的夸克和轻子在宇宙的早期,也就是又密又热的大爆炸早期阶段,和轻味的粒子一样多,因为在那一时期宇宙的温度很高以至平均热能 kT 远大于这些粒子的质能.事实上,当今的宇宙在其演化的初始阶段确实是非常依赖于这些重味物质的——此外还依赖于某些未知形式的物质和能量,而这些未知形式的物质和能量迄今还无法在实验室加速器中产生出来,它们的存在只是通过天文观测推断出来的.

表 1.3 和表 1.4 给出了所有夸克和轻子的质量.其中表 1.3 给出的中微子质量的上限是通过包含中微子的衰变过程的能动量守恒给出的(比如通过 π 介子衰变 $\pi \to \mu + \nu_\mu$ 或氚的 β 衰变 $^3\mathrm{H} \to {}^3\mathrm{He} + e^- + \bar{\nu}_e$).正如上面所提到的,中微子味道之间的振荡表明了不同味道的中微子质量上是有差别的,据推断,中微子的质量实际上要比表中所列出的上限要小得多,其值大概为 $0.1\,\mathrm{eV}/c^2$.将各种味道的中微子质量加起来其上限约为 $0.5\,\mathrm{eV}/c^2$,这一结果可以通过对早期宇宙微波辐射密度涨落谱的分析得到,也可以通过对星系的巡天得到,这些内容将在第 8 章详述.

正如下面所要讨论的,夸克被带有强力的胶子束缚在强子中,而表 1.4 所列出的组分夸克质量就包含了这种束缚夸克的效应.u 和 d 夸克具有几乎相同的质量(大约为核子质量的三分之一),正如质子和中子非常小的质量差所暗示的,约为 $1.3\,\mathrm{MeV}/c^2$.正是由于轻夸克质量的近似相等导致了核物理的同位旋对称性.

在高能的散射实验中经常会遇到夸克之间的"近距离"碰撞问题.在这种情形下,夸克可以暂时地从胶子中分离出来,而这时候就要采用所谓的流夸克质量,其值比组分夸克质量小大约 $0.3\,\mathrm{GeV}/c^2$.因此 u 和 d 夸克的流质量只有几个 MeV/c^2.考虑到这一点,则质子和中子之间的质量差如此小就不是太巧合的事情了.

在夸克之间的强相互作用过程中,味道量子数是守恒的,而这一量子数由大写的夸克字母来标记.比如奇异夸克 s 所具有的奇异量子数为 $S = -1$,而反奇异夸克 $\bar{s}$ 则为 $S = 1$.因此在一个仅包含 u 和 d 夸克的强子的碰撞过程中,更重的夸克可以产生,但总是以夸克-反夸克对的形式出现,因此味道量子数还是守恒的.而在弱相互作用过程中,情况则相反,夸克的味道量子数可以改变,比如可以有 $\Delta S = \pm 1$,$\Delta C = \pm 1$ 的反应过程.举个例子,Λ 超子($S = -1$)可以衰变成一个质子加一个 π 介子,$\Lambda \to p + \pi^-$,平均寿命为 $2.6 \times 10^{-10}\,\mathrm{s}$,这是一个典型的 $\Delta S = +1$ 的弱相互作用.用夸克模型的术语,这一反应表示为 sud $\to$ uud + d$\bar{\mathrm{u}}$.

在这里有必要提一提大质量粒子在高能粒子物理实验中发现的历程.完成表 1.2 中的费米子和表 1.5 中的玻色子的信息花去了人们整个 20 世纪中大约 40 年的时间,这一过程中我们主要依靠建造越来越大,能量越来越高的粒子加速器,并通过它们来产生越来越重的基本粒子.首次发现轻夸克 u,d,s 存在的证据是在 20 世纪 60 年代,在 CERN PS(日内瓦)和布鲁克海文(Brookhaven)AGS(长岛)的质子同步加速器中,其中质子能量为 25~30 GeV,以及在 SLAC(斯坦福)的 25 GeV 的电子直线加速器中.弱作用的玻色子 W 和 Z,其质量分别为 80 GeV/c^2 和

$90\,\mathrm{GeV}/c^2$,是于 1983 年由 CERN 的质子-反质子对撞机(质子能量为 270 GeV)首次发现的.迄今为止,人们所发现的最重的粒子是顶夸克,其质量为 $175\,\mathrm{GeV}/c^2$,它是由费米实验室(芝加哥)的质子-反质子对撞机(质子能量为 900 GeV)在 1995 年发现的.

表 1.5　基本相互作用($Mc^2 = 1\,\mathrm{GeV}$)

	引力	电磁	弱	强
玻色场	引力子	光子	W,Z	胶子
自旋/宇称	2^+	1^-	$1^+,1^-$	1^-
质量	0	0	$M_\mathrm{W} = 80.2\,\mathrm{GeV}$ $M_\mathrm{Z} = 91.2\,\mathrm{GeV}$	0
源	质量	电荷	弱荷	色荷
力程(m)	∞	∞	10^{-18}	$<10^{-15}$
耦合常数	$GM^2/(4\pi\hbar c)$ $= 5\times10^{-40}$	$\alpha = e^2/(4\pi\hbar c)$ $= 1/137$	$G_\mathrm{F}(Mc^2)^2/(\hbar c)^3$ $= 1.17\times10^{-5}$	$\alpha_\mathrm{S}\leqslant 1$

1.3　费米子和玻色子:自旋-统计关系,超对称

正如前面所叙述的,基本粒子的构成包含自旋为半整数的费米子——夸克和轻子,以及传递之间相互作用的自旋为整数的玻色子.这两种粒子的区分利用了自旋-统计关系.利用这一关系可以对全同粒子根据其波函数 ψ 在任意交换两个粒子(比如 1,2)时的变换行为进行区分.由于粒子是全同的,在两粒子交换的变换下,概率 $|\psi|^2$ 是不变的,因此波函数的变换行为只能是 $\psi\to\pm\psi$.具体的变换规则为

全同玻色子:　在变换下 $\psi\to+\psi$　对称

全同费米子:　在变换下 $\psi\to-\psi$　反对称

比方说,假如有可能把两个相同的费米子放在同一量子态上.则在交换两个粒子的变换下,ψ 应该不改变符号,由于粒子是全同的.然而上面的规则又告诉我们 ψ 必须变号.因此我们就可以得出结论,两个全同的费米子不可以处于同一量子态上,这就是著名的泡利不相容原理.而另一方面,对于同一态上的全同玻色子的数目并没有限制,激光就是这样的一个例子.

一个重要的发展是,如果假定费米子和玻色子之间具有一种对称性——超对称,则有可能在高能标下构造一种可以统一各种基本相互作用的理论.在这样的理论中每一个我们已知的费米子都有一个玻色子伴子,同样每个玻色子都有一个费

米子伴子. 第 3 章中我们会具体地讲述这种假定的依据, 表 3.2 中列出了各种超对称粒子. 有意思的是, 如果这些超对称粒子确实存在的话, 那么它们会在宇宙的早期演化中产生, 而且它们可以充当暗物质的主要候选者. 在第 7 章中我们将看到暗物质构成了我们宇宙物质的主要组分. 然而, 到目前为止依然没有直接的实验证据证明超对称粒子的存在.

1.4 反 粒 子

1931 年, 狄拉克写出了描述电子的波动方程, 即狄拉克方程, 该方程是时空坐标的一阶方程且具有四个独立的解. 其中两个对应的是沿着 z 轴方向自旋投影分别为 $s_z = +(1/2)\hbar$ 和 $s_z = -(1/2)\hbar$ 的电子解. 另外两个解则是反粒子解, 其性质和电子一样, 只是所带电荷符号与电子相反. 这些关于反粒子的预言是以 20 世纪物理学两个伟大的革命性的观念, 即狭义相对论以及描述原子和亚原子现象的量子力学为基础的.

根据狭义相对论, 粒子的能量、动量和静止质量之间的关系为

$$E^2 = p^2 c^2 + m^2 c^4 \tag{1.1}$$

据此方程可以发现, 粒子的总能量原则上既可以是正值也可以是负值:

$$E = \pm \sqrt{p^2 c^2 + m^2 c^4} \tag{1.2}$$

然而在经典力学中负能解似乎是无意义的. 在量子力学中, 描写沿着正 x 轴运动的电子的平面波函数为

$$\psi = A\exp[-\mathrm{i}(Et - px)/\hbar] \tag{1.3}$$

其中, 角频率为 $\omega = E/\hbar$, 波数为 $k = p/\hbar$, A 是归一化常数. 随着时间的推移, 相位 $(Et - px)$ 朝 x 的正方向传播. 然而方程 (1.3) 也可以表示一个能量为 $-E$, 动量为 $-p$ 的粒子朝着负 x 轴的方向而且逆着时间的方向传播, 即将 Et 看成是 $(-E) \cdot (-t)$, px 看成 $(-p)(-x)$:

$$E > 0 \qquad E < 0$$
$$t_1 \rightarrow t_2 \quad t_1 \leftarrow t_2 \quad (t_2 > t_1)$$

带负电荷沿着时间的负方向传播的电子等效于带正电的且朝时间的正向传播的粒子, 因此能量 $E > 0$. 如此负能解总是和正能态的反粒子 e^+, 即正电子的存在相联系. 这种反粒子最先由安德森独立于狄拉克的预言在 1932 年从实验上探测到 (见图 1.2). 无论是费米子还是玻色子都存在反粒子, 但是只有费米子要满足费米子数守恒的规则. 对费米子我们定义其费米子数为 $+1$, 对反费米子则定义其费米子数为 -1, 如此可发现在一个反应过程中费米子数总是守恒的. 因此费米子总是以

费米子－反费米子对的形式被产生和湮灭,比如 $e^+ e^-$ 或 $Q\overline{Q}$. 比如,一束 γ 光子,如果其能量 $E > 2mc^2$,其中 m 是电子质量,则可以产生一对 $e^+ e^-$(此过程需要一个原子,以保证动量守恒),而一对 $e^+ e^-$ 也可以湮灭成 γ 光子. 另一例子是,当大质量的恒星变成超新星时,费米子数守恒的过程 $e^+ + e^- \rightarrow \nu + \bar{\nu}$ 将变得极为普遍.

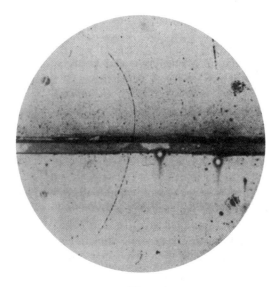

图 1.2

注:1932 年,安德森在宇宙射线通过云室的实验中发现了正电子.云室由玻璃封闭的充有水蒸气气体的圆柱罐构成.利用装在云室背面的活塞的拉动可以让气体膨胀,并绝热冷却,当达到过饱和状态时水蒸气就会凝结为水滴,尤其是在带电粒子通过的时候产生的带电的离子上.在与云室平面垂直的方向上加磁场就可以通过路径的弯曲来测量动量.注意在云室的上半平面曲率更大,这是由于在穿过中央金属板时粒子动量会变小.因此可以得出结论:粒子带的是正电并且是向上运动的,质量要比质子小得多,和电子的质量值一致.首次探测到正负电子对是由 Blackett 和 Occhialini 在剑桥的计数器控制的云室实验中实现的,其与安德森在加州理工的实验同一时期.这些早期实验之后,人们接着发现了很多类型的反粒子,包括 1955 年发现的反质子和 1995 年发现的反氢原子.

在实验室所能获得的能量的范围以及我们当今所处的相对较冷的宇宙,轻子数和重子数是严格守恒的.因此带电的轻子(e^-,μ^-,τ^-)其轻子数为 $L = +1$,而其反粒子的轻子数为 $L = -1$.与之相应的中微子 ν_e,ν_μ 和 ν_τ 的轻子数也为 $L = +1$(反中微子的轻子数为 $L = -1$),因此在反应过程 $\nu_e + n \rightarrow e^- + p$ 中,总的轻子数是守恒的.同样在这一过程中,重子数(对于质子和中子 $B = 1$)也是守恒的.由于核子中有三个夸克,因此夸克的重子数为 $B = +1/3$(对于反夸克,重子数为 $B = -1/3$).在第 6 章中我们将提及,事实上对于轻子和重子数守恒并没有深层次的理论上的原因.轻子和重子数守恒看起来是低能现象.在宇宙大尺度结构中存在重子-反重子的不对称,这意味着在早期高温的宇宙中,所发生的相互作用可以破坏轻子和重子数的守恒.

1.5 基本的相互作用:玻色子的交换

基本的费米子——夸克和轻子——之间通过交换作为媒介粒子的玻色子进行相互作用.在相互作用过程中玻色子可以转移费米子之间的动量.正是这种交换动量的方式提供了相互作用粒子之间的相互作用力.目前已知的相互作用类型有四种,每一种都有自己所特有的交换玻色粒子.这四种相互作用分别是:

(1) 发生于所有带电粒子之间的电磁相互作用,其交换的玻色子为自旋为 1 且质量为零的光子.

(2) 发生于夸克之间的强相互作用,其交换的玻色子为自旋为 1 且质量为零的胶子.这种相互作用不但将夸克束缚在强子中而且提供了将质子和中子结合成原子核的力.

(3) 发生于各种夸克和各种轻子之间的弱相互作用,其交换的玻色子为 $W^{\pm}$ 和 Z^0,称为弱玻色子.这些粒子的自旋为 1,质量分别为 80 GeV 和 91 GeV.原子核的放射性 β 衰变就是弱相互作用过程.

(4) 发生于所有物质或辐射之间的引力相互作用,其交换的玻色子为自旋为 2 且质量为零的引力子.

对于两个刚好相互接触的质子,这四种不同的力的相对强度大约是:

$$
\begin{array}{cccc}
\text{强} & \text{电磁} & \text{弱} & \text{引力} \\
1 & 10^{-2} & 10^{-7} & 10^{-39}
\end{array}
\tag{1.4}
$$

与电磁相互作用相比,引力相互作用极其弱,这一点在我们还是小孩的时候就已经熟知了.比如,当你摔倒的时候,你在引力的作用下加速向下,只有在你撞到地面的时候,才会感受到分子之间巨大的电磁相互作用力.尽管不同的相互作用类型是如此不同,在过去的许多年里,依然有很多人在孜孜不倦地寻求一种统一的理论,即所谓的万物的终极理论.目前来看,电磁相互作用和弱相互作用是一种叫作弱电相互作用理论的不同方面,这一点在下面的章节中将会讨论.在第 4 章中,我们将讨论这种统一理论存在的可能性及原因.

图 1.3 中描绘了上面所提及的交换玻色子的过程,表 1.5 中列出了相互作用的部分性质.在这些图中(这些图的专业名称是以其发明者的名字命名的,称为费曼图),进入和离开边界的实线表示真实的粒子——一般是夸克或轻子,从左到右表示时间的方向.图中箭头的方向表示费米子数流动的方向(参见图 1.9).一个箭头指向时间负方向的电子线等价于一个朝着时间正方向运动的正电子(即反费米子),即是说与时间方向反向的箭头表示反粒子.

有交换相互作用的顶点之间通常用波浪线,卷曲线或虚线连接,这些线就代表中间的媒介玻色子,它们都是虚粒子,即它们所带的能量和动量之间的关系并不满足自由粒子所满足的质能关系.为了理解这一点,我们可以考虑一个例子,一个总能量为 E,动量为 p,质量为 m 的电子通过吸收一个交换光子与另一电子散射.则 E,p,m 之间满足的相对论性关系由式(1.1)给出,在取定 $c=1$ 的单位制下有

$$E^2 - p^2 = m^2$$

如果电子所发出的光子的能量为 ΔE,动量为 Δp,则

$$E\Delta E - p\Delta p = 0$$

可得交换光子的质量为

$$\Delta m^2 = \Delta E^2 - \Delta p^2 = -\frac{m^2 \Delta p^2}{E^2} < 0 \tag{1.5}$$

因此正如我们所熟知的,一个自由的电子并不能自发地辐射一个真实的光子,因而交换的光子的质量是虚数,即虚光子.在这个过程中光子"借得"了 ΔE 的能量,根据量子力学的海森堡不确定原理,光子存在的时间 Δt 要满足:$\Delta E\Delta t \sim \hbar$.然而,如果虚光子在时间 Δt 内又被第二个电子吸收,则能量和动量可以达到平衡.式(1.5)中的量 Δm^2 是在交换粒子的静止系中定义的,且是一相对论性不变的量.正如在第 2 章中所讨论的,该物理量更常表示成 q^2,即电子间交换四动量的平方.

值得注意的是,如果 ΔE 很大,则 Δt 就会相应地很小,因而相互作用的距离 $\Delta r \approx c\Delta t$ 也很小.1935 年汤川秀树证明了交换零自旋且质量为 M 的玻色子的相互作用势的形式为(见附录 B)

$$V(r) \propto \frac{1}{r} \exp\left(\frac{-r}{r_0}\right) \tag{1.6a}$$

其中,$r_0 = \hbar/(Mc)$ 是玻色子的康普顿波长,也即是相互作用的有效力程.从不确定原理也可以得到相同的结果.质量为 M 的玻色子,其作为虚粒子可以存在的时间为 $\Delta t \sim h/(Mc^2)$,在这期间,其可以传播的距离最远为 $c\Delta t \sim \hbar/(Mc)$.W 和 Z 粒子的质量很重,因此其有效力程 r_0 很短(数量级为 0.002 5 fm).这就是弱作用相比于电磁相互作用显得如此微弱的原因.对于与电磁相互作用相关的自由光子,其静止质量为 $M=0$,相应的力程为 $r_0 = \infty$,因此虚光子的能量 ΔE 可以任意小而相互作用的力程则可以任意大.

我们将不讨论静态势力程的性质,因为这些性质会包含在散射过程中定义的所谓传播子之中,该量测量了转移动量为 q 的散射振幅.如果忽略自旋的话,汤川势(见附录 B)的传播子具有一普遍的形式:

$$F(q^2) = \frac{1}{-q^2 + M^2} \tag{1.6b}$$

其中,$q^2 = \Delta E^2 - \Delta p^2$(为负值)是式(1.5)中定义的转移四动量的平方,M 是交换玻色子(作为自由粒子)的静止质量.因而对于光子 $M=0$,对于弱玻色子 $M = M_w$

等.$F(q^2)$会以模平方的方式进入到描述相互作用概率的散射截面中,这一点将在后面提及.举个例子,对于库仑相互作用 $M=0$,因而微分散射截面 $\mathrm{d}\sigma/\mathrm{d}q^2$ 对 q^2 的依赖行为为 $1/q^4$,这一结论与著名的卢瑟福散射公式是一致的.

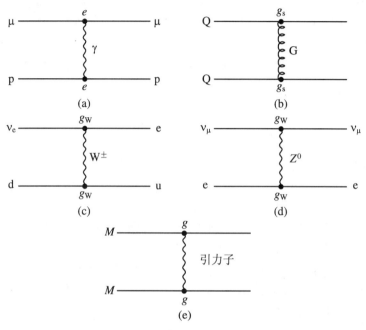

图 1.3

注:在电磁、强、弱、引力相互作用中代表单量子交换过程的费曼图.(a) μ 子和质子 p 之间,通过光子 γ 交换的电磁相互作用,e 为耦合常数.(b) 夸克 Q 之间交换胶子 G 的强相互作用,g_s 为耦合常数.(c) 交换带电玻色子 W 的弱相互作用,该相互作用将电子中微子 ν_e 转化成电子 e,也可将中子(夸克组分为 ddu)转化成质子(夸克组分为 duu).(d) 交换中性玻色子 Z 的弱作用,μ 子中微子 ν_μ 和电子 e 的散射.在图(c)和图(d)中,耦合常数都标记为 g_W,但是对于 W 交换和 Z 交换有不同的数值(数量级均为 1),这将在第 3 章中讨论.(e) 两个质量为 M 的粒子之间通过交换引力子 g 的引力相互作用.对于宏观质量的物体,要包含多引力子的交换.

1.6　玻色子和费米子的耦合

1.6.1　电磁相互作用

对于一个特定的相互作用,其强度除了依赖于玻色子的传播子之外还依赖于费米子(夸克和轻子)与中间玻色子的耦合强度.对于如图 1.3(a)所示的电磁相互

作用过程,光子和费米子的耦合用电荷$|e|$来表示(对于夸克则是$|e|$的分数倍).如此对于图 1.3(a)中两个耦合顶点的情形,其中总的耦合常数应该是两个$|e|$的乘积:

$$e^2 = 4\pi\alpha\,\hbar c$$

更常用的自然单位制下,即取$\hbar = c = 1$,则 $e^2 = 4\pi\alpha$.这里 $\alpha \approx 1/137$ 是无量纲的精细结构常数.散射截面或者特定的相互作用几率正比于散射振幅的模平方.而散射振幅则正比于相互作用顶点和传播子的乘积,对于电磁相互作用,其为 $\alpha/|q^2|$,因此散射几率也就正比于 $\alpha^2/|q^4|$.

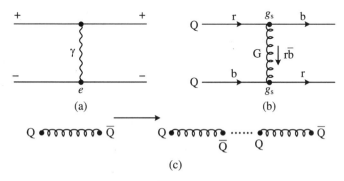

图 1.4

注:(a)图中的电磁相互作用包含两种类型的电荷,$+$ 和 $-$,而交换的光子是不带电的.(b)图中交换强力的夸克包含六种类型的色荷.图中描绘的是一个红夸克和一个蓝夸克通过交换一个红 - 反蓝的胶子相互作用.(c)图画的是由一个胶子"弦"连接的两个夸克被拉开.由于方程式(1.7)中的禁闭势,弦中的势能随着夸克之间距离的增大而增大,最终与维持一根长弦相比,它断裂成两根短弦,即产生新的正反夸克对所需要的能量更少.

1.6.2　强色相互作用

对于强相互作用,如图 1.3(b),夸克和胶子的耦合用 g_s 表示,且有 $g_s^2 = 4\pi\alpha_s$.一般而言,α_s 应是一个量级为 1 的数.在电磁相互作用中,电荷只有两种,即正电荷和负电荷,用符号分别表示为 $+$ 和 $-$,如图 1.4(a)所示.而在强相互作用中,夸克之间的相互作用包含六种强荷.这种内部的自由度称为色(和光谱中的颜色并无关系).夸克可以携带三种颜色中的一种,比如红、蓝、绿,而反夸克则携带反色.由夸克所组成的强子则没有颜色.一个重子(比如质子或中子)包含一个红夸克,一个蓝夸克以及一个绿夸克,而这些夸克组合起来是白色的(即无色).类似地,介子由带某一颜色的夸克和带此颜色反色的反夸克构成,因此也是无色的.

胶子不同于光子,是带色荷的,它带有某一色和某一反色.图 1.4(b)画的是红夸克 r 和蓝夸克 b 通过交换一个 r$\bar{\text{b}}$ 胶子进行相互作用.两个夸克之间由于色相互作用力而形成的势的形式为

$$V(色) = -\frac{4}{3}\frac{\alpha_s}{r} + kr \tag{1.7}$$

其中,r 是夸克之间的距离,相比之下两个单位电荷之间的库仑势为

$$V(库仑) = -\frac{\alpha}{r} \tag{1.8}$$

式(1.7)中的 4/3 是色因子.这一因子来源于胶子的八种色-反色组合方式($3^2 = 9$,减去的 1 是一个无色的色单态)除以夸克及反夸克的六种色和反色.无论是色相互作用势还是库仑势其短距离的行为都为 $1/r$,这是由于光子和胶子都是无质量的.但是对于长距离,色相互作用势的行为是由式(1.7)中的第二项所决定的,而这一项是和夸克禁闭相关的;其中 k 的取值大约为 $0.85\,\text{GeV}\cdot\text{fm}^{-1}$.

例 1.1　计算一距离为几个飞米的夸克对之间的力,以一吨物体的重量为衡量单位.

由方程式(1.7),在距离为 r 处所受的引力为 $\mathrm{d}V/\mathrm{d}r = k = 0.85\,\text{GeV fm}^{-1}$ 或写成 $1.36\times10^5\,\text{J}\cdot\text{m}^{-1}$.由重力加速度 $g = 9.81\,\text{m}\cdot\text{s}^{-2}$ 得,质量为 $1\,000\,\text{kg}$ 的物质所受的重力为 $9.8\times10^3\,\text{J}\cdot\text{m}^{-1}$.将上述两者相除得到,$k = 13.9\,\text{t}$——这对微小的夸克而言是一个天文数字,因为每个夸克的质量不超过 $10^{-24}\,\text{g}$.

由于胶子带色荷(相比之下,光子不带电荷),胶子-胶子之间也有很强的相互作用.因此一对夸克之间的"色力线",类似于一对电荷之间的电场线,会被拉成一个管或弦.图 1.4(c)画出了一个连接夸克-反夸克对的胶子"弦".如果试着要把这一对夸克-反夸克对拉开距离,根据式(1.7),我们不难发现所需要的能量随着弦长的增加而线性增加,最终它会导致新的夸克-反夸克对的产生.这一过程就相当于将一根长的弦拉成两根短的弦.因此无论费多大的努力要把夸克对分开,其结果也仅能是产生许多夸克-反夸克对(介子).

现在我们要提及夸克和轻子量子数的一个特殊的性质.三"代"费米子的每一代包含电荷数分别为 $+2/3|e|$ 和 $-1/3|e|$ 的夸克双重态,以及电荷数分别为 $-1|e|$ 和 0 的轻子双重态.考虑夸克的色自由度,每一代夸克的总电荷数为 $3\times(2/3-1/3)|e| = +1|e|$,而每一代轻子的总电荷数为 $(-1+0)|e| = -1|e|$.这一结论对于每一代费米子都成立,因此费米子的总电荷之和为零.事实上,还有一重要的量,其定义为电荷的平方乘以一个名为轴矢耦合的量,而轴矢耦合对于带电和中性的轻子其数值相同符号相反,对于电荷分别为 $+2/3$ 和 $-1/3$ 的夸克情形相同.若以 $|e|^2$ 为单位,轻子的该量的值为 $[(0)^2 - (-1)^2] = -1$,而夸克的值为 $3\times[(+2/3)^2 - (-1/3)^2] = +1$,我们再一次发现对于每一代费米子该量的总和为零.这一性质其实非常重要,因为它可以让理论避开所谓的"三角反常",换句话说它能让反常相消.在第 3 章中,我们将看到,如果反常不能相消那么理论将是不可重整的.事实上,对于为什么会存在三代费米子,而每一代又像是彼此的副本,这些问题至今悬而未决.

式(1.7)中夸克之间的势所引起的禁闭力对于高能的正负电子湮灭成强子的过

程具有重要的效应.这一过程的第一步是正负电子对首先湮灭成夸克-反夸克对,在接下来的第二步夸克-反夸克对演化成强子,即 $e^+ e^- \rightarrow Q\bar{Q} \rightarrow$ 强子.强子的横向动量的量级为 $0.3\,\text{GeV}/c$,即 $\hbar/a$,其中 $a \sim 1\,\text{fm}$ 表示力程,而在高能对撞中产生的强子的典型纵向动量则要大得多,因此产生的次级粒子通常会呈现出沿着两个相反方向的"喷柱"现象.这些强子"喷柱"几乎就是我们所能实现的最近距离地"观察"真实的夸克.值得一提的是这一过程中所测得的截面与相同能量下经过光子交换的 $e^+ e^- \rightarrow \mu^+ \mu^-$ 过程截面的比较,第一次提供了色自由度存在的令人信服的证据(见图1.10).这两个过程都是通过交换光子进行的,其反应几率正比于粒子所带电荷的平方.实验所观测到的双喷柱的几率与理论预期是一致的,在计算中要考虑一个增强的因子3,这一因子是由于发射出的夸克-反夸克对可以有三种颜色($r\bar{r}$ 或 $b\bar{b}$ 或 $g\bar{g}$).

图 1.5 是一个有三喷柱而不是两喷柱的事例.在此例子中,有一夸克辐射出了一个大角度且携带高能量的胶子,即 $e^+ e^- \rightarrow Q + \bar{Q} + G$.很明显三喷柱事例数和两喷柱事例数的比例可以用来测量强相互作用的耦合常数 α_s.

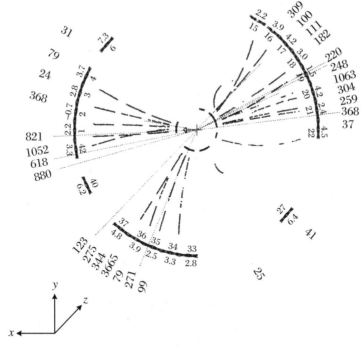

图 1.5

注:位于汉堡 DESY 的 PETRA 对撞机中的 JADA 探测器所观测到的 $e^+ e^-$ 湮灭产生的强子事例.质心总能量为 $30\,\text{GeV}$.带电 π 介子的径迹用横条线表示,中性 π 介子衰变出的 γ 射线用点线表示.利用 γ 射线通过铅玻璃计数器时会产生大量的电子和光子来对其进行探测.注意产生的强子形成三个明显的喷柱.(感谢 DESY 的资讯服务)

1.6.3 弱相互作用

图 1.3(c) 和图 1.3(d) 画出了交换 W 和 Z 粒子的弱相互作用，其中的耦合常数用符号 g_W 表示. 因此传播子和耦合常数的乘积可以给出振幅的形式为

$$\lim_{q^2 \to 0} \frac{g_W^2}{-q^2 + M_W^2} \equiv G_F \tag{1.9}$$

在这里引入了参与相互作用的费米子之间的点相互作用耦合常数 G_F，这就是费米在早期研究核子的贝塔衰变（1934 年）时假定的常数. 在这些过程中 $|q^2| \ll M_W^2$，因此 $G_F = g_W^2 / M_W^2$. 图 1.3(c) 所示的交换 $W^\pm$ 的过程中，轻子和夸克的电荷数发生改变，因而称之为"带电流"弱相互作用，而图 1.3(d) 所示的交换 Z^0 的过程并不改变粒子的电荷因而称之为"中性流"弱相互作用. 尽管在 GeV 能量弱作用和电磁及强相互作用相比较小得多，但是正是由于它比较微弱，使得它在宇宙的标度上扮演着极其重要的角色. 在接下来的几章中我们将会看到，中微子的弱相互作用将会极大地影响宇宙的早期演化，比如大尺度的星系团的形成. 随后的恒星核聚变过程的初始阶段也是由弱作用主导的，而这一点保证了我们的太阳会有如此长的寿命.

1.6.4 电弱相互作用

正如前面所提及的，电磁作用和弱相互作用是可以统一的. 在 20 世纪 60 年代，格拉肖（Glashow，1961）、萨拉姆（Salam，1967）和温伯格（Weinberg，1967）发展了电弱模型，之后在 CERN 发现的中性弱流（Hasert 等，1973；1974）首次验证了这一理论. 电磁作用和弱作用可以统一，意味着 W 和 Z 粒子与费米子的耦合和光子与费米子的耦合式相同，即 $g_W = e$. 这里为了简便，我们忽略了数值上数量级为 1 的因子. 如果我们将此等式代入低 q^2 极限下的式(1.9)，则可以得到所预期的较大的弱玻色子的质量：

$$M_{W,Z} \sim \frac{e}{\sqrt{G_F}} = \sqrt{\frac{4\pi\alpha}{G_F}} \tag{1.10}$$

其中，$G_F = 1.17 \times 10^{-5}$ GeV^{-2}，该值可由测量 μ 子的衰变几率得到（见表 1.5）. 通过式(1.9) 和式(1.10) 我们可以发现，尽管光子和弱玻色子与轻子的耦合是相同的（至多相差一常数），弱作用的有效强度比电磁作用的强度要小得多，其原因是中间玻色子的质量很大导致相互作用的力程很小. 由于玻色子的质量不相同，光子质量为 0，而弱玻色子质量为 80~90 GeV，电弱对称性是一个破缺的对称性. 图 1.6 显示的是 1983 年在质子-反质子对撞机中首次发现的 W 粒子. 在第 3 章中我们将详细地讨论电弱相互作用.

1.6.5 引力相互作用

图 1.3(e) 是两个有质量的物体之间通过交换引力子而发生的引力相互作用.

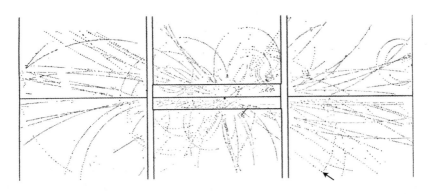

图 1.6

注：1983 年在 CERN 的质子-反质子对撞机上探测到的第一个 W 玻色子产生的事例. 这些重建的信号来自于环绕在水平真空管周围的漂移室探测器. 从右边入射的是 270 GeV 的质子而从左边入射的是 270 GeV 的反质子，二者发生碰撞. 在 66 个次级粒子的径迹中，由环绕的电磁量能器测到有一个正电子其能量为 42 GeV（箭头所示）. 该正电子横向动量为 26 GeV/c，而整个事例中丢失的横向动量为 24 GeV/c，该能量由衰变 $W^{\pm} \to e^{+} + \nu_{e}$ 所产生的中微子携带（Arnison 等，1983）.

两个质量同为 M 的点粒子之间的引力为 GM^{2}/r^{2}，其中 r 是两个点粒子之间的距离，G 是牛顿引力常数. 对比于电荷同为 $|e|$ 的两点电荷，其电磁力为 e^{2}/r^{2}，可以发现 $GM^{2}/(\hbar c)$ 是无量纲的常量. 如果我们采用的质量单位为 $Mc^{2} = 1$ GeV，则

$$\frac{GM^{2}}{4\pi\hbar c} = 5.3 \times 10^{-40} \tag{1.11a}$$

相比之下，对电磁作用有

$$\frac{e^{2}}{4\pi\hbar c} = \frac{1}{137.036} \tag{1.11b}$$

因此在能量或质量标度为 GeV 或 TeV 时，即高能加速器实验所能达到的典型标度，引力效应几乎是完全可以忽略的. 当然在宏观尺度，引力是重要的而且也确实是占主导地位的，这是因为引力效应是可以积累的，而所有具有能量和动量的粒子都会在之间的引力作用下互相吸引. 因此作用在地球表面的一带电粒子的引力是地球上所有物质对其产生的吸引效应的总和. 而由于地球是电中性的，地球上所有质子对地表的带电粒子的巨大电磁力会被地球上的电子对该粒子所施加的相反的电磁力完全抵消.

然而，即使是在亚原子尺度，引力的耦合也可以很强，只要存在某种假想的基本粒子其质量等于普朗克质量：

$$M_{\text{PL}} = \left(\frac{\hbar c}{G}\right)^{1/2} = 1.2 \times 10^{19} \text{ GeV}/c^{2} \tag{1.12a}$$

相应的普朗克长度定义为

$$L_{\text{PL}} = \frac{\hbar}{M_{\text{PL}}c} = 1.6 \times 10^{-35}\ \text{m} \tag{1.12b}$$

它是一具有普朗克质量的粒子所对应的康普顿波长.两个距离为普朗克长度的点粒子若其质量均为普朗克质量,则其引力势能等于其静止质量,因此在普朗克标度量子引力效应可以变得很重要.考虑到普朗克质量是如此之大,而通常能量之下的引力是如此之弱,人们提出在熟知的四维时空之外还存在额外的维度,但这些额外的维度"曲卷"成量级为普朗克长度的尺度,因此只有在普朗克能标,它们才是有效的,而同时引力才会变强.

这里应该强调的是,尽管两个点电荷和点质量之间的力遵循的都是平方反比定律,它们之间却有着本质的不同.首先由于两个质量之间的引力,这两个物体的动量和动能会增加(其代价是势能减少),根据爱因斯坦关系式 $E = mc^2$,这等价于有效质量的增加,所以引力也会增强.因此如果两物体足够近,其之间的引力会增长得比 $1/r^2$ 还快.确实在这种情形下,我们会得到非线性效应,而这是得到一个量子化的引力理论所要克服的困难.广义相对论的爱因斯坦场方程含有引力场的效应(包括非线性行为),并将以物质存在引起的空间曲率的形式来解释这种效应.

其次,需要指出的是类似于对其他相互作用的描述,以上我们用引力子交换的语言来描述引力相互作用.然而在第 2 章中,我们将看到引力是如此独特以至于无法用普通"平直"空间的场算符来表示它.等效原理将引力场等效于一个加速运动的惯性参照系,因此在一个强场中,时钟变慢(或时间尺度膨胀),长度收缩.时间和空间坐标混杂在一起.爱因斯坦(当然是在量子力学之前)将引力看成是空间的几何性质,有质量的粒子会改变时空的结构,彼此之间互相吸引因为它们之间的空间被"弯曲".尽管这一图像在描述引力时取得了成功,但是爱因斯坦随后费了好几年的时间也没能将这一图像成功地用来描述其他相互作用,比如电磁相互作用.不幸的是,这种试图将描述各种不同相互作用的理论统一成一种"描述万物的理论"(比如"超引力")的努力迄今为止并无多大进展.

对于强相互作用,电磁相互作用和弱相互作用,都有直接的实验证据表明其相应的中介玻色子——即胶子、光子、弱玻色子是确实存在的.但是到目前为止,人们依然没能直接探测到引力波(引力子),尽管目前的实验(2008)似乎已接近成功的边沿.即便是宇宙中最为剧烈的事件,其所产生的引力辐射对地球上的探测装置所引起的压缩或拉伸效应也只能产生极小的相对偏离(10^{-22}).然而,第 10 章中讨论的脉冲双星的减慢率所提供的间接证据表明,引力辐射确实存在,而且其大小恰好是广义相对论的预言值.或者更精确而言,引力辐射与在宇宙年龄为 380 000 年时从原初的物质"汤"和辐射中所产生的宇宙微波背景光子的相互作用所留下的印记有可能提供唯一可行的"观察"宇宙极早期的暴胀阶段的手段.

我们顺便指出,引力、电磁和强相互作用都能产生(非相对论性的)束缚态.行星系统就是引力所形成的束缚态的例子.原子和分子则是电磁力所形成的束缚态的例子,而夸克之间的强作用力则形成了三夸克态(重子)及夸克-反夸克束缚态(介子),比如 ϕ 介子是 $s\bar{s}$ 而 J/ψ 介子是 $c\bar{c}$,它们都可以通过正负电子湮灭在恰当的质心能量以共振态的形式产生(见图 1.10).强作用当然也提供了束缚原子核的力.弱作用并不能提供产生束缚态的束缚力,这是由于弱作用的势随着距离增加迅速减小.

例 1.2 计算当两电子之间的距离 r 取何值时,其相互间的弱作用势比引力势要小?

如式(1.6)所示,两电子之间的弱作用势是汤川势的形式,其交换的弱玻色子质量为 M,与费米子耦合的弱耦合系数为 g_w,有

$$V_{wk}(r) = \frac{g_w^2}{r}\exp\left(\frac{-r}{r_0}\right) \qquad \left(r_0 = \frac{\hbar}{Mc}\right)$$

相比之下质量同为 m 的两粒子之间的引力势为

$$V_{grav}(r) = \frac{Gm^2}{r}$$

在电弱理论中,$g_w \sim e$,因此 $g_w^2/(4\pi\hbar c) \sim \alpha = 1/137$,而(见表 1.5)$Gm^2/(4\pi\hbar c) = 1.6\times10^{-46}$.因此代入 $M_w = 80$ GeV,得到 $r_0 = 2.46\times10^{-3}$ fm,可以发现在 $r \sim 100r_0 = 0.25$ fm 处,此两势相等.

作为本节的小结,表 1.5 列出了各基本相互作用的性质.

1.7　夸克-胶子等离子体

前面已经提及,实验表明夸克不能作为自由的粒子单独存在,而必须以三夸克或夸克-反夸克束缚态即强子的形态存在.长期以来,人们就猜想,夸克的禁闭机制只是一个低能的相,在足够高的能量密度下夸克和胶子将经历相变并以等离子体的形态存在.可以用气体作为类比,在足够高的温度下原子和分子被电离,因此气体就变成电子正离子的等离子体.如果夸克-胶子等离子体确实可能存在,则在大爆炸的极早期阶段(最初 25 μs)的温度和能量密度条件就会产生这种形态,而随着宇宙的膨胀,温度降低,夸克-胶子"羹"会冷却形成强子.

在过去的几年中,人们努力尝试在实验室中造出夸克-胶子等离子体,其方法是通过加速到相对论性能量的重离子之间的碰撞(比如铅-铅碰撞).这其中关键的量是在极短的碰撞时期(10^{-23} s)内核物质的能量密度.比如对于入射束流中每个核子的能量为 0.16 GeV 的铅-铅碰撞,实验上观测到相比较于在同样的单位核子能量下的质子-铅碰撞,在奇异粒子-反奇异粒子频率处有三倍的增强现象(这是由

$s\bar{s}$ 对产生引起的).

图 1.7 给出了以奇异粒子和非奇异粒子之比作为质心能量的函数的各组数据
(来自 Tannenbaum 2006 的综述). 目前尚不清楚,观测到的原子核-原子核与核子-
核子或电子-正电子碰撞之间的不同是否由相变的存在引起. 显然,目前以及未来
关于等离子体效应的实验研究(尤其是位于布鲁克海文国家实验室的 RHIC 重离
子对撞机以及位于 CERN 的大型强子对撞机)将对揭示早期宇宙的演化规律具有
重要意义.

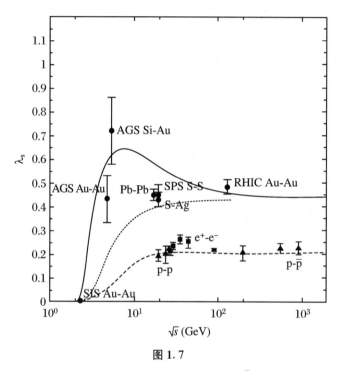

图 1.7

注:在 pp, p$\bar{p}$, e$^+$e$^-$ 以及重离子对撞中测出的比率 $s\bar{s}/(u\bar{u}+d\bar{d})$ 随着质心能量 $\sqrt{s}$ 变化的函数
图. 很明显在 Au-Au, Pb-Pb 及 Si-Au 对撞中存在奇异粒子产生的增强. (Tannenbaum, 2006)

1.8 相互作用截面

两粒子之间的相互作用强度,比如,对于两体→两体的反应:

$$a + b \rightarrow c + d$$

由下面所定义的相互作用截面 σ 所表征. 假设一彼此平行的粒子束其中粒子为 a,

垂直入射到厚度为 $\mathrm{d}x$ 的靶上,该靶由粒子 b 构成且单位体积的粒子数为 n_b(见图 1.8).如果入射粒子的数密度为单位体积 n_a 个,则通过靶的流量(即单位时间内通过单位面积的粒子数目)为

$$\phi_i = n_a v_i \qquad (1.13)$$

其中 v_i 是入射粒子和靶之间的相对速率. 若每一靶粒子的有效截面为 σ,则这些粒子遮蔽的区域在靶上所占的比例,也就是碰撞的几率为 $\sigma n_b \mathrm{d}x$. 如此单位时间单位靶面积的反应几率为 $\phi_i \sigma n_b \mathrm{d}x$.而每个靶粒子的反应几率为

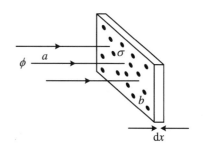

图 1.8

注:一束 a 粒子入射到含 b 粒子的靶的示意图.

$$W = \phi_i \sigma \qquad (1.14)$$

因此截面等于单位入射流量所对应的每一靶粒子的反应几率.截面的单位称为靶恩(barn),1 barn = 1 b = 10^{-28} m². 这几乎是质量数为 $A = 100$ 的原子核的几何面积.粒子物理中常出现的典型单位为毫靶恩(1 mb = 10^{-3} b),微靶恩(1 μb = 10^{-6} b),纳靶恩(1 nb = 10^{-9} b)及皮靶恩(1 pb = 10^{-12} b).

物理量 W 的表达式可由(非相对论性的)微扰论得到,通常称为"费米第二黄金定则"(推导参看原子物理的标准教材).其形式为

$$W = \frac{2\pi}{\hbar} \mid T_{if} \mid^2 \rho_f \qquad (1.15)$$

其中散射振幅或初末态之间的矩阵元 T_{if} 可用重叠积分 $\int \psi_f * U \psi_i \mathrm{d}V$ 求出,ψ_i,ψ_f 是初末态的波函数的空间部分,U 为相互作用势. $\rho_f = \mathrm{d}N/\mathrm{d}E_f$ 是末态的能量密度,即末态产生粒子的相空间中在能量 E_f 单位间隔内的态数目.下面我们还会再讨论这个量.

假设一粒子带任意的动量 p,可用波函数 ψ 来描述,且该粒子被限制在一正方体盒子中,盒子的边长为 L,体积为 $V = L^3$.这一粒子可能的量子态有哪些? 由于 ψ 是单值函数,盒子的两边所夹的德布罗意波长 $\lambda = h/p$ 的数目为整数,即 n. 因此对于动量的 x 分量,$L/\lambda = Lp_x/h = n_x$,在动量间隔 $\mathrm{d}p_x$ 之间的可能量子态数目为 $\mathrm{d}n_x = L\mathrm{d}p_x/h$.对于动量的 y 和 z 分量可以得到同样的表达式.因此总共可能的量子态数为

$$\mathrm{d}N = \mathrm{d}n_x \mathrm{d}n_y \mathrm{d}n_z = \left(\frac{L}{h}\right)^3 \mathrm{d}p_x \mathrm{d}p_y \mathrm{d}p_z$$

由于在动量空间中并无偏好的方向,因此动量空间的体积元为 $\mathrm{d}p_x \mathrm{d}p_y \mathrm{d}p_z = 4\pi p^2 \mathrm{d}p$,在动量模值 $p \rightarrow p + \mathrm{d}p$ 之间的态数目为

$$\mathrm{d}N = \frac{V}{h^3} 4\pi p^2 \mathrm{d}p$$

动量模值在 $p \rightarrow p + \mathrm{d}p$ 之间且立体角在 $\mathrm{d}\Omega$ 范围内的体积 V 内的态数目为

$$\mathrm{d}N = \frac{V p^2 \mathrm{d}p \mathrm{d}\Omega}{(2\pi\hbar)^3} \tag{1.16}$$

在反应过程 $a + b \rightarrow c + d$ 中,末态波函数 ψ_f 是末态粒子波函数的乘积 $\psi_c \psi_d$,因此为了保证在散射矩阵元中进行体积积分时每一种粒子只算一个,每一末态粒子波函数都应加上归一化因子 $V^{-1/2}$.对于每一末态粒子,当将矩阵元 T_{if} 取模平方时,产生的 $1/V$ 因子就会和式(1.16)相空间因子中的 V 相抵消.同样初态粒子波函数的归一化因子会与入射流量和靶粒子数中正比于 V 的因子相互抵消.因此任意的体积因子 V 将会完全抵消,这正是我们所期待的.

通常将截面用定义在对撞质心系的量来表示.所谓对撞质心系是指在该参照系中对撞粒子的动量之和为零(见第 2 章的定义及讨论).可以选定这样的参照系,因为截面是相对论不变的.这样通过上面的公式我们得到(取 $n_a = 1$)

$$\frac{\mathrm{d}\sigma}{\mathrm{d}\Omega} = \frac{W}{\phi_\mathrm{i}} = \frac{W}{v_\mathrm{i}} = \frac{|T_{\mathrm{if}}|^2}{v_\mathrm{i}} p_\mathrm{f}^2 \frac{\mathrm{d}p_\mathrm{f}}{\mathrm{d}E_\mathrm{f}} \frac{1}{4\pi^2 \hbar^4} \tag{1.17}$$

其中 p_f 是在质心参照系中 c 和 d 粒子所携带的方向相反的动量的值,$E_\mathrm{f} = E_c + E_d$ 为质心系中的总能量.由能量守恒可得

$$\sqrt{p_\mathrm{f}^2 + m_c^2} + \sqrt{p_\mathrm{f}^2 + m_d^2} = E_\mathrm{f}$$

因此有

$$\frac{\mathrm{d}p_\mathrm{f}}{\mathrm{d}E_\mathrm{f}} = \frac{E_c E_d}{E_\mathrm{f} p_\mathrm{f}} = \frac{1}{v_\mathrm{f}}$$

其中 v_f 是 c 和 d 之间的相对速率.可以得到

$$\frac{\mathrm{d}\sigma}{\mathrm{d}\Omega}(a + b \rightarrow c + d) = \frac{1}{4\pi^2 \hbar^4} |T_{\mathrm{if}}|^2 \frac{p_\mathrm{f}^2}{v_\mathrm{i} v_\mathrm{f}} \tag{1.18}$$

到目前为止,我们都忽略了参加反应的粒子的自旋 s_a, s_b, s_c 和 s_d.如果 a 和 b 粒子是非极化的则其自旋状态是任意的,末态粒子的可能状态数为 $g_\mathrm{f} = (2s_c + 1)$ $\cdot (2s_d + 1)$,在计算截面时需要考虑此因子 g_f.对于初态粒子该因子为 $g_\mathrm{i} = (2s_a + 1)(2s_b + 1)$.由于具体的反应过程总是处于某一特定的自旋组态,求散射几率时我们需要对所有可能的自旋的初态做平均,其中自旋的各个可能状态都是等概率的,而自旋的所有末态要求和.这意味着截面要乘以因子 $g_\mathrm{f}/g_\mathrm{i}$.

密度为 $n = n_a$ 的入射粒子在穿过厚度为 $\mathrm{d}x$ 的靶(见图 1.8)后,其密度的减少为

$$\mathrm{d}n = - n\sigma\rho\mathrm{d}x$$

其中 $\rho = n_b$ 是靶粒子的密度.积分可得

$$n(x) = n(0) \exp(-\sigma\rho x) \tag{1.19}$$

因此入射粒子未参加相互作用的比例降至 $1/e$ 时,穿过的靶厚度为

$$\lambda = \frac{1}{\sigma\rho} \tag{1.20}$$

物理量 λ 称为相互作用的平均自由程. 利用分布表达式(1.19)以及定义式(1.20)可以证明 λ 就是两次碰撞之间的平均路程, 我们把这一证明留作练习题.

1.9 基本粒子散射截面的例子

上面讨论的两体到两体的反应对于研究基本粒子相互作用在早期宇宙演化中所扮演的角色具有重要意义, 这里我们给出一些例子. 在某些时候散射截面的完整表达式包含冗繁的狄拉克代数, 因此这里只给出近似的表达式, 对这些近似的表达式可以用量纲分析来粗略判断其正确与否, 通过这些表达式还可以看出截面对各个参量的依赖关系及判断截面的大小. 为了简洁, 我们暂且不考虑自旋. 我们将在后面的部分考虑上自旋及螺旋度的因子, 因为那里需要散射截面的精确表达式.

如式(1.18)所示, 极端相对论的两体-两体散射的微分截面表达式为(取定 $\hbar = c = 1$)

$$\frac{\mathrm{d}\sigma}{\mathrm{d}\Omega} = |T_{\mathrm{if}}|^2 \frac{s}{64\pi^2} \quad (\text{极端相对论的两体} \to \text{两体}) \tag{1.21}$$

其中, $s = E_{\mathrm{f}}^2$ 是质心系中总能量的平方, 且 $E_{\mathrm{f}} = 2p_{\mathrm{f}}$; 这是由于参加反应的粒子的质量与其能量相比非常小, 另外 $v_{\mathrm{i}} = v_{\mathrm{f}} = 2$. 同样在此情形下, 转移四动量的平方为 $|q^2| = 2p_{\mathrm{f}}^2(1-\cos\theta)$, 其中 θ 是在质心系中出射粒子与入射粒子的夹角, 因此有 $\mathrm{d}q^2 = p_{\mathrm{f}}^2 \mathrm{d}\Omega/\pi$, 如此式(1.21)可写成:

$$\frac{\mathrm{d}\sigma}{\mathrm{d}q^2} = \frac{|T_{\mathrm{if}}|^2}{16\pi} \tag{1.22}$$

下面给出电磁散射截面的例子:

(a) $e^- \mu^+ \to e^- \mu^+$

这是图 1.9(a)所示的带电轻子之间的库仑散射的例子. 耦合及光子传播子项给出 $|T_{\mathrm{if}}| = e^2/|q^2|$, 因此

$$\frac{\mathrm{d}\sigma}{\mathrm{d}\Omega} \sim \frac{\alpha^2 s}{q^4} \tag{1.23}$$

其中, $\alpha = e^2/(4\pi)$. 这就是点状粒子散射的卢瑟福公式, 如果 θ 是入射粒子的偏转角度, 则 $q = 2p\sin(\theta/2)$, 我们可以得到著名的对散射角的依赖公式 $\csc^4(\theta/2)$.

(b) $e^+ e^- \to \mu^+ \mu^-$

图 1.9(b)是该过程的费曼图, 它刚好是将图 1.9(a)旋转90°, 同时将出射的轻

子换成入射的反轻子,反之亦然.这两个图被称为"交叉"图.在此情形下,$|q^2| = s$,即质心系中总能量的平方,因此

$$\frac{\mathrm{d}\sigma}{\mathrm{d}\Omega} \sim \frac{\alpha^2}{s} \tag{1.24}$$

事实上完整的计算给出总的散射截面为

$$\sigma = \frac{4\pi\alpha^2}{3s} \tag{1.25}$$

这就是单光子交换的散射截面,图1.10的虚线画的就是该截面.当然这一过程还会有来自Z^0交换的贡献,但是由于式(1.9)中的传播子项,此贡献在GeV能标被严重压低.可以发现上述结果也正是量纲分析所预期的.取定$\hbar = c = 1$,散射截面的量纲为GeV^{-2},如果质心能量比参加反应的粒子的质量大得多,则散射截面应该正比于$1/s$.从表1.1可以知道$1\,\mathrm{GeV}^{-1} = 1.975 \times 10^{-16}\,\mathrm{m}$,因此上面所得的截面为$87/s$ nb(s以GeV^2为单位).

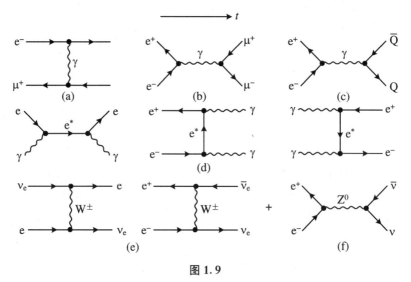

图1.9

注:各种基本的两体到两体反应的费曼图.时间从左到右.这里约定朝右的箭头代表粒子,而朝左的箭头代表反粒子.图(a)到图(d)为电磁相互作用,图(e)到图(f)为弱相互作用.(a) $e^-\mu^+ \to e^-\mu^+$;(b) $e^+e^- \to \mu^+\mu^-$;(c) $e^+e^- \to Q\bar{Q} \to$强子;(d) $e\gamma \to e\gamma, e^+e^- \to \gamma\gamma, \gamma\gamma \to e^+e^-$;(e) $\nu e \to \nu e$;(f) $e^+e^- \to \nu\bar{\nu}$.

(c) $e^+e^- \to Q\bar{Q} \to$强子

该过程的表达式与式(1.24)相同,同样假设夸克具有相对论性的速度,然后在图1.9(c)中的右边顶点处将单位电荷替换成夸克所带的分数电荷,同时还要乘以因子3,由于夸克有三个色自由度.当然我们并没有实际观察过夸克,它们通过胶子交换"碎裂"成强子,但是这一过程是相对缓慢的,可以看成是独立的第二步骤.除非

刚好靠近介子共振态附近,否则散射截面完全由基本过程 $e^+e^- \rightarrow Q\overline{Q}$ 决定.

图 1.10 给出了散射截面作为能量的函数.图中的尖峰是由夸克-反夸克束缚态或者共振形成的短寿命介子导致的:比如由 u 和 d 夸克及其反夸克所形成的 ρ 和 ω 介子,由 $s\bar{s}$ 所形成的 ϕ 介子,由 $c\bar{c}$ 形成的 J/ψ 粒子,由 $b\bar{b}$ 形成的 Υ 粒子以及 Z^0 共振态.然而,显而易见除了在共振态附近,散射截面总的趋势为 $1/s$.

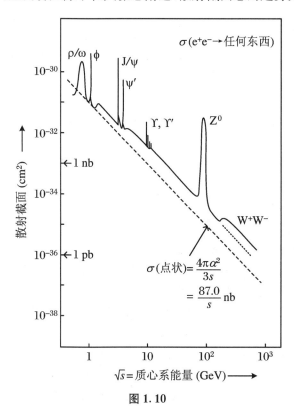

图 1.10

注:反应 $e^+e^- \rightarrow$ 任何东西的散射截面作为质心能量的函数.其中显著的尖峰是由于文中所说的各个玻色共振态.其能量依赖行为总体上是 $1/s$,这很明显是典型的点状粒子散射的行为.$e^+e^- \rightarrow$ 任何东西的散射截面与 μ 子对产生截面(虚线表示)的比较证明了夸克的色自由度为 3.这些实验数据来自于各个正负电子对撞机,其中能量最高部分的数据来自于日内瓦 CERN 的 LEP 对撞机,在那里 100 GeV 的电子和 100 GeV 的正电子对撞.

例 1.3　算出 $e^+e^- \rightarrow Q\overline{Q} \rightarrow$ 强子和 $e^+e^- \rightarrow \mu^+\mu^-$ 通过光子交换的散射截面的比值 R,作为质心能量的函数(见图 1.10).

夸克-反夸克的散射截面正比于夸克电荷的平方而且有色因子 3.对于 $u\bar{u}, d\bar{d}$ 及 $s\bar{s}$, R 值为

$$R = 3 \times \left[\left(\frac{2}{3} \right)^2 + \left(\frac{1}{3} \right)^2 \right] = 2^{①}$$

这一段就是图 1.10 所画的点状散射截面之上的第一"阶梯". 在 $c\bar{c}$ 阈上是第二阶梯 $R = 11/3^{②}$, 在 $b\bar{b}$ 阈上即 10 GeV 以上 $R = 11/3$.

例 1.4   试估算顶夸克在质心能量和夸克质量可以比拟的质子-反质子对撞中的产生截面, 其中顶夸克质量为 $m_t = 175 \text{ GeV}/c^2$.

顶夸克是 1995 年在费米实验室质心系能量为 1.8 TeV 的质子-反质子对撞机中首次发现的. 产生 $t\bar{t}$ 对的主要过程是质子中的 u 或 d 夸克与反质子中的反夸克对撞并交换胶子产生 $t\bar{t}$, 即 $u + \bar{u} \to t + \bar{t}$, 其过程如图 1.9(c), 但是要将入射的 $e^+ e^-$ 替换成 $u\bar{u}$ (或 $d\bar{d}$) 以及用耦合常数为 α_s 的胶子交换替换耦合常数为 α 的光子交换. 从式 (1.24) 可以预期散射截面为 $\sigma \sim F\alpha_s^2/s$, 其中 $s \sim (2m_t)^2$, 即假设入射 $Q\bar{Q}$ 的质心能量刚好在阈上, F 表示碰撞夸克在阈上的概率. 如果取耦合常数典型值 $\alpha_s = 0.1, m_t = 175 \text{ GeV}$, 则 $\sigma \sim 30F$ pb. F 的取值依核子中夸克的动量分布. 仔细的计算给出散射截面为 7 pb, 这和实验观测结果相符.

由于在这一能量质子-反质子对撞总的散射截面为 80 mb, 这意味着在 10^{10} 次对撞中只有一次会产生 $t\bar{t}$ 对. 尽管背景如此之大, 顶夸克仍然可以被探测到, 因为它的衰变过程具有独有的特征, 比如 $t \to W^+ + b$ 和 $\bar{t} \to W^- + \bar{b}$. W 玻色子衰变得到大角度的出射的 μ 子以及中微子, 其中中微子表现为"丢失"的能量和动量, 而 b 夸克会产生强子喷柱, 其与主顶点有稍微的偏离, 这是由于 B 介子有有限长的寿命. 这一信号是如此的独特以至背景过程可以降低到 10% 以下. 图 1.11 展示了发现顶夸克的一种探测装置.

(d) $e^+ e^- \to \gamma\gamma, \gamma\gamma \to e^+ e^-, \gamma e \to \gamma e$

这些都是天体物理中重要的过程. 它们都可以用图 1.9(d) 所示的费曼图表示. 由于在这一情形下连接两个顶点的是虚电子而非光子, 式 (1.24) 会变成对数项. 当然, 尽管可以用同一费曼图表示, 这三个过程有不同的动力学 (阈). 在高能的极限下, 即质心能量的平方 $s \gg m^2$, 其中 m 为电子的质量, 则散射截面的渐近形式为

$$\sigma(e^+ e^- \to \gamma\gamma) = \frac{2\pi\alpha^2}{s} \left(\ln \frac{s}{m^2} - 1 \right) \tag{1.26a}$$

$$\sigma(\gamma\gamma \to e^+ e^-) = \frac{4\pi\alpha^2}{s} \left(\ln \frac{s}{m^2} - 1 \right) \tag{1.26b}$$

$$\sigma(\gamma e \to \gamma e) = \frac{2\pi\alpha^2}{s} \left(\ln \frac{s}{m^2} + \frac{1}{2} \right) \tag{1.26c}$$

式 (1.26a) 的散射截面是式 (1.26b) 散射截面的一半, 因为第一个过程末态的两粒

---

① 此处应为 $R = 3 \times [(2/3)^2 + (1/3)^2 + (1/3)^2] = 2$. (译者注)

② 此处应为 $R = 10/3$. (译者注)

图 1.11

注：1995 年发现顶夸克的 CDF 探测器的照片，其对撞过程为 0.9 TeV 的质子与 0.9 TeV 的反质子对撞，该探测器位于芝加哥附近的费米实验室. 在照片的中心的是中央追踪探测器，它记录了各个次级粒子在漂移室中的路径，并且通过测量这些粒子在磁场中运动的曲率来确定它们的动量. 再里面是精确固体探测器(硅钢带)，它们可以测量非常靠近主反应顶点的次级顶点以及粒子的运动轨迹. 在中央追踪器的外面是测量带电和中性粒子总能量的量能器. 它们被建成拱形的，在照片中被撤下来了. 在电磁量能器外面还有组块和磁偏转系用来记录湮灭反应中穿透出来的 μ 子.(感谢费米实验室的可视化媒介服务)

子是全同的，因此相空间体积要除以 2. 如果对撞的能量和 W 粒子的质量可以比拟，则反应 $e^+ e^- \rightarrow W^+ W^-$ 的表达式与式(1.26a)类似. 式(1.26c)的过程即是康普顿散射. 如果交换入射粒子和靶粒子则散射截面的公式不变，比如 γ 射线和入射的电子碰撞之后会被加速到更高能量. 逆康普顿效应被认为是在点星源产生高能 γ 射线中起到重要作用.

在质心能量极低的情形，电子质量将成为最主要的能量标度，此时 s 要替换成 m^2，因此 $\sigma \sim \alpha^2 / m^2$. 事实上汤姆森(Thomson)散射截面，即 $E_\gamma \rightarrow 0$ 的康普顿散射，值为

$$\sigma(\gamma e \rightarrow \gamma e)_{\text{Thomson}} = \frac{8\pi\alpha^2}{3m^2} = 0.666 \text{ barns} \tag{1.26d}$$

对于过程 $\gamma\gamma \rightarrow e^+ e^-$，阈的能量为 $s_{\text{th}} = 4m^2$ 而 $\sigma \sim \beta\alpha^2/s$，其中 $\beta = (1 - 4m^2/s)^{1/2}$ 为电子或正电子的质心速度. 因此散射截面最初随能量增加而增加，在 $s \sim 8m^2$ 处达到最大值为 $0.25\sigma_{\text{Thomson}}$，而随着 s 继续增大散射截面则会降低.

结论，上述过程包含了无质量的光子传播子以及几乎无质量的电子传播子，它们的效应导致散射截面的能量依赖行为为 $1/s$. 现在我们将讨论包含有质量的 W 和 Z 传播子的弱作用过程.

(e) $\nu_e e \rightarrow \nu_e e, e^+ e^- \rightarrow \nu_e \bar{\nu}_e$

图 1.9(e) 画出了中微子-电子通过交换 W 粒子散射的费曼图. 同时还有来自交换 Z 粒子的贡献，但我们只考虑前者. 该传播子在 $|T_{\text{if}}|$ 中给出项 $1/(|q^2| + M_{\text{W}}^2)$. 由于 W 粒子的质量很大 (80 GeV)，对通常的中微子能量 (<1 TeV) $|q^2| \ll M_{\text{W}}^2$，因此

$$\sigma \sim \frac{g_{\text{W}}^4 s}{M_{\text{W}}^4} \sim G_{\text{F}}^2 s \tag{1.27a}$$

其中 G_{F} 是式 (1.9) 中定义的费米常数. 精确的计算给出

$$\sigma(\nu_e e \rightarrow \nu_e e) = \frac{G_{\text{F}}^2 s}{\pi} \tag{1.27b}$$

同样，上面的计算中认为轻子的质量和对撞能量相比可以忽略. 对于图 1.9(f) 所画的"交叉"反应 $e^+ e^- \rightarrow \nu_e \bar{\nu}_e$，散射截面为 (见 3.6 节)

$$\sigma(e^+ e^- \rightarrow \nu_e \bar{\nu}_e) = \frac{G_{\text{F}}^2 s}{6\pi} \tag{1.28}$$

除了 $W^\pm$ 的交换之外，该反应还可以通过 Z^0 交换，而这一过程是反应 $e^+ e^- \rightarrow \nu_\mu \bar{\nu}_\mu$ 或 $\nu_\tau \bar{\nu}_\tau$ 发生的唯一途径. 这些过程在第 3.6 节都会讨论. 它们在天体物理学中都非常重要，包括在宇宙的早期和巨星晚期的超新星阶段.

1.10　衰变和共振态

如式 (1.5) 所示，一个非稳定态具有衰变概率 W，通常用能量单位的宽度 Γ 来表示，它对应于一个不稳定的态具有有限的寿命，因此在能量上有一散布. 根据不确定关系有 $\Gamma = \hbar W = \hbar/\tau$，其中 $\tau = 1/W$ 是该态的平均寿命.

作为一个衰变的例子，我们考虑 μ 子的衰变，$\mu^+ \rightarrow e^+ + \nu_e + \bar{\nu}_\mu$. 很明显该弱衰变的振幅 $|T_{\text{if}}| \propto G_{\text{F}}$，其中费米耦合常数量纲为 (能量)$^{-2}$ (参见表 1.5). 因此衰变振幅模方的量纲为 (能量)$^{-4}$，而衰变概率或宽度的量纲为能量. 因此通过量纲分析

式(1.15)的相空间因子的量纲为(能量)^5,由于相关的能量或质量最大的为 $m_\mu c^2$,可得 μ 子的衰变宽度为 $\Gamma \sim G_F^2 m_\mu^5$.完整的(也是相当冗长的)计算给出

$$\Gamma(\mu^+ \to e^+ \nu_e \bar{\nu}_\mu) = \frac{G_F^2 m_\mu^5}{192\pi^3} \tag{1.29}$$

作为练习,读者可以利用测定的 μ 子寿命 $\tau_\mu = \hbar/\Gamma = 2.197\,\mu s$ 以及 μ 子的质量 $m_\mu c^2 = 105.66\,MeV$ 来验证表 1.5 中给出的费米常数值(请注意该结果并不精确,因为有几个百分点的辐射修正).

不难理解,如果一个态的寿命可以测量,则一般其宽度太窄以至无法测量,而对一个宽的且宽度可测的态,比如可以通过强作用衰变的态,通常其寿命短到不可测量,这种粒子被称为共振态.这些共振态粒子可以通过它们衰变所产生粒子的对撞来产生.共振态随时间指数衰变的性质决定了线形的形式.

若共振态的中心频率为 ω_R,则其波函数为

$$\psi(t) = \psi(0)\exp(-i\omega_R t)\exp\left(-\frac{t}{2\tau}\right) = \psi(0)\exp\left[\frac{-t(iE_R + \Gamma/2)}{\hbar}\right] \tag{1.30}$$

其中,中心能量为 $E_R = \hbar\omega_R$,宽度为 $\Gamma = \hbar/\tau$.强度 $I(t) = \psi^*(t)\psi(t)$ 遵守通常的放射性衰变定律:

$$\frac{I(t)}{I(0)} = \exp\left(\frac{-\Gamma t}{\hbar}\right) \tag{1.31}$$

形成共振态的散射截面对能量的依赖即是时间的傅里叶变换,这如同波动光学中的情形,入射光束对一缝隙衍射的角分布是缝隙轮廓的傅里叶变换.式(1.30)的傅里叶变换为

$$g(\omega) = \int \psi(t)\exp(i\omega t)dt$$

其中,$E = \hbar\omega$,振幅作为能量 E 的函数为(取 $\hbar = c = 1$)

$$A(E) = \psi(0)\int\exp\left\{-t\left[\frac{\Gamma}{2} + i(E_R - E)\right]\right\}dt = \frac{K}{(E - E_R) - (i\Gamma/2)} \tag{1.32}$$

其中,K 为某一常数.散射截面 $\sigma(E)$,度量粒子 a 和粒子 b 形成共振态 c 的概率的量,正比于 A^*A,即

$$\sigma(E) = \sigma_{max}\frac{\Gamma^2/4}{(E - E_R)^2 + (\Gamma^2/4)} \tag{1.33}$$

这一形式称为 Breit - Wigner 共振态公式.图 1.12 画出了共振态的形状,从该图中我们可以

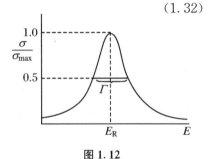

图 1.12

注:Breit - Wigner 共振曲线.

注意到在 $E - E_R = \pm \Gamma/2$ 处,散射截面减少至其峰值的一半.式(1.33)的散射截面的峰值将在下面求出.

动量为 p 的入射粒子可用平面波来描写,而平面波可以分解为相对散射中心有不同角动量 l 的球谐函数的叠加,其中 $l\hbar = pb$,b 是"碰撞参数".角动量在 $l \to l+1$ 之间的粒子所对应的环状散射面积为

$$\sigma = \pi(b_{l+1}^2 - b_l^2) = \pi\lambdabar^2(2l+1) \tag{1.34}$$

其中,$\lambdabar = \hbar/p$.如果散射中心是全吸收的,则式(1.34)的 σ 是反应或吸收散射截面.更普遍的,我们可以将(对第 l 分波)出射振幅的径向依赖写为

$$r\psi(r) = \exp(\mathrm{i}kr)$$

因此通过半径为 r 的球面的总流量为 $4\pi r^2 |\psi(r)|^2$,该量不依赖于 r.这是对无散射中心的情形,如果存在散射中心,则

$$r\psi(r) = \eta\exp[\mathrm{i}(kr + \delta)]$$

这里 $0 < \eta < 1$,δ 是相移.利用几率守恒,反应的散射截面 σ_r 可以通过有无存在散射时的强度之差得到:

$$\sigma_r = \sigma(1 - \eta^2)$$

容易得到散射振幅为

$$A = \exp(\mathrm{i}kr) - \eta\exp[\mathrm{i}(kr + \delta)]$$

这给出散射强度

$$A^*A = 1 + \eta^2 - 2\eta\cos\delta$$

因此对于 $\eta = 0$(全吸收),弹性以及反应散射截面都等于式(1.34)中给出的 σ.这时的弹性散射截面相应于对吸收障碍物的弹性衍射束.另一极端的情形为纯散射($\eta = 1$),这时候没有吸收只有相移.则

$$\sigma_{\mathrm{el}} = 4\sigma\sin^2\frac{\delta}{2}$$

最大的效应是相移为 π 弧度时,这会导致散射振幅为全吸收时的两倍,或散射截面为

$$\sigma_{\mathrm{el}}(\mathrm{max}) = 4\pi\lambdabar^2(2l+1) \tag{1.35}$$

至今,我们一直忽略粒子自旋的效应.在上面的 1.8 节中已给出各种恰当的自旋因子.将这些元素放到一起,则得到完整的 Breit-Wigner 公式:

$$\sigma(E) = \frac{4\pi\lambdabar^2(2J+1)(\Gamma^2/4)}{(2s_a+1)(2s_b+1)[(E - E_R)^2 + (\Gamma^2/4)]} \tag{1.36}$$

其中,s_a 和 s_b 为入射粒子的自旋而 J 为共振态的自旋(都是以 $\hbar$ 为单位).通常,反应 $a + b \to c$ 所形成的共振态有很多衰变模式,对于第 i 种衰变模式其分宽度为 Γ_i,因此该模式所对应的衰变分支比为 Γ_i/Γ.总的来说,若共振态是通过 i 道产生通过 j 道衰变,则散射截面由式(1.36)乘以 $\Gamma_i\Gamma_j/\Gamma^2$ 给出.

1.11　共振态的例子

这里,我们举一些共振态的例子,特别是那些对粒子物理和天体物理都很重要的粒子.图 1.13 画出了 $e^+ e^- \to$ 任何东西的截面,在 Z^0 共振态附近的形状(Z^0 为中性流弱作用的媒介粒子).中心质量为 $E_R = 91\,\text{GeV}$,总宽度为 $\Gamma = 2.5\,\text{GeV}$.这一共振态有很多可能的衰变模式;比如通过 u, d, s, c 或 b 夸克-反夸克对衰变成强子,衰变成带电轻子对 $e^+ e^-$,$\mu^+ \mu^-$ 或 $\tau^+ \tau^-$,或者衰变成中微子对 $\nu_e \bar\nu_e$,$\nu_\mu \bar\nu_\mu$ 或 $\nu_\tau \bar\nu_\tau$.在该共振态最初被发现的时候,人们对于总共存在几代夸克和轻子这一问题并不清楚(顶夸克也尚未被发现).比如,中微子的类型是否可以多于三种? 图

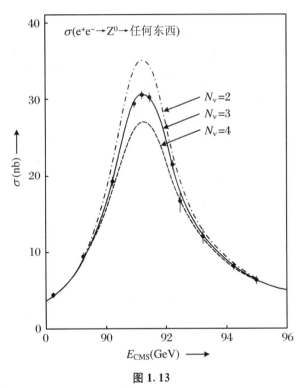

图 1.13

注:电子-正电子湮灭截面在 Z^0 共振态附近作为能量的函数.所观测到的值是在 CERN 的 LEP 正负电子对撞机上的四个实验的平均值.三条曲线是有 2,3,4 味中微子的标准模型预言.在这个例子中,Breit-Wigner 曲线是非对称的,这是由于粒子束流的能量实际上已被同步辐射的损失所改变.

1.13 中的曲线画出了假设在中微子味道数目分别为 2,3 或 4 种时对共振态宽度的效应,基于用标准模型中 Z 与夸克和轻子的耦合.很明显,实验的宽度偏好于标准模型有三代费米子的假设.在第 6 章中我们会看到,中微子的味道数会影响原初的氦/氢比从而影响恒星的演化.

例 1.5 计算在反应 $e^+ + e^- \to Z^0$ 中 Z^0 共振态产生截面的最大值,该道的分宽度为 $\Gamma_{ee}/\Gamma_{total} = 0.033$.并将答案与图 1.13 中的结果进行比较.

代入 $\lambda = \hbar c/(pc)$,其中质心能量 $pc = M_Z/2 = 45.5$ GeV,$J = 1$,$s = 1/2$ 且 $\Gamma_{ee}/\Gamma_{total} = 0.033$,则通过式(1.32)可以得到,$\sigma(\text{peak}) = (12\pi/M_Z^2) \times 0.033\,(\hbar c)^2 = 58$ nb.实际的散射截面值(图 1.13)大约为该值的一半.这一差异来自于初态正负电子的辐射修正,它会影响能量分布行为并减小峰值的散射截面值.

图 1.14 是 1952 年人们首次在高能物理中发现的共振态,即 $\Delta(1\,232)\pi$-p 共振态.它的中心质量为 $1\,232$ MeV$/c^2$,宽度为 $\Gamma = 120$ MeV.随后在二十世纪五六十年代发现了很多介子-介子及介子-重子共振态.这些共振态对 1964 年 Gell-Mann 和 Zweig 发展夸克模型提供了必要的线索.Δ 共振态对现代天体物理学也具有重要意义,与高能宇宙射线有关,因为它可以在能量高于 10^{19} eV 的质子和宇宙微波背景的对撞中被激发,微波背景的量子能量量级为 0.25 meV(毫电子伏特).Greisen,Zatsepin 和 Kuzmin 指出共振态确实可以导致宇宙射线谱在高于 10^{19} eV 处存在截断,这就是 GZK 效应(见 9.12 节).

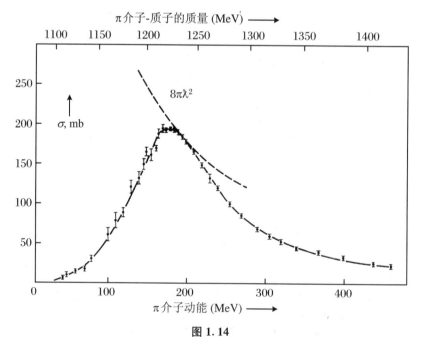

图 1.14

注:π介子-质子共振态 $\Delta(1\,232)$,该粒子 1952 年由 Anderson 等人首次发现.

从人类的角度而言,最重要的共振态也许是激发的量子数为 0^+ 的 ^{12}C 原子核共振态,其激发能量为 7.654 MeV.宽度仅为 10 eV.在第 10 章中我们将讨论到,在燃烧氦的红巨星中,碳的形成是通过所谓的 3α 过程,即 $3\alpha \rightarrow ^{12}$C.首先两个 α 粒子结合形成基态的 ^{8}Be,此态不稳定,其寿命仅为 10^{-16} s.然而该态可以捕获第三个 α 粒子而形成碳,但是通常碳又会衰变为铍加上 α 粒子,不过它也存在小的概率 (10^{-3}) 通过光子辐射衰变成基态的碳.该共振态的存在对 ^{12}C 的产生率至关重要,因为该共振态位于阈上仅 400 keV,它可以增强 3α 过程的散射截面.事实上在实验发现该共振态以前,Hoyle 在 1953 年就已经预言了这一态存在的必要及其性质.若这一共振态不存在,则几乎可以断言宇宙中以碳为基石的生物演化过程就不可能发生.

1.12　新　粒　子

在本章和第 3 章所介绍的标准模型的基本夸克和轻子以及它们之间的相互作用已足够描绘迄今加速器实验所观测到的现象,而且它精确地描述了基本粒子的物理现象,至少在我们所处的特殊的宇宙角落.然而,很明显它并不能描述大尺度宇宙的组成结构.事实上在如此大的尺度上它只能描述大约 4% 的总能量密度!在第 7 章中我们将看到,大尺度宇宙结构动力学的研究——星系、星系团和超星系团——表明宇宙中的绝大多数物质是不可见的(不发光的),即暗物质.暗物质的性质目前尚是未知的.目前也没有直接探测到单个的暗物质粒子的证据.有可能 1.3 节中所提到的大质量的超对称粒子是暗物质的候选者.

当前的天体物理学实验,在下面的章节中会详细讨论,也表明,尽管在过去的时间里大爆炸之后的宇宙膨胀确实是减慢的(考虑到引力的拉拢作用),但是现在膨胀正在加速,这是由于暗能量,它提供了抵抗引力的斥力.暗能量的能量密度比其他物质和辐射的能量密度都大.同样,暗能量的性质和起源目前尚是未知.

新粒子和新相互作用的可能性,也来自于标准模型的成功,该模型将电磁和弱相互作用统一为电弱理论.这意味着有可能将强作用和电弱作用统一成所谓的大统一理论(GUT).然而,目前还没有如此高度统一的直接实验证据.在第 3 章和第 4 章中,我们将讨论提出这些统一理论的原因以及它们会导致的实验结果.比实验室所能得到的粒子质量要大得多的更高质量标度的存在证据,还来自于早期宇宙暴胀模型的成功,第 8 章中将讨论,以及有限的中微子质量,第 4 章和第 9 章中将讨论.

比起将强、弱和电磁相互作用统一起来的想法,更为雄心勃勃的想法是试图统一所有的基本相互作用,包括引力,这就是所谓的超弦理论(见第 3 章).这一想法产生了一个统一的,可重整的关于基本相互作用的量子场论,但是前提是时空的维数必须是 10 维(对费米子).这样一来,我们必须假设除了正常的四维时空维度,其他的维度都"曲卷"成很小的普朗克长度式(1.12),这一想法最早由 Kaluza 和 Klein 在 20 世纪 20 年代提出.不幸的是,除了预言引力子的自旋为 2 之外,超弦理论并无其他可观察预言.

1.13 总 结

· 物质是由基本的费米子所构成的,即三代的夸克和轻子.每一代包含一个带电 $+2|e|/3$ 的夸克和一个带电 $-|e|/3$ 的夸克,一个带电 $-|e|$ 的轻子和一个中性的轻子(中微子).这些态的反粒子带相反符号的电荷,其他性质和粒子相同.

· 观测到的强相互作用粒子(强子)是由束缚的夸克所构成的.重子由三个夸克构成,介子由夸克-反夸克对构成.

· 夸克和轻子之间通过交换基本的玻色子进行相互作用,包括四种基本的相互作用:强相互作用,电磁相互作用,弱相互作用,万有引力.交换的玻色子是虚粒子.

· 强相互作用发生于夸克之间,其源于胶子的交换;电磁相互作用发生于带电粒子之间,其源于光子的交换;弱相互作用源于交换 $W^{\pm}$, Z^0;引力相互作用源于交换引力子.光子、胶子和引力子都是无质量的.W 和 Z 玻色子的质量分别为 $80\,\mathrm{GeV}/c^2$ 和 $91\,\mathrm{GeV}/c^2$.

· 基本的玻色子交换过程可以用费曼图形象地表示,它描绘了两个相互作用的费米子之间交换虚的玻色子的过程.这种过程的振幅为费米子和玻色子的耦合常数 g_1, g_2 的乘积,再乘上规范玻色子传播子项 $1/(M^2 - q^2)$,其中 M 为(自由)玻色子的质量,q 为转移动量,且 q^2 是负值.相互作用的散射截面是上述振幅的模方再乘以一相空间因子.它数值上对应于单个靶粒子与单位入射流量的粒子发生反应的概率.

· 相互作用的强度可以通过不稳定强子或轻子态的衰变概率或宽度来测量.如果态的宽度大到足以测量的话则称为共振态.

· 在通常的情况下,夸克禁闭在重子(QQQ)或介子($Q\overline{Q}$)中.在足够高的温度下 $kT > 0.3\,\mathrm{GeV}$,夸克将不再被禁闭,强子将经历相变成为夸克-胶子等离子体.

习　题

附录 A 中有物理常数表.带星号的是比较困难的题目.

1.1　将两个质量均为 M 的孤立质点从无穷远处拉到相距为 R 的位置,试求总能量的变化(包含静能和引力势能).分如下两种情况讨论:(a) M 为一个太阳质量,R 为一个秒差距;(b) M 等于普朗克质量,R 等于 1 fm.

*1.2　用能量为 1 GeV 的 π 束流撞击质子靶可以发生反应 $\pi^- + p \rightarrow \Lambda + K^0$,其散射截面约为 1 mb.其中 K^0 介子的奇异数为 $S = +1$,而 Λ 重子的奇异数为 $S = -1$.请用夸克组分写出上面的反应.

该反应产生的两个粒子都是不稳定的.其中 Λ 的衰变模式为 $\Lambda \rightarrow p + \pi^-$,其平均寿命为 10^{-10} s,而 K^0 的衰变模式为 $K^0 \rightarrow \pi^+ + \pi^-$,其平均寿命也为 10^{-10} s.衰变宽度和相互作用截面都正比于相应相互作用耦合常数的平方.请定性地解释为什么这些衰变的寿命如此长而其产生截面却如此大.(长衰变寿命和大产生截面的反差使得我们将 Λ 和 K^0 称为"奇异"粒子.)

1.3　计算在 π 的静止系中衰变 $\pi^+ \rightarrow \mu^+ + \nu_\mu$ 过程中微子所带走的能量.相关的质量为 $m_\pi c^2 = 139$ MeV,$m_\mu c^2 = 106$ MeV,$m_\nu \sim 0$.再考虑当 π 以能量为 10 GeV 飞行时的情形,在这些衰变中 μ 子能量的最大和最小值分别是多少?(见第 2 章中关于相对论变换的公式.)

1.4　图 1.14 所示的 Δ^{++} 共振态其总宽度为 $\Gamma = 120$ MeV.问该粒子的平均寿命是多少?若该粒子的能量为 100 GeV,则平均而言该粒子在衰变前能走多远?

1.5　Ω^- 重子的质量为 1 672 MeV/c^2,其奇异数为 $S = -3$.其主要衰变成质量为 1 116 MeV/c^2,奇异数为 $S = -1$ 的 Λ 重子再加上一个质量为 450 MeV/c^2,奇异数为 $S = -1$ 的 K^- 粒子.请将该过程用夸克组分的费曼图表示.

指出下列衰变模式中,哪些对 Ω 粒子是可能的:

(a) $\Omega^- \rightarrow \Xi^0 + \pi^- (m_\Xi = 1\,315$ MeV/c^2,$S = -2)$

(b) $\Omega^- \rightarrow \Sigma^- + \pi^0 (m_\Sigma = 1\,197$ MeV/c^2,$S = -1)$

(c) $\Omega^- \rightarrow \Lambda^0 + \pi^- (m_\Lambda = 1\,116$ MeV/c^2,$S = -1)$

(d) $\Omega^- \rightarrow \Sigma^+ + K^- + K^- (m_K = 494$ MeV/$c^2)$

*1.6　如下的衰变过程都是末态为三个粒子的弱作用过程.对于每个过程都给出了可以获得的能量 Q 以及衰变概率 W:

(a) $\tau^+ \rightarrow e^+ + \nu_e + \bar{\nu}_\tau$

　　$Q = 1\,775$ MeV

$W = 6.1 \times 10^{11} \text{ s}^{-1}$

(b) $\mu^+ \to e^+ + \nu_e + \bar{\nu}_\mu$

$Q = 105 \text{ MeV}$

$W = 4.6 \times 10^5 \text{ s}^{-1}$

(c) $\pi^+ \to \pi^0 + e^+ + \nu_e$

$Q = 4.1 \text{ MeV}$

$W = 0.39 \text{ s}^{-1}$

(d) $^{14}\text{O} \to {}^{14}\text{N}^* + e^+ + \nu_e$

$Q = 1.8 \text{ MeV}$

$W = 5.1 \times 10^{-3} \text{ s}^{-1}$

(e) $n \to p + e^- + \nu_e$

$Q = 0.78 \text{ MeV}$

$W = 1.13 \times 10^{-3} \text{ s}^{-1}$

请用量纲分析的方法表明,在一到两个数量级的范围内 Q 和 W 的值是和同一弱耦合常数相关的.请讨论 Q 值的走向.

*1.7   中微子-电子通过 W-交换的散射截面在式(1.27b)中给出为 $\sigma(\nu_e + e \to \nu_e + e) = G_F^2 s / \pi$,其中 s 是质心系能量的平方.在高能下,深度非弹性的中微子-核子散射可以看成是中微子和核子中准自由的夸克组分的弹性散射,散射以后的夸克再重新"碎裂"成次级强子.假设参与反应的夸克平均携带了核子 25% 的质量,请计算出中微子-核子的散射截面(以 cm^2 为单位)作为实验室系中中微子能量(以 GeV 为单位)的函数.

*1.8   在上一问题中,散射截面的公式假设了相互作用是点状的并且其耦合常数是费米常数 G_F.然而在极高的能量,在式(1.9)传播子中 W 玻色子有限的质量必须考虑.请写出这种情况下中微子-电子散射的微分截面 $\text{d}\sigma/\text{d}q^2$,基于方程式(1.27b)以及交换动量平方的最大值为 $q^2(\text{max}) = s$.试证明,当 $q^2(\text{max}) \to \infty$ 时,中微子-电子散射截面趋于一个常数,并且求出其值.当中微子的能量达到多大时,散射截面达到其渐近值的一半?

1.9   在天体物理学极高能的中微子实验中会出现一个重要的共振态称为 Glashow 共振:

$$\bar{\nu}_e + e^- \to W^-$$

其中,$M_W c^2 = 81 \text{ GeV}$.假设宇宙中靶电子是静止的,请证明该共振可以被激发,在反中微子的能量达到约为 6 400 TeV 时,而散射截面的峰值为 5 μb.

1.10   粲介子 D^+(质量为 $1.87 \text{ GeV}/c^2$)发生 $\Delta C = 1$ 的弱衰变,其为

$$\text{D}^+ \to \text{K}^0 + l^+ + \nu_l$$

其中 $l = e$ 或 μ,衰变分支比为 15%.粲介子的夸克组分为 $\text{D}^+ = c\bar{d}$,K 介子的夸克

组分为 $K^0 = s\bar{d}$,因此衰变可以写成一个粲夸克到一个奇异夸克的转变($\bar{d}$ 夸克作为旁观者):

$$c \rightarrow s + l^+ + \nu_l$$

这和 μ 子衰变类似.画出 c 夸克衰变的费曼图,假设 c 夸克的质量为 $1.6\,\mathrm{GeV}/c^2$ 并且忽略衰变产物的质量,试根据 1.6 题中给出的 μ 子的寿命估算 D 介子的寿命.

1.11　Σ 重子包含了 s,u 和 d 夸克,其奇异数为 $S = -1$.表 1.6 的前两个粒子为基态,其自旋为 $J = 1/2$,而第三个粒子是激发态,其自旋为 $J = 3/2$.括号中给出了以 MeV/c^2 为单位的静止质量,其他的量为夸克组分,Q 值,主要衰变模式以及寿命或宽度.所有的衰变产物都是 $S = 0$,除了 Λ 重子,其为 $S = -1$.

表 1.6

重子	夸克结构	Q(MeV)	衰变模式	寿命或宽度
Σ^0(1 192)	uds	74	$\Lambda\gamma$	$\tau = 7.4 \times 10^{-20}$ s
Σ^+(1 189)	uus	187	$p\pi^0$, $n\pi^+$	$\tau = 8 \times 10^{-11}$ s
Σ^0(1 385)	uds	208	$\Lambda\pi^0$	$\Gamma = 36$ MeV

请指出上面的衰变都是由哪种基本相互作用导致的,请由衰变概率估算耦合强度的相对值.

1.12　画出电子-电子散射的费曼图到耦合常数的领头阶.如果你仔细地标注了入射和出射的电子,就会发现可能的图形有两个.画出第二阶的图,包含光子的交换以及/或正负电子对的交换.将散射概率和一阶过程作比较.

1.13　下面列出了各个反应的 Q 值和平均寿命:

反应	Q 值(MeV)	寿命(s)
(a) $\mu^+ \rightarrow e^+ + \nu_e + \nu_\mu$	105	2.2×10^{-6}
(b) $\mu^- + {}^{12}\mathrm{C} \rightarrow {}^{12}\mathrm{B} + \nu_\mu$	93	2×10^{-6}
(c) $\pi^0 \rightarrow 2\gamma$	135	10^{-17}
(d) $\Delta^{++} \rightarrow p + \pi^+$	120	10^{-23}

请指出每一种反应是由哪种相互作用导致的,由所给出的量定出相对耦合常数.

*1.14　计算 R 值,即 $e^+ e^- \rightarrow Q\bar{Q} \rightarrow$ 强子的散射截面与式(1.25)中 $e^+ e^- \rightarrow \mu^+ \mu^-$ 的散射截面的比值,考虑质心能量增加到 20 GeV 的过程中 R 值的变化.假设夸克的质量由表 1.4 给出.

在某一能量,可以发生反应 $e^+ e^- \rightarrow \pi^+ + \pi^- + \pi^0$.画出表示该过程的费曼图.

*1.15　π-核子共振态 Δ(见图 1.14)中心质量为 $1\,232\,\mathrm{MeV}/c^2$,其自旋为 $J =$

3/2. 它主要衰变到一个 π 介子，其 $J = 0$，加上一个核子，其 $J = 1/2$，同时它还有另一衰变模式 $\Delta \rightarrow n + \gamma$，其分支比为 0.55%. 利用式 (1.36) 计算过程 $\gamma + p \rightarrow \Delta^+$ 的散射截面的峰值. 宇宙微波背景中包含的光子温度为 $T = 2.73 \text{ K}$，密度为 400 cm^{-3}. 试估算初级宇宙射线中的质子需要多大的能量才能在与微波背景的碰撞中激发出 Δ 共振的峰. 假设光子的能量为 $2.7 kT$，且发生的是对心碰撞. 这种质子的平均自由程是多少？

第 2 章　相对论变换和等效原理

作为第 3 章讨论不变性原理和对称性的准备,我们在这一章总结相对论变换和洛伦兹不变性、等效原理以及爱因斯坦广义相对论场方程的重要解.这些是我们在以后的章节中讨论宇宙学的核心.熟悉这些内容的读者可以直接跳到第 3 章.

2.1　狭义相对论中的坐标变换

爱因斯坦 1905 年提出的狭义相对论,包含了**惯性参照系**之间的变换.惯性参照系中牛顿惯性定律成立:这一参照系下的物体,如果没有受到任何外加的力,将会保持静止或匀速直线运动状态.尽管严格说来惯性参照系是一个理想化的概念,不过一个远离任何场或者引力质量的参考系可以近似当作这种参照系,就像在地球上自由下落的电梯一样.在加速器上进行的高能物理实验的标度下,引力效应小到可以忽略,所以无论出于什么样的实验意图和目的,实验室都可以被看作惯性系.然而在宇宙尺度下引力是基本相互作用中最重要的.

我们在这里列出狭义相对论中惯性参照系之间的坐标变换,称作洛伦兹变换.得到这种变换出于两个假设:坐标变换必须是线性的(在非相对论极限下符合伽利略变换);真空中的光速 c 在所有的惯性参照系下必须一样(这一点已经被许多实验证实).惯性参照系 Σ' 相对于惯性参照系 Σ 沿 x 轴运动,速度为 v,那么一个事件在惯性参照系 Σ' 中的坐标 x', y', z', t' 与它在惯性参照系 Σ 中的坐标 x, y, z 和 t 之间的关系为

$$x' = \gamma(x - vt) \quad y' = y \quad z' = z \quad t' = \gamma\left(t - \frac{vx}{c^2}\right) \tag{2.1}$$

其中,$\gamma = (1 - v^2/c^2)^{-1/2}$ 就是所谓的洛伦兹因子.当 $v \to 0$,$\gamma \to 1$,$x' \to (x - vt)$,$t' \to t$,与伽利略变换一样.以上变换也保证了光速不变:$x'^2 + y'^2 + z'^2 - c^2 t'^2 = x^2 + y^2 + z^2 - c^2 t^2 = 0$.

根据这些变换,在参照系 Σ' 中测得的 x 轴方向的距离,在参照系 Σ 中测量时会出现缩短,而时间间隔出现延长. 首先,假设一根沿 x 轴放置的杆在参照系 Σ' 中静止,这时在任意时刻 t' 测得的长度为 $l' = x_2' - x_1'$. 在参照系 Σ 中,杆的两端的观测者 O_2 和 O_3 的坐标必须在当杆经过它们时,在时刻 t 同时测得,这时处于它们中间位置的观测者 O_1 能同时接收到来自它们的信号(如图 2.1). 根据公式(2.1),这些观测者记录的结果为

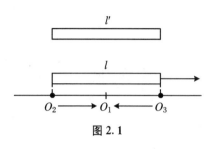

图 2.1

$$x_1 = \frac{x_1'}{\gamma} + vt, \quad x_2 = \frac{x_2'}{\gamma} + vt$$

因此在参照系 Σ 中的观测者测到的"被压缩的"长度为

$$l = x_2 - x_1 = \frac{x_2' - x_1'}{\gamma} = \frac{l'}{\gamma} \tag{2.2}$$

同样地,参照系 Σ 中长度为 l 的静止的杆被参照系 Σ' 中的观测者测量的长度为 $l' = l/\gamma$. 这与(2.2)式不矛盾. 在两种情况下,长度缩短的都是运动着的杆,而这两种情形是对称的,因为测量运动着的杆的长度需要三个观测者,而在杆静止的那个参照系作测量仅仅需要一个观测者. 当然,杆并不是真的缩短了,它仅仅反映了长度的测量对于作相对运动的观测者是不同的.

第二,假设有一个钟静止于运动着的参照系 Σ' 中,它固定于坐标 x'. 令 t_1' 和 t_2' 为这个钟在参照系 Σ' 中记录的两个时刻. 根据式(2.1)可以得到,在参照系 Σ 中的观测者记录的时间为

$$t_1 = \gamma\left(t_1' + \frac{vx'}{c^2}\right), \quad t_2 = \gamma\left(t_2' + \frac{vx'}{c^2}\right)$$

在此种情况下,有

$$t = t_2 - t_1 = \gamma(t_2' - t_1') = \gamma t' \tag{2.3}$$

所以运动着的钟与静止参照系中静态观测者所带的一样的钟相比显得慢了.

以上关系可以利用图 2.2(a)和图 2.2(b)以及例 2.1 所示的一个杆、一个光源和一个镜子通过简单的几何构建来理解.

例 2.1 利用下述情形证明以上变换. 一个运动着的杆,一端装有一个光源,另一端装有一个镜子. 这个杆和其运动方向(a)垂直;(b)平行.

首先看图 2.2(a). 一端有一个脉冲光源 S、另一端有一个镜子 M 的杆,在参照系 Σ' 中静止,长度为 l'. 而参照系 Σ' 相对于参照系 Σ 沿 x 轴以速度 v 运动,并且杆和 y 轴平行. 在参照系 Σ' 中测到的光脉冲到达镜子然后返回的时间显然是 $t' = 2l'/c$. 然而,在参照系 Σ 中这个来回所用的时间为 t,这个过程中杆已经沿 x 轴运动了距离 vt. 两个参照系中的横向距离相等($l = l'$),所以直角三角形中的关系

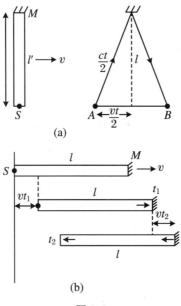

(a)

(b)

图 2.2

给出

$$\left(\frac{ct}{2}\right)^2 = \left(\frac{ct'}{2}\right)^2 + \left(\frac{vt}{2}\right)^2$$

即

$$t = \frac{t'}{\sqrt{1 - v^2/c^2}} = \gamma t' \tag{2.4}$$

与前面的结果一致. 在另一种情形下, 如图 2.2(b), 杆沿 x 轴方向. 在参照系 Σ' 中测到的光脉冲到达镜子然后返回的时间依然是 $t' = 2l'/c$. 然而, 在参照系 Σ 中, 由于镜子在运动, 光脉冲到达镜子的时间 t_1 更长了, $ct_1 = l + vt_1$, 即 $t_1 = l/(c - v)$. 从镜子返回的信号经过时间 t_2 到达光源, $ct_2 = l - vt_2$, 即 $t_2 = l/(c + v)$. 因此在参照系 Σ 中的总时间为

$$t = t_1 + t_2 = \frac{2l}{c(1 - v^2/c^2)} \tag{2.5}$$

然而, 从式 (2.4) 可知

$$t = \frac{t'}{\sqrt{1 - v^2/c^2}} = \frac{2l'}{c\sqrt{1 - v^2/c^2}} \tag{2.6}$$

比较最后两个表达式, 我们得到式 (2.2) 所表达的尺缩效应

$$l = \frac{l'}{\gamma} \tag{2.7}$$

2.2　不变间隔和四矢量

我们已经看到对相同事件的时间和空间间隔的测量结果在不同参照系下是不同的. 然而, 相对论理论的目标是运用在所有参照系下不变的方式来构建物理方程. **不变间隔**, 或者叫作**线元**, 是由两个事件的坐标差的平方组成的, 定义为

$$\begin{aligned}
\mathrm{d}s^2 &= c^2\mathrm{d}t'^2 - \mathrm{d}x'^2 - \mathrm{d}y'^2 - \mathrm{d}z'^2 \\
&= c^2\mathrm{d}t^2 - \mathrm{d}x^2 - \mathrm{d}y^2 - \mathrm{d}z^2 \\
&= c^2\mathrm{d}\tau^2
\end{aligned} \tag{2.8}$$

它在所有的惯性参照系中的值一样, 把式(2.1)带入很容易证明这一点. 这个间隔因而在惯性参照系之间的洛伦兹变换之下保持不变. 因为 $\mathrm{d}s$ 包含三个空间坐标和一个时间坐标分量, 所以被称为**四矢量**. 用四矢量的形式来描述物理方程显然是我们所想要的, 这样可以使这些方程在所有的惯性参照系中都成立. 在惯性参照系之间的洛伦兹变换之下的四矢量不变性类似于在三维空间中转动或平移之下三维矢量的长度不变. 在式(2.8)的第三行, τ 表示固有时间, 也就是固定在惯性坐标系中的钟所显示的时间($\mathrm{d}x = \mathrm{d}y = \mathrm{d}z = 0$). 根据 $\mathrm{d}s^2$ 为正、零或负, 间隔 $\mathrm{d}s$ 被称为类时、类光或类空的.

我们注意到, 如果坐标的变化遵循光线的路径, 那么由毕达哥拉斯定理和光线在惯性系中走直线这个事实可以得到 $\mathrm{d}s^2 = 0$. 在非惯性参考系中, 也就是相对于惯性参考系作加速运动的参考系中, 光并不沿直线传播, 并且空间/时间是非欧几里得的, 或者说成"弯曲"的, 这将在以下章节讲到. 然而, 在非惯性系中的光线依然满足 $\mathrm{d}s^2 = 0$, 因为我们总是可以定义惯性参照系(满足 $\mathrm{d}s^2 = 0$)使之和加速参照系(AF)瞬时共动——在瞬时拥有一样的变换性质. 所以, 加速参照系中的间隔可以分成在共动惯性参照系中微小的间隔的连续序列, 每个间隔满足 $\mathrm{d}s^2 = 0$. 所以在任意参照系中, 零间隔是光子(或者任何无质量的其他粒子)的一个一般性质.

在先前的描述中我们用的是直角坐标, 但是我们也可以通过球坐标 r, θ 和 φ 来建立间隔, 其中 r 是径向坐标, θ 是极角, φ 是沿 z 轴的方位角. 我们可以写下

$$\mathrm{d}s^2 = c^2\mathrm{d}t^2 - \mathrm{d}r^2 - r^2(\mathrm{d}\theta^2 + \sin^2\theta\mathrm{d}\varphi^2) \tag{2.9}$$

也就是说, $\mathrm{d}x$ 被 $\mathrm{d}r$ 代替, $\mathrm{d}y$ 被 $r\mathrm{d}\theta$ 代替, $\mathrm{d}z$ 被 $r\sin\theta\mathrm{d}\varphi$ 代替.

爱因斯坦在 1915 年提出的**广义相对论**考虑了提供一个对于所有可能的参照系都不变的物理现象的描述, 包括那些相对于惯性参照系作加速运动的参照系, 并

且加速度是由引力场引起的. 爱因斯坦的广义相对论场方程基于非常重要的**等效原理**, 也是我们以下将要讨论的.

2.3　等效原理: 引力场中的钟

假设给一个在惯性参照系 Σ 中初始静止的观测者沿 x 轴方向的**小的**加速度 a. 根据牛顿力学, 他/她对于在 Σ 中的、坐标为 x, y, z 和 t 的一个事件所记录的空间坐标将为

$$x' = x - \frac{1}{2}at^2, \quad y' = y, \quad z' = z$$

根据 $x = x' + \frac{1}{2}at^2$ 和 $dx = (\partial x/\partial x')dx' + (\partial x/\partial t)dt = dx' + at\,dt$, 不变间隔式 (2.8) 为

$$
\begin{aligned}
ds^2 &= c^2dt^2 - dx^2 - dy^2 - dz^2 \\
&= (c^2 - a^2t^2)dt^2 - 2at\,dx'dt - dx'^2 - dy'^2 - dz'^2 \quad (2.10)
\end{aligned}
$$

第二行表示的是在加速参照系 Σ' 中测量的空间坐标. 固定在这个加速系中的钟显示的时间 t', 也就是当 $dx' = dy' = dz' = 0$ 时, 为 $ds^2 = c^2dt'^2$, 也即

$$dt'^2 = (1 - a^2t^2/c^2)dt^2 \quad (2.11)$$

作加速运动的钟在 Σ 中测得的瞬时速度为 $v = at$, 所以这个钟测得的固有时间间隔 dt' 和在 Σ 中静止的同样的钟测得的 dt 的关系也可以写为

$$dt'^2 = (1 - v^2/c^2)dt^2 \quad (2.12)$$

这也即通常的时间延迟公式 (2.3). 这个加速观测者认为, 参照系 Σ 的钟的时间间隔 dt 相比于他自己的钟所显示的时间间隔 dt' 延长了. 这里的时间间隔 dt' 和与加速的钟瞬时共动的、相对于参照系 Σ 有速度 v 的**惯性参照系** Σ'' 中静止的同样的钟所测得的时间间隔相同. 加速的钟经过时间 t 运动的距离为 $H = at^2/2$, 所以 $a^2t^2 = 2aH$, 公式 (2.11) 可以写为

$$dt'^2 = (1 - 2aH/c^2)dt^2 \quad (2.13)$$

爱因斯坦的**等效原理**说的是, 相对于惯性参照系 Σ 加速的参照系 Σ' 完全等效于在 Σ 中静止的、但是处于**均匀**引力场中的系统. 注意 "均匀" 这个词. 地球上的引力是不均匀的, 因为它指向地球的中心所以在不同的地方有不同的方向. 在悉尼和在伦敦的自由下落的电梯沿着不同的方向加速. 但是在一个**局域**位置上, 也就是其延展面相对于地球的半径非常小, 这时引力场几乎是均匀的. 事实上, 潮汐力正是由于在有限距离上引力在方向和大小上微小的差别所导致的 (见图 2.3

和例 2.2).

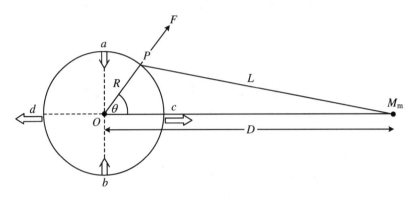

图 2.3

注:潮汐力在这里用宽箭头表示出来,其产生的原因是,一个遥远物体(本例中是月亮)
产生的引力,在地球表面有限的距离上变化,见例 2.2.

例 2.2 计算在月亮的吸引下海洋潮汐的高度,假设固体地球本身是完全刚性的.比较太阳和月亮的潮汐效应.

图 2.3 显示了(没有按比例画出)地球和月亮,地球的地心为 O,质量为 M_e,半径为 R,月亮质量为 M_m,离地心 O 的距离为 D.月球的引力在 P 点产生的势为(G 为引力常数):

$$V = \frac{GM_m}{L} = GM_m \left(D^2 + R^2 - 2RD\cos\theta\right)^{-1/2}$$

$$= \frac{GM_m}{D}\left(1 - \frac{R^2}{2D^2} + \frac{R}{D}\cos\theta + \frac{3R^2}{2D^2}\cos^2\theta + \cdots\right)$$

其中,第二行是二项式展开的结果,并且我们忽略了含 $(R/D)^3$ 的项以及更高阶的项.P 点每单位质量受到的径向力为

$$F = -\frac{\partial V}{\partial R} = -\frac{GM_m}{D^2}\cos\theta + \frac{GM_m R}{D^3}(3\cos^2\theta - 1)$$

右边第一项就是整个地球在月球引力下单位质量受到的力 GM_m/D^2 的径向分量.第二项是潮汐力.对于 $\theta = 0$ 或 π,对应图 2.3 的 c 点和 d 点,它是径向向外的(也就是涨潮),而对于 $\theta = \pi/2$ 或 $3\pi/2$,对应 a 点和 c 点,它是径向向内的(也就是落潮).和地球表面单位质量受到的地球引力 GM_e/R^2 相比,潮汐力的幅度在 $GM_m R/D^3$ 的量级.如果潮汐高度为 h,那么地球引力在这段距离上的减少必须刚好等于月球的潮汐力:

$$h\frac{\partial(GM_e R^2)}{\partial R} = \frac{2GM_m R}{D^3}$$

或

$$\frac{h}{R} = \frac{M_m}{M_e}\left(\frac{R}{D}\right)^3$$

代入常数 $M_e = 5.98 \times 10^{24}$ kg, $M_m = 7.34 \times 10^{22}$ kg, $D = 3.84 \times 10^8$ m, $R = 6.37 \times 10^6$ m, 得到 $h = 0.4$ m. 这稍微低估了, 因为地球不是完全刚性的并且在月亮引力的作用下凸出了一点(在沿海或入海口的浅海看到的潮汐当然高得多, 典型地为深海中高度的 10 或 20 倍).

太阳对地球的引力与月亮相比是巨大的, 但是潮汐依赖于引力的导数, 利用附录 A 给出的常数很容易得到太阳潮汐小于月亮潮汐的一半.

一个均匀的引力场等价于相对一个惯性系的恒定加速度, 这种等价性来源于引力质量与惯性质量的等价性. 物体的惯性质量定义为所受力 F_I 与产生的加速度 g 的比值, 即

$$F_I = M_I g$$

引力质量是通过在引力场中物体所受的力来定义的, 例如, 在距离物体为 r 的质点 M 产生的引力场中, 有

$$F_G = M_G \frac{GM}{r^2}$$

如果 F_I 就是引力 F_G, 那么"引力加速度"为

$$g = \frac{M_G}{M_I} \frac{GM}{r^2} \tag{2.14}$$

这样的话, 所有的物体都有相同的 g, 只要它们具有相同的引力质量和惯性质量之比. 等效原理已经由精密的扭秤实验检验了. 这类实验有很长的历史, 始于 20 世纪 20 年代 Baron Eötvos 在布达佩斯进行的开创性实验. 图 2.4 示意了这个转矩平衡

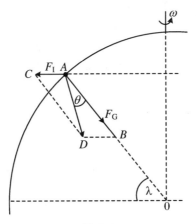

图 2.4

注:海平面上纬度为 λ 的物体所受力为正比于引力质量 M_G 的引力 F_G 和正比于惯性质量 M_I 的离心力 F_I 的合力 AD.

实验的原理. 位于地球表面纬度 λ 上的 A 物体受到两个力: 正比于引力质量 M_G 的、沿直线 AB 指向地心的引力 F_G, 和正比于惯性质量 M_I 的、沿 AC 方向的、由地球自转引起的离心力 F_I. 如果把一个物体用细绳悬挂起来, 细绳将沿着这些力的合力 AD 的方向, 它与局地垂直方向的夹角 θ 依赖于比值 $R = M_I/M_G$.

根据等效原理, R 应该对于由任何材料构成的一切物体都是一样的(而这样的话我们定义单位使 $R = 1$, 并且简单地称为物体的"质量"). 为了检验这一点, 两个质量相同但材料不同的物体被悬挂在一根水平杆的两端, 杆自身被一根扭转纤维悬挂着. 如果不同材料的物体有不同的 R, 那么它们的 θ 角也不同, 而结果依赖于作用在单摆上的总效果, 它会在整个装置转动 $180°$ 后改变符号. 对于一个有足够长的自然振荡周期的单摆, 通过运用太阳而不是地球的引力可以得到更高的灵敏度. 这样人们寻找一个 12 小时振荡周期的转矩系统, 因为这段时间内地球自转导致的离心力相对太阳的引力场会改变符号. 运用这种方法, Braginsky 和 Panov(1972) 使用铂和铝的团块, 定出了这两种物质可能的 R 值的差别的极限为 $\Delta R/R < 10^{-12}$.

以上实验对于量级为一个天文单位的长距离上的引力场是敏感的. 另外一类转矩设置, 可能人们把它叫作"桌面"实验, 是由 Gundlach 等人(1997)演示的, 它在小到 1 cm 距离上对等效原理的任何偏离都是敏感的. 它比较了铜和铅的团块相对于一个由 3 吨的铀构成的大质量吸引体产生的加速度. 这个实验找到了在这种情形下 $\Delta R/R < 10^{-8}$ 的微小差别. 综上所述, 等效原理看起来能很好地成立.

所以, 根据式(2.14), 所有的物体, 无论质量是多少, 都有一样的引力加速度——(可能是虚构的)伽利略的比萨斜塔故事首先阐明了这一点. 这意味着, 如果一个人在一个自由下落的电梯中伸长手臂拿着牛顿那颗著名的苹果然后释放它, 它将完全保持相对电梯参照系的原本位置不动. 所以根据牛顿的惯性定律, 一个自由下落电梯中的局域区域确实是一个惯性系, 因为在那个系统中苹果保持静止状态. 前面讲过, 这一点仅仅在引力场完全均匀的、小的空间区域中严格成立. 在地球上具有一定空间范围的真实电梯中, 分开放置于电梯两端的苹果当然会受到潮汐力而逐渐相互靠近(见图 2.3). 图 2.5 描绘了一个重物被弹簧悬挂在盒子中的几种不同情形, 首先是盒子处于惯性系中, 然后是在引力场中, 然后是在加速系中, 最后是在自由下落系中. 虽然以上我们只考虑了机械学, (所谓的)**强等效原理**声称, 对于**所有**的基本相互作用, (均匀)引力场中的自由下落系就是惯性系.

通过以上讨论以及方程(2.12)和方程(2.13), 我们看到可以将一个加速运动着的钟替换成在具有引力加速度 a 的引力场中的一个相同的**静止**的钟, 这样

$$dt'^2 = \left(1 + \frac{2\Delta\Phi}{c^2}\right)dt^2 \tag{2.15}$$

其中, dt' 是引力场中的钟的时间间隔, dt 是远离任何引力场的惯性系中的相同的钟的时间间隔, $\Delta\Phi = -aH$ 是引力势之差. 对于遥远的钟, $\Phi = 0$, 而对于引力场中

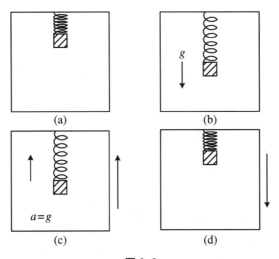

图 2. 5

注：一个质点用弹簧悬挂在一个封闭盒子的顶部，有四种不同情形．在(a)中盒子处于惯性系中，弹簧没有伸长．在(b)中盒子处于引力场中，等价于一个加速度 g 使弹簧伸长了．在(c)中盒子被加速，相对于惯性系具有加速度 $a = g$，弹簧也伸长了．最后在(d)中盒子在均匀引力场中自由下落．弹簧没有伸长．由于等效原理，盒子中的观察者不能区分(b)和(c)或(d)和(a)．

的钟，$\Phi < 0$．所以处于低的(负的)引力势中的钟，比如在海平面上的钟，应该比处于山顶的具有更高的(负得更少的)引力势中相同的钟走得慢．这一预言的引力移动被 Pound 和 Snider(1964)通过实验证实了．在他们的实验中，^{57}Fe 放出的 γ 射线通过一个垂直的 22 m 的管子落到底部，其频率 f 产生的非常小的(10^{-15})增加，利用放置于底部的 ^{57}Fe 吸收体的穆斯堡尔效应测量到了．处于高势能的发射体发出的光子相比于处于低势能的吸收频率"蓝移"了，而这可以通过多普勒效应来补偿，也就是让吸收体以一个合适的速度 $v/c = \Delta f/f \sim 10^{-15}$ 缓慢向下运动．从那个时期开始，原子钟已经可以装上飞机，通过和处于地面的相同的钟作比较来直接地验证以上公式了．

　　相对于处于 $\Phi = 0$ 的一个遥远的钟，一个质点 M 在距离 r 处产生的引力场中的一个钟具有引力势 $\Phi = -GM/r$，这样

$$\mathrm{d}t'^2 = \left(1 - \frac{2GM}{rc^2}\right)\mathrm{d}t^2 \tag{2.16}$$

这里所作的分析是假设加速度的值很小，也就是说，$\Delta\Phi \ll c^2$．然而，巧合的是，式(2.15)和式(2.16)即使对于强场也是正确的，可以给出和在广义相对论的完备分析下一样的结果．

2.4 广义相对论

广义相对论的完整讲解冗长而超出了本文的范围,读者可以参考例如 Oxford Master Series 中的一本《Relativity, Gravitation and Cosmology》,作者是 Ta-Pei Cheng.这里,我们仅仅列出爱因斯坦场方程,讨论在以后章节中会用到的两种重要的解.

在狭义相对论中,在所有惯性系下成立的物理方程可以用标量和矢量(也就是零阶张量和一阶张量)的形式表述.然而广义相对论中,对所有参照系成立的(所谓的)协变物理方程中出现的量必须用二阶张量表达.如果我们用另一种记号来写式(2.1)中的坐标,即 $ct = x^0, x = x^1, y = x^2, z = x^3$,那么式(2.8)可以用时空**度规**的形式写出来:

$$ds^2 = \sum g_{\mu\nu} dx^\mu dx^\nu \tag{2.17}$$

其中,求和是对于 $\mu, \nu = 0,1,2,3$,而 $g_{\mu\nu}$ 是一个 4×4 矩阵,叫作**度规张量**.

这里,坐标被标注成上(逆变)指标,而度规张量被标注为下(协变)指标,这是根据它们如何随坐标系变换而变换来定的.不变的标量总能写成协变和逆变量的乘积.对于一般的坐标系,包括那些相对惯性系作加速运动的坐标系,$g_{\mu\nu}$ 的元是时空坐标 x^μ 的函数.然而,仅对于惯性系,它拥有简单的形式,对角元是常数,并且所有的非对角元都等于零:

$$g_{00} = +1, \quad g_{11} = g_{22} = g_{33} = -1; \quad g_{\mu\nu} = 0 \ (\mu \neq \nu) \tag{2.18}$$

或者用矩阵形式写出

$$g_{\mu\nu} = \begin{bmatrix} 1 & 0 & 0 & 0 \\ 0 & -1 & 0 & 0 \\ 0 & 0 & -1 & 0 \\ 0 & 0 & 0 & -1 \end{bmatrix}$$

和式(2.8)是一致的.

在广义相对论中,度规张量,顾名思义就是描述时间/空间的几何性质,特别是它不同于狭义相对论的"平直"的所谓 Minkowski 度规.爱因斯坦确实将引力效应归因于空间几何由于质量的存在而引起的曲率或者"形变".描述偏离平直空间的最重要的量是 Riemann 曲率张量,它是 $g_{\mu\nu}$ 导数的函数.从这可以得到叫作 Ricci 张量 $R_{\mu\nu}$ 的量,而 Ricci 标量 $R = g_{\mu\nu} R_{\mu\nu}$.这些量出现在爱因斯坦张量的表达式中,$G_{\mu\nu} = R_{\mu\nu} - (R/2) g_{\mu\nu}$.此张量是对称的($G_{\mu\nu} = G_{\nu\mu}$),并且散度为零,而爱因斯坦的过人天赋就是提出它应该正比于能量动量张量 $T_{\mu\nu}$,后者由于能量和动量守恒也

是对称和无散度的.他通过非相对论的、弱场极限下的牛顿引力定律导出了比例常数.这样爱因斯坦场方程成为

$$G_{\mu\nu} = -8\pi G\,\frac{T_{\mu\nu}}{c^4} \tag{2.19}$$

其中,G 为牛顿引力常数.总共有 $4\times4=16$ 个方程,但由于 $G_{\mu\nu}$ 的对称性而减少到 10 个,其中仅有 6 个是独立的.在静态极限下,相关的 $\mu=\nu=0$ 分量为 $G_{00} = -2\nabla^2\Phi/c^2$ 和 $T_{00}=\rho c^2$,其中 Φ 是引力势,ρ 是物质密度.在这一极限下,以上这组方程变成了牛顿引力下的泊松方程:

$$\nabla^2\Phi = 4\pi G\rho \tag{2.20}$$

对于一个球对称势,$\nabla^2\Phi = (1/r^2)[\partial(r^2\partial\Phi/\partial r)/\partial r]$,通过对它积分给出

$$\Phi(r) = \frac{2\pi G\rho r^2}{3}$$

而对于处于原点 $r=0$ 的质点 M 的引力场,牛顿的平方反比率成为

$$F(r) = \frac{\partial\Phi}{\partial r} = \frac{GM}{r^2}$$

前面几段简要列出了爱因斯坦场方程的形式.下面将提到两个重要解.

2.5　史瓦西线元、史瓦西半径及黑洞

广义相对论的爱因斯坦场方程的一个非常重要的解是由史瓦西在 1916 年得到的,适用于一个总质量为 M、远离其他引力质量的球对称质量分布的邻域.在此情况下,度规张量元不再像式(2.18)中那样为常数,而是坐标的函数.史瓦西线元的形式为

$$ds^2 = \left(1 - \frac{2GM}{rc^2}\right)c^2dt^2 - \left(1 - \frac{2GM}{rc^2}\right)^{-1}dr^2 - r^2(d\theta^2 + \sin^2\theta d\varphi^2) \tag{2.21}$$

其中,球极坐标 t,r,θ 和 φ 都是由一个惯性系,即一个相对于质量 M 作自由落体的参照系中的观测者测到的.如果我们令 $dr=d\theta=d\varphi=0$,固有时间间隔 $d\tau$ 满足 $d\tau^2=ds^2/c^2$,由在质量 M 的引力场中静止的钟测出.从上述方程的右边第一项我们看到,和在(自由下落的)惯性系中一个同样的钟的间隔值 dt 相比,$d\tau$ 缩短了,满足

$$d\tau = \sqrt{1 - \frac{2GM}{rc^2}} \cdot dt \tag{2.22}$$

正如在式(2.16)中已经给出的.引力场中的钟走得慢! 当这个钟放置在径向坐标 $r = 2GM/c^2$ 处时,$\mathrm{d}\tau = 0$,所以这个当地钟显示的时间好像凝固了.这一量

$$r_s = \frac{2GM}{c^2} \tag{2.23}$$

叫作质量 M 的**史瓦西半径**.这是什么意思呢? 考虑一个速度为 v 的粒子沿径向方向靠近质量 M.它感受到的向内加速度为

$$\frac{\mathrm{d}v}{\mathrm{d}t} = -v\frac{\mathrm{d}v}{\mathrm{d}r} = \frac{GM}{r^2}$$

积分之后,假设在 $r = \infty$ 时 $v = 0$,我们得到半径 r 处的速度为

$$v^2 = \frac{2GM}{r}$$

将粒子的运动路径反过来,我们看到 v 是 r 处的逃逸速度.因此式(2.23)中史瓦西半径的意思是说这一半径处的逃逸速度 $v = c$,所以没有粒子,甚至光子能够从这一半径之内逃出.这样它看起来像一个**黑洞**.我们也注意到,正如下面的多普勒频移公式(2.36)表明的,在史瓦西半径处光的频率变为零(即引力红移为无限大).第9章、第10章将会给出关于史瓦西半径的讨论以及黑洞的实验证据.

公式(2.21)可以用来计算由质量 M 的引力场导致的光线偏折,而这为爱因斯坦广义相对论提供了一种早期证明.利用狭义相对论和等效原理,我们在这里可以发现史瓦西解的形式实际上可以用完全启发式的论述来理解.实际上,爱因斯坦已经用了等效原理来得到他的广义相对论.这里沿用 Adler,Balzin 和 Schiffer (1965)给出的处理方法,确定出一个惯性系中的间隔表达式和一个在孤立质点 M (处于原点 $r = 0$)的引力场中静止的参照系(我们称为加速系)中的间隔表达式相联系的因子.在惯性系中,球坐标系下的间隔用狭义相对论公式(2.9)给出:

$$\mathrm{d}s^2 = c^2\mathrm{d}t^2 - \mathrm{d}r^2 - r^2(\mathrm{d}\theta^2 + \sin^2\theta\mathrm{d}\varphi^2) \tag{2.24}$$

其中,对于光子,$\mathrm{d}s^2 = 0$.根据等效原理,在加速系中静止的一个标准杆的长度,如果由沿加速度(径向)方向自由下落的惯性系中的观测者测出,则这一长度相比于在这个惯性系中静止的一个同样的杆来说**缩短**了.长度的平方减小了一个因子 $1 - v^2/c^2 = 1 - 2GM/(rc^2)$,其中 v 是相对 M 自由下落的惯性系在 r 处的瞬时速度.另一方面,当这个惯性系的观测者测量在加速系中静止钟的时间间隔时,测到的间隔相比于在惯性系中静止的同样的钟的时间间隔来说**延长**了,因为引力场中的钟走得慢.时间间隔的平方增加了因子 $[1 - 2GM/(rc^2)]^{-1}$,和式(2.16)中一样.这一问题的球对称性意味着这些因子仅仅依赖于半径 r.因此,从 t,r,θ 和 φ 的值以及它们的增量,并且现在这些都是在有引力场的情形下由惯性观测者测出的,我们可以将以上因子去掉来得到间隔的表达式.所以式(2.24)成为

$$\mathrm{d}s^2 = c^2\left(1 - \frac{2GM}{rc^2}\right)\mathrm{d}t^2 - \left(1 - \frac{2GM}{rc^2}\right)^{-1}\mathrm{d}r^2 - r^2(\mathrm{d}\theta^2 + \sin^2\theta\mathrm{d}\varphi^2)$$

和史瓦西线元式(2.21)相同. 注意到我们**没有**从第一性原理得到这一变换, 而是仅仅阐明了式(2.21)和我们所已知的狭义相对论以及等效原理是一致的.

2.6　质点引起的光的引力偏折(爱因斯坦星移)

考虑一束光经过一个孤立质点 M 的角度偏折. 光的**有效**速度 c' 由令式(2.21)中 $\mathrm{d}s^2 = 0$ 来得到. 如果我们仅仅需要 r 的依赖性 $c'(r)$, 那么固定 θ 和 φ 我们得到

$$c'^2 = \frac{\mathrm{d}r^2}{\mathrm{d}t^2} = c^2\left(1 - \frac{2GM}{rc^2}\right)^2$$

即

$$c'(r) = c\left(1 - \frac{2GM}{rc^2}\right) \tag{2.25}$$

这里"光的有效速度"的意思是 $\mathrm{d}r/\mathrm{d}t$ 的值由于在引力场的存在下距离和时间的变换方式而不同于光在惯性系中的速度值. 靠近 M 的光的速度**似乎**变小了. 引力场的效应等同于引入一个折射率 $n = c/c'$, 而偏折可以用同样的方式计算出来.

在光被质点的引力场散射的过程中, 假设光线沿 x 轴传播, 所以对于给定的沿着垂直的 y 轴的碰撞参数 y, 我们需要找到 c' 作为 x 的函数(见图 2.6). 因为不依赖于方位角 φ, 所以从式(2.21)我们得到(对于 $GM \ll rc^2$):

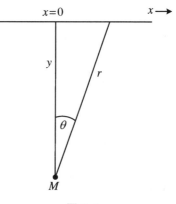

图 2.6

$$
\begin{aligned}
\mathrm{d}s^2 &= c^2\left(1 - \frac{2GM}{rc^2}\right)\mathrm{d}t^2 - \left(1 + \frac{2GM}{rc^2}\right)\frac{\mathrm{d}r^2}{\mathrm{d}x^2}\mathrm{d}x^2 - r^2\frac{\mathrm{d}\theta^2}{\mathrm{d}x^2}\mathrm{d}x^2 \\
&= c^2\left(1 - \frac{2GM}{rc^2}\right)\mathrm{d}t^2 - \mathrm{d}x^2\left[\left(1 + \frac{2GM}{rc^2}\right)\frac{x^2}{r^2} + \frac{r^2 y^2}{r^4}\right] \\
&= c^2\left(1 - \frac{2GM}{rc^2}\right)\mathrm{d}t^2 - \mathrm{d}x^2\left(1 + \frac{2GMx^2}{c^2 r^3}\right)
\end{aligned}
$$

在这一情况下, 有效光速由下式给出

$$c'^2 = \left(\frac{\mathrm{d}x}{\mathrm{d}t}\right)^2 = c^2\left[1 - \frac{2GM(1 + x^2/r^2)}{rc^2}\right] \tag{2.26}$$

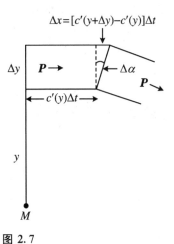

图 2.7

波矢 P 经过一个短的时间间隔 Δt 后的偏折(见图 2.7)

$$\Delta\alpha = \frac{\Delta x}{\Delta y} = \left[c'(y + \Delta y) - c'(y)\right]\frac{\Delta t}{\Delta y}$$

所以

$$\mathrm{d}\alpha = \frac{\mathrm{d}c'}{\mathrm{d}y}\mathrm{d}t$$

而

$$\frac{\mathrm{d}\alpha}{\mathrm{d}x} = \frac{1}{c'}\frac{\mathrm{d}c'}{\mathrm{d}y}$$

因为 c 和 c' 的差别非常小,我们可以令分母中 c' $= c$. 因此我们从式(2.26)得到

$$\frac{1}{c'}\frac{\mathrm{d}c'}{\mathrm{d}y} = \frac{GM}{r^2 c^2}\left(\frac{y}{r} + \frac{3x^2 y}{r^3}\right)$$

在散射过程中,y 的值实质上是常数并且等于碰撞参数,也就是 $y = b$. 那么

$$\frac{\mathrm{d}\alpha}{\mathrm{d}x} = \frac{1}{c}\frac{\mathrm{d}c'}{\mathrm{d}y} = \frac{GM}{c^2 r^2}\left(\frac{b}{r} + \frac{3x^2 b}{r^3}\right) \tag{2.27}$$

从 $r = b\sec\theta, x = b\tan\theta, \mathrm{d}x = b\sec^2\theta\mathrm{d}\theta$ 可以得到光束经过时由角度间隔 $\mathrm{d}\theta$ 带来的偏折

$$\mathrm{d}\alpha = \frac{GM}{c^2 b^2}(\cos^3\theta + 3\sin^2\theta\cos^3\theta)\,b\sec^2\theta\mathrm{d}\theta$$

而

$$\alpha = \frac{GM}{c^2 b}\int(1 + 3\sin^2\theta)\mathrm{d}\sin\theta$$

代入积分上下限,$\theta = \frac{\pi}{2}$ 和 $\theta = -\frac{\pi}{2}$,我们得到偏折

$$\alpha = \frac{4GM}{c^2 b} \tag{2.28}$$

我们已经知道,恒星发出的光靠近太阳时产生的偏折是最先被测到的,并且式 (2.28)所预言的值 1.75 arcsec(8.48 μrad)在 1919 年由爱丁顿等人组成的目的地 为普林西比岛和索布拉尔的日食考察队所证实. 这是爱因斯坦广义相对论第一次 被确证.

2.7　夏皮罗延迟

　　和角度偏折一样,当光(或者任何电磁脉冲)靠近时,质点 M 的引力场也会引起时间延迟.这称为夏皮罗延迟,由第一个意识到这种现象的物理学家的名字命名.它产生的原因是空间的"曲率"或者"扭曲"使光子的路径稍微变长了.对这种时间延迟的首次观测是利用水星和金星反射雷达脉冲,当从地球到这些行星的视线靠近太阳时观测返程脉冲的延迟.为了计算这种效应,我们忽略式(2.28)中微小的角度偏折,这样从式(2.26)得到经过路径元 $\mathrm{d}x$ 的传播时间的增量为(对于 $GM \ll rc^2$)

$$\mathrm{d}t = \frac{\mathrm{d}x}{c'} = \frac{\mathrm{d}x}{c}\left[1 + \frac{GM}{rc^2}\left(1 + \frac{x^2}{r^2}\right)\right]$$

而从 $x=0$ 到 $x=X$ 的总传播时间为(变换变量 $x = b\tan\theta$)

$$t = \frac{X}{c} + \frac{GM}{c^3}\int\mathrm{d}\theta\,\frac{1 + \sin^2\theta}{\cos\theta}$$

其中,θ 从 0(在 $x=0$ 处)变到 $\theta_\mathrm{m} = \tan^{-1}\left(\dfrac{X}{b}\right)$(在 $x=X$ 处).所以从 $x=0$ 到 $x=X$ 间隔内的积分时间延迟为

$$\Delta t = \frac{GM}{c^3}\left\{2\ln\left[\tan\left(\frac{\theta_\mathrm{m}}{2} + \frac{\pi}{4}\right)\right] - \sin\theta_\mathrm{m}\right\}$$

$$\approx \frac{GM}{c^3}\left(2\ln\frac{2X}{b} - 1\right) \tag{2.29}$$

其中,通过三角函数展开得到的近似形式,对于 $X>10b$ 时误差小于 0.2%.在实际情况中,我们让 M 为太阳质量而碰撞参数 b 为太阳半径.令 X 等于地球到太阳的距离,那么从距离地球比如 $2X$ 距离的一颗行星上返回的掠过太阳的脉冲,其往返路程上总的时间延迟将为 $4\Delta t \sim 230\,\mu\mathrm{s}$.

2.8　轨　道　进　动

　　广义相对论的另一个早期成就是预言了行星椭圆轨道轴线的微小进动.历史上测量的对象是水星.观测到的真实进动为每百年 532 角秒,除了其中 43 角秒外

都是由其他行星的潮汐力引起的.在爱因斯坦理论之前,这种差别被归因于一颗不曾被发现的行星(祝融星).根据广义相对论,对于"弱场"情形,除了通常的牛顿项 $1/r^2$ 之外,引力中还有一个随 $1/r^4$ 变化的小的额外项.这一效应导致轨道不再是一个有固定轴线的完全闭合的椭圆,但是可以解释为一个轴线随时间缓慢变化的闭合椭圆轨道.其导致的转动角 φ 的变化是可以计算的,方法是从史瓦西线元式 (2.21)出发,应用欧拉-拉格朗日方程(见第 3 章)导出轨道方程.对于半径为 r 的圆周轨道可以得到这个极小的变化为(对于 $r \gg r_s$)

$$\frac{\Delta\varphi}{\varphi} = \frac{3r_s}{2r} = \frac{3u^2}{c^2} \tag{2.30}$$

其中, $r_s = 2GM/c^2$ 是质量为 M 的太阳的史瓦西半径, u 是轨道速度($u^2 = GM/r$).我们也许再次注意到这个公式可以基于等效原理和狭义相对论来理解,按如下所述.行星的轨道角动量 $L = m(\boldsymbol{r} \times \boldsymbol{u}) = mr^2\mathrm{d}\varphi/\mathrm{d}t$ 是一个常数[①](开普勒第二定律).利用方程(2.24)下面的论述,并且从加速系变换到惯性系, r^2 这一量将会缩短一个因子 $1 - r_s/r$,而时间将会延长一个因子 $1/[1 - r_s/(2r)]$.所以 φ (或者 $\int \mathrm{d}t/r^2$)必须增加一个因子 $1 + 3r_s/(2r)$.

对于一个偏心率为 e 、半长轴为 a 的椭圆轨道,可以给出半径矢量 $\boldsymbol{r}$:

$$\frac{1}{r} = \frac{1 + e\cos\varphi}{a(1 - e^2)}$$

对 φ 积分找到一个平均值, $\int(1/r)\mathrm{d}\varphi/2\pi$,然后得到对于一个椭圆轨道,式(2.30)中的 $1/r$ 须换成 $1/[a(1 - e^2)]$.对于太阳和水星的常数值(见习题 2.1),以上公式得到每百年的进动值为 42.9 角秒.计算和观测的进动在 1% 误差内符合,这一事实是相对论理论和天文学家精确测量的双重胜利.更大的轨道进动有待于更强的场,目前为止最显著的例子是双脉冲星系统 PSR J0737-3039 的每年 17° 的进动(见第 10 章).

应当注意到 2.6~2.8 节中所有的检验都是对于**弱引力场**,是对牛顿力学的小的、线性的、微扰的修正.广义相对论经历各种检验后清晰地浮现出来.然而,更重要的检验应该对于非常强的场,这时爱因斯坦场方程的非线性效应会很显著.

2.9　Robertson-Walker 线元

Friedmann(弗里德曼)-Lemaitre-Robertson-Walker 宇宙学模型(简称 FLRW),

---

① L 与轨道平面垂直,所以不受以上变换的影响.

作为宇宙学"标准模型"的一部分,将会在第 5 章中讨论.这里,我们这时仅仅注意这是最简单的模型,基于拥有一致时空曲率的原本各向同性而又均匀的膨胀宇宙的观念.适用于狭义相对论中的惯性系的线元式(2.9)改为适用于广义相对论中 FLRW 模型的形式如下:

$$ds^2 = c^2dt^2 - R(t)^2\left(\frac{dr^2}{1 - kr^2} + r^2d\theta^2 + r^2\sin^2\theta d\phi^2\right) \tag{2.31}$$

其中,$R(t)$ 是宇宙膨胀参数,它乘上了定义于一个随膨胀共动的(即伸长着的)参照系中的径向空间坐标 r,所以从一点到另一点的物理坐标距离 D(适用于宇宙中任何地方,因为宇宙被假设为均匀各向同性的)写为乘积的形式:

$$D(t) = r \cdot R(t) \tag{2.32}$$

点与点之间距离的所有时间依赖性都包含在膨胀因子 $R(t)$ 中.在这个模型中测量 R 的时间是可以通用的,因为原则上观测者可以遍布整个宇宙,而他们可以在膨胀物质的整体密度达到一个特定值时将他们的同样的钟调成同步.参数 k 描述空间曲率.$k = +1$ 对应于正曲率,$k = -1$ 对应于负曲率,$k = 0$ 对应于狭义相对论的平直欧几里得空间.

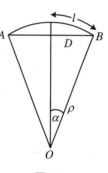

图 2.8

方程(2.31)来源于特殊情形下的广义相对论,即经历各向同性膨胀的拥有一致曲率 k/R^2 的一个均匀各向同性宇宙,并且我们已经简单说明了结果.然而,影响径向坐标的曲率项形式可以从一个二维类比来理解.图 2.8 显示了一个半径为 ρ,中心为 O 的球面的一部分,球面上有两点 A 和 B.A 和 B 之间沿表面的最短距离是大圆的弧 AB,长度为 $2l$.中心所张的角记为 $2\alpha = 2l/\rho$,球面的弦 AB 记为 $2D$,其中 $D = \rho\sin\alpha$.那么

$$D = \sin\frac{l}{\rho}$$

$$dD = \cos\left(\frac{l}{\rho}\right)dl$$

即

$$dl = \frac{dD}{\cos(l/\rho)} = \frac{dD}{\sqrt{1 - D^2/\rho^2}}$$

如果我们定义曲率 $1/\rho^2 = k/R^2$,在这个例子中 $k = +1$,那么根据以上所说的 $D = Rr$,我们得到

$$dl = \frac{Rdr}{\sqrt{1 - kr^2}} \tag{2.33}$$

这是在式(2.31)中的形式,将沿球表面的弧长元 dl 用曲率参数 k 和弦长元 $dD = Rdr$ 表达出来.这个二维类比实际上可以直接推广到三(或更多)个空间维数,因

为这个模型假设了空间的各向同性.然而,这个类比只适用于 $k = +1$,并且对于 $k = -1$ 没有二维类比.

当把 FLRW 度规式(2.31)代入场方程(2.19)后,会得到第 5 章中描述的非常重要的弗里德曼方程(组).方程(2.31)是宇宙学的关键方程之一,在以下几章中将会经常用到.

2.10   牛顿引力的修正?

我们知道,引力的平方反比率(对弱引力场以及非相对论近似成立)对太阳系而言在很大精度上成立,这时对应的距离为天文单位的若干量级之内.然而,人们提出在大得多的距离上,也就是宇宙尺度上(10 亿秒差距或 10^{26} 米),可能需要修正,并且这些修正能够为第 7 章中所描述的现象提供另外一种解释,这一现象即宇宙中 95% 的能量密度似乎来自于全新形式的暗物质/暗能量.尽管目前有广泛的搜寻,然而仍然没有暗物质的**直接**实验证据,例如,以在实验室中可以被探测到的新的基本粒子的形式存在的暗物质.所以,这些是否可能都是在非常大的距离上偏离平方反比率所造成的假象? 正如 7.4 节叙述的,完全没有迹象表明这个原因成立,而我们所知的真实存在的例子是遥远的碰撞星系中可见的发光物质和暗物质明确地分离开了,在碰撞过程中前者主要受到电磁力作用,而后者仅仅受到引力作用并且通过引力(透镜)效应被确认出来.对平方反比率的任何修正都不可能解释此现象.

人们也可以质疑非常小的尺度上的平方反比率.将暗能量的能量密度(约 $5\,\text{GeV} \cdot \text{m}^{-3}$)用自然单位制($\hbar = c = 1$)表达时,可以用来定义一个基本长度,约 $85\,\mu\text{m}$(见 7.4 节).暗能量是否可能某种程度上与在这样小的距离上偏离平方反比率有关呢? 与此相联系的想法是,引力与其他相互作用相比非常弱的原因是由于额外维度在远低于普朗克标度的普通能量下是卷曲起来而无效的.然而,Kapner 等人(2007)的转矩平衡实验已经证明牛顿定律在距离一直小到约 $50\,\mu\text{m}$ 时都具有非常高的精确度.

总的来说,多年来物理学家出于这样那样的原因,在跨越至少三十个量级的距离范围内质疑过牛顿平方反比定律(它当然永远是爱因斯坦场方程的稳态的、非相对论近似)的正确性.然而目前为止所有的证据都确证了牛顿定律.

2.11　相对论运动学:四动量,多普勒效应

狭义相对论中一个粒子的能量和动量在惯性系之间的变换很容易从坐标变换式(2.1)得到,即将 x, y, z 替换成粒子三动量 p 的笛卡尔分量 p_x, p_y, p_z,并将时间分量 t 替换成总能量 E(为了公式的简短取单位制 $c=1$).那么一个惯性系 Σ 和另一个以速度 βc 沿 x 方向相对 Σ 运动的参照系 Σ' 之间的变换为

$$
\begin{aligned}
p_x' &= \gamma(p_x - \beta E) \\
p_y' &= p_y \\
p_z' &= p_z \\
E' &= \gamma(E - \beta p_x)
\end{aligned}
\tag{2.34}
$$

其中 $\gamma = (1 - \beta^2)^{-1/2}$,而

$$
E'^2 - p'^2 = E^2 - p^2 = m^2 \tag{2.35}
$$

其中 m,即粒子的静质量,在变换下保持不变.

以上变换给出了相对论光学中多普勒效应的公式.考虑参照系 Σ 中相对 x 轴以角度 θ 发出的频率为 ν、量子能量为 $E = h\nu$ 的一束光.从式(2.34)得到在参照系 Σ' 中的能量 $E' = h\nu'$ 为(因为在我们取的单位制 $c=1$ 下,对于光子有 $p=E$)

$$
E' = \gamma E(1 - \beta\cos\theta)
$$

而对于 $\theta = 0$,有

$$
\nu' = \gamma\nu(1 - \beta) = \nu\sqrt{\frac{1-\beta}{1+\beta}} \tag{2.36}
$$

所以一个光源以速度 βc 远离观测者运动时,它的频率"红移"了一个因子 ν'/ν.对于 $\theta = \pi/2$,可以得到横向多普勒效应,有

$$
\nu' = \gamma\nu = \nu\left(1 + \frac{\beta^2}{2} + \cdots\right)
$$

所以 ν' 和 ν 的差别对于小的 β 值是 β 的二阶小量,而对于 $\theta = 0$ 是一阶小量.

从式(2.8)我们已经看到间隔 $\mathrm{d}s$ 的平方在惯性系之间的变换下是一个不变量.$\mathrm{d}s$ 这个量叫作**四矢量**,因为它有四个空间和时间分量,而这种洛伦兹变换下的不变性类似于三维空间中三分量矢量的长度平方在坐标轴的平移或旋转下的不变性.

在运动学中我们将式(2.34)中的量表达成四矢量的分量,称为**四动量** p_μ($\mu = 0, 1, 2, 3$),其中对于单个粒子 $p_0 = E, p_1 = p_x, p_2 = p_y, p_3 = p_z$.四动量的平方是一个洛伦兹标量,其值为(在单位制 $c=1$ 下)

$$p^2 = E^2 - |\boldsymbol{p}|^2 = m^2 \tag{2.37}$$

在高能物理散射实验中,粒子在相互作用下被散射的结果可以用**四动量转移** $q_\mu = p_\mu - p'_\mu$ 这个不变量的形式表达出来,也就是 $q^2 = (E - E')^2 - (\boldsymbol{p} - \boldsymbol{p}')^2$,其中不带撇的和带撇的量分别表示一个粒子在相互作用之前和之后的相应量. 散射过程中 q^2 永远是负的,对此结论的证明留作习题.

在运动学问题中,在质心系(CMS)下计算各个量的值是有利的,此系所在的坐标参照系中碰撞粒子的三动量 $\boldsymbol{p}$ 的总和为零.那么不变四动量的平方(可在任意惯性系下计算)刚好等于 CMS 总能量的平方,习惯上记为符号 $s = E^2_{\mathrm{CMS}}$(但是不要和同样的叫作 s 的时空间隔混淆).

2.12   有固定靶和碰撞束的加速器

作为应用四矢量和质心参照系的例子,我们考虑有固定靶和碰撞束的加速器. 假设一束质量为 m_a、能量为 E_a、三动量为 $\boldsymbol{p}_a$ 的粒子与一个质量为 m_b、能量为 E_b、三动量为 $\boldsymbol{p}_b$ 的靶粒子碰撞.那么总的四动量平方为

$$s = (E_a + E_b)^2 - (\boldsymbol{p}_a + \boldsymbol{p}_b)^2 = m_a^2 + m_b^2 + 2(E_a E_b - \boldsymbol{p}_a \cdot \boldsymbol{p}_b) \tag{2.38}$$

可以用来产生新粒子的能量为 $\varepsilon = (\sqrt{s} - m_b - m_a)$. 如果 $E_a \gg m_a$ 且 $E_b \gg m_b$,那么

$$\varepsilon^2 \approx 2(E_a E_b - \boldsymbol{p}_a \cdot \boldsymbol{p}_b) \tag{2.39}$$

(a) 固定靶

如果一束 a 粒子与一个静止的靶 b 碰撞,也就是 $E_b = m_b$ 且 $\boldsymbol{p}_b = 0$,那么

$$\varepsilon \approx (2m_b E_a)^{1/2} \tag{2.40}$$

即可用的能量会随着入射能量的平方根而增加. 有固定靶的加速器的例子有将质子加速到 28 GeV 的 CERN PS(质子同步加速器),以及将质子加速到高达 400 GeV 的 CERN SPS(超级质子同步加速器).

(b) 碰撞束

如果粒子束 a 和 b 发生正碰,那么 $\boldsymbol{p}_a \cdot \boldsymbol{p}_b = - |\boldsymbol{p}_a| |\boldsymbol{p}_b|$,再假设两束粒子都是极端相对论性的,我们得到

$$\varepsilon \approx [2(E_a E_b + |\boldsymbol{p}_a| |\boldsymbol{p}_b|)]^{1/2} \approx \sqrt{4 E_a E_b}$$

在许多对撞机,两束粒子具有相同的质量和能量,即 $E_a = E_b = E$,这时

$$\varepsilon \approx 2E \tag{2.41}$$

所以可用的能量正比于粒子束能量而增加. 一个例子是 CERN 的 LEP Ⅱ $e^+ e^-$ 对

撞机,在同一个真空管中以相反的方向加速电子和正电子.粒子束能量为 $E =$ 100 GeV,所以可用的 CMS 能量为 200 GeV,足够用来研究反应 $e^+ e^- \rightarrow W^+ W^-$ 和 $Z^0 \bar{Z}^0$,其中阈值能量为 $2M_W \sim 160$ GeV 和 $2M_Z \sim 180$ GeV. HERA 机器是一个不对称的电子质子对撞机的例子,它将电子或正电子在一个真空环中加速到 28 GeV,而在另一个位于更高位置的真空环中将质子从另一方向加速到 820 GeV,两束粒子从两个交叉区域出来发生碰撞.在此情形下,CMS 能量平方为 $s =$ 93 000 GeV,粒子之间四动量转移平方的最大有用值为 $|q^2(\max)| \sim 20\,000$ GeV,这是使用固定靶机器中产生的次级 μ 子或中微子束可以得到最大有用值的约 100 倍.

在给定粒子束能量时,碰撞束机器在提供高得多的 CMS 能量方面具有明显的优势,对认证大质量基本粒子起着至关重要的作用——比如 20 世纪 80 年代到 90 年代之间发现电弱相互作用媒介子 $W^\pm$ 和 Z^0,以及底夸克和顶夸克.然而,这时的粒子束仅限于稳定或近似稳定的粒子,比如电子、正电子、质子、反质子、重离子和未来可能的 μ 子(在 $\mu^+ \mu^-$ 对撞机).

固定靶的机器能实现的 CMS 能量更低,但是优点是它们可以产生一系列密集的高能次级粒子束,例如 π、$K^\pm$、K^0、μ、ν_μ.历史上这类加速器为粒子物理的定量研究提供了非常重要的实验基础,包括建立物质的夸克亚结构、20 世纪 60 年代发现的弱相互作用中的 CP 破坏,以及 20 世纪 70 年代建立的电弱理论和描述夸克之间强相互作用的量子色动力学.它们作为碰撞装置的注入器和研究中微子振荡的中微子束的源,在今天仍然有非常重要的应用.

习 题

在本书末尾给出了所有问题的答案.对用星号标出的难度较大的问题有完整的解答.

2.1 利用式(2.30)计算水星轨道的进动,给定以下数据:

$$水星质量 = 3.24 \times 10^{23} \text{ kg}$$
$$半长轴 = 0.387 \text{ A. U.}$$
$$偏心率 = 0.206$$
$$地球质量 = 5.98 \times 10^{24} \text{ kg}$$
$$太阳质量 = 1.99 \times 10^{30} \text{ kg}$$

2.2 在 HERA 碰撞装置中,一个能量为 28 GeV 的电子和一个能量为 800 GeV 的质子中携带其 20% 能量的一个夸克发生正碰,计算动量转移平方 q^2 的最大值,

以 $(\mathrm{GeV}/c)^2$ 为单位.

2.3 中性 π 介子经历衰变 $\pi^0 \to 2\gamma$. 因为 π 的自旋为零,所以在 π 静止系中的 γ 射线角分布是各向同性的.大气层中宇宙线碰撞产生的 π 发生衰变而来的 γ 射线已被观测到.证明它们的能谱具有峰值强度 $E_\gamma = m_\pi c^2/2$,并且证明如果位于这个最大值两侧的具有相同强度的两个 γ 的能量分别为 E_1 和 E_2,那么 $\sqrt{E_1 E_2} = m_\pi c^2/2$(**注**:这个方法在 1950 年被用来作为最早的对中性 π 质量的测量方法之一).

2.4 一个波长为 λ 的光子从太阳表面发射出来.计算:当这个光子到达地球表面时波长的红移 $\Delta\lambda$(太阳的质量和半径分别为 1.99×10^{30} kg,6.96×10^8 m;地球的质量和半径分别为 5.98×10^{24} kg,6.37×10^6 m).

*2.5 利用 2.11 节给出的动量和能量的转换,计算一个不稳定粒子发出的 γ 射线在实验室坐标系下的发射角度,用粒子坐标下的发射角度表示.由此证明对于一束能量非常高的粒子,有一半的 γ 射线将会集中在张角 θ 为 $1/\gamma$ 量级的方向朝前的圆锥之中.

2.6 一个卫星在围绕地球的圆周轨道上运动,周期为 12 h.计算卫星上的钟和地球上相同的钟之间微小的时间差别(带符号).参考 2.4 题给出的地球质量和半径的值.忽略地球自转的影响(这个问题可实际地应用于校准全球定位系统所使用的卫星上的原子钟的时间).

第3章 守恒律、对称性以及粒子物理标准模型

3.1 变换以及欧拉-拉格朗日方程

物理学最重要的概念之一就是对称性或者说系统在某一特定的变换操作下不变.比方说将一片雪花在其平面上作 $60°$ 转动依然保持不变,这一特征其实反映了水中分子键的物理特性.事实上,守恒律以及相应的对称性被称为是高能粒子物理的基础.

并非所有的守恒律都是绝对的.比如电荷,能量和动量迄今为止就我们所知在任何情况下都是守恒的,但是有一些量比如宇称守恒——空间反演下的不变性,只对某些类型的基本相互作用成立,而对另一些基本相互作用则不成立.甚至在宇宙的大尺度时空上,有一些量子数比如重子数——这一在实验室中严格守恒的量子数在宇宙学中却是不守恒的.而这一对称性的破坏很可能发生在很早期的宇宙,那时候宇宙处于非常炽热的阶段,其能量远高于当前地球上的实验室所能达到的能量,因此有可能发生某些未知的新的相互作用.

在第2章中,我们已讨论了物理现象在相对论变换(即时空的变换)下的不变性.在本章中,我们首先会讨论一些重要的守恒律和对称性,接着我们会讨论破缺的对称性,包括那些我们相信在宇宙的早期演化中扮演重要角色的破缺的对称性,这些内容我们在第4章中还会进一步讨论.

经典力学中有一个我们熟悉的守恒律是动量守恒,它源自于系统的能量在空间平移变换下不变.因为,如果在这样的变换下能量不变的话,那就没有外力的作用,因此动量的变化必须为零.这一例子可以用经典力学的欧拉-拉格朗日方程形式化地表达出来.其根源于哈密顿的"最小作用原理".对于该例子来说,拉格朗日函数是动能和势能之差,即 $L = T - V$.利用作用量的定义 $S = \int L dt$,最小作用原理意味着一个粒子在时间 t_1 到 t_2 之间从固定的起点 $q(t_1)$ 运动到固定的终点 $q(t_2)$ 期间所经过的路径要使得作用量为极值.(事实上这对应于在空间中取最短

的路径或者在固有时间上取最长的路径.)比如,将空间坐标表示为 q,速度也作为一个独立的变量表示为 $\dot{q} = \mathrm{d}q/\mathrm{d}t$,如果路径与"经典路径"有一小变化 δq,则对作用量的扰动为

$$\delta S = \int\left[\left(\frac{\partial L}{\partial q}\right)\delta q + \left(\frac{\partial L}{\partial \dot{q}}\right)\delta \dot{q}\right]\mathrm{d}t = 0$$

由于 $\delta \dot{q} = \mathrm{d}(\delta q)/\mathrm{d}t$,我们将积分中的第二项分部积分从而得到

$$\int\left(\frac{\partial L}{\partial \dot{q}}\right)\delta \dot{q}\mathrm{d}t = \delta q\left(\frac{\partial L}{\partial \dot{q}}\right) - \int\delta q\,\frac{\mathrm{d}(\partial L/\partial \dot{q})}{\mathrm{d}t}\mathrm{d}t$$

由于积分路径的端点是固定的,即 $\delta q = 0$,因此右边的第一项为零.因此有

$$\delta S = \int\left[\frac{\partial L}{\partial q} - \frac{\mathrm{d}(\partial L/\partial \dot{q})}{\mathrm{d}t}\right]\delta q\mathrm{d}t = 0$$

由于该等式对任意的 δq 都必须成立,因此积分函数为零,这样就可以得到欧拉-拉格朗日方程:

$$\frac{\partial L}{\partial q} - \frac{\mathrm{d}}{\mathrm{d}t}\left(\frac{\partial L}{\partial \dot{q}}\right) = 0 \tag{3.1}$$

因此如果 L 独立于 q,则 $\partial L/\partial q = 0$,因此动量 $p = \partial L/\partial \dot{q}$ 是个常数.这样一个全局的对称——L 在空间平移下不变——导致了守恒定律.这里独立变量指的是坐标 q 和动量 p,但是式(3.1)可以推广到任意的一对广义坐标,其中一个是另一个的导数.

在相对论性的量子力学中,拉格朗日函数是场的能量密度而非单个粒子能量的和,同时它也是时间和空间的函数.L 在时间和空间平移下的全局不变性会导致四动量的守恒流,这只是一个更为普遍的定理,称为 Noether 定理(参看 3.8 节)的一个例子.守恒流的第四分量(时间分量)对应的是能量守恒,而空间的三分量对应的是动量守恒.

一个物理系统在某一连续的变换下可能不变(也可能变),比如一个相角的转动或者是空间中的平移,而变换也可以是分立的变换,比如空间或时间坐标的反射变换或者电荷共轭变换.对于连续性变换,其所对应的守恒律或量子数是相加性的(系统的总能量是各个部分能量之和),而对于分立变换则是相乘性的(比如,在空间反射下的对称性称为宇称,它等于系统各部分宇称的乘积).

3.2 转　　动

作为连续变换的例子,我们考虑沿 z 轴方向转动一角度 ϕ 的空间转动变换.在笛卡尔坐标系下角动量算符的 z 分量定义为

$$J_z = -\,\mathrm{i}\,\hbar \left(x \frac{\partial}{\partial y} - y \frac{\partial}{\partial x} \right)$$

这一操作也可以表示为一转动. 假设有一长度为 r 的矢量位于 xy 平面上, 其与 x 轴的夹角为 ϕ. 则通过一个转动 $\delta\phi$, 笛卡尔坐标的分量增加量为

$$\delta y = r\cos\phi\,\delta\phi = x\,\delta\phi$$
$$\delta x = -\,r\sin\phi\,\delta\phi = -\,y\,\delta\phi$$

该转动对函数 $\psi(x,y,z)$ 的影响为

$$R(\phi,\delta\phi)\psi(x,y,z) = \psi(x+\delta x, y+\delta y, z) = \psi(x,y,z) + \delta x \left(\frac{\partial \psi}{\partial x} \right) + \delta y \left(\frac{\partial \psi}{\partial x} \right)$$

$$= \psi \left[1 + \delta\phi \left(x \frac{\partial}{\partial y} - y \frac{\partial}{\partial x} \right) \right] = \psi \left(1 + \delta\phi \frac{\partial}{\partial \phi} \right)$$

因此算符 J_z 可以表示为

$$J_z = -\,\mathrm{i}\,\hbar \left(x \frac{\partial}{\partial y} - y \frac{\partial}{\partial x} \right) = -\,\mathrm{i}\,\hbar \frac{\partial}{\partial \phi}$$

一个有限的转动由 n 个无穷小的转动组成, 即 $\Delta\phi = n\delta\phi$, 其中 $n \to \infty$, 因此

$$R = \lim_{n \to \infty} \left(1 + \mathrm{i} J_z \frac{\delta\phi}{\hbar} \right)^n = \exp\left(\mathrm{i} J_z \frac{\Delta\phi}{\hbar} \right) \tag{3.2}$$

这里 J_z 称为是转动 $\Delta\phi$ 的生成元.

3.3　宇　称　算　符

空间坐标的反射 $(x,y,z) \to (-x,-y,-z)$ 是宇称算符 P 作用在波函数 ψ 上的分立变换: $P\psi(r) = \psi(-r)$. 由于重复操作两次就可以得到原来的系统, 因此有 $P^2 = 1$, 因而 P 的本征值为 ± 1. 本征值就被称为是系统 ψ 的宇称. 比如, 函数 $\psi = \cos x$ 的宇称为 $P = 1$, 或宇称为正, 这是由于 $P\psi = P\cos x = \cos(-x) = +\psi$, 而如果 $\psi = \sin x$, $P\psi = -\psi$ 因而 ψ 具有负宇称. 另外, 如果波函数为 $\psi = \sin x + \cos x$, $P\psi = \cos x - \sin x \neq \pm\psi$, 因此该函数并非是宇称的本征态. 宇称是粒子物理中很有用的概念, 因为通常相互作用在宇称算符作用下都有明确的特性. 与此相比较的是生物系统, 比如红花菜豆或 DNA 分子, 它们都不是宇称的本征态.

球对称势具有性质 $V(-r) = V(r)$, 因此这种势的束缚态——比如原子束缚态——就可以是宇称的本征态. 对于氢原子, 电子相对于质子的波函数用径向坐标 r, 极角坐标 θ 和方位角坐标 ϕ 表示为

$$\chi(r,\theta,\phi) = \eta(r) Y_l^m(\theta,\phi)$$

其中,Y 是球谐函数,l 是轨道角动量量子数,m 是其 z 方向上的分量.在空间反演下,$r \to -r$,$\theta \to (\pi - \theta)$,$\phi \to (\pi + \phi)$,因而有

$$Y_l^m(\pi - \theta, \pi + \phi) = (-1)^l Y_l^m(\theta, \phi)$$

如此则有

$$P\chi(r, \theta, \phi) = (-1)^l \chi(r, \theta, \phi) \tag{3.3}$$

3.4 宇称守恒及内秉宇称

在强作用和电磁相互作用的过程中,宇称是守恒的:反应末态的宇称和反应初态的宇称是相同的.比如,对于原子中电子的电偶极($E1$)跃迁,l 的改变必须遵循选择定则 $\Delta l = \pm 1$.因此由式(3.3)可知,跃迁时原子态的宇称必须改变,同时发出负宇称的光子,这样才能保证整个系统(原子 + 光子)的宇称是守恒的.对于磁偶极($M1$)跃迁(发生的概率会更低),或者是电四极($E2$)跃迁,选择规则分别为 $\Delta l = 0$ 和 2,总之辐射出来的总是正宇称的态.在高能物理中,人们处理的一般是点状或近似于点状的相互作用,以及会导致总角动量的变化($\Delta J = \pm 1$)的电磁跃迁,这里辐射的光子是宇称为负的态.

在 1.3 节中讨论过的交换一对全同粒子的对称性,可以拓展到包含空间和自旋波函数的粒子.如果粒子是非相对论的,则总的波函数可以写成是空间和自旋部分波函数的简单乘积:

$$\psi = x(\text{空间})\alpha(\text{自旋})$$

考虑两个全同的费米子,每一个的自旋均为 $s = 1/2$,则该系统的自旋波函数表示为 $\alpha(S, S_z)$,其中 S 是总自旋而 $S_z = 0$ 或 ± 1 是沿着 z 轴的分量(量子化的).

若用朝上和朝下的箭头来表示 $s_z = +1/2$ 和 $s_z = -1/2$,则 $(2s+1)^2 = 4$ 种可能的自旋组态可以写为

$$\left.\begin{array}{l} \alpha(1, +1) = \uparrow\uparrow \\ \alpha(1, -1) = \downarrow\downarrow \\ \alpha(1, 0) = (\uparrow\downarrow + \downarrow\uparrow)/\sqrt{2} \end{array}\right\} \quad S = 1,\text{对称} \tag{3.4}$$

$$\alpha(0, 0) = (\uparrow\downarrow - \downarrow\uparrow)/\sqrt{2} \qquad S = 0,\text{反对称}$$

可以发现前面三个波函数满足交换对称性,即 α 不变号,而第四个并不满足这样的性质.可以发现在交换变换下自旋函数的符号为 $(-1)^{S+1}$,而从式(3.3)可知空间波函数的符号为 $(-1)^L$,其中 L 是总的轨道角动量.因此在交换两粒子的空间和自旋坐标时,波函数的整体符号变化为

$$\psi \to (-1)^{L+S+1}\psi \tag{3.5}$$

作为这一规则应用的一个例子,我们来考虑如何决定 π 介子的内秉宇称.我们考察
如下的过程,S 态的氘核吸收一个 π^- 粒子,然后发出两个中子,即

$$\pi^- + d \rightarrow n + n \tag{3.6}$$

氘核的自旋为 1,π 介子的自旋为零,因此初态以及末态的总角动量均为 $J = 1$.如
果中子系统的总自旋为 S,总轨道角动量为 L,则有 $J = L + S$.如果 $J = 1$,则可能
的情形为:$L = 0, S = 1$;$L = 1, S = 0$ 或 1;$L = 2, S = 1$.由于中子系统是全同粒子,
因此其波函数是反对称的,由式(3.5)可知 $L + S$ 是偶数,因而唯一的可能性是 $L
= S = 1$.这样中子系统处于 $^3P_1$ 态,其宇称为 $(-1)^L = -1$.式(3.6)中两边核子的
宇称抵消,因此为了保证强相互作用中的宇称守恒,π 介子的内秉宇称为 $P_\pi = -1$.

　　判断一个粒子的内秉宇称可以通过只产生或消灭一个这种粒子的宇称守恒
过程,这就好比通过电荷守恒的过程来判断粒子所带的电荷数一般.很明显,在
上面的例子中,核子数是守恒的,因此核子的宇称依赖于如何约定.通常情况下
人们约定 $P_n = +1$.然而,如果能量足够高,那么有可能在某个反应中会产生核
子-反核子对,因此就可以通过实验来确定其宇称.如果说核子的宇称可以任意
约定,那么反核子和核子之间的相对宇称——或者任何费米子-反费米子对的宇
称则是确定的.

　　在费米子的狄拉克理论中,粒子和反粒子具有相反的内秉宇称.这个预言已由
Wu 和 Shaknov 利用 ^{64}Cu 的正电子源所检验,如图 3.1 所示.从源发射出来的正电
子会被周围的吸收物质所吸收并形成电子偶素,即正负电子对组成的"原子"束缚

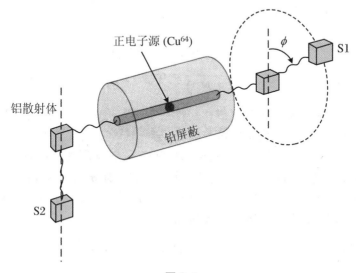

图 3.1

注:Wu 和 Shaknov(1950)设计的测量 $^1S_0$ 的正负电子偶素衰变产生的两个光子极化矢量之间
的相对方位的草图.S1 和 S2 是两个蒽计数器用来记录与铝筒散射后的 γ 射线.他们的结果证明了
费米子和反费米子有相反的宇称,而这正是狄拉克的电子理论所预言的.

态,其能级类似于氢原子,但其能级间隔只为氢原子能级间隔的一半,因为约化质量中有一个因子 2.电子偶素的基态能级有两个靠得很近的亚态,其平均寿命不相同:自旋三重态($^3S_1$)会衰变到三光子(其寿命为 $1.4×10^{-7}$ s),而自旋单态($^1S_0$)衰变到双光子(其寿命为 $1.25×10^{-10}$ s).我们考虑单态的衰变:

$$e^+ e^- → 2\gamma \tag{3.7}$$

描述双光子系统的最简单的波函数,会线性的正比于动量矢量 k,以及光子的极化矢量(E-矢量)$\boldsymbol{\varepsilon}_1$,$\boldsymbol{\varepsilon}_2$,其可以写为

$$\psi_1(2\gamma) = A(\boldsymbol{\varepsilon}_1 \cdot \boldsymbol{\varepsilon}_2) \quad \propto \cos\phi \tag{3.8a}$$

$$\psi_2(2\gamma) = B(\boldsymbol{\varepsilon}_1 \times \boldsymbol{\varepsilon}_2) \cdot k \quad \propto \sin\phi \tag{3.8b}$$

其中,A 和 B 都是常数而 ϕ 是极化平面之间的夹角.第一个量 ψ_1 是个标量,因此在空间反射变换($\phi → -\phi$)下是偶函数,这就要求电子偶素的宇称为正.ψ_2 是轴矢量和极矢量的乘积,即其为赝标量,在空间反射变换下是奇函数.它对应于负宇称的电子偶素,其极化矢量之间的夹角分布为 $\sin^2\phi$.实验中,通过在铅板中探测到两个相反方向的光子来选择单态的电子偶素.光子的极化通过与铝的康普顿散射来间接地测量,并利用蒽计数器来记录,如图 3.1 所示.在 $\phi = 90°$ 和 $\phi = 0°$ 的散射概率的比值为 $2.04±0.08$,这与负宇称的电子偶素的预期值 2.00 是相近的.由于基态的电子偶素处于 S 分波,测量得到的宇称就是正-负电子对的宇称.因此实验证实了正反费米子具有相反的内秉宇称,而这正是狄拉克理论所预言的.

3.5 弱相互作用中的宇称破坏

虽然宇称在强相互作用和电磁相互作用中是守恒的,但是在弱相互作用中却是被破坏的——而且是最大限度地被破坏.这一点可以从参加弱相互作用的费米子是纵向极化的看出来.让 $\boldsymbol{\sigma}$ 表示粒子的自旋矢量,该粒子的能量为 E,动量为 p,速度 v 沿着 z 轴的方向,$\boldsymbol{\sigma}^2 = 1$.若有 N^+ 个粒子的自旋 $\boldsymbol{\sigma}$ 与动量 p 的方向平行,有 N^- 个粒子的自旋与动量的方向反平行($\sigma_z = ±1$,单位为 $h/(2\pi)$),则纵向极化 P 是两自旋方向粒子的数目之差除以其和,即

$$P = \frac{N^+ - N^-}{N^+ + N^-} = \alpha\left(\boldsymbol{\sigma} \cdot p \frac{c}{E}\right) = \alpha \frac{v}{c} \tag{3.9}$$

这里对于费米子 $\alpha = -1$,对于反费米子 $\alpha = +1$.

弱作用中费米子极化的表达式在 1957 年就由所谓 V-A 的理论给出预言,该理论可以应用于"带电流"的弱相互作用,即交换 $W^±$ 的弱相互作用.图 3.2 画出了实验测量的由核子的 β 衰变产生的电子的极化,该结果表明 $P = -v/c$,这与

V－A 理论的预言一致.

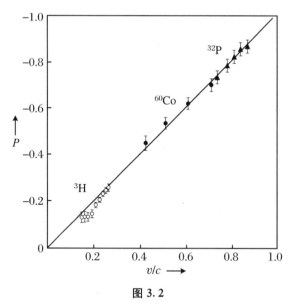

图 3.2

注:原子核 β 衰变中发出的电子的纵向极化,图中画的是电子速度
v 的函数(Koks 和 Van Klinken,1976).

例 3.1　试证明一个标量介子($J^P = 0^+$)在强作用或电磁相互作用中不能衰变
到三个赝标介子($J^P = 0^-$).并试问在弱相互作用中能否发生?

让 k_1, k_2, k_3 分别表示在总质心系中三个赝标介子的动量.由于所有的粒子
都是无自旋的,因此衰变振幅只能是它们的内秉宇称及三动量的函数.而动量矢量
的线性组合方式有两种可能:

$$k_1 \cdot (k_2 \times k_3) \qquad \text{赝标乘积}$$
$$k_1 \cdot (k_2 - k_3) \qquad \text{标量积}$$

由于母粒子是标量而衰变产生粒子的内秉宇称乘积为$(-1)^3 = -1$,故我们需要取
赝标乘积.由于 $k_1 + k_2 + k_3 = 0$,可得 $k_1 \cdot (k_2 \times k_3) = -k_1 \cdot k_2 \times (k_1 + k_2) = -k_1 \cdot k_2 \times k_1 = 0$,因此得出衰变振幅为零.如果衰变是弱过程,宇称并不守恒,因
此标量积也可以被包含,故振幅为有限.

3.6　螺旋度和螺旋度守恒

对于极端相对论性粒子,其 $v = c$,$|pc| = E$,式(3.9)的极化可以表示为简单

的形式

$$H = \frac{\boldsymbol{\sigma} \cdot \boldsymbol{p}}{|\boldsymbol{p}|} = +1 \text{ 或} - 1 \tag{3.10}$$

其中,H 称为螺旋度或手性.中微子具有非常小的质量,因此速度 $v \approx c$.动量和自旋定义了螺旋度,中微子是左手的(LH)而反中微子是右手的(RH),见图 3.3(a).

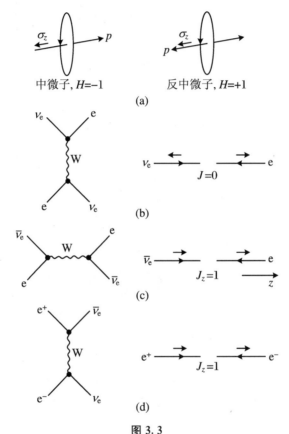

中微子,$H = -1$　　　　　　反中微子,$H = +1$

(a)

$J = 0$

(b)

$J_z = 1$

(c)

$J_z = 1$

(d)

图 3.3

注:(a) 在标准模型中,中微子是无质量的,因此它们是螺旋度的本征态.中微子的螺旋度为 $H = -1$,反中微子的螺旋度为 $H = +1$.尽管中微子事实上并非无质量,它们的质量数量级为 $0.1\,\text{eV}/c^2$,该值是如此之小,以致对于通常实验室中的能量值,其为 $\text{MeV} \sim \text{GeV}$ 之间,它们可以被等效地看成是无质量的.同样的处理方式也可以用在电子上,只要所涉及的能量要比电子的质量大得多.(b) 在高能下交换 $W^{\pm}$ 的反应 $\nu_e + e \rightarrow \nu_e + e$.从质心系来看,两个入射粒子螺旋度均为 $H = -1$,而总角动量为 $J = 0$.因此产生粒子的角分布是各向同性的.总的散射截面如式(1.23)给出,为 $\sigma = G_F^2 s/\pi$,其中 s 是质心系的能量平方.(c) 反中微子散射的费曼图,$\overline{\nu}_e + e^- \rightarrow \overline{\nu}_e + e^-$.正如在例 3.2 中所述,其散射截面是(b)图的三分之一.(d) $e^+ + e^- \rightarrow \nu_e + \overline{\nu}_e$ 的费曼图.相对于(c),该图截面有一个 $1/2$ 的压低因子.

中微子是螺旋度的本征态,本征值为 $H = -1$,而反中微子的本征值为 $H = +1$.

这是一个相对论性不变的描述:从实验室系到另外一个参照系的变换,只要其速率 $v < c$,就不会改变螺旋度的符号.

在另一方面,具有有限质量的粒子比如电子,并非纯的螺旋度本征态;它们是正负螺旋度本征态的混杂.比如,弱作用所出射的电子(比如,在核子的 β 衰变中)其速度 v 是纵向极化的,其包含 LH 态,态系数为 $1/[2(1 + v/c)]$,还含有 RH 态,态系数为 $1/[2(1 - v/c)]$,因此其净极化为 $P = -v/c$ 如式(3.9).

在高能粒子的相互作用中,关于螺旋度有一简单的规则.对于包含矢量或轴矢量场的相互作用,螺旋度在相对论极限下是守恒的.注意,强相互作用,电磁相互作用和弱相互作用都是以矢量或轴矢量玻色子作为媒介粒子的(G, γ, W 或 Z 交换).这意味着,在这些种类的相互作用中,只要参加相互作用的粒子是相对论性的,其螺旋度就会守恒.因此,对于一高能量的 $v \approx c$ 的 LH 电子,在反应之后仍然是 LH 的态.这一螺旋度选择规则决定了在很多高能相互作用中反应的角分布,在图 3.3(b)~(d)中我们列举了电子和中微子散射的例子.

图 3.3 以及例 3.2 所给的散射截面都是通过交换 W$^\pm$ 进行的高能散射过程,即所谓的"带电流"过程.在所有的这些过程中,只有"中性流"相互作用过程是由交换 Z^0 所贡献,而这种过程为 $e^+ + e^- \to \nu_\mu + \bar{\nu}_\mu$ 或 $\nu_\tau + \bar{\nu}_\tau$.这样的过程中会包含弱混合角 θ_W,这一点将在 3.10 节中提及.在对所有的味道及中性流和带电流都进行求和以后,可以得到在高能极限下 $(s \gg m_e^2)$ 电子-正电子湮灭到中微子-反中微子的散射截面为 $\sigma \approx 1.3 G_F^2 s/(6\pi)$.这一湮灭过程具有重要的天体物理学意义,包括在 7.8 节中将讨论的早期宇宙的演化,以及在稍后的 10.8 节中将讨论的巨星体的超新星爆发阶段.

例 3.2　已知 $\nu_e + e^- \to \nu_e + e^-$ 的散射截面为 $G_F^2 s/\pi$,试计算过程 $e^+ + e^- \to \nu_e + \bar{\nu}_e$ 通过 W 粒子交换的散射截面.假设在高能极限下,电子的质量可以忽略.

让我们分两步来计算.首先我们计算反中微子和电子的散射截面.在反应 $\bar{\nu}_e + e \to \bar{\nu}_e + e$ 中,入射的电子和反中微子具有相反的螺旋度如式(3.9),见图 3.3(c).因此 $J = 1$, $J_z = +1$.

在这种情形下,反中微子在质心系中并不会发生朝后散射,因为这样会破坏角动量守恒.因此在所有 $2J + 1 = 3$ 种可能末态中,只有 $J_z = +1$ 这种态才是角动量守恒允许的.所以散射截面相比较于中微子的散射截面有一个 $1/3$ 的因子,即 $\sigma(\bar{\nu}_e + e \to \bar{\nu}_e + e) = G_F^2 s/(3\pi)$.

对于反应 $e^+ + e^- \to \nu_e + \bar{\nu}_e$,与反中微子-电子散射一样,入射的轻子有相反的螺旋度.而且同样只有左手的电子参加反应.区别在于反中微子只有右手的态,而正电子既可以是右手的也可以是左手的(由于电磁相互作用中可以产生这两种态.)但是只有右手的正电子可以和电子(左手)相互作用,因此散射截面还要再取一半,即 $\sigma(e^+ + e^- \to \nu_e + \bar{\nu}_e) = G_F^2 s/(6\pi)$.

3.7 电荷共轭不变性

电荷共轭变换 C,将会使粒子的电荷数和磁矩变号,而其他所有的坐标都不变.强相互作用和电磁相互作用都在 C 变换下不变.比如,麦克斯韦方程组在电荷或流的符号改变,相应的场 E 和 H 也变的情况下是保持不变的.在相对论量子力学中,电荷共轭还意味着粒子-反粒子的共轭,比如 $e^- \leftrightarrow e^+$.作为电磁相互作用中粒子-反粒子对称性的例子,一个环形加速器可以通过环形真空管中的射频空腔加速电子,并且利用环形磁铁让它保持在圆周轨道中运行,比如顺时针.同样的装置会逆时针地同等加速正电子,而这一原理被用在电子-正电子对撞机中,在其中,加速的束流被设计为具有相等的能量,通过具有弯曲和聚焦作用的磁铁,让束流在环绕一周之间正面碰撞一次或多次.

相反,弱作用在 C 变换下是变的.比如图 3.3 所示,中微子有 $H = -1$,C 变换将把它变成一个 $H = -1$ 的反中微子,而这样的态是不存在的.然而联合变换 CP——先做空间反射变换再做电荷共轭变换——将会把一个左手中微子变成一个右手反中微子,而这种态是存在的(见 3.14 节及图 3.14).

当然,由于轻子数(带电轻子)和重子数均守恒,并不存在可以将电子转化为正电子或将质子转化为反质子的物理过程.然而中性玻色子,它们的反粒子是自身,可以是 C 变换的本征态.比如在 C 变换下中性 π 的波函数会变成它自己:$C|\pi^0\rangle \rightarrow \eta|\pi^0\rangle$.由于两次重复的 C 变换会回到原状态,因此 $\eta^2 = 1$,即 $C|\pi^0\rangle = \pm|\pi^0\rangle$.中性的 π 通过电磁相互作用衰变,$\pi^0 \rightarrow 2\gamma$.对于光子有 $C = -1$,由于它是电荷或流产生的,因此在 C 变换下会变号,而对于有 n 个光子的系统则有 $C = (-1)^n$.因此中性 π 有 $C = +1$,同时由电磁作用的 C 宇称守恒可知 $\pi^0 \rightarrow 3\gamma$ 这个过程是被禁戒的.

3.8 规范变换和规范不变性

在 3.1 节中,我们描述了在物理时空中平移和转动不变性的例子.对粒子物理同样重要的是"内部"对称变换.比如,平面波函数 ψ 代表一个粒子具有四动量 $p = p_\mu (\mu = 0, 1, 2, 3)$,可以在该波函数中放入任意的相因子 α.如果 $x (= x_\mu)$ 表示其

时空坐标,则变换为(单位为 $\hbar = c = 1$)

$$\psi = \exp(\mathrm{i}px) \rightarrow \psi = \exp \mathrm{i}(px + \alpha) \tag{3.11}$$

从式(3.2)可知,这样的操作等价于在某一内部的"荷空间中"做转动.很明显,如果相位变换是全局的(即对整个空间都一样),则它将不会影响任何的物理观测量.比如对式(3.11)做微分,可以得到电子动量的期待值:

$$-\psi^* \mathrm{i} \frac{\partial \psi}{\partial x} = p \tag{3.12}$$

其中 $-\mathrm{i}\partial/\partial x$ 是动量算符,星号表示复共轭.这一结果并不依赖于 α 的选择,因为这个相因子互相抵消了.在 3.1 节中,已经提到,拉氏密度在全局的相位变换下保持不变会导致守恒流,即 Noether 定理.为了详细说明这一点,我们将上面的变换写成小量展开的形式($\alpha \ll 1$):

$$\psi \rightarrow \psi(1 + \mathrm{i}\alpha) \tag{3.13}$$

拉氏能量密度 L 所满足的欧拉-拉格朗日方程类似于经典方程(3.1):

$$\frac{\partial}{\partial x}\left(\frac{\partial L}{\partial \psi'}\right) - \frac{\partial L}{\partial \psi} = 0 \tag{3.14}$$

其中,$\psi' = \partial \psi/\partial x$.如果 L 在式(3.13)的变换下保持不变,则

$$\delta L = 0 = \mathrm{i}\alpha\psi \frac{\partial L}{\partial \psi} + \mathrm{i}\alpha\psi' \frac{\partial L}{\partial \psi'}$$

由于

$$\mathrm{i}\alpha \frac{\partial}{\partial x}\left(\psi \frac{\partial L}{\partial \psi'}\right) = \mathrm{i}\alpha\psi' \frac{\partial L}{\partial \psi'} + \mathrm{i}\alpha\psi \frac{\partial}{\partial x}\left(\frac{\partial L}{\partial \psi'}\right)$$

因此

$$\delta L = 0 = \mathrm{i}\alpha\psi\left[\frac{\partial L}{\partial \psi} - \frac{\partial}{\partial x}\left(\frac{\partial L}{\partial \psi'}\right)\right] + \mathrm{i}\alpha \frac{\partial}{\partial x}\left(\psi \frac{\partial L}{\partial \psi'}\right)$$

利用式(3.14)可知右手边的第一项消失,故第二项必须为零.因此我们定义一个四分量的流:

$$J(= J_\mu) = \psi \frac{\partial L}{\partial \psi'}$$

该流是守恒的:

$$\frac{\partial J}{\partial x} = 0 \tag{3.15}$$

通过式(3.12)以及标量场拉氏量的例子式(3.25),可以看出该四分量流的量纲就是四动量的量纲.如果我们在相位变换中包含了电荷 $|e|$,则上面的方程代表电流守恒.注意在经典力学中,拉氏量在某一变换下不变(比如空间的平移)会导致一个运动常数(比如三动量守恒),而在量子力学中,拉氏密度(时空的函数)在全局相位变换下的不变性会导致守恒流.

  对全局对称性,我们就讨论到此.然而还有可能进行局域的相位变换,即 $\alpha = \alpha(x)$ 是时空坐标的函数.现在在相因子中加入 $|e|$ 以此来强调我们处理的是电流:

$$\frac{\partial \psi}{\partial x} = \mathrm{i}\left(p + e\frac{\partial \alpha}{\partial x}\right)\psi$$

这样一来,物理观测量比如动量就会依赖于 α 的选择及其对 x 的依赖,因此局域的不变性看起来并非有价值的概念.但是电子是带电粒子,因此会受电磁势的支配,而该势将包含一个矢量势 A 和一个标量势 Φ.我们知道标量势的作用是将粒子的能量由 E 变为 $E-e\Phi$,相应地四矢量势 $A = (A, \Phi)$ 会将四动量 p 变为 $p - eA$.因此,如果我们考虑了电磁势的效应,则上面的微商就会变成:

$$\frac{\partial \psi}{\partial x} = \mathrm{i}\left(p - eA + e\frac{\partial \alpha}{\partial x}\right)\psi \tag{3.16}$$

势 A 的标度或规范是任意的:我们可以加标量函数的散度,而不会影响到物理观测量的值,即电磁场.对于势的标度或规范的改变称为规范变换.选定 α 为这个任意的标量函数,则在变换 $A \to A + \partial\alpha/\partial x$ 下,微商变为

$$\frac{\partial \psi}{\partial x} \to \mathrm{i}\left(p - eA - e\frac{\partial \alpha}{\partial x} + e\frac{\partial \alpha}{\partial x}\right)\psi = \mathrm{i}(p - eA)\psi \tag{3.17}$$

因此物理观测量比如 $\psi^* \partial\psi/\partial x$ 将不含 α 或 $\partial\alpha/\partial x$.即上式左手边的 $\partial/\partial x$ 被替换成 $\mathrm{i}(p - eA)$ 或用算符的语言:

$$\frac{\partial}{\partial x} \to D = \frac{\partial}{\partial x} - \mathrm{i}eA \tag{3.18}$$

称为协变微商.注意这里 x 和 A 都是四矢量,即时空坐标 $x = x_\mu (\mu = 0, 1, 2, 3, x_0 = ct, x_1 = x, x_2 = y, x_3 = z)$ 同样四矢势 $A = A_\mu$,因此带上指标则式(3.18)写为

$$D = \frac{\partial}{\partial x_\mu} - \mathrm{i}eA_\mu \tag{3.19}$$

  总之,通过明智地选取标量函数,电子波函数局域相位变换的效应将和势的规范变换完全相消.事实上能够从理论上实现局域的规范不变性这一特性,对于电磁相互作用的量子场论称为量子电动力学(QED)至关重要.

  直观上,我们可以定性地理解全局和局域的不变性与电荷守恒以及光子无质量是自洽的.电荷守恒来自于全局的不变性,是由于如果电子突然地失去然后又重新得到电荷,那么这种相消将会有问题,因为在某些 x 值势 A 将无所依附.因此电荷必须全局守恒.其次,由于电子相对于势的源可以处于任何的位置,因此局域变换所对应的电磁场力程必须是无穷远.通过 1.5 节中关于相互作用力程和媒介玻色子质量的关系的讨论,可以发现电磁场的力程为无穷远,因此光子无质量.一个必然的推论是,为了保证规范对称性,拉氏量中没有质量项.在下面我们将看到,电弱理论包含有质量的玻色子,在那里需要一种特殊的机制(希格斯机制)来克服这

一问题.

值得指出的是真正的无质量的光子只是一个理想的概念. 真实的光子总是从某处产生, 然后在其他某一地方终结, 但是它们传播的距离不能超过光学地平线, 即所谓的可观测宇宙的半径量级为 10^{26} m. 如果我们将之设为光子的康普顿波长 λ. 则光子的质量极限为 $m_\gamma c^2 < \hbar c/\lambda \sim 10^{-32}$ eV. 至今对光子质量极限的最精确实验测量是基于假设小麦哲伦星云中的磁场和引力场平衡得到的, 其给出的作用力程为 3 kpc(10^{20} m), 即 $m_\gamma c^2 < 10^{-27}$ eV.

为什么我们强调了规范不变的概念? 原因在于规范不变的理论在计算中会引入对称性, 这会使得理论具有可重整性. 这意味着有可能, 至少是原则上的, 计算到对耦合常数的微扰展开的所有阶, 即将所有可能的费曼图包括交换任意光子的费曼图进行求和, 而不单单是图 1.3 所示的单光子交换图.

图 3.4 给出了一个例子, 在图 3.4(a) 中, 一个电子分解成一个"裸"的电子, 其质量和电荷分别为 m_0, e_0, 和一个虚光子, 图 3.4(b) 中则分解为一个电子和一个光子, 而光子又进一步变为正负电子对. 第一图包含耦合常数 α, 而第二图则包含 α^2. 由于第二图中, 电子对的电荷会影响事实上减少母场的电荷, 这一过程被称为"真空极化". 当然, 根据经典物理的定义, 真空中一无所有. 在量子力学中, 对真空有不同的定义: 真空是系统能量的最低态. 不确定原理允许"真空涨落", 涨落的能量范围为 ΔE(在该例子中以正负电子对的形式涨落), 如果其时间为 $\Delta t \sim \hbar/\Delta E$. 这种涨落效应将在后面的章节中进一步讨论, 比如第 7 章关于宇宙暗能量; 第 8 章早期宇宙的暴胀模型, 在那里这种效应被认为引起了宇宙微波背景辐射的各向异性; 第 10 章关于黑洞的霍金辐射.

在计算这些所谓的辐射修正时, 原则上会存在一个问题, 虚粒子的动量 k 可以取到无限大, 因此它们对系统能量的贡献, 可以达到 $\int \mathrm{d}k/k$, 这是一个对数发散的量. 如果"裸"电子的质量为 m_0, 这意味着一旦考虑虚粒子, 则 m_0 为无穷. 事实上裸质量是没有实际意义的, 因为实验所探测到的是电子以及所有发生的虚过程.

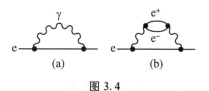

图 3.4

注: (a) 电子被暂时地分离成一个电子加上一个虚的光子, (b) 电子被暂时分离为一个电子和一对虚的正负电子对.

事实上, 相同的发散在理论计算的所有过程中都会遇到, 而且在耦合常数展开的任意阶的所有的费曼图计算中, 都可以避免这种发散, 方法就是将裸的电荷 e_0 和质量 m_0 进行重整化, 变成物理观测量 e 和 m, 而这些量显然可由实验测量得到.

表 3.1　电子和 μ 子的反常磁矩 $(g-2)/2 \times 10^{10}$

	预　言	观　测
电子	11 596 524 ± 4	11 596 521.9 ± 0.1
μ 子	11 659 180 ± 100	11 659 230 ± 80

表 3.1 显示了 QED 的正确性. 狄拉克理论中, 一个质量为 m 带电量为 e 的点状轻子其磁矩为一个玻尔磁子, $\mu_B = e\hbar/(2mc)$. 实际的磁矩为 $\mu = \mu_B gs$, 其中 $s = 1/2$ 是轻子的自旋, 以 $\hbar$ 为单位, 而 $g \approx 2$. QED 中所谓的反常磁矩 (与狄拉克理论的偏离值) 为

$$\frac{g-2}{2} = 0.5 \cdot \frac{\alpha}{2\pi} + \alpha^2, \alpha^3, \cdots \text{的项} \tag{3.20}$$

其中, $\alpha = 1/137.06\cdots$ 至今高阶修正已被算到 α^4 阶. 观测值和理论预言值在百万分之一的误差范围内精确地一致. 值得一提的是理论预言的误差要比实验测量值的误差大, 这是因为理论预言值依赖于实验上对 α 测量的不确定性.

规范不变理论 (比如 QED) 的成功可以和过去并无规范对称性的理论相比, 在那些理论中一旦计算到耦合常数的高级修正, 总会遇到无法处理的发散问题. 原则上, 这些发散总是可以被抵消, 但是只能是通过引入无穷多的任意常数, 因此会导致理论失去预言能力.

3.9　超　　　弦

不幸的是, 至今没有人找到以令人信服的方式将上面所提到的思想拓展到引力. 引力的量子理论确实存在严重的发散, 这些发散在超对称版本的引力理论中 (称为超引力) 会被极大地减少, 但总是无法被完全消除 (见 4.5 节中对超对称的讨论). 在超弦理论中, 该理论囊括了所有基本的相互作用, 导致发散的点状粒子 (包括它们的超对称伴子) 被替换成很短的弦 (10^{-33} cm), 即其长度为普朗克尺度式 (1.12). 不同的基本粒子用这种弦的不同振荡模式来描述. 在这种理论中引力看起来是可重整的, 但只有在时空为十维的情况下 (对于费米子, 对于玻色子需要二十六维时空). 根据 Kaluza 和 Klein 在 20 世纪 20 年代提出的观点, 我们通常所观测的四维时空是由于其他额外的维度 "卷曲" 成很小的弦的尺度. 引力作用之所以如此之弱是因为在通常的能量下, 其他的额外维度并不显现, 只有在能量达到普朗克能标 (或长度达到普朗克尺度) 时引力才会变得很强. 超弦理论能够正确地预言引力子的自旋为 2. 不幸的是, 它还预言了一个有质量的超对称伴子——引力微子,

其自旋为 3/2. 如果引力微子和其他基本粒子一样, 在早期的炽热宇宙中被产生的话, 那么它的衰变产物将会完全改变对轻元素核合成的预言, 因此也就破坏了现有的理论和实验结果的吻合, 这一点将在第 6 章中详细讨论. 总之, 将引力和其他相互作用融合起来依然是一个悬而未决的问题.

3.10 电弱理论中的规范不变

在 QED 中, 我们已经看到规范不变意味着可以对波函数作任意的相位变换:

$$\psi \to \psi \exp[ie\alpha(x)] \tag{3.21}$$

这种变换实际上是 U(1) 群的群元素, 其中 U 代表幺正, 即变换之后波函数的模不变, 1 代表旋转是在一维空间进行的. 在电弱理论中, 属于 SU(2) 群的更加复杂的变换也会涉及. 其变换形式为

$$\psi \to \psi \exp(ig\boldsymbol{\tau} \cdot \boldsymbol{\Lambda}) \tag{3.22}$$

变换包含了 2×2 的泡利矩阵 $\boldsymbol{\tau} = (\tau_1, \tau_2, \tau_3)$, 它描述了相对任意矢量 $\boldsymbol{\Lambda}$ 的转动. 泡利矩阵最初是为了描述自旋 1/2 的粒子引入的, SU(2) 中的 2 指的是矩阵的维数, U 表明变换是幺正的. S 代表是特殊的, SU(2) 群是 U(2) 群的无迹子群. 变换式 (3.21) 和式 (3.22) 的本质区别在于 U(1) 群是阿贝尔群, 因为 $\alpha(x)$ 是标量. 因此连续的两次 U(1) 变换与其次序无关或者 $\alpha_1\alpha_2 - \alpha_2\alpha_1 = 0$, 即两次操作对易. 与此相反, SU(2) 群是非阿贝尔群, 它包含不对易的泡利算符, 比如 $\tau_1\tau_2 - \tau_2\tau_1 = i\tau_3$.

电弱模型由格拉肖 (1961), 温伯格 (1967), 萨拉姆 (1967) 三人所创立. 在该理论中有四个无质量的矢量玻色子; 三重态 w^+, w^-, w^0 属于 SU(2) 群而 b^0 属于 U(1) 群, 即系统具有 SU(2)×U(1) 的对称性. 中性的组分 w^0, b^0 会混合, 从而形成光子 γ 以及中性玻色子 z^0, 这种混合用一任意的混合角 θ_W 来刻画. 最后引入一种称为希格斯 (希格斯 (1964)) 的标量玻色子, 并通过其自相互作用来产生质量. 四个希格斯中有三个被态 w^+, w^-, z^0 吸收, 从而形成第 1 章中介绍过的有质量的矢量玻色子 W^+, W^-, Z^0, 而光子 γ 依然保持无质量. 尽管玻色子有了质量, 但是电弱模型依然是可重整的. 在这个理论中, 弱作用和电磁作用是统一的, W 粒子和轻子的耦合常数即式 (3.22) 中的耦合常数 g, 由关系式 $e = g\sin\theta_W$ 给出. (由于历史的原因, 有一些数值的因子会进入对 g 的定义中. 式 (1.9) 中定义的 g_W 为 $g_W^2 = G_F M_W^2$, 其与 g 的关系为 $g_W^2 = \sqrt{2}g^2/8$). 这个模型中两个未知的参数为光子的质量 (为零), 这是需要手放的, 以及上面所提到的混合角, 其测量值为 $\sin^2\theta_W = 0.231 \pm 0.001$. 玻色子的质量可以由费米弱作用耦合常数 G_F, e 以及混合角参数给出:

$$M_{\mathrm{W}} = \left(g^2\,\frac{\sqrt{2}}{8G_{\mathrm{F}}}\right)^{1/2} = \left(e^2\,\frac{\sqrt{2}}{8G_{\mathrm{F}}\sin^2\theta_{\mathrm{W}}}\right)^{1/2} = \frac{37.4}{\sin\theta_{\mathrm{W}}}(\mathrm{GeV})$$

$$M_{\mathrm{Z}} = \frac{M_{\mathrm{W}}}{\cos\theta_{\mathrm{W}}} \tag{3.23}$$

电弱理论于 1973 年发现中性弱流之后被证实,即存在图 1.3 的交换 Z^0 的过程,以及 1983 年观测到 W 和 Z 玻色子(见图 1.6,图 1.13).注意,由于 W 和 Z 玻色子都是有质量的,相比之下光子的质量为零,SU(2)×U(1)的对称性通过产生质量的希格斯机制被破缺,但是由于该理论依然是可重整的,所以交换 W 和 Z 玻色子的散射截面和衰变概率还是可以计算的.到现在为止我们还没有提到的是希格斯粒子的第四分量,它是作为物理粒子存在的.其质量的下限为 $M_{\mathrm{H}} > 100\,\mathrm{GeV}$. 找到这个粒子是当前高能实验物理的主要目标.

3.11　对称性自发破缺的希格斯机制

我们现在讨论弱电理论中的对称性自发破缺的希格斯机制.介绍它的意义不仅在于它是弱电理论成功的关键部分,还在于在早期宇宙的暴胀模型中也有类似的机制,这将在第 8 章中提及.

如 3.1 节所述,量子力学系统中,场 Φ 的拉氏能量密度 L 满足的方程为

$$\frac{\partial}{\partial x_{\mu}}\left(\frac{\partial L}{\partial \Phi'}\right) - \frac{\partial L}{\partial \Phi} = 0 \tag{3.24}$$

其中,$\Phi' = \partial\Phi/\partial x_{\mu}$,$\Phi$ 是表示粒子的场,$x_{\mu}(\mu = 0,1,2,3)$ 是时空坐标(单位为 $\hbar = c = 1$,$x_0 = t$,$x_1 = x$,$x_2 = y$,$x_3 = z$).对于质量为 μ 的自由标量粒子,拉氏函数的形式为

$$L = T - V = \frac{1}{2}\left(\frac{\partial\Phi}{\partial x_{\mu}}\right)^2 - \frac{\mu^2\Phi^2}{2} \tag{3.25}$$

由式(3.24)可得出其运动方程的表达式(即 Klein-Gordon 方程,见附录 B)为

$$\left(\frac{\partial^2}{\partial \boldsymbol{r}^2} - \frac{\partial^2}{\partial t^2} - \mu^2\right)\Phi = 0$$

作算符替换 $E = -\mathrm{i}\partial/\partial t$,$p = -\mathrm{i}\partial/\partial \boldsymbol{r}$,上式变为相对论性的质能关系式:

$$-|\,\boldsymbol{p}\,|^2 + E^2 - \mu^2 = 0$$

现在假设我们处理的是彼此之间相互作用的标量粒子.这意味着在式(3.25)中需要加入额外的项,其形式为 Φ^4(奇次项被排除,因为它们会破坏 $\Phi \to -\Phi$ 的对称性.比四次更高次的项也被排除,因为它们会破坏可重整性).因而相应的拉氏量

写为

$$L = \frac{1}{2}\left(\frac{\partial \Phi}{\partial x_\mu}\right)^2 - \frac{1}{2}\mu^2 \Phi^2 - \frac{1}{4}\lambda \Phi^4 \tag{3.26}$$

其中,λ 是无量纲的常数,它代表四玻色子顶点的耦合常数.势的最小值位于 $\partial V/\partial \Phi = 0$,即

$$\Phi(\mu^2 + \lambda \Phi^2) = 0 \tag{3.27}$$

如果 $\mu^2 > 0$,即标量粒子有质量的情形,则 $\Phi = 0$,它对应通常的情形即真空态 $V = 0$.如果 $\mu^2 < 0$,则势的最低点所对应的场的取值为

$$\Phi = \pm \nu = \pm \left(\frac{-\mu^2}{\lambda}\right)^{1/2} \tag{3.28}$$

在这种情况下,最低能量态的 Φ 的取值是有限值,其势为 $V = -\mu^4/(4\lambda)$ 而非零.ν 称为场算符 Φ 的真空期望值.图 3.5 是这种情形的示意图.$\Phi = 0$ 的极值处是"伪真空",$\Phi = \pm \nu$ 处是"真真空",即能量的最低态.

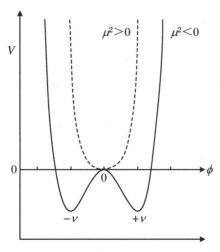

图 3.5

注:式(3.26)的势为 Φ 的函数,图中给出的是一维标量场的情形,分两种情形 $\mu^2 > 0$ 和 $\mu^2 < 0$.

在电弱相互作用理论中,人们通常要在能量的最小值附近做微扰,因此需要对场变量 Φ 作展开,并不是在零附近,而是在真空附近(在该例子中即在 $+\nu$ 或 $-\nu$ 附近).如果我们写成

$$\Phi = \nu + \sigma(x) \tag{3.29}$$

其中,σ 是除去常数 ν 之后的场值,将上式代入式(3.26)得到

$$L = \frac{1}{2}\left(\frac{\partial \sigma}{\partial x_\mu}\right)^2 - \lambda \nu^2 \sigma^2 - \left(\lambda \nu \sigma^3 + \frac{\lambda \sigma^4}{4}\right) + 常数 \tag{3.30}$$

其中,常数项只包含 ν 的幂次项.第三项代表 σ 场的自相互作用.第二项明显是质

量项,与式(3.26)比较,其给出的质量为

$$m = \sqrt{2\lambda\nu^2} = \sqrt{-2\mu^2} \qquad (3.31)$$

因此,通过对场在最小值 $+\nu$ 或 $-\nu$ 附近的微扰展开,可以得到正定的实的质量.值得注意的是展开只能是在两个最小取值中的一个附近进行.当然,一旦这样做了之后,图3.5的对称性就破缺了.这种破缺对称性的方式称为对称性自发破缺.物理学中已经存在许多这样的例子.把一根条形磁铁加热到居里温度以上,其中的磁畴会指向随机的方向,故其净磁矩是零,其拉氏量在空间转动变换下是不变的.一旦冷却以后,磁畴就会取定某一特殊的方向,因而就会产生磁矩,即旋转对称性被自发地破缺.

上面处理的都是单分量的标量粒子场.对于更普遍的复标量场情形 $\Phi_1 + \mathrm{i}\Phi_2$,图3.5中的两点 $\pm\nu$ 就要替换成半径为 ν 的圆上的所有点,即将图绕垂直轴旋转一周.但是,其得到真实质量的原理和上面是一样的,即通过选定真正的最低能量的真空来实现对称性的自发破缺.

下一步就是将式(3.30)中的 $\partial/\partial x_\mu$ 替换成类似式(3.19)中的协变微商,但是还要拓展到包含式(3.21)和式(3.22)的 U(1) 和 SU(2) 对称性.当完成这一步之后,就可以得到式(3.23)中的 W 和 Z 玻色子的质量平方的关系,以及希格斯的真空项 ν.由测得的玻色子质量可得 $\nu=246\ \mathrm{GeV}$,此即弱电作用对称性破缺的能标.然而,希格斯质量并不是理论直接预言的,但是其质量必须是弱电破缺能标的量级而且无论如何都必须小于 1 TeV.

3.12　跑动的耦合常数:弱电理论和量子色动力学与实验的比较

在3.8节中,我们已经提到,在规范理论中,可以将微扰计算进行到耦合常数展开的任意阶,而且结果都是有限的.然而实际上总是存在极限的.比如,在计算电子磁矩修正 $g-2$ 时,在 α^3 阶就有72个图需要求和.好在 $\alpha \sim 1/137$ 是一个小量而且实验上给出的误差也很小,因此高阶项,比如 α^5 项或更高项,对预言实验上所测的 $g-2$ 并不重要.由于夸克之间的强相互作用,耦合常数 α_s 要比 α 大得多,因此在量子色动力学(QCD)中,微扰收敛性要糟得多.

幸运的是,作为一个好的近似(称为领头对数近似),可以将微扰序列用单一的项来代替,即利用有效耦合系数,有效耦合系数并非一个常数,而是依赖于所考虑过程的四动量转移 q.对于电磁相互作用,其形式为

$$\alpha(q^2) = \frac{\alpha(\mu^2)}{1 - \frac{1}{\pi}\alpha(\mu^2)\ln(q^2/\mu^2)} \tag{3.32}$$

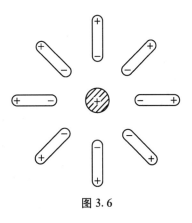

图 3.6

这一关系式将动量转移为 q 的耦合系数与动量转移为 μ 的耦合系数联系起来(可以看出在动量转移无穷大时,耦合系数还是可以定义的).随着能量标度的增加,耦合系数变大.为什么会这样?考虑一个带电的检验电荷置于电介质中(见图 3.6).介质中的原子被极化,这会产生屏蔽效应,因此在比原子尺度要大的距离处,检验电荷的势要比没有电介质时弱.因此检验电荷的有效电荷值在长距离时显得较小,但是随着探测距离的减小或者转移动量的增大,有效电荷值增大.即使检验电荷放在真空中,也会有类似的效应,因为检验电荷会不断地发射和吸收虚粒子对,即前面提到过的所谓真空极化,式(3.32)给出了这种屏蔽效应或跑动耦合系数的定量表达式.

例 3.3　已知在低动量转移,$\mu\sim 1\,\mathrm{MeV}$,电磁耦合系数 $\alpha\approx 1/137$.计算在弱电标度($q\sim 100\,\mathrm{GeV}$)以及在 GUT 标度($q\sim 3\times 10^{14}\,\mathrm{GeV}$)的 α 值.由式(3.32)可得

$$\frac{1}{\alpha(q^2)} = \frac{1}{\alpha(\mu^2)} - \frac{1}{\pi}\ln\frac{q^2}{\mu^2}$$

代入 q^2 的值,可以得到在弱电能标 $1/\alpha = 137 - 7.3\approx 129$,在 GUT 能标 $1/\alpha = 137 - 25.6\approx 111$.对于后一种情形,变化是比较大的,因此在式(3.32)中可能需要考虑次领头阶 α^2 的修正,那里是所谓的领头对数近似,适用于对耦合系数的小的修正.

对于强相互作用(QCD),除了有费米子(夸克)圈导致的屏蔽效应以外还有反屏蔽效应,它来自于包含胶子的圈以及图 3.7 所示的胶子-胶子耦合(纵向的分量).这种耦合使得强色荷在大的 q^2 值时会越来越"弥散"开.在这种情况下,耦合常数的标度依赖行为为

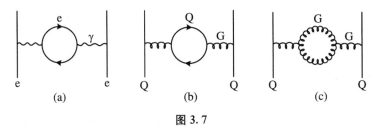

图 3.7

注:真空极化的费曼图.(a)在 QED 中,圈中只包含费米子,(b)和(c)是 QCD 的情形,圈中包含费米子和胶子,其中胶子-胶子耦合(纵向分量)会产生反屏蔽效应.

$$\alpha_s(q^2) = \frac{\alpha_s(\mu^2)}{1 + B\alpha_s(\mu^2)\ln(q^2/\mu^2)}$$

$$= \frac{1}{B\ln(q^2/\Lambda^2)} \tag{3.33}$$

其中，$B = 9/(4\pi)$ 且 $\Lambda^2 = \mu^2\exp\{-1/[B\alpha_s(\mu^2)]\}$，因此 α_s 随着 q^2 的增大而减小. 在很大的 q^2 的极限下，意味着 $\alpha_s \to 0$，这种现象称为渐近自由，它是经历了相当长的时间发展出来的.

3.12.1 从部分子模型到 QCD

强相互作用的理论(QCD)是伴随着高能轻子和核子的深度非弹性散射实验的发展应运而生的. 点状的轻子被用来探测核子的结构. 1968 年，斯坦福的电子散射实验第一次证明了夸克确实是真实的自由度. 人们发现非弹性散射截面很大，而且由一些对四动量转移 q^2 不敏感的结构函数所描述(Friedman 和 Kendall, 1972). 这和弹性的电子-核子散射截面的行为大不相同，在那里用的是点状的卢瑟福散射公式(1.23)乘上随着 q^2 的增加而快速降低的所谓形状因子. 因此非弹性过程中，对 q^2 的微弱依赖表明与准自由，点状的称为部分子的组分粒子发生了弹性散射(费曼, 1969)，再后来这些粒子被认为就是夸克和胶子.

图 3.8 描绘了电子-核子对撞的过程，其中选取的参照系中靶核子具有非常大的四动量 P(即"无穷动量系"). 在这一参照系中，所有粒子的质量与其能量和动量相比都可以忽略不计，并且认为组分的部分子与粒子束的方向平行，因为横向的动量也是可以忽略不计的.

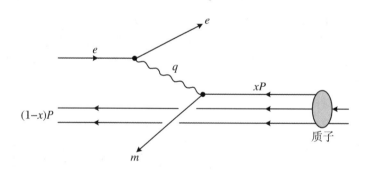

图 3.8

注:高能电子和一个带四动量为 xP 的部分子的对撞，在母粒子的"无穷大动量参照系"中观察，其中 q 是转移的四动量.

假设电子转移四动量 q(通过光子)与一质量为 m，携带核子动量的分率为 x 的部分子发生弹性散射. 这样四动量的平方为

$$(xP + q)^2 = m^2 \approx 0$$

如果 q 很大，则 $x^2P^2 = x^2M^2 \ll q^2$，其中 M 是质子的质量，故 $2xPq + q^2 = 0$ 且

$$x = \frac{|q^2|}{2Pq} = \frac{|q^2|}{2M\nu}$$

要记住在散射过程中 q^2 是负值.这里标量积 $P \cdot q$ 可由实验室系中的值给出,在实验室系中质子是静止的(其三动量为零),P 和 q 的能量分量分别是质子质量 M,动能转移 ν.同样,ν 与参加反应的任何质量标度比都是很大的.

实验上的散射截面测量的是所谓的结构函数 $F(x)$,其只是部分子所携带动量的比率 x 的函数,对 q^2 的依赖是通过无量纲的组合 $q^2/(2M\nu)$.

显然,我们无法在末态观测到部分子.无论参加散射与否,部分子最终都要经历末态相互作用重新形成强子.最后的这一过程与电子-部分子对撞的时标相比要慢得多,因此这一过程的散射截面主要依赖于初始对撞时的运动学条件.我们可以先忽略部分子重组成末态多强子的复杂性(见图 3.10).

这些部分子是什么?斯坦福的实验利用 25 GeV 的电子测量了电子的散射以及"结构函数"$F_2(x)$.事实上有两个结构函数,$F_2(x)$ 是电的贡献,而另一个 $F_1(x)$ 是磁的贡献,而通过它们的比可以发现部分子是费米子,自旋为 $(1/2)\hbar$.之后不久(1972)CERN 的实验利用又大又重的液体气泡室 Gargamelle 测量了结构函数,但是使用的是中微子及反中微子束流(在这种情形下有三个结构函数,但是将中微子

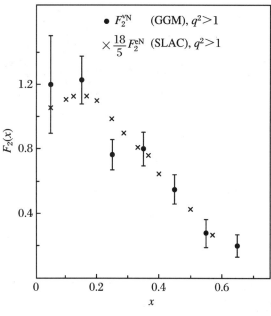

图 3.9

注:早期在 CERN 的 Gargamelle 气泡室从中微子和反中微子对核的散射实验中测量到的结构函数 $F_2^{\nu N}(x)$,与在 SLAC 中从 ep 和 ed 散射测得的 $F_2^{eN}(x)$ 的 18/5 倍的比较.这是分数电荷的夸克是核子的组成成分的首个证据(Eichten 等,1972).对 x 进行积分后,夸克所携带动量的比例为 0.5,其余的动量由胶子所携带.

和反中微子的事例结合起来可以消去一个结构函数). 利用中微子所测出的核子的 $F_2(x)$ 函数形状和利用电子所测出的形状是相同的. 尽管这两个实验完全不同, 而且这两种基本相互作用也完全不同, 但是它们探测到的部分子的结构却是相同的. 图 3.9 比较了这两种散射截面测量的早期结果 (Perkins, 1972). 在考虑了这两种情形的不同耦合 (α^2/q^4 和 $G_F^2 s/\pi$) 之后, 我们得到简单的结果: F_2 (电子) $=(5/18)$ F_2 (中微子). 电子的散射需要乘上部分子电荷的平方, 又由于 u 和 d 夸克的数目相等, 很明显比例为 $[(2/3)^2+(1/3)^2]/2$. 因此观测到 5/18 这一比值证明了部分子就是一直以来, 人们所寻找的带分数电荷的夸克.

　　中微子的散射截面还依赖于散射发生于夸克还是反夸克, 因此除了三个"价夸克"以外, 对撞的核子还包含大约 15% 的虚的夸克-反夸克对, 比如图 3.4(b) 所示. 将图 3.9 所示的曲线积分, 可以发现它们只贡献了核子动量的 50%, 另外的部分由胶子贡献.

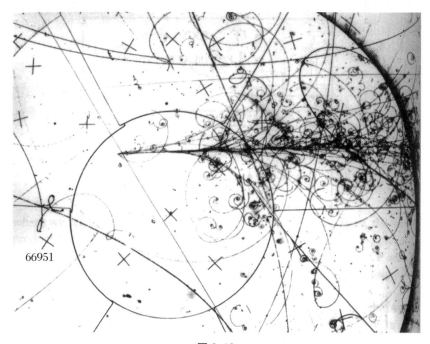

66951

图 3.10

注: 在 CERN 的 BEBC 气泡室中的中微子-核子的深度非弹散射事例, 该室中有液态的氢氖混合物. 当气泡室膨胀的时候, 带电粒子的路径上就会有气泡生成. 在图中, 一个能量为 200 GeV 的 μ 子中微子从左边水平的入射, 并且在和夸克的弹性碰撞中转化成一个 μ 子: $\nu_\mu + \mathrm{d} \rightarrow \mathrm{u} + \mu^-$, 其中 q^2 $\approx 75\,\mathrm{GeV}^2$. μ 子形成一条相当直的径迹在 2.30 pm 方向. 其他的径迹都是由于夸克的末态相互作用形成的强子 (比如 π 介子). 中性的 π 介子衰变成 γ 光子并产生正负电子对, 这会在重流体中产生级联现象 (见 9.6 节). 粒子的动量可由其在磁场 (5 kG) 中的弯曲路径测得. 对上百个这种事例的分析给出了支持微扰 QCD 的最初定量证据.

　　上面的讨论中,将夸克-部分子当成自由粒子处理,但是这种图像(只有在无穷大动量时适用)并不正确,1973 年 Politzer 通过微扰 QCD 的计算预言了有限碰撞能量下对这一图像的偏离值.这一偏离在 1978 年被 CERN 的中微子气泡室实验首次观测并定量地测量到(Bosetti 等,1978;1982),该实验还第一次测量了式(3.33)中的参数 $\Lambda \sim 200\ \text{MeV}$.图 3.10 画出了一个中微子的典型事例,图 3.11 是最新的耦合系数对 q^2 的依赖行为.

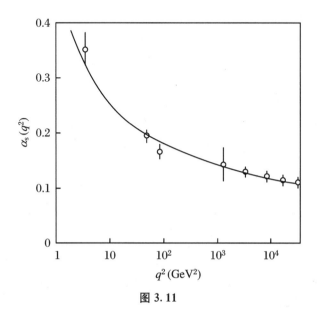

图 3.11

注:QCD 跑动耦合常数随着 q^2 的变化,数据来源于多个过程,包括 τ 轻子的衰变,非弹性的轻子-核子散射,Upsilon($= \text{b}\bar{\text{b}}$)的衰变,Z^0 的宽度,以及过程 $\text{e}^+\text{e}^- \to$ 强子中的事例形状和宽度.该曲线是取式(3.33)中的 $\Lambda = 200\ \text{MeV}$ 的预言.

3.12.2　检验标准模型

　　耦合系数的跑动对于精确地拟合标准模型中的弱电相互作用数据至关重要.数据来源于在 e^+e^- 对撞机中测量的 W 和 Z 玻色子的质量和宽度,这些玻色子衰变到轻子和强子(通过夸克对)的前后不对称度,以及中微子和反中微子与电子和核子散射的截面.这些不同的量或过程,在理论计算时会包含不同的辐射修正.图 3.12 展示了这些修正如何影响 α(正如本节早些时候所描述的)或者 W 玻色子的质量.

　　图 3.13 展示了标准模型是如何被检验的.有一些量,比如 $M_Z = 91.189 \pm 0.001\ \text{GeV}$,已经被很精确地检验.理论上讲,对 Z 玻色子质量的辐射修正以及对 $\sin^2\theta_W$ 的辐射修正,都会依赖于顶夸克的质量.图中画出了对于观测到的 M_Z 值,$\sin^2\theta_W$ 该如何随顶夸克的质量变化而变化.我们也可以通过其他的辐射修正过程

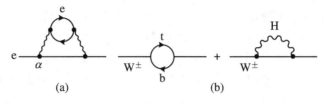

图 3.12

注:贡献物理量辐射修正的圈图.(a) 虚的费米子圈对 α 的辐射修正.(b) 虚的顶夸克或希格斯标量场对 W 和 Z 玻色子质量的辐射修正.

来确定 $\sin^2\theta_W$. 顶夸克的质量也可以由实验直接测量得到,而不用通过辐射修正过程.问题在于当把所有的数据放在一起时,还能否对模型参数给出唯一的最佳拟合? 显然,这是可以做到的,图的中心阴影区域标出了最佳拟合的参数空间.在这幅图中,假定希格斯的质量为 300 GeV,当然也可将这个量当成拟合的参数,但是这样并不能精确地定出希格斯的质量,因为在辐射修正中希格斯质量总是以对数的形式出现.如果非这么做的话,可以发现得到的希格斯质量很低为 $M_H <$ 160 GeV.

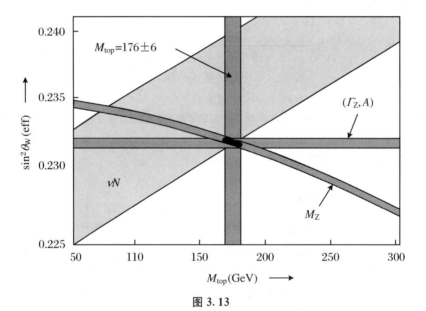

图 3.13

注:顶夸克质量和弱电混合角的参数空间,从不同量的辐射修正计算中所得的结果(如图 3.12),比如 Z 玻色子的质量,中微子-核子的散射截面,Z 衰变的宽度及不对称度.最佳拟合,即各个参数区间交叉的区域,和实验上对顶夸克质量的直接测量值是精确吻合的.

3.13　规范理论中的真空结构

非阿贝尔的规范理论比如前面所提的弱电理论可以具有复杂的真空结构,考虑到其非微扰的过程.这些真空态被不同的拓扑结构所刻画,它们对应于不同的可加量子数(轻子和重子数),而且被势垒所隔开.不同真空之间的跃迁可以通过量子力学的隧穿效应即所谓的瞬子过程来进行,它会导致重子数或轻子数的变化('t Hooft,1976).作为一个类比的例子,放射性的原子核衰变时阿尔法粒子会穿过库仑势垒,并导致重子数的变化 $\Delta B = 4$.在低温近似下,这些过程会被邻近真空之间的小得可以忽略的势垒穿透概率所压低.然而,在高温下,比如在极早期的宇宙膨胀阶段,热能高到可以越过势垒,而非穿透,这就是所谓的 sphaleron 过程,它包含一个 12-轻子的顶点(三代中每一代的三个夸克和一个轻子).在第 6 章中,我们将进一步讨论,这些过程被认为是导致宇宙中重子数不对称的可能机制.

3.14　CPT 定理与 CP 和 T 对称

正如我们在第 6 章中将讨论的,宇宙中观测到的重子数不对称性,被认为起源于物质-反物质不对称性,且只能发生于非平衡态的过程同时 CP 对称性被破坏,而这就是本节所要讨论的.

电荷共轭变换 C,空间反射变换 P 以及时间反演变换 T 通过很重要的 CPT 定理联系起来.它所说的是所有的相互作用在 C,P,T 的联合变换下都是不变的,而无论这三种变换的顺序如何.这个定理预言了正反粒子的质量、磁矩、寿命都是完全相同的,而这些预言都被精确地检验了.比如中性介子 K^0 和它的反粒子 $\overline{K}^0$ 的质量差要小于 $1/10^{19}$,而正负电子的磁矩的绝对值之差要小于 $1/10^{12}$.CPT 定理还预言了自旋-统计关系,即整数和半整数自旋的粒子分别满足玻色-爱因斯坦和费米-狄拉克统计.

到目前为止,CPT 的不变性是普遍的,但是 CP 和 T 的不变性却并非如此.在式(3.9)以及图 3.3 中,我们已知弱作用并不能满足 C 和 P 变换的不变性,而 CP 变换可以将一个 LH 的中微子变成一个 RH 的反中微子,见图 3.14.事实上,在很长的一段时间里,人们曾经认为 CP 对称性是普遍的,但是正如我们将要看到的中性 K 介子的衰变提供了 *CP* 破坏的证据.

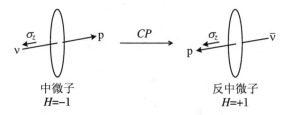

图 3.14

注:*P* 变换将左手的中微子变成没观测到的右手中微子.*C* 变换将左手的中
微子变成同样也是没有观测到的左手反中微子.而 *CP* 联合变换将一个左手的中
微子变成一个右手的反中微子,这是观测到的粒子.

3.15 中性 K 介子衰变中的 *CP* 破坏

K 介子是由奇异夸克或反夸克和非奇异的夸克或反夸克所能组成的最轻介子.它们在强子的强相互作用过程中产生并且有四个态,它们的自旋—宇称量子数都为 $J^P = 0^-$,$K^+ (= u\bar{s})$ 和 $K^- (= \bar{u}s)$ 的质量均为 $0.494\,\text{GeV}/c^2$,而 $K^0 (= d\bar{s})$ 和 $\bar{K}^0 (= \bar{d}s)$ 的质量均为 $0.498\,\text{GeV}/c^2$.含奇异夸克的态具有奇异数 $S = -1$,而含奇异反夸克的态具有奇异数 $S = +1$.所有的 K 介子都不稳定.带电的 K 介子,它们互为粒子和反粒子,具有相同的寿命 $\tau = 12.4\,\text{ns}$.对于中性的 K 介子却测量到两种不同的寿命值.K_S 的寿命为 $\tau = 0.089\,\text{ns}$,K_L 的寿命为 $\tau = 51.7\,\text{ns}$(下标代表着"短"和"长").之所以存在两种寿命是由于实验探测到的衰变态是 K^0 和 $\bar{K}^0$ 的叠加.这一混杂是通过虚的 2π 和 3π 的中间态引起的,而且还包含一个二阶的 $\Delta S = 2$ 的弱作用过程.

$$K^0 \;\substack{2\pi \\ \rightleftharpoons \\ 3\pi}\; \bar{K}^0$$

首先,由中性的 K 介子,我们可以得到如下的 *CP* 本征态:

$$K_S = \sqrt{\frac{1}{2}}(K^0 + \bar{K}^0) \quad CP = +1$$

$$K_L = \sqrt{\frac{1}{2}}(K^0 - \bar{K}^0) \quad CP = -1 \tag{3.34}$$

其中,由于 K 介子自旋为零,*CP* 作用在波函数上和电荷共轭变换 *C* 作用在波函数上的效果是一致的.考虑到第 3.4 节中提到的 π 介子的内秉宇称为负,衰变模式 $K_S \to 2\pi$ 中末态系统处于 S 分波且 $CP = +1$,而 $K_L \to 3\pi$ 末态的 $CP = -1$.因此,尽管中性 K 介子是作为奇异数的本征态被产生的,K^0 和 $\bar{K}^0$,它们的衰变确实是通过之间相互叠加的态进行,即 CP 的本征态.

在 1964 年,Christenson 等人发现上面的态其实还不是纯粹的 CP 本征态.如果我们把纯粹的 $CP = +1$ 的态称为 K_1,而把纯粹的 $CP = -1$ 的态称为 K_2,则 K_L 和 K_S 可以表示为

$$K_S = N(K_1 - \varepsilon K_2)$$
$$K_L = N(K_1 + \varepsilon K_2) \qquad (3.35)$$

其中,归一化的因子 $N = (1 + |\varepsilon|^2)^{-1/2}$,而 $\varepsilon \approx 2.3 \times 10^{-3}$ 是刻画 CP 破坏的小量.实验开始于在强作用中产生 K^0 束流.在度过了几次 K_S 的平均寿命以后,基本上剩下的都是纯的 K_L 束流.可以发现有一小部分的 K_L 可以衰变到 2π,其 $CP = +1$,见图 3.15.

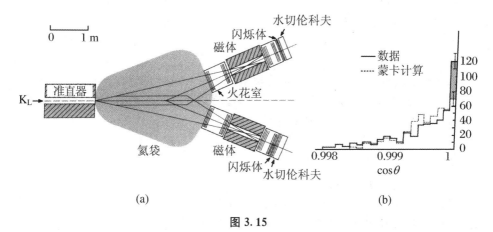

图 3.15

注:Christenson 等人(1964)用于证明 $K_L \to \pi^+\pi^-$ 衰变中的 CP 破坏的实验装置.衰变的带电产物是由两个装配了火花室和闪烁器的磁光谱仪来进行分析的.到两 π 的稀有衰变可以与通常到三 π 的衰变区分开来,只要通过要求两 π 的不变质量必须和 K 介子的质量一致,而且产生的两个 π 介子其三动量方向必须与束流方向一致.$\cos\theta$ 的分布主要来源于三 π 的衰变再加上 50 个与束流共线的事例,这些事例被当成是稀有的两 π 衰变.

CP 破坏还表现在 K_L 的轻子衰变模式中.如果我们将 $K_L \to e^+ + \nu_e + \pi^-$ 的衰变概率标记为 R^+,将 $K_L \to e^- + \bar{\nu}_e + \pi^+$ 的衰变概率标记为 R^-,则通过测量可以得到

$$\Delta = \frac{R^+ - R^-}{R^+ + R^-} = (3.3 \pm 0.1) \times 10^{-3} \qquad (3.36)$$

宇宙中最引人注目的特征之一就是存在非常大的物质-反物质之间的不对称性,在 6.4 和 6.5 节中会详细讨论.在那里我们会发现为了产生重子-反重子的不对称性

需要 CP 破坏的相互作用.式(3.36)表明在宇宙尺度上可以用 CP 破坏来明确地区分物质和反物质.在地球上我们定义正电子为反物质,其带正电荷,而电子带的是负电荷.但是,这仅是一个名称,而且所谓正负电荷的定义是完全任意的.事实上,如果我们定义电子所带的电荷为正而正电子所带的电荷为负则所有的物理结果仍将保持不变.所以我们需要对我们所谓的物质和反物质有明确的定义,这样才能方便我们与宇宙中某一遥远角落的智慧生物进行交流.而中性 K 介子衰变的 CP 破坏则可以提供这样一种定义方式.这样一来,正电子就可以定义为在长寿命的 K_L 介子衰变中更容易(多出 0.3%)产生的带电轻子.

例3.4 如果质子和反质子可以通过 S 态湮灭,试证明可以发生反应 $p\bar{p} \rightarrow K_1 + K_2$,但不能发生反应 $p\bar{p} \rightarrow K_1 K_1$ 或者 $p\bar{p} \rightarrow K_2 K_2$.其中 K_1,K_2 分别是 $CP = +1$ 和 $CP = -1$ 的本征态.

一个质子-反质子系统,其总角动量为 L,总自旋为 S,在空间坐标和自旋坐标交换下会有对称因子 $(-1)^{L+S}$.这等同于电荷共轭或正反粒子共轭,而让空间和自旋保持不变.因此系统有 $C = (-1)^{L+S}$,$P = (-1)^{L+1}$,考虑到正反粒子具有相反的宇称.因此初态的质子、反质子有

$$CP = (-1)^{2L+S+1} = (-1)^{S+1}$$

上式对于所有的 L 值均成立.

让 J 代表两个 K 介子系统的总角动量,则 $|L+S| \geqslant J \geqslant |L-S|$.在各自的静止系中测量,则可以得到,$K_1$ 有 $CP = +1$,K_2 有 $CP = -1$.如果介子对的总轨道角动量为 J,则宇称为 $(-1)^J$.因此对于末态:

$$\text{对于 } 2K_1 \qquad CP = (+1)(+1)(-1)^J = (-1)^J$$
$$\text{对于 } 2K_2 \qquad CP = (-1)(-1)(-1)^J = (-1)^J$$
$$\text{对于 } K_1 + K_2 \quad CP = (-1)(+1)(-1)^J = (-1)^{J+1}$$

若通过 S 态湮灭,则有 $L=0$,$J=S$,因此初态 $CP = (-1)^{J+1}$,其中 $J=0$ 或 1.因此可以湮灭到 $K_1 + K_2$ 却不能湮灭到 $2K_1$ 及 $2K_2$.

若通过 P 态湮灭,则 $L=1$,因此如果 $S=1$,则 $J=0,1$ 或 2.在这种情况下,初态 $CP = +1$,因此对于 $J=0$ 或 2,末态允许的态为 $2K_1$ 或 $2K_2$,如果 $J=1$ 则末态只能是 $K_1 + K_2$.如果 $S=0$,$J=1$,则初态 $CP = -1$,末态只能是 $2K_1$ 或 $2K_2$.

实验上,静止的湮灭过程只会产生 $K_1 + K_2$ 态,而这正是通过一个 S 态的湮灭所预期的.

3.16　标准模型中的 CP 破坏:CKM 矩阵

中性 K 介子衰变中的 CP 破坏事实上有两种来源.首先,式(3.35)中的具有确

定寿命的态并非纯的 CP 本征态.这称为间接的 CP 破坏,由质量本征态自身通过二阶的 $\Delta S = 2$ 的反应进行.但是,CP 破坏也发生于实际的衰变过程中,它包含一阶的 $\Delta S = 1$ 的转化.这就是直接的 CP 破坏.在中性 K 介子衰变中直接的 CP 破坏振幅 ε' 与间接的 CP 破坏振幅 ε 相比要小得多.事实上,在首次观测到 CP 破坏之后,过了三十几年人们才确认直接过程的存在并给出可靠的测量值.测量得到的比值为 $\varepsilon'/\varepsilon = (16.6 \pm 1.6) \times 10^{-4}$.粒子物理标准模型预言了直接 CP 破坏的程度.为了介绍相关内容,我们回到弱作用的费米耦合.轻子和中间玻色子 $W^{\pm}$ 的耦合系数为费米常数 G_F,见式(1.9).然而,对于夸克,其与 $W^{\pm}$ 的耦合是通过弱作用的本征态,而它们是味道本征态的混合.夸克的双重态和轻子的双重态类似:

$$\begin{bmatrix} \nu_e \\ e^- \end{bmatrix} \quad 和 \quad \begin{bmatrix} \nu_\mu \\ \mu^- \end{bmatrix}$$

写成

$$\begin{pmatrix} u \\ d' \end{pmatrix} \quad 和 \quad \begin{pmatrix} c \\ s' \end{pmatrix}$$

其中

$$\begin{aligned} d' &= d\cos\theta_c + s\sin\theta_c \\ s' &= -d\sin\theta_c + s\cos\theta_c \end{aligned} \quad 或 \quad \begin{pmatrix} d' \\ s' \end{pmatrix} = \begin{bmatrix} \cos\theta_c & \sin\theta_c \\ -\sin\theta_c & \cos\theta_c \end{bmatrix} \begin{pmatrix} d \\ s \end{pmatrix} \quad (3.37)$$

混合角 $\theta_c = 12.7°$ 被称为 Cabibbo 角.因此对于中子衰变,用夸克的语言写为 $d \to u + e^- + \bar{\nu}_e$,其耦合常数为 $G_F\cos\theta_c = 0.975G_F$,而对于含奇异夸克 s 的 Λ 超子的衰变,$\Lambda \to p + e^- + \bar{\nu}_e$,或用夸克的语言 $s \to u + e^- + \bar{\nu}_e$,其耦合常数为 $G_F\sin\theta_c = 0.22G_F$.这里,我们只讨论了三代轻子和夸克中的两代.如果考虑上第三代,即包含双重态 (ν_τ, τ^-) 和 (t, b),则式(3.37)中的变换矩阵将被替换成一个 3×3 矩阵,该矩阵称为 CKM 矩阵,三个字母代表了它的三个创立者:Cabibbo(1963),Kobayashi 和 Maskawa(1972).

$$\begin{bmatrix} d' \\ s' \\ b' \end{bmatrix} = \boldsymbol{V}_{CKM} \begin{bmatrix} d \\ s \\ b \end{bmatrix}$$

其中,矩阵元的绝对值(普遍而言它们是复数)为

$$\boldsymbol{V}_{CKM} = \begin{bmatrix} V_{ud} & V_{us} & V_{ub} \\ V_{cd} & V_{cs} & V_{cb} \\ V_{td} & V_{ts} & V_{tb} \end{bmatrix} \approx \begin{bmatrix} 0.975 & 0.221 & 0.114 \\ 0.221 & 0.975 & 0.039 \\ 0.008 & 0.038 & 0.999 \end{bmatrix} \quad (3.38)$$

其中,最边上的非对角元 V_{td} 和 V_{ub} 都很小,因此也很难精确地给定.

很重要的一点是 $N \times N$ 矩阵包含了 $N(N-1)/2$ 个欧拉角参数,比如对于 $N = 3$ 有三个欧拉角参数($N = 2$ 只有一个欧拉角参数);此外还有 $(N-1)(N-2)/2$ 个任意的非平庸的相角(比如对于 3×3 矩阵有一个相角,对于 2×2 矩阵则没有相角).CKM 矩阵中的相角 δ 以 $\exp[i(\omega t + \delta)]$ 的形式进入波函数,因此,在时间反演变

换 $t \to -t$ 下并非不变.因此,这有可能是标准模型中 T 宇称破坏或等价的 CP 宇称破坏的振幅.这一相角的存在意味着 CKM 矩阵中的某些元素必须是复数.由于假设费米耦合常数是普适的,矩阵 V 必须是幺正的,即 $V^* V$ 的非对角矩阵元必须为零.比如将转置共轭矩阵 V^* 的最上面一行乘以矩阵 V 的最后一列,可以得到乘积矩阵最右上角的矩阵元:

$$V_{ud}^* V_{ub} + V_{cd}^* V_{cb} + V_{td}^* V_{tb} = 0 \tag{3.39}$$

这个式子可以用图 3.16 所示的复平面上的"幺正三角形"表示出来.三个角 α,β 和 γ 可以通过中性 B 介子衰变的测量得到,即夸克-反夸克的组合 $b\bar{d}(B_d^0)$,$d\bar{b}(\bar{B}_d^0)$,以及 $b\bar{s}(B_s^0)$,$\bar{b}s(\bar{B}_s^0)$.对于 B 介子的衰变,直接 CP 破坏与间接 CP 破坏相比占主导的贡献.大量的 B 介子对已在正负电子对撞机中产生,尤其是专门设计制造的坐落于美国斯坦福和日本 KEK 的"B 工厂".与中性 K 介子不同的是,由于 B 介子的

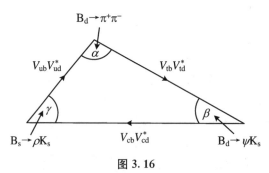

图 3.16

注:α,β 和 γ 所构成的"幺正三角形",这三个角度是由中性 B 介子衰变的 CP 破坏测得的.任何让这个三角形不封闭的因素都是对式(3.39)的幺正条件的破坏,其意味着存在标准模型之外的新物理.目前的测量值为 $\alpha = 99 \pm 11°;\beta = 20 \pm 1°;\gamma = 63 \pm 13°$,其和为 $182 \pm 18°$(Yao 等,2006).

质量更重,因此它有更多的衰变模式.CP 破坏的程度可以通过测量 B^0 和 $\bar{B}^0$ 到同一衰变模式的差别得到.比如测量 B_d^0 到 ψK_s 的衰变,其中 ψ 是 $c\bar{c}$ 的基态共振,可以测出 $\sin 2\beta$,测量到 $\pi^+ \pi^-$ 的衰变则可以得到 $\sin 2\alpha$,而测量 B_s^0 到 ρK_s 的衰变可以得到 $\sin 2\gamma$.这些测量的目的在于研究观测到的 CP 破坏效应是否和标准模型的限制一致.尽管到目前为止,尚未发现任何与幺正关系式(3.39)的偏离,若图 3.16 的三角形不闭合即是超出标准模型新物理的信号.

天体物理学中重要的问题是标准模型中 CP 破坏的程度是否足够大,以解释观测到的 CP 破坏效应以及宇宙学尺度上的物质-反物质不对称性.目前人们认为物质的不对称性产生于非常早期的宇宙,那时候宇宙的能量远远超过标准模型适用的能量以及当今实验室所能达到的能量.K^0 介子和 B 介子衰变中的 CP 破坏看起来和早期宇宙标度上的 CP 破坏关系不大.

3.17　总　　结

- 对称性和不变性原理导致了守恒定律.拉氏函数在一个全局相位变换下的不变性导致了守恒流的存在（Noether 定理）.
- 波函数在空间反射下的变换性质定义了系统的宇称.宇称在电磁相互作用和强相互作用中是守恒的，但是在弱作用中不守恒.因此带电流弱作用中的费米子是纵向极化的，$P = \alpha(\sigma \cdot p)/E = \alpha(v/c)$，其中 σ 是自旋矢量（$\sigma^2 = 1$），p 和 E 是粒子的三动量和总能量，而对于费米子有 $\alpha = -1$，对于反费米子有 $\alpha = 1$.
- 在宇称守恒的相互作用中单独产生的粒子都有内禀宇称.费米子和反费米子具有相反的内禀宇称.
- 对于极端相对论的粒子，螺旋度是一个很好地被定义的量：$H = \sigma \cdot p/|p| = +1$ 或 -1（即右手或左手）.在矢量或轴矢的相互作用中，相对论粒子的螺旋度是守恒的，即其在相互作用前后是一致的.中微子的螺旋度为 -1 而反中微子的螺旋度为 $+1$.
- 人们相信所有成功的场论都必须在局域规范变换下具有不变性.这导致了理论的可重整性，即到耦合常数展开的任意阶都可以给出有限的预言.在 QED 中，局域规范不变性导致光子必须是无质量的.
- 在 QED 中，规范不变的是 U(1) 群.在弱电理论中，规范不变的是 SU(2) 群，其包含了非对易的算符.
- 尽管在电弱理论中，中间玻色子 W 和 Z 都是有质量的，但是由于希格斯机制理论依然是可重整的.
- 在最简单的弱电模型中，预言了一个物理的标量希格斯玻色子.目前对其质量下限的预期为 100 GeV.
- 高阶费曼图的求和可以用单玻色子的交换来近似，其中有效耦合常数会随着转移动量而"跑动".
- 考虑到虚过程（辐射修正），弱电理论预言了各个物理量之间的关系（粒子质量、混合角、衰变不对称性，等等），这些关系都在很高的精度范围内被实验所检验.
- 所有的相互作用在任意阶都是满足 C, P 和 T 联合变换不变的.这种 CPT 不变性导致了粒子和其反粒子具有相同的质量和寿命以及自旋-统计关系.
- CP 不变性在强相互作用和电磁相互作用中保持得很好，但是在弱作用中被破坏.在粒子物理的标准模型中 CP 破坏是允许的，其可以通过三代夸克和轻子之间的弱转化发生.CP 破坏被认为可以用来解释宇宙中物质和反物质的不对称性，尽管到目前为止还不清楚实验室中所观测到的 K^0 和 B 介子的衰变中的 CP 破坏和宇宙学问题是否相关.

习　题

带星号的为较困难的题目.

3.1　试证明,如果 π 介子处于相对之间轨道角动量为零的态(S 态),则 $\pi^+\pi^-$ 是 $CP=+1$ 的本征态,$\pi^+\pi^-\pi^0$ 是 $CP=-1$ 的本征态.

3.2　解释为什么 π^+ 和 π^- 具有相同的质量,而重子 Σ^+ 和 Σ^-,奇异数均为 $S=-1$,其质量则分别为 $1\,189.4\ \mathrm{MeV}/c^2$ 和 $1\,197.4\ \mathrm{MeV}/c^2$.

3.3　中性的非奇异介子 ρ^0(自旋为 $J=1$,质量为 770 MeV)以及 f^0($J=2$,质量为 1 275 MeV)都能衰变到 $\pi^+\pi^-$.其 C 和 P 宇称是多少? 指出衰变模式 $\rho^0\rightarrow\pi^0\gamma$ 和 $\mathrm{f}^0\rightarrow\pi^0\gamma$ 中哪些是允许的,估算其分支比.

3.4　试证明反应 $\pi^-+\mathrm{d}\rightarrow\mathrm{n}+\mathrm{n}+\pi^0+Q$(其中 $Q=1.1\ \mathrm{MeV}$)对于静止的 π 介子无法发生.

*3.5　在几个 GeV 的能量,电磁过程 $\mathrm{e}^-+\mathrm{p}\rightarrow\mathrm{e}^-+$ 强子的散射截面比弱作用过程 $\mathrm{e}^-+\mathrm{p}\rightarrow\nu_\mathrm{e}+$ 强子的散射截面要大得多.然而在高能时,即转移的动量足够大,这两个过程的散射截面差不多.这些条件可以在汉堡 DESY 的 HERA 对撞机上实现,在那里,30 GeV 的电子与 820 GeV 的质子发生对撞.

(a) 在电子和质子的整体质心系中计算 HERA 的总的对撞能量.

(b) 如果主要的碰撞可以看成是电子和带有质子动量 25% 的准自由的 u 夸克之间的碰撞,请问夸克和电子对撞的质心能量是多少?

(c) 请近似地估算,当电子和夸克之间转移的四动量平方(q^2)约为多少时,电磁和弱相互作用的散射截面大约相等.请参考 1.9 节的散射截面公式.

(d) 写出在大的 q^2 时重要的电子-质子散射中发生的其他过程.

*3.6　在物质中趋于静止的正电子,会和电子组成 S 波的 $\mathrm{e}^+\mathrm{e}^-$ "原子"态,称为电子偶素,该粒子可以衰变成两个或三个光子,这两种衰变模式具有不同的寿命.

(a) 这些态的量子数是什么?(总角动量 J,宇称 P,以及电荷共轭宇称 C.)

(b) 氢原子的能级由公式 $E_n=-\alpha^2\mu c^2/(2n^2)$ 给出,其中 n 是主量子数,$\mu=mM/(m+M)$ 是质子质量 M 和电子质量 m 的约化质量.计算电子偶素的能级 $n=2\rightarrow n=1$ 之间的能隙,以 eV 为单位.($M=938\ \mathrm{MeV}/c^2$,$m=0.511\ \mathrm{MeV}/c^2$,$\alpha=1/137$.)

(c) 试估算这两种衰变模式的寿命,利用正负电子的波函数必须重叠以湮灭,以及氢原子的玻尔半径为 $a = h/(\mu c \alpha)$.

3.7 正负电子湮灭在足够高的"共振"能量附近会形成 Υ 介子,其质量为 $9\,460\,\text{MeV}/c^2$,该粒子为底夸克和反底夸克的束缚态:$e^+ e^- \to b\bar{b} \to$ 强子.假设夸克对的轨道角动量为 $L = 0$,则 Υ 介子的量子数 J^{PC} 为多少?

基态之上 $b\bar{b}$ 的径向激发能谱中,第一激发态质量为 $10\,023\,\text{MeV}/c^2$.正负电子偶素相应的 $2^3\text{S}-1^3\text{S}$ 能级差为 $5.1\,\text{eV}$(见前一问).试估计将夸克和反夸克结合的强耦合常数 α_s,假设夸克之间的相互作用势为简单的库仑势 $1/r$(即式(1.7)中的第一项).

*3.8 写出如下量在 P(空间反射)和 T(时间反演)下的变换:

位置坐标 $\quad\quad\quad\quad\quad\quad r$

动量矢量 $\quad\quad\quad\quad\quad\quad p$

自旋/轨道角动量矢量 $\quad\sigma = r \times p$

电场 $\quad\quad\quad\quad\quad\quad\quad E = -\nabla V$

磁场 $\quad\quad\quad\quad\quad\quad\quad B = i \times r$

电偶极矩 $\quad\quad\quad\quad\quad\sigma \cdot E$

磁偶极矩 $\quad\quad\quad\quad\quad\sigma \cdot B$

纵向极化 $\quad\quad\quad\quad\quad\sigma \cdot p$

证明中子的电偶极矩会破坏时间的反演不变性.试着估算这一电偶极矩的上限,假设 CP 不变的程度由中性 K 介子的衰变给出.

试估算用极化质子散射极化质子(纵向极化)的不对称度.

3.9 下面所有的反应都遵守能量守恒.它们中哪一个满足其他的守恒定律?(ρ 介子有 $J^P = 1^-$,π 和 η 介子有 $J^P = 0^-$,它们主要的衰变模式都是衰变到两个光子):

$$\rho^0 \to \pi^+ + \pi^- \quad\quad \rho^0 \to \eta + \gamma$$

$$\rho^0 \to \pi^0 + \pi^0 \quad\quad \rho^0 \to \pi^0 + \eta$$

$$\pi^0 \to \gamma + e^+ + e^- \quad \eta \to e^+ + e^-$$

*3.10 在深度非弹的中微子-核子对撞中,夸克-部分子模型(第3.12.1节)预言了点状的散射截面,其正比于能量,如式(1.27b).在几个 GeV 时,观测到的中微子-质子散射截面为 $\sigma/E = 6.7 \times 10^{-39}\,\text{cm}^2$,其中 E 为以 GeV 为单位的中微子的能量.计算在这样的对撞中部分子所携带的核子动量的平均比例.

第 4 章　标准模型的拓展

　　我们在第 3 章中所介绍的标准模型,从其创立至今已经成功地精确解释了大量加速器实验中产生的数据,但是,它也有其局限性.比如,该模型假设了中微子是无质量的,这与最近的实验结果是矛盾的.它还有理论上的困难,比如所谓的等级问题,还有如何解释宇宙中的重子不对称性.正如在后面的章节中将阐述的,正是在宇宙的标度上,标准模型完全无法描述新的形式的物质和能量.最后,当然要提及的是标准模型中并不包含引力.将引力与其他基本的相互作用统一起来迄今依然是一个未解决的问题.诚然,我们还不知道有什么更好的理论可以替代标准模型,但是无论如何,标准模型都会是这种理论的一部分.在本章中,我们将只列出超出标准模型物理的一些新的方向.

4.1　无中微子的双贝塔衰变

　　正如我们在第 1 章中已指出,关于中微子性质的问题——它们到底是狄拉克粒子还是 Majorana 粒子——至今还悬而未决.在标准模型中,中微子被认为是无质量的——这一假设和标准模型建立初期的实验数据是一致的.但是,正如下面将提及的,1990 年后出现的中微子不同味道之间振荡的证据表明中微子的质量是有限的,尽管非常小.中微子的质量很小,其数量级为 $0.1\ \mathrm{eV}/c^2$,这比典型的已知狄拉克粒子,比如夸克和带电轻子的质量要小十个数量级,这意味着它们可能确实是 Majorana 粒子,其微小的质量来自于下面将讲述的跷跷板机制.

　　如果中微子确实是 Majorana 粒子,则轻子数 L 将被破坏,由于中微子(在狄拉克图像中 $L=1$)和反中微子($L=-1$)是全同的.但是,对此的检验只有在一种实验中才是简易可行的,即无中微子的双贝塔衰变.

　　我们知道,在通常的核子贝塔衰变中,发射出的电子总是伴随着一个(反)中微子,比如,中子的衰变:

$$n \longrightarrow p + e^- + \bar{\nu}_e \tag{4.1}$$

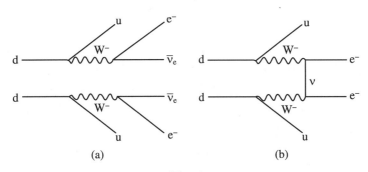

图 4.1

注：(a) 发出两个中微子的双贝塔衰变费曼图. (b) 无中微子的双贝塔衰变.

在某些原子核中, 可以同时发生两个贝塔衰变. 因此一个原子序数和质量数为 (Z, A) 的原子核会转化为一个 $(Z+2, A)$ 的原子核：

$$(Z, A) \rightarrow (Z + 2, A) + 2e^- + 2\bar{\nu}_e \tag{4.2}$$

由于核子对能, 该过程只有在 Z 为偶数且 A 为偶数时可能发生. 同时还需要两个条件. 首先, 单贝塔衰变必须被禁戒, 即子核质量之间的关系为 $M(Z+1, A) > M(Z, A)$, 由于质量的奇偶效应为通常的情形. 其次, 能量守恒要求 $M(Z+2, A) + 2m_e < M(Z, A)$. 由于偶-偶原子核其自旋-宇称为 0^+, 这样的双贝塔衰变总是 $0^+ \rightarrow 0^+$. 这些衰变是二阶的弱衰变, 即其概率正比于 G_F^4, 其中 G_F 是费米常数. 因此双贝塔衰变粒子的寿命很长, 典型值为 10^{20} 年, 甚至更长.

但是, 如果中微子是 Majorana 粒子, 则无中微子的双贝塔衰变是可能的：

$$(Z, A) \longrightarrow (Z + 2, A) + 2e^- \tag{4.3}$$

我们可以将此过程看成是一个由两步组成的过程 (见图 4.1). 在第一步的过程中, 产生了一个 (反) 中微子：

$$(Z, A) \longrightarrow (Z + 1, A) + e^- + \bar{\nu}_e$$

而这一中微子又被生成的原子核所吸收：

$$(Z + 1, A) + \nu_e \longrightarrow (Z + 2, A) + e^-$$

这一过程当然是可以发生的, 因为作为 Majorana 粒子, 中微子和反中微子是无法区分的.

然而, 根据 3.6 节中的弱作用的螺旋度规则, 在第一步过程中所产生的 (反) 中微子主要是右手的, 而第二步所吸收的中微子主要是左手的. 确实, 如果中微子没有质量, 则这样的双贝塔转换将被螺旋度守恒严格禁戒.

对于一个具有有限质量 m_ν 且能量 $E \gg m_\nu c^2$ 的中微子, 第一个过程中产生的中微子出现"错误"的极化 $1 - P$, 因此随后能够被吸收的概率为 (见 3.6 节及方程式 (3.9))

$$\left(1 - \frac{v}{c}\right) \sim \frac{(m_\nu c^2)^2}{2E^2} \tag{4.4}$$

由于在式(4.3)中,总的裂变能量由两个电子分享,因此它们的能量之和会是一条分立的能量谱线.(然而由于它是极为稀有的过程——如果它可以发生的话——对双贝塔衰变的探测可能需要大型的探测器,而且探测器也很难达到理想的分辨率.)迄今为止,无中微子的双贝塔衰变还没被观测到,能给出的寿命下限为 10^{25} 年.无须用复杂的核子矩阵元来计算反应概率,同时不考虑其可观的不确定度,从式(4.4)中可以看出寿命的极限对应于中微子质量的上限,目前给出的范围为

$$没有无中微子的双贝塔衰变 \longrightarrow m_\nu c^2 < 0.3 \sim 2\,\mathrm{eV} \tag{4.5}$$

当然此范围对电子中微子同样适用,参见 Klapdor-Kleingrothaus 等(2001)以及 Fiorini(2005).然而,这一结果依然是比通过中微子振荡(下面和第 9 章中将详细讨论)所观测到的质量差($<0.1\,\mathrm{eV}$)要大得多,也比推测的中微子的质量大得多.对无中微子的双贝塔衰变的观测极其重要,这是由于,一方面它将毫无疑问地证明中微子确实是 Majorana 粒子,另一方面这样的观测可以用来测量某些 CP 破坏相.这些 CP 破坏相在大质量的 Majorana 粒子的衰变中扮演着至关重要的角色,它们将导致宇宙早期的轻子和重子的不对称性,这将在 6.5 节中讨论.

4.2　中微子质量与味道振荡

在 70 年代所建立的最初的标准模型中,人们假设了中微子是无质量的,而且仅有左旋态.然而,在多年前就有对中微子是否确实无质量的质疑,该质疑源于味道之间振荡的可能性.(其最早由 Pontecorvo 提出,相关的过程为中微子-反中微子振荡——类似于 K^0-$\bar{\mathrm{K}}^0$ 混合——但是并没有找到相关证据也没有进一步考虑.)随后,Maki,Nakagaya 和 Sakata(1962),Pontecorvo(1967)以及 Gribov 和 Pontecorvo(1969)提出,虽然中微子是作为味道本征态被产生和消灭的,但是它们却是以质量本征态在空间中传播的.这一情形和夸克部分是一致的,在那里,弱作用的本征态是味道本征态的叠加.中微子的味道本征态,标记为 ν_e,ν_μ 和 ν_τ,考虑到其随时间的演化,实际上是质量本征态 ν_1,ν_2,ν_3 的叠加.这些质量本征态在空间中传播,由于其不同的质量而具有稍微不同的频率,如此在传播的过程中就会有不同的相位,这就会导致中微子味道的变化或味道之间的振荡.因此,一个中微子当它以特定的味道本征态被产生并在空间中传播一段距离之后,就会变成不同味道本征态的叠加,这一点可以在随后和物质的相互作用中被验证.

联系中微子的味道和质量本征态的 3×3 矩阵类似于联系夸克的弱作用和味

道本征态的 CKM 矩阵,见式(3.38).同样,这一矩阵中包含质量本征态之间的混合角以及可能的 CP 破坏相角.对于一个 n 维的矩阵,可能的混合角(Euler 角)的个数为 $n(n-1)/2$,对于 $n=3$ 其值为 3,而可能的非平庸的 CP 破坏相角的个数为 $(n-1)(n-2)/2=1$.作为起始以及为了处理的简化,我们考虑仅有两个味道的情形,即只有一个混合角 θ 且没有 CP 破坏.事实上,正如下面我们将看到的,由于三个混合角当中有一个是非常小的——但从实验的角度,并非零——而其他两个比较大,按照目前的实验精度,只用两种味道的混合就可以解释观测数据.用中微子的记号来表示相关粒子的波振幅,作为例子,考虑 ν_μ,ν_τ 作为 ν_2,ν_3 的混合态(大气中微子就是这一情形):

$$\begin{pmatrix} \nu_\mu \\ \nu_\tau \end{pmatrix} = \begin{pmatrix} \cos\theta & \sin\theta \\ -\sin\theta & \cos\theta \end{pmatrix} \begin{pmatrix} \nu_2 \\ \nu_3 \end{pmatrix} \tag{4.6}$$

其中,θ 代表任意的混合角.波振幅表示为

$$\begin{aligned} \nu_\mu &= \nu_2\cos\theta + \nu_3\sin\theta \\ \nu_\tau &= -\nu_2\sin\theta + \nu_3\cos\theta \end{aligned} \tag{4.7}$$

它们是正交的态.如果 E 表示中微子的能量,则能量本征态随时间的演化为

$$\begin{aligned} \nu_2(t) &= \nu_2(0)\exp(-iE_2 t) \\ \nu_3(t) &= \nu_3(0)\exp(-iE_3 t) \end{aligned} \tag{4.8}$$

其中,我们采用的单位制为 $\hbar = c = 1$,因此角频率为 $\omega = E$.每一个质量本征态都有固定的动量,因此如果质量满足 $m_i \ll E_i (i=2,3)$,则

$$E_i = p + \frac{m_i^2}{2p} \tag{4.9}$$

假设在起始时刻 $t=0$ 是 μ 子中微子,即 $\nu_\mu(0)=1$ 而 $\nu_\tau(0)=0$,代入式(4.6)则可以得到

$$\begin{aligned} \nu_2(0) &= \nu_\mu(0)\cos\theta \\ \nu_3(0) &= \nu_\mu(0)\sin\theta \end{aligned} \tag{4.10}$$

和

$$\nu_\mu(t) = \nu_2(t)\cos\theta + \nu_3(t)\sin\theta$$

通过式(4.8)和式(4.10),μ 子中微子的振幅为

$$A_\mu(t) = \frac{\nu_\mu(t)}{\nu_\mu(0)} = \cos^2\theta\exp(-iE_2 t) + \sin^2\theta\exp(-iE_3 t)$$

因此其亮度为

$$\frac{I_\mu(t)}{I_\mu(0)} = AA^* = 1 - \sin^2 2\theta\sin^2\frac{(E_3 - E_2)t}{2}$$

利用式(4.9)并且将质量的平方差写为 $\Delta m^2 = m_3^2 - m_2^2$,在这里和下面我们都假设 $m_3 > m_2$.则在经历了时间 $t = L/c$(L 为传播距离)之后找到这一味道或其他味道本征态的概率为

$$P(\nu_\mu \longrightarrow \nu_\mu) = 1 - \sin^2 2\theta \cdot \sin^2\left(1.27\frac{\Delta m^2 L}{E}\right)$$

$$P(\nu_\mu \longrightarrow \nu_\tau) = 1 - P(\nu_\mu \longrightarrow \nu_\mu) \tag{4.11}$$

这里数值系数只有 $1/(4\hbar c)$，如果我们保留所有的 $\hbar$ 和 c 因子的话，该因子等于 1.27，如果 L 的单位为 km，Δm^2 的单位为 $(eV/c^2)^2$ 且 E 的单位为 GeV. 图 4.2 画的是最大混合，即 $\theta = 45°$ 时，味道的振荡振幅. 振荡的波长为 $\lambda = 4\pi E/\Delta m^2$. 比如，对于在第 9.15 节中将讨论的大气中微子的数据 $\Delta m^2 = 3 \times 10^{-3}$ eV^2，有当 $E = 2$ GeV 时，$\lambda = 2\,400$ km. 如此长的波长来自于极小的质量差.

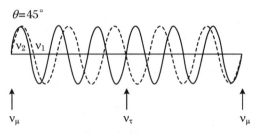

图 4.2

注：两味中微子（$\nu_\mu \to \nu_\tau$）的振荡，图中所示为 $\theta = 45°$ 时的质量本征态振幅. 可以看出在图中的起点和终点，相距一个振荡波长，质量本征态是同相的，因此由式 (4.6) 可知这些点对应于纯粹的 μ 子中微子. 在图的中央，两个振幅的相位相差 180°，其对应于 τ 子中微子.

如果味道数目是三而非二，那么就有三个质量本征态 m_1，m_2 及 m_3（按照升序排列），有两个独立的质量差，比如 Δm_{12} 和 Δm_{23}（而 $\Delta m_{13} = \Delta m_{23} + \Delta m_{12}$），有三个混合角，标记为 θ_{12}，θ_{23} 和 θ_{13}. 注意，中微子振荡实验只能测量它们之间的质量平方差而不能测量质量自身. 在 9.15～9.17 节中，我们将看到，大气中微子的数据以及加速器中微子的实验主要研究的是较大的质量差 $|(\Delta m_{23})^2| = (m_3)^2 - (m_2)^2$ 以及单一的混合角 θ_{23}（即前面方程中的 Δm^2 和 θ）. 太阳中微子和反应堆反中微子的数据主要研究较小的质量差，$|(\Delta m_{21})^2|$ 以及混合角 θ_{12}，正如在方程 (4.12) 及图 4.3 中所示：

ν_3 ————————————
$$\leftarrow |\Delta m_{23}|^2(\text{大气}) = (2.3 \pm 0.2) \times 10^{-3} \text{ eV}^2$$
$$\tan^2 \theta_{23} = 1.00 \pm 0.30$$

$$\tag{4.12a}$$

ν_2 ————————————
ν_1 ————————————
$$\leftarrow |\Delta m_{12}|^2(\text{太阳}) = (8.2 \pm 0.3) \times 10^{-5} \text{ eV}^2$$
$$\tan^2 \theta_{12} = 0.39 \pm 0.05$$

$$\tag{4.12b}$$

第三个混合角至今只有上限,从核反应堆实验中得到 $\tan^2\theta_{13}<0.05$[①]. 质量差的符号是未知的,因此质量的序列可能和上面所示的完全相反,即 ν_3 是最轻的而非最重的.

通常的 3×3 混合矩阵包含三种味道和三个质量,显得有点复杂,可以把它表示成三个简单的矩阵的乘积($c_{23}=\cos\theta_{23}$,$s_{23}=\sin\theta_{23}$,等等):

$$
U = \begin{pmatrix} 1 & 0 & 0 \\ 0 & c_{23} & s_{23} \\ 0 & -s_{23} & c_{23} \end{pmatrix} \begin{pmatrix} c_{13} & 0 & s_{13}\mathrm{e}^{\mathrm{i}\delta} \\ 0 & 1 & 0 \\ -s_{13}\mathrm{e}^{\mathrm{i}\delta} & 0 & c_{13} \end{pmatrix} \begin{pmatrix} c_{12} & s_{12} & 0 \\ -s_{12} & c_{12} & 0 \\ 0 & 0 & 1 \end{pmatrix} \qquad (4.13)
$$

$$\uparrow\text{大气} \qquad\qquad\qquad\qquad\qquad\qquad\qquad \uparrow\text{太阳}$$

实验中发现 θ_{13} 非常小,因此 $s_{13}\sim0$ 而 $c_{13}\sim1$. 在这种情形下,中间的矩阵就是单位矩阵. 第一个矩阵——与大气中微子振荡相关——仅依赖于 θ_{23},而第三个矩阵——与太阳中微子相关——仅依赖于 θ_{12}. 太阳中微子和大气中微子近似于退耦,既然它们由 θ_{13} 联系. CP 破坏相角总是和小量 $\sin\theta_{13}$ 相乘,因此很难被探测. 在第 9 章中,我们将详述实验现状是如何给出这些结果的.

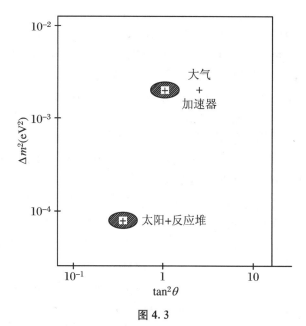

图 4.3

注:Δm^2 关于 $\tan^2\theta$ 的函数,其中 θ 为混合角. 在顶部是大气和长基线加速器的数据;在底部则是太阳中微子(ν_e)和反应堆中微子($\bar{\nu}_e$)的数据. 阴影部分的边界对应于 90% 的置信水平.

---

① 大亚湾中微子实验给出新的 θ_{13} 测量结果:$\sin^2(2\theta_{13})=0.092\pm0.016(s+at)\pm0.05(syst)$,见 An 等(2012),PRL 108,171803.(译者注)

4.3 大统一理论:质子衰变

弱电理论成功地统一了电磁相互作用和弱相互作用,并且在极大的范围里描述了实验数据.这一成功打开了将基本相互作用进一步统一的可能性,即将弱电理论和强相互作用理论进一步统一起来,这类理论被称为大统一理论——简称GUTs.其基本思想是 $SU(2) \times U(1)$ 的弱电对称性(这是一个在低能下破缺的对称性)加上强作用的 $SU(3)$ 色对称性(严格的对称性)可能被包含在一个更大的对称性中,而该对称性只在某一个高的大统一能标上显现,在这样的能标下所有的组分对称性都是严格的.由于不同种相互作用的有效耦合常数会按不同的方式"跑动",有可能它们会"跑"到一个相同的值,大统一耦合常数 α_u.这种对标准模型的可能拓展早在弱电理论刚刚取得成功之后的 20 世纪 70 年代初期就已经被讨论.

最早且最简单的 GUT 模型是乔治和格拉肖(1974)所提出的 $SU(5)$ 模型.在该理论中将所有的费米子,包括轻子和夸克组成多重态,这样利用一个通用的耦合常数,轻子和夸克之间也可以相互转化,通过交换大质量的"轻子夸克(leptoquark)"玻色子 X 和 Y,它们分别带有 4/3 和 1/3 的基本电子电量.图 4.4 画出了 $SU(5)$ 的 5 维基本表示,其中 G 是传递夸克之间相互作用的胶子,W 是传递中性和带电轻子之间相互作用的弱作用玻色子,X 是传递夸克和轻子之间相互作用的"轻子夸克"玻色子.多重态的总电荷数为零,它对应于电荷是 $SU(5)$ 群的生成元之一这个事实.简而言之,该模型的一些吸引人的特性如下:

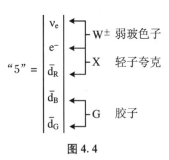

图 4.4

注:夸克和轻子的 $SU(5)$ 多重态.

• 夸克带有分数电荷是由于夸克有三种色而轻子无色,而多重态的总电荷必须为零.

• 电子和质子的电荷是相等的——这一历史难题被解决了.

• 由于电荷是非阿贝尔 $SU(5)$ 群的一个生成元,这一对称性的对易关系只允许电荷是分立的而非连续的数值.即电荷量子化是大统一理论的结果.

大统一的能标,如图 4.6 所示,大概位于 10^{14} GeV 附近.这里有一个很强的假设,即弱电能标(数量级为 100 GeV)和 GUT 能标(比弱电能标大 12 个数量级),之间没有其他任何的"新"物理——这一广阔的能量区间被称为是沙漠.尽管预言的大统一能标远远超出了实验室所能达到的能量,但是在低能下虚的 X 和 Y 粒子的交换是可以发生的,这就会得到对质子衰变的预言,比如通过图 4.5 所示的 p→e$^+$ + π^0 过程.根据我们现有的知识,宇宙中观测到的质子和反质子的不对称性来源于宇宙极早期的某些相互作用(至今未知),这意味着根据细致平衡原理,质子最终会衰变以恢复现状.正如图 4.5 所示,由于 X,Y 的传播子给出的强烈的压低,预言的质子寿命非常长,为 $10^{30\pm0.5}$ 年(见例 4.1).这一结果与实验上对质子寿命下限的测量是矛盾的,实验下限为 10^{33} 年(图 4.7 为用于探测质子衰变的探测器).

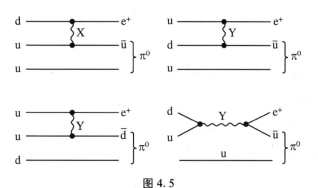

图 4.5

注:SU(5)大统一方案的质子衰变费曼图.例 4.1 估算了质子的寿命,其数量级为 10^{30} 年,即每千吨的物质一天只有一个质子衰变.这很容易用深埋于地底下以减少宇宙线背景的探测器测量,正如在图 4.7 中所示.迄今为止的实验都没有探测到这种衰变,而对质子寿命给出的下限为 10^{33} 年.然而在 20 世纪 90 年代早期,这些探测器首次发现了,完全是毫无预期的,大气中微子味道振荡的证据,正如在上面 4.2 节中所讨论的以及在第 9 章将进一步讨论.

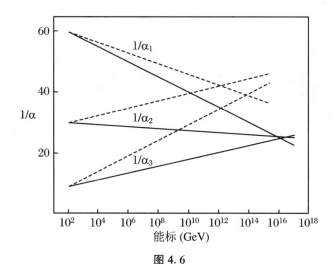

图 4.6

注:强,电磁和弱相互作用的耦合系数的倒数外推到高能下的值.虚线为非超对称 SU(5)的预言值,实线为超对称大统一理论的预言值.

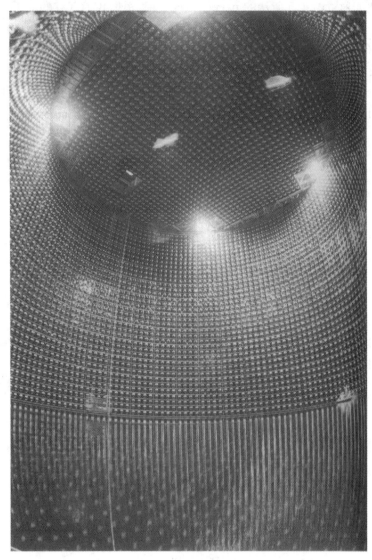

图 4.7

注:超级神冈水中切伦科夫探测器的照片,该探测器用于探测质子的衰变.对切伦科夫效应的讨论,请见 9.6 节.该探测器由一个直径为 40 m 深度为 40 m 的装满水的圆筒所构成,其表面覆盖了 11 000 个光电倍增管,它们可以记录穿过水的相对论性带电粒子所产生的切伦科夫光子.这张照片所拍的容器中装满了水(50 000 t).这个探测器位于日本的神冈山,地下 1 100 m 处.正如在第 9 章中要讨论的,尽管质子衰变尚未被观测到,曾经被认为是令人讨厌的由大气中微子的相互作用而带来的背景,事实上却导致了中微子振荡的重大发现,而在其中神冈的探测器扮演着重要的角色.(感谢 Y. Totsuka 教授)

将大统一模型中的三个耦合常数标记为 $\alpha_i = g_i^2/(4\pi)$,其中 $i = 1 \sim 3$. 这里 $g_1 = \left(\dfrac{5}{3}\right)^{\frac{1}{2}} \dfrac{e}{\cos\theta_{\mathrm{w}}}$ 而 $g_2 = \dfrac{e}{\sin\theta_{\mathrm{w}}}$,其中 e 是电子电荷,而 θ_{w} 是与弱电耦合相关的弱混合角. 强耦合系数 $g_3 = g_s$ 已在式(1.7)中定义. 在该模型中可以得到大统一标度下的弱电参数为 $\sin^2\theta_{\mathrm{w}} = \dfrac{3}{8}$,而三个耦合常数 $\alpha_1, \alpha_2, \alpha_3$ 具有相同的值 $\alpha_u = \left(\dfrac{8}{3}\right)\alpha_{\mathrm{em}}(M_X)$. 因此利用练习 3.3 所得到的 $\alpha_{\mathrm{em}}(M_X) = \dfrac{1}{112}$ 以及 $M_X = 10^{14}$ GeV 可得 $\alpha_u = \dfrac{1}{42}$.

图 4.6 中的虚线画的是倒数 $1/\alpha_{1,2,3}$ 如何线性依赖于能量标度的对数,这和式(3.32)及式(3.33)的预期一致.

例 4.1　如果质子的衰变是通过交换质量为 $M_X = 3 \times 10^{14}$ GeV 的玻色子进行的,且其耦合为通常的弱耦合,请利用例 3.3 中的大统一耦合常数估算质子的寿命.

可以利用下面的公式估算:

$$\tau_{\mathrm{p}} = \frac{M_X^4}{A\alpha_u^2 M_{\mathrm{p}}^5}$$

其中 $A \sim 1$,其为一任意的参数给出质子中的夸克参加比如反应 $ud \to e^+ + \bar{u}$ 的概率. X 玻色子的质量以四次方的形式进入表达式,这是由于传播子的贡献,质子的质量以五次方的形式进入表达式,这是量纲分析给出的. 例 3.3 给出了大统一耦合常数 $\alpha_u = (8/3)\alpha_{\mathrm{em}}(M_X) = 1/42$.

代入这些数(记住在自然单位制中,1 GeV$^{-1} = 9.6 \times 10^{-25}$ s)可以得到 $\tau_{\mathrm{p}} = 4.3 \times 10^{29}/A$ 年,其中 $A < 1$. 最小 SU(5) 所预言的质子的寿命为 $10^{30 \pm 0.5}$ 年.

总之,尽管具有很多吸引人的特征,SU(5) 模型的困难不仅仅是其预言的质子寿命不正确,其所预言的三个外推的耦合常数也并没有精确地相遇到一点(图 4.6).

4.4　大统一和中微子跷跷板机制

有一种改进的大统一方案利用了 SO(10) 群,SU(5) 群是其子群. 在这种模型中,质子的寿命要长得多,其范围为 $10^{34} \sim 10^{38}$ 年,而衰变模式为奇异粒子衰变,比如该模型预言的主要衰变模式为 $p \to K + \pi$. SO(10) 群的一个重要特征是其包含一个 U(1) 单态,由于不受 SU(5) 规范对称性的保护,其辐射修正的质量可以非常大.

这一点对下面的讨论至关重要.

在 4.2 节中已经提及中微子部分的疑难之一为中微子质量的差别,经推断,也包括中微子质量自身,其数量级为 0.1 eV 或更小,比带电的轻子和夸克的质量(GeV 标度)要小得多.在第 1 章中已经解释,带电的轻子由 Dirac 方程描述,其既有左旋态 ψ_L 也有右旋态 ψ_R.事实上,狄拉克方程中的质量项为 $\psi_L \psi_R$(其质量通过希格斯耦合得到).如果中微子纯粹是狄拉克粒子(如此,中微子和反中微子是可区分的粒子和反粒子),则其质量将严格等于零,如果它们只存在于左旋态 ψ_L,正如在标准模型中所假定的.另一种可能性是,它们是 Majorana 粒子,即粒子和反粒子是不可区分的.普遍而言,我们可以假设轻子的质量是狄拉克质量项和 Majorana 质量项的混合.因为对于带电轻子、粒子和反粒子明显不同,它们必须是纯粹的狄拉克粒子,而中微子和反中微子却可以是这两种粒子类型的混合.假设我们将左旋和右旋态的 Majorana 粒子的质量分别标记为 m_L 和 m_R.作用在中微子波函数之上的中微子质量矩阵可以是 Majorana 质量 $m_{R,L}$ 和狄拉克质量 m_D 的组合:

$$\begin{bmatrix} m_L & m_D \\ m_D & m_R \end{bmatrix} \tag{4.14}$$

将该矩阵对角化,立即可以得到其质量本征值为

$$m_{1,2} = \frac{1}{2} \left[(m_R + m_L) \pm \sqrt{(m_R - m_L)^2 + 4m_D^2} \right] \tag{4.15}$$

现在假设 m_L 非常小(我们可以将它设为零),而 $m_R = M$ 是一个比 Dirac 质量大得多的量,其质量标度为 GUT 能标.则物理中微子的质量为

$$m_1 \approx \frac{m_D^2}{M}, \quad m_2 \approx M \tag{4.16}$$

因此,我们最终看到的是有很小质量的左手的 Majorana 粒子,其质量被右手中微子极大的质量标度 M 压低——这被称为"跷跷板"机制.当然,无论是轻的还是重的中微子都有左旋和右旋态,而且可能在三代中被复制.如果将 10 GeV 作为狄拉克粒子的典型质量,则 $M \sim 10^{12}$ GeV 将对应于 $m_1 \sim 0.1$ eV,而这正是观测到的轻中微子的质量范围.因此,所谓的跷跷板机制需要依靠大质量的 Majorana 中微子将轻中微子的质量压低到狄拉克质量标度以下.

如果这种观点是对的,则观测到的中微子质量很小就意味着在极高的能标下存在新的相互作用和新物理,也许就是前面讨论的大统一理论.更进一步,正如在第 6 章将要讨论的,这种大质量中微子的衰变可能会导致轻子不对称性,通过一种所谓的弱电标度下的瞬子效应,这种不对称性会转化成重子不对称性,其不对称度与宇宙中观测到的正-反物质不对称度是大致相同的.由此看来,宇宙中一些重要的特征和中微子的质量问题是息息相关的.这些由 20 世纪 90 年代以来的中微子实验得到的预言理所当然会对宇宙学产生深刻而重要的影响.

4.5 等级与超对称

另一个大统一的方案包含超对称的思想,该思想已在1.3节做过简要介绍,即每个费米子都有一个玻色伴子,相反对于每一个基本的玻色子都有一个超对称费米子伴子.超对称的提出最初是为了解决所谓的等级问题.在第3章中,我们已经注意到标准模型对包含虚玻色子和费米子的圈图的辐射修正计算是非常成功的.然而,如果存在和大统一方案相关的大质量粒子,那么在计算标准模型的参数时,它们会以虚粒子进入圈图计算中并导致发散,除非存在相应的抵消项.而超对称正是这么解决问题的,由于费米子和玻色子的圈图振幅正好相差一个符号(技术上来说,这是由于玻色子和费米子的产生湮灭算符分别满足对易和反对易关系).因此对希格斯质量的单圈辐射修正为 $\Delta m_{\mathrm{H}}^2 \sim (\alpha/\pi)(m_{\mathrm{F}}^2 - m_{\mathrm{B}}^2)$,只要超对称伴子的质量标度大约位于 1 TeV 以下,则平方发散就可以避免(对数发散依然保留,但是要小得多).这种方案取得的另一个令人兴奋的成就是在超对称的标度以上,三个耦合常数的演化行为被修改,并且它们确实是几乎相遇于一点(如图4.6所示),该方案预言的大统一能标约为 10^{16} GeV,这比前一种方案要高些.由于 M_X 的质量更大了,因此预言的质子的寿命也会更长,其数量级为 10^{35} 年,这与实验给出的下限是一致的.正如前面所提及的,在修改的大统一方案中,质子偏好衰变成较重的粒子,比如 $\mathrm{p} \rightarrow \mathrm{K}^+ + \nu_\mu$.

到目前为止,依然没有直接的实验证据支持超对称或者大统一理论.加速器实验中给出的超对称粒子的质量下限约为 100 GeV.这当然是比绝大多数已知的基本玻色子和费米子都要重.很明显,超对称是一个破缺的对称性,有可能所有的超对称伴子的质量都在 100~1 000 GeV 范围之内.表 4.1 中给出了一些超对称粒子.这里对标记法做一下说明.费米子的玻色伴子要加前缀"s",因此有超夸克(squark),超轻子(slepton)等.玻色子的费米子伴子要在名字后面加"ino",比如超光子(photino),超 Z(zino),超胶子(gluino)等.

表 4.1 超对称粒子例子(自旋单位为 $h/(2\pi)$)

粒子	符号	自旋	SUSY 伴子	符号	自旋
夸克	Q	$\frac{1}{2}$	超夸克	$\tilde{Q}$	0
轻子	1	$\frac{1}{2}$	超轻子	$\tilde{l}$	0

					续表
粒子	符号	自旋	SUSY 伴子	符号	自旋
胶子	G	1	超胶子	$\tilde{G}$	$\dfrac{1}{2}$
光子	γ	1	超光子	$\tilde{\gamma}$	$\dfrac{1}{2}$
Z 玻色子	Z	1	超 Z	$\tilde{Z}$	$\dfrac{1}{2}$
W 玻色子	W	1	超 W	$\tilde{W}$	$\dfrac{1}{2}$
希格斯	H	0	超希格斯	$\tilde{H}$	$\dfrac{1}{2}$
引力子	g	2	超引力子	$\tilde{g}$	$\dfrac{3}{2}$

大多数的超对称模型都会假设存在 R 宇称,即超对称粒子总是成对的被产生并且带有守恒的量子数 $R = \pm 1$,这与强相互作用中,奇异粒子总是成对地被产生并且带量子数 $S = \pm 1$ 相似.因此一对正反夸克若具有足够高的能量就能湮灭而产生超夸克-反超夸克(squark-antisquark)对.一个大质量的超对称粒子会通过一系列 R 宇称守恒的过程不断衰变成更轻的粒子,并最终衰变成最轻的超对称粒子,而这个粒子在严格的 R 宇称守恒的极限下是绝对稳定的.比如,如果有一个超光子在过程 $\tilde{Q} \rightarrow Q + \tilde{\gamma}$ 中产生,则通过衰变末态的动量守恒可以发现它的存在.

所谓的最小超对称标准模型(MSSM)包含了大量的新粒子,其中物理的希格斯玻色子就有五个.弱电作用的四个规范粒子其超对称伴子为四个中性的费米子,称为超中微子(neutralinos).在第 7 章我们将讨论到,当前宇宙中最难解的问题之一就是"暗物质"的本质,而"暗物质"占宇宙中总物质的 80% 以上.如果暗物质粒子也是以基本粒子的形式存在,则超中微子,这种在宇宙最早期产生的质量为 TeV 量级的粒子,可能是"暗物质"的成分.由于 R 宇称的守恒,最轻的超对称粒子(LSP)可以是稳定的,因此它极可能是"暗物质"的候选者.请注意,尽管最小超对称粒子的质量很大(至少是 100 GeV),它们也必须足够地稳定以至于在宇宙演化了 140 亿年后依然存在.这一点是可以接受的.毕竟,质子虽然没有绝对的守恒定律(比如规范原理)来保证其稳定性,但是其寿命也比宇宙的年龄要大至少 10^{23} 倍.

在超对称理论中,有若干自由参数,因此其对某些物理量的预言会有不确定性.比如,中子电偶极矩的精确上限 $10^{-25} |e| \mathrm{cm}$ 已经可以对这些参数给出限制范围.正如在第 7 章中将提到的,如果暗物质确实是由超对称粒子构成的,则目前的实验已经可以给出对超对称理论模型的参数限制.

4.6　总　　结

· 中微子的性质问题——即其为狄拉克粒子还是 Majorana 粒子——依然悬而未决,但是一旦观测到无中微子的双贝塔衰变则可以确定它们是 Majorana粒子.

· 轻中微子的质量极小,小于 $0.1\ eV/c^2$,可能是由于存在质量很大的Majorana 中微子以及跷跷板混合机制.

· 特定味道的中微子是质量本征态的叠加.两个质量差中较大的一个与大气中微子的振荡相关,较小的一个与太阳中微子的振荡相关.这两个现象是退耦的,因为三个混合角中有一个非常小而且尚未被测出[①],另两个则比较大.

· 弱电模型的成功使得人们猜测强相互作用和弱电相互作用也有可能统一,因而在某个大统一的能量标度具有同样的耦合参数.这样的理论将会预言质子的衰变,提供对电子和质子具有相同电荷的理解,还有夸克的分数电荷以及所有已知粒子的分立的电电荷.最初的 SU(5)模型预言质子的寿命为 10^{30} 年,这与目前的实验下限 10^{33} 年是不一致的.超对称的 SU(5)模型预言的质子寿命要长得多,并且和目前的实验是一致的,而且三个耦合常数外推到大统一能标时大致相同.

· 所谓的等级问题导致了超对称的产生,即所有的费米子(玻色子)都有玻色子(费米子)伴子,因此来自玻色子和费米子的辐射修正就会相消.实验给出的超对称粒子质量下限为 100 GeV.到目前为止,尚无直接的证据支持大统一或超对称,但是超对称粒子被认为有可能是暗物质的候选者.

习　　题

4.1　相对论性宇宙线在海平面处的 μ 子流量为 $250\ m^{-2} \cdot s^{-1}$.它们通过物质时由于电离损失能量的概率为 $2.5\ MeV \cdot gm^{-1} \cdot cm^2$.试估算宇宙射线的 μ 子每年穿过人体的剂量,以戈瑞或拉德为单位(1 戈瑞 = 100 拉德 = 1 J/kg = $6.2 \times 10^{12}\ MeV \cdot kg^{-1}$),并将计算结果与测量得到的自然界的辐射剂量 0.3

---

① 见 100 页注.

拉德(包括来自发射性物质的)相比较.

如果质子会衰变,那么其总质能(938 MeV)的相当一部分都会表现为电离辐射(π 介子,γ 射线等),假设自然辐射剂量的 100 倍就会对高等生命产生致命的影响,请基于你的存在估算出质子寿命的下限.

4.2   如果质子的衰变是通过质量为 $M_X = 3 \times 10^{14}$ GeV 的中间玻色子,并且假定其耦合常数为通常的弱耦合常数,试根据 μ 子的质量为 106 MeV,平均寿命为 2.2 μs,估算质子的寿命.

4.3   在一个以反应堆为源产生电子反中微子的实验中,在离源距离为 250 m 处的探测器中观测到 $\bar{\nu}_e + p \rightarrow e^+ + n$ 的反应概率为理论预期值的 0.95 ± 0.10 倍. 如果平均的反中微子的有效能量为 5 MeV,则该反应概率能对中微子的质量差给出什么限制? 假设最大的混合.

第 2 部分
早 期 宇 宙

第5章 膨胀宇宙

5.1 哈勃膨胀

每个人都很熟悉这样一个事实,就是宇宙是由恒星组成的,而这些恒星存在于叫作星系的巨大集合体中.像我们的银河系这样的一个典型星系包含了 10^{11} 量级的恒星,以及气体云和尘埃.人们观测到了各种不同形态的星系.最普通的形态之一是旋臂星系,其中年老的星族 II 恒星位于一个球状中心区域,周围是一个旋臂形式的扁平结构或盘,其中更年轻的星族 I 以近似圆周轨道运动,并且集中于旋臂上.图 5.1(a)展示了旋臂星系 M31 的一张图片,这在结构上与我们的银河系很相似,后者绘在图 5.1(b)中,它与大麦哲伦云这个我们最邻近的星系一起,构成了包

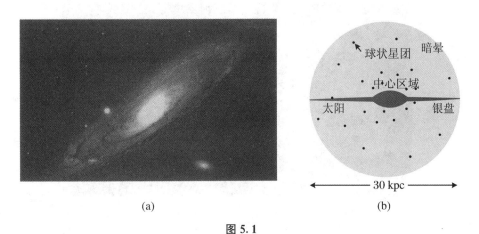

(a) (b)

图 5.1

注:(a) 仙女座的旋臂星系 M31,被认为与我们自己的星系——银河系——非常相似.两个矮椭圆星系出现在相同的图片中.(b) 银河系的侧视图.除了恒星和尘埃,盘的旋臂还包含气体云,氢是主要成分,通过 21 cm 波长的发射线被探测到,这种辐射来自于电子自旋相对质子自旋的反转.银河系包含至少 150 个球状星团(见图 10.3),每个球状星团包含 10^5 量级的年龄相似的非常老年的恒星.晕区域被认为包含暗物质,如第 7 章所描述的.中心区域包含一个 3×10^6 太阳质量的大质量黑洞,被认为就是 X 射线/射电源人马座 A*(见 10.11 节).

含大约三十个星系的本星系群的一部分.其他形式的星系是椭圆星系和不规则星系,后者的重要地位在于它们是宇宙中能量最大的事件——γ 射线暴(见第 9 章的讨论)的明显源.观测到的星系的总数非常巨大,为 10^{11} 量级.它们出现在星系团——见图 5.2(a)中的后发星系团——和超星系团中,这些星系团被巨大的空洞隔开,如图 5.2(b)和(c)所示.换句话说,宇宙中的物质并不是随机分布的,而是在非常大的尺度上具有结构.典型尺度和质量由表 5.1 给出.

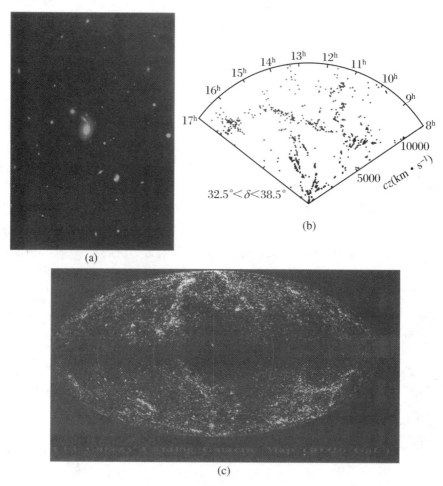

图 5.2

注:(a) 后发星系团,它同时包含旋臂星系和椭圆星系.星系团中星系之间的空间通常充满了非常热的 X 射线发射气体,包含了像铁一样的重元素,这表明大多数气体是早先几代大质量恒星所抛射的遗迹,这些恒星早就看不见了.(承蒙 Palomar 天文台允许)(b) 显示一样本分布的一张早期绘图,这个样本包含了在一个小的赤纬角 δ 范围内的约 700 个星系.红移速度 cz 径向标出,角坐标为赤经.星系团和空洞的存在显而易见(de Lapparent 等,1986).(c) 来自 CfA 星表中的约三万个星系的天图,在银道坐标系中画出.暗的水平带对应于银河系平面的遮掩.

表 5.1　宇宙中大概的尺度和质量(1 秒差距 = 1 pc = 3.09 × 10^{16} m = 3.26 光年)

	半径	质量
太阳	7×10^8 m	2×10^{30} kg $= M_S$
星系	15 kpc	$10^{11} M_S$
星系团	5 Mpc	$10^{14} M_S$
超星系团	50 Mpc	$10^{15} M_S$
宇宙	4.2 Gpc	$10^{23} M_S$

对于这个表格中宇宙的半径,我们简单引用了**哈勃长度** ct_0,其中 $t_0 = 140$ 亿年是宇宙年龄,下面对此作一点讨论.事实上,由于哈勃膨胀,可见宇宙的实际半径——光学视界距离——大于哈勃长度,并且根据我们目前的想法是大了约 3.3 倍(见 5.6 节).当然,肯定有一部分宇宙超出了我们的视界,并且就我们所知,宇宙在范围上可能是无限的.事实上,正如将在第 8 章阐述清楚的,在早期阶段时宇宙超出光学视界的部分在宇宙结构形成方面必定起到了至关重要的作用.

从这个表格的最后一行我们可能注意到宇宙的(负的)引力势能 GM^2/R 和质能 Mc^2 是相当的,在 $\sim 10^{70}$ J,所以总能量可能非常小.正如稍后所要表明的,非常大尺度上曲率参数的测量值被发现与之很符合,和总能量一样,刚好就是零.在描述我们的宇宙所需要的各种任意数之中,这个零值似乎是唯一自然的一个.

1929 年,当哈勃正在用新的 100 英寸威尔逊山望远镜观测来自遥远星系的谱线时,他注意到谱线向光谱的红端移动了,移动的量依赖于星系的视亮度,因此也是距离.他测量了星系的退行速度 v,将红移解释为来自多普勒效应(见 2.11 节).这种情况下波长由 λ 增加到 λ',使得

$$\lambda' = \lambda \sqrt{\frac{1+\beta}{1-\beta}} = \lambda(1+z) \tag{5.1}$$

其中,$\beta = v/c$,红移 $z = \Delta\lambda/\lambda$.哈勃发现 v 和真实坐标距离 D 之间的一个线性关系:

$$v = H_0 D \tag{5.2}$$

其中,H_0 称为哈勃常数.在哈勃的早期测量中,它的值被大大地高估了.如**粒子物理综述**中引用的(Yao 等,2006)——也可见第 8 章的威尔金森微波各向异性探测器(WMAP)结果——今天通常接受的值为

$$H_0 = 72 \pm 3 \text{ km} \cdot \text{s}^{-1} \cdot \text{Mpc}^{-1} \tag{5.3}$$

其中,兆秒差距具有值 1 Mpc $= 3.09 \times 10^{19}$ km. H 的角标"0"表示这是今天的测量值.在许多(确实是大多数)文献中,这个数字习惯上被引用为 $100h$ km $\cdot$ s^{-1} $\cdot$ Mpc^{-1},其中 $h = 0.72$,因为早期时候不同观测者测到的 H 值变化很大.然而,这在今天看来已经没有必要了.

对于哈勃观测到的 $z < 0.003$ 的低红移情形,用多普勒效应来解释红移是可以的.对于这些邻近星系,牛顿时空观是行得通的.将式(5.1)对小的 v/c 值作展开,我们得到

$$\lambda' \approx \lambda(1 + \beta)$$

因此

$$z = \frac{v}{c} \tag{5.4}$$

然而,对于遥远的星系和高红移,$z \geqslant 1$,多普勒公式给出 $(1 + z) = \gamma(1 + \beta)$,但是这可能并不确切,因为在这种距离之上,2.3 节描述的引力红移可能变得重要.因此观测到的经验公式是红移对于星系距离的一种线性依赖,如波长公式(5.1)给出的.距离是根据视亮度或光度来估计的,因此叫作**光度距离** D_L.它是从源(恒星或星系)的(假定已知的)内禀光度 L 或辐射总功率以及在地球上测量到的能流 F 得出的:

$$F = \frac{L}{4\pi D_L^2} \tag{5.5}$$

实际上天文学家用的是光度的对数标度,称为**星等**,从最亮的恒星到最暗的恒星,其星等的值(逆向地)从小到大变化.红移 z 处的视星等 $m(z)$、所谓的绝对星等 M(等于在 $D_L = 10$ pc 时 m 的值),以及以 Mpc 为单位的距离 D_L 之间的定义关系由**距离模数**给出:

$$m(z) - M = 5\log_{10} D_L(z) + 25 \tag{5.6}$$

在图 5.3 的哈勃图中,$(m - M)$ 或 $\log_{10} D_L$ 对比 $\log_{10} z$ 画出.

这里应该讲一些关于建立"宇宙学距离尺度"的事情.对于邻近的源,距离可以利用视差来测量,也就是当地球在围绕太阳的轨道上运行时,源的方向相对于更远源的变化.(以地球-太阳距离 1 a.u. 为基线,1 秒差距距离的源具有 1 秒弧度的视差.)多年来,一些非常聪明而联锁性的方法被用来扩展距离尺度.我们在这里仅仅在有限篇幅提到一种方法,它用来测量我们最邻近的星系——大麦哲伦云,到我们的距离(57 kpc).大麦哲伦云包含了超新星 1987A,它的重要性在于它给出了太阳系外中微子源的第一个证据(见 10.9 节).哈勃空间望远镜观测到了一个物质环,它在那个恒星进入蓝巨星演化阶段的 20 000 年前就被喷射出来了.这个环在观测上具有一个倾斜角所以看上去是一个椭圆.这个环的不同部分看上去是在不同的时刻被爆发照亮的,因为它们的光传输到地球的时间不同.从这些时间差异、倾斜角以及环的角尺度,距离就可以计算出来了.

图 5.3 给出了利用哈勃空间望远镜得到的 $z < 0.1$ 的低红移哈勃图的现代版本.这幅图中不同的点包含了 $z < 0.01$ 的"超巨"造父变星和更高红移的 Ⅰa 型和 Ⅱ 型超新星.造父变星被用作"标准烛光",因为它们内禀光度的变化是由外包层的振荡导致的,周期 τ 由声波穿过恒星物质的时间决定:$\tau \propto L^{0.8}$.第 10 章讨论的超

新星,标志着恒星在演化最后阶段的垂死挣扎,当它们发生时,它们在一定时间内——典型的为几周甚至几个月——的输出光可以完全主导寄主星系的亮度.所以原则上它们有利于探测大距离和红移,或者等效地说,从时间上回溯到更早时期.约 30 个最邻近的星系中已经发生了几个 Ⅰa 型或 Ⅱ 型超新星,我们到这些星系的距离的建立来自于对造父变星的观测,这提供了对超新星光度的定标方法.

图 5.3 的数据看起来和一个非常均匀的恒定"哈勃流"相一致,这个特殊的样本导致式(5.3)中的 $H_0 = 72 \text{ km} \cdot \text{s}^{-1} \cdot \text{Mpc}^{-1}$.正如后面的 7.14 节讨论的,更高红移的数据表明 H 事实上不是随时间不变的,它在遥远过去的值更小,而宇宙现在是**加速膨胀**的.不过,所有这些的证据和含义将推迟到第 7 章阐述.

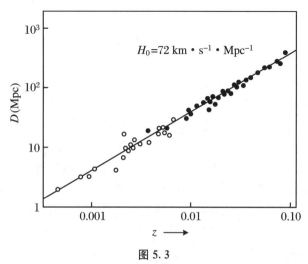

图 5.3

注:对于 $z < 0.1$ 的低红移,距离对红移的 log-log 图.$z < 0.01$ 的点来自造父变星(空心圆),高红移的点(实心圆)包含了 Ⅰa 型和 Ⅱ 型超新星的结果.直线表示哈勃参数 $H_0 = 72 \text{ km} \cdot \text{s}^{-1} \cdot \text{Mpc}^{-1}$.(Freedman 等,2001)

哈勃关系式(5.2)隐含了宇宙随时间的均匀的膨胀.如果 H 不依赖于时间,它将意味着宇宙尺度随着所谓的哈勃时间

$$t_{\text{Hubble}} = \frac{1}{H_0} = 13.6 \pm 0.5 \text{ Gyr} (1.36 \times 10^{10} \text{ 年}) \tag{5.7}$$

的指数增长,这里 H_0 是哈勃参数的现在值.在 t 时刻从地球到某遥远星系的实际或**物理坐标距离** D,像 2.9 节中那样写成乘积的形式:

$$D(t) = r \cdot R(t) \tag{5.8}$$

其中,$R(t)$ 是**尺度参数**的值,r 是在一个随膨胀共动(即延伸)的参考系中测得的**共动坐标距离**.量 r(对于一个特定星系的距离)是一个与时间无关的常数,而根据后面将要讨论的宇宙学原理,假设膨胀参数 $R(t)$ 对于所有空间是一样的,**仅仅依赖于时间**,依赖的方式由宇宙的几何(曲率)来决定,如图 5.4 所示.它在 t 时刻的

值,相比于今天 $t=0$ 时刻的值,当然就等于式(5.1)中红移因子的倒数:

$$R(t) = \frac{R(0)}{1+z} \tag{5.9}$$

可以通过定义比值 $a(t) = R(t)/R(0)$,将 R 归一化到今天的值,在许多文献中参数 $a(t)$ 被用来定量刻画膨胀.然而,在本书中我们将一直用 R.将式(5.8)代入式(5.2),似乎哈勃定律就成了关于尺度参数的变化率的表述:

$$\dot{R}(t) = HR(t) \tag{5.10}$$

其中,$\dot{R} = \mathrm{d}R/\mathrm{d}t$.在二维情况下,膨胀可以被比作一个被吹起的气球的表面拉伸.然而,必须要强调的是,膨胀**仅仅**适用于真正的宇宙学距离,即星系之间或星系团之间的距离.在气球类比中,星系应该由点或者粘在气球表面的有固定直径的硬币来代表.当气球被吹起来时,星系的大小不变,众多星系组成的图案仅仅在尺度上扩大.

宇宙膨胀通常被称为大爆炸,后者是在 20 世纪 50 年代被弗雷德·霍伊尔发明出来用以嘲笑的术语,他本人是如今已经消亡的稳恒态宇宙理论的信徒.时代发生了多么大的变迁啊! 大爆炸表明了在时空奇点发生的一个突然爆发.显然,有了这一原点,可以重现哈勃关系式(5.2),因为具有最大速度的粒子将走过距离原点的最长距离.然而,对于早期宇宙(恒星和星系形成之前,红移 $z<12$)的公认观点的出发点是**宇宙学原理**,也就是说宇宙是各向同性且均匀的,所以没有相对于其他更有优越性的方向或者位置,因此对于所有的观测者,无论他们在哪里,宇宙看上去是一样的.从观测上来看,人们发现即使是今天的宇宙,在足够大尺度上也确实是近似各项同性的,这也隐含着均匀性,因为一个非均匀的宇宙,如果它具有球对称性,将仅仅在位于它中心的观测者看来是各向同性的.所以"大爆炸"同时发生在各个地方,膨胀对于所有的观测者是一样的,与观测者的位置无关.

我们再次强调哈勃"空间膨胀"仅仅适用于宇宙学距离,也就是在星系之间或更大间隔的尺度.这并不表示一个原子或者一个行星系统或者甚至单个星系的大小会随时间增大.我们或许可以基于哈勃常数的小的数值来理解这件事.式(5.2)中的关系式 $v = HD$ 清楚地表明一个向外的加速度:

$$g_{\text{Hubble}} = H^2 D = 5.10^{-36} D \text{ ms}^{-2}①$$

其中 D 用米作单位.我们将这留作练习,可以得到对于地球-太阳系统,它仅仅是引力加速度的 10^{-22} 倍,而对于一个氢原子,哈勃加速度比质子电场作用下电子向内的加速度小 80 个量级.仅仅当我们处理的是星系质量 M 约 10^{41} kg 以及星系之间距离尺度 $D>1$ Mpc 的时候,我们才发现 $g_{\text{Hubble}}>10^{-13}$ m·s^{-2} 超过了(向内的)引力加速度 $g_{\text{grav}}<10^{-14}$ m·s^{-2}.这里也应当指出的是,单个星系,就像单个恒星一

---

① 式中应为 5×10^{-36}.(译者注)

样,具有它们自己的相对一般外向哈勃流的"本动速度"(由邻近物体的引力效应导致). 例如,我们的邻近星系 M31(见图 5.1)实际上是**向着**银河系运动的. 所以,在单个星系的本动速度被平均掉之后,哈勃膨胀描述了一个一般的宇宙尺度行为.

是什么原因导致了哈勃膨胀? 这还是未知的. 我们仅仅需要把它作为一个经验事实来接受. 读者请参考问题 5.6 所述的关于膨胀的一个早期模型, 而这一模型提出后不到 10 天, 就有人建立且完成了一个聪明的(即使 50 年之后仍然是最好的)桌面实验将它推翻.

5.2　奥伯斯佯谬

在 19 世纪的时候, 奥伯斯问了一个问题:"为什么夜晚的天空是黑的?"他假设宇宙在范围上是无限的并且均匀地被光源(恒星)所填满. 一颗距离我们 r 的恒星发出的光到达我们的流量随着 r^{-2} 变化, 而在球壳 $r \to r + \mathrm{d}r$ 中的恒星数目随着 $r^2 \mathrm{d}r$ 变化. 因此总的光流量将随着 $r(\max)$ 增长, 在这个模型下是无限的.

有若干理由来解释为什么奥伯斯的论述是不成立的. 首先, 我们相信可观测宇宙不是无限的而是具有有限年龄, 在过去的某一时刻 t_0 发生的大爆炸引发了哈勃膨胀, 也是宇宙年龄的起点. 这意味着达到我们的光只可能来自于一个最大视界距离 ct_0, 其流量就是有限的了. 第二, 光源(恒星)具有有限大小, 所以邻近的源将遮挡住更远的源发出的光. 它们的光被恒星和尘埃的吸收随着距离指数地增大. 第三, 恒星仅仅在一段有限时间 t 之内发出光, 因此来自最远恒星的光流量将减小一个因子 t/t_0. 最后, 宇宙的膨胀导致大红移的任何频率的光都有一个衰减;例如, 红光将消失成为红外光, 其光子能量将下降很多. 然而, 我们可以说, 正如下面要表明的, $2.7 \mathrm{K}$ 的微波背景辐射, 作为大爆炸原始膨胀火球经过冷却和红移之后的遗迹, 虽然我们的眼睛看不到它, 但是它的强度在白天和晚上都一样. 所以从这个意义上讲, 奥伯斯是对的!

5.3　弗里德曼方程

宇宙的演化可以用爱因斯坦的广义相对论场方程的解来理论地描述. 今天的宇宙学"标准模型"是 Friedmann(弗里德曼)-Lemaitre-Robertson-Walker(简称

FLRW)提出的解,这个解假设了物质和辐射是完全各向同性和均匀分布的,就像一个无摩擦的理想流体.各向同性和均匀性假设是上面讨论的宇宙学原理的一个表述.当然,无论早期宇宙是什么情况,今天的物质确实具有巨大的密度涨落,表现为恒星、星系和更大的结构.但是即使是今天,星系之间的平均间隔比它们自身直径大 100 倍的量级,而膨胀宇宙在巨大尺度上包含数十亿星系,它比星系之间间隔大许多个量级,看上去仍然可以很好地被 FLRW 模型描述.因此宇宙是均匀的,如同一定体积的气体在与分子之间间隔相比大得多的尺度上是均匀的.然而,在所有尺度上各项同性和均匀的最好证据实际上来自对宇宙微波背景(CMB)的观测,见5.8 节的讨论,它反映了当宇宙年龄仅为 380 000 年(与今天的年龄 140 亿年比较非常年轻)时物质和辐射的分布,那个时期远在恒星或更大的结构开始形成之前.

这个模型所预言的宇宙随时间演化的解首先由弗里德曼(1922)发现,场方程的时间分量具有形式(也可见式(5.20)):

$$H^2 = \left(\frac{\dot{R}}{R}\right)^2 = \frac{8\pi G\rho_{\text{tot}}}{3} - \frac{kc^2}{R^2} \tag{5.11}$$

其中,$R = R(t)$是式(5.8)和式(5.9)中的膨胀参数,ρ_{tot}是物质、辐射以及真空能的总密度(见下文的描述),G是牛顿引力常数.把 FLRW 度规式(2.3)代入爱因斯坦场方程(2.19)就能得到以上方程.

kc^2/R^2相是**曲率项**.正如第 2 章表明的,广义相对论的一个后果是,在引力质量的存在下,狭义相对论中"平坦的"欧几里得空间被弯曲空间/时间所代替.一束光从 A 点传到 B 点将沿着一个极值路径传播,就是最短的空间长度路径(也是最长的固有时路径),称为**测地线**.测地线在欧几里得空间中是直线,但是在引力场的存在下,路径是弯曲的.当然,这个想法是一个熟悉的二维情况的三维空间的推广,这个二维情况就是一个球表面的点之间的最短路径是沿着一个大圆的路径.

在粒子物理语言下,有人可能说空间/时间看上去弯曲了是因为光子被引力场偏折(并且减慢了,正如我们从 2.7 节了解到的),由交换引力子作为媒介.曲率参数 k 原则上可以假设为 $+1$、0 或 -1,分别对应曲率 k/R^2 为正、零或负.正或凸的曲率的二维类比是一个球面,而负或凹的曲率可比作马鞍.

方程(5.11)被简单地引用而没有推导,但是当能量密度由非相对论性物质主导时,我们可以用牛顿力学的形式来理解此方程在这一特殊情况下的隐含意义.让我们考虑在半径为 D、密度为 ρ、质量 $M = 4\pi D^3\rho/3$ 的球的表面上一个质点 m 被引力加速.根据牛顿力学,对于球外物质所假设的球对称和均匀的物质分布对引力没有贡献,而球表面的引力场与所有质量都集中在球心的情形一样.这在广义相对论中也是成立的(由 Birkhoff 给出的定理证实).所以引力方程简单地为

$$m\ddot{D} = -\frac{mMG}{D^2} \tag{5.12}$$

其中,$\ddot{D} = \mathrm{d}^2 D/\mathrm{d}t^2$.在这个方程中,如果我们将 M 表达为 D 和 ρ 的形式,式(5.8)

中的 r 因子就消掉了,所以简单起见以下我们选择单位制使得 $r = 1$(但是必须记得所有的真实宇宙学距离是乘积 $R(t)r$).对式(5.12)积分之后我们得到

$$\frac{m\dot{R}^2}{2} - \frac{mMG}{R} = 常数 = -\frac{mkc^2}{2} \tag{5.13}$$

如果我们两边乘以 $2/(mR^2)$,在将积分常数取为广义相对论给出的值之后,我们得到一个与式(5.11)相符合的方程.我们注意到式(5.13)左边的项对应于质量 m 的动能和势能,所以右边的所谓曲率项简单地代表总能量.$k = -1$ 对应于负曲率和正能量,也就是说一个无限膨胀的**开放**宇宙.对于 $k = -1$,在 R 足够大时有 $\dot{R}(t) = r \cdot \dot{R}(t) \rightarrow c$.$k = +1$ 对应于一个有着负的总能量和正曲率的**闭合**宇宙,它会达到一个最大半径然后塌缩.$k = 0$ 是最简单的情形,这时动能刚好和势能平衡,总能量和曲率都是零.宇宙将永远膨胀下去,但是在大 t 时速度将渐近于零.这种情况叫作**平坦**宇宙.这三种情况画在图 5.4 中.

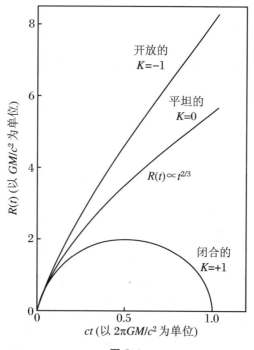

图 5.4

注:对三个不同的 k 值,尺度因子 $R(t)$ 对时间的依赖.在现在时刻,我们的宇宙看起来极其接近 $k = 0$ 的曲线,这在第 7 章中会更详细地讨论.在更早时期,对于所有 k 值参数 $R(t)$ 都随着 $t^{2/3}$ 变化(见例 5.2).相反,对于一个真空主导的宇宙,尺度因子随时间指数增加(见表 5.2).在遥远的过去,当宇宙只有现在年龄的一半时,它看起来确实是物质主导的.然而,在现在时刻,真空对总能量密度的贡献比物质的贡献大两倍以上(见 5.5 节).宇宙现在的年龄式(5.16)对应于 $k = 0$ 曲线的非常早期的部分(在 x 轴标度上大约为 0.15).

目前的数据表明在大尺度上宇宙是极其接近平坦的,具有 $k \approx 0$. 这时式 (5.13)右边的积分常数,即代表动能加上势能的总能量,实际上就是零了.

例 5.1 证明对于具有 $k = +1$ 的曲率项,大爆炸之后将会在时刻 $t = 2\pi GM/c^3$ 发生大挤压,其中 M 是宇宙的质量(假设为常数).

对于 $k = +1$,弗里德曼方程变为 $(\dot{R}/R)^2 = 2GM/R^3 - c^2/R^2$. 从这个表达式很明显地看出 $R = 2GM/c^2$ 时 $\dot{R} = 0$,此即最大半径. 时间由 $\mathrm{d}t = \mathrm{d}R/(2GM/R - c^2)^{1/2}$ 给出. 将 $2GM/R - c^2 = c^2\tan^2\theta$ 代入得,达到最大值经历的总时间为 $(4GM/c^3)\int\cos^2\theta\mathrm{d}\theta = GM\pi/c^3$. 出于对称性考虑,随后发生挤压的时刻是这个值的两倍. 从表 5.1 给出的 M 值得到 t 约 1000 亿年,在图 5.4 中 x 轴的标度下对应于单位值.

在 $k = 0$ 的情形下,当宇宙被守恒质量为 M 的非相对论性物质主导对式 (5.11)积分可以得到

$$R(t) = \left(\frac{9GM}{2}\right)^{1/3} t^{2/3} \tag{5.14}$$

所以哈勃时间式(5.7)为 $1/H_0 = R(0)/\dot{R}(0) = 3t_0/2$,那么宇宙年龄为

$$t_0 = \frac{2}{3H_0} = 9.1 \pm 0.2\,\mathrm{Gyr} \tag{5.15}$$

对宇宙年龄的其他估计方法会给出明显更大的值. 例如,这些方法来自对球状星团 (见图 10.3 的文字说明)这一最古老星族的光度-颜色关系的研究;来自白矮星的冷却率;以及来自根据地球壳层和非常古老的恒星中的放射性元素的同位素比值得到的时间估计. 将所有这些不同方式的估计相结合给出宇宙年龄的大约范围是

$$t_0 = 14 \pm 1\,\mathrm{Gyr} \tag{5.16}$$

这个结果和一个平坦的物质主导宇宙的年龄式(5.15)的差异原则上可能来源于曲率($k \neq 0$)或者存在一个宇宙学常数,正如下面会讨论的(见式(5.23)). 然而,后面将会描述的测量表明 $k \approx 0$. 实际上如例 5.3 所示,当考虑到真空能/宇宙学常数的效应时,从哈勃参数估计出的宇宙年龄与结果式(5.16)符合得非常好. 对年龄的完全独立的估计之间只存在约 5% 的差别,这一点确实非常令人惊讶.

例 5.2 对于一个总质量 M 的物质主导宇宙,当 $k = +1$ 和 $k = -1$ 时分别计算弗里德曼方程的解.

这时弗里德曼方程(5.11)具有形式 $\dot{R}^2 = 2MG/R - kc^2$. 对于 $k = +1$,R 的解作为 t 的函数具有一个摆动曲线(即由沿着平面滚动的圆盘的圆周上一个点所描绘的曲线)的参数形式:

$$R = a(1 - \cos\theta)$$
$$t = b(\theta - \sin\theta) \tag{5.17}$$

用替代法就能证明. 这里, 常数 $a = MG/(kc^2)$ 和 $b = MG/(kc^2)^{3/2}$, 参数 θ 是摆线的转动角. 对 $k = -1$ 的情形, 相应的解为

$$R = a(\cosh\theta - 1)$$
$$t = b(\sinh\theta - \theta) \tag{5.18}$$

其中, a 和 b 的值与上面一样, 而 k 被 $|k|$ 代替. 图 5.4 中的曲线就是根据这些表达式画出的, 而例 5.1 中的最大值和最小值的解就是在式(5.17)中令 $\theta = \pi$ 和 2π 得到的.

将以上三角函数对小 θ 值作展开, 可以直接看到无论 $k = +1$ 或 $k = -1$, 都得到膨胀参数 $R \propto t^{2/3}$, 与式(5.14)中 $k = 0$ 的情形一样.

5.4　能量密度源

我们的理想宇宙流体的一个体积元 $\mathrm{d}V$ 中的守恒能量 E 可以表示为

$$\mathrm{d}E = -P\mathrm{d}V$$

其中, P 是压强. 把 ρc^2 作为能量密度这就变为

$$\mathrm{d}(\rho c^2 R^3) = -P\mathrm{d}(R^3)$$

然后得到

$$\dot{\rho} = -3\frac{\dot{R}}{Rc^2}(P + \rho c^2) \tag{5.19}$$

把式(5.11)微分然后代入 ρ, 我们得到弗里德曼方程(来自爱因斯坦场方程的空间分量的解)的微分形式:

$$\ddot{R} = -\frac{4\pi GR}{3}\left(\rho + \frac{3P}{c^2}\right) \tag{5.20}$$

这与对非相对论性物质的 $P \approx 0$ 情况下的式(5.12)相同. 一般地, 量 ρ 和 P 将由一种物态方程相联系, 其一般形式可写为

$$P = w\rho c^2 \tag{5.21a}$$

其中, w 是一个参数, 它可以为常数, 就像物质、辐射和真空态, 或者也可能是时间依赖的. 如果 w 确实不依赖于时间, 那么从式(5.19)和式(5.21a)可以得到简单的关系:

$$\rho \propto R^{-3(1+w)} \tag{5.21b}$$

这可以利用替代法证明. 不同成分得到的 ρ 随 R 的变化在表 5.2 中给出.

弗里德曼方程中的总密度 ρ 一般被认为(至少)由三部分组成, 对应于来自物质、辐射和真空态的贡献:

$$\rho_{\mathrm{tot}} = \rho_{\mathrm{m}} + \rho_{\mathrm{r}} + \rho_{\Lambda} \tag{5.22}$$

这里量 ρ_{Λ} 被用来表示真空态的密度,它可以作为一个**宇宙学常数** Λ 被放入弗里德曼方程中,它们的关系为

$$\rho_{\Lambda} = \frac{\Lambda}{8\pi G} \tag{5.23}$$

量 Λ 原先是被爱因斯坦引入的,在大爆炸假设提出之前他试图用它来达到一个静态(既不膨胀也不收缩的)宇宙.显然,如果在式(5.11)右边加入一项 $\Lambda/3$,那么在 $R(t)$ 足够大时这一项将成为主导,这时膨胀将变成**指数**形式的,即 $R(t) \propto$ $\exp(\alpha t)$,其中 $\alpha = (\Lambda/3)^{1/2}$.在第 7 章和第 8 章讨论的目前观测证据,表明了一个有限的 Λ 值,ρ_{Λ} 比 ρ_{m} 大(见下文).

表 5.2   不同成分的能量密度和尺度参数

主导成分	物态方程	能量密度	尺度因子
辐射	$P = \dfrac{\rho c^2}{3}$	$\rho \propto R^{-4} \propto t^{-2}$	$R \propto t^{1/2}$
物质	$P = \dfrac{2}{3}\rho c^2 \times \dfrac{v^2}{c^2}$	$\rho \propto R^{-3} \propto t^{-2}$	$R \propto t^{2/3}$
真空	$P = -\rho c^2$	$\rho = $ 常数	$R \propto \exp(\alpha t)$

在表 5.2 中,给出了对不同的可能成分,即所谓的辐射主导、物质主导或者真空主导宇宙中,ρ 对 $R(t)$ 的依赖以及 $R(t)$ 对 t 的依赖.辐射和非相对论性物质的物态方程根据以下方法得到.假设我们有一团由质量 m、速度 v 和动量 mv 的粒子组成的理想气体,被装在一个边长 L 的方盒子中,粒子与盒子壁发生弹性碰撞(见图 5.5(a)).速度的 x 分量为 v_x 的一个粒子将与和 x 轴垂直的某一个面发生碰撞,单位时间内有 $v_x/(2L)$ 次.因为动量分量 $p_x = mv_x$ 在每次碰撞中是反向的,所以动量的改变率因此也是粒子所施加的力为 $2mv_x \cdot [v/(2L)]$.因此,粒子在盒子的

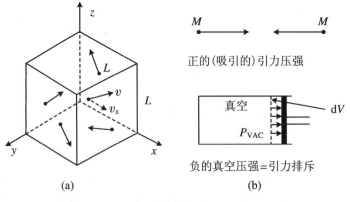

(a)   (b)

图 5.5

这个面积 $A = L^2$ 的面上施加的压强为 mv_x^2/L^3，这里 $V = L^3$ 是体积. 如果单位体积有 n 个粒子，那么它们所施加的压强将为 $mn\langle v_x^2 \rangle$，其中 $\langle v_x^2 \rangle$ 是均方值. 因为气体是各向同性的，所以速度的 x、y 和 z 分量的均方值都相同，这样压强为

$$P = \frac{1}{3}mn\langle v^2 \rangle = \frac{1}{3}n\langle pv \rangle \tag{5.24a}$$

让我们首先假设气体由**非相对论性**粒子组成. 那么动能密度 ε 和压强为

$$\varepsilon = \frac{1}{2}mn\langle v^2 \rangle$$

$$P_{\text{non-rel}} = \frac{2}{3}\varepsilon = \frac{2}{3}\rho c^2 \times \frac{v^2}{c^2} \tag{5.24b}$$

其中 ρc^2 是物质的总能量密度，包含质能. 因为对于一般的宇宙物质，$v^2 \ll c^2$，所以它的压强非常小.

如果气体粒子具有**极端相对论性**速度，那么能量密度和压强，通常称为**辐射压**，为

$$\rho c^2 = nmc^2 = n\langle pc \rangle$$

$$P_{\text{rel}} = \frac{\rho c^2}{3} \tag{5.25}$$

真空可能包含能量密度并且具有一个等效于**引力排斥**的压强，这一点看起来可能很奇怪，因为在经典物理中，真空被认为是空无一物的. 然而，在量子场论中，正如第 3 章的电弱模型已经讨论过的，不确定性原理实际上要求真空包含自发产生和消失的虚的粒子-反粒子对，真空本身被定义为系统可能达到的最低能量态，而不是空无一物. 因为虚粒子携带能量和动量，所以如果只是从直觉角度看，广义相对论意味着它们必须与引力耦合. 确实，这种真空能的可测量效应来自于它的引力效应.

对这种最低能量真空态，关系式 $P = -\rho c^2$ 可以从洛伦兹不变性正规地证明出来，这种不变性要求物理态必须对所有观测者看起来都一样，也意味着能量密度必须对所有地点和时间都是一个常数. 对压强-密度关系的一个合理论证如下. 假设我们有一个活塞，封住了一个充满真空态的气缸，能量密度为 ρc^2（见图 5.5(b)）. 如果活塞被绝热地抽出了一个体积元 $\mathrm{d}V$，那么会产生一个额外的真空能 $\rho c^2 \mathrm{d}V$，而这必须由真空压强所做的功 $P\mathrm{d}V$ 来提供. 所以由能量守恒得到 $P = -\rho c^2$，而由式(5.19)得到 $\rho = $ 常数.

注意到在式(5.20)中，减速度 $-\ddot{R}$ 来源于引力吸引，与密度 ρ **加上压强** P 相联系. 相对论性粒子产生的压强的增加正比于它们能量密度的增加，因此通过爱因斯坦关系 $E = mc^2$ 也正比于它们引力势能的增加. 所以一个负压强将对应于引力排斥以及表 5.2 中指出的指数膨胀.

5.5 观测的能量密度

对于 $k=0$ 的情形,式(5.11)给出了一个**临界密度**的值:

$$\rho_c = \frac{3}{8\pi G}H_0^2 = 9.6 \times 10^{-27} \text{ kg} \cdot \text{m}^{-3}$$

以及

$$\rho_c c^2 = 5.4 \pm 0.5 \text{ GeV} \cdot \text{m}^{-3} \qquad (5.26)$$

H_0 来自式(5.3).在第二行中,我们引入了一个临界能量密度 $\rho_c c^2$.实际密度与临界密度的比值称为**闭合参数** Ω,从式(5.11)可知对于任意 k,它在现在时刻为

$$\Omega = \frac{\rho}{\rho_c} = 1 + \frac{kc^2}{[H_0 R(0)]^2} \qquad (5.27)$$

可以看出一个具有 $k=0$ 的平坦宇宙对于所有 t 值都有 $\Omega=1$.对总 Ω 值的不同贡献,与式(5.22)平行地,分别来自于辐射、非相对论性物质和真空密度,为

$$\Omega = \Omega_r + \Omega_m + \Omega_\Lambda \qquad (5.28)$$

如果 $k \neq 0$,可以将曲率项表达为

$$\Omega_k = \frac{\rho_k}{\rho_c} = -\frac{kc^2}{[H_0 R(0)]^2} \qquad (5.29)$$

这时从式(5.27)得到

$$\Omega + \Omega_k = \Omega_r + \Omega_m + \Omega_\Lambda + \Omega_k = 1 \qquad (5.30)$$

在此刻,正如下一节将讨论的,微波光子辐射密度对应于式(5.54)所示的 $\Omega_r = 5 \times 10^{-5}$,相比于物质密度完全可以被忽略,而正如下面将指出的,真空项 Ω_Λ 做出了主要贡献.除了大爆炸残留的微波光子,还有残留的中微子和反中微子(在后几节讨论),它们与光子具有相当的数密度和量子能量.因为这些中微子的质量与它们今天的动能相比较是可比的或者更大,所以它们是非相对论性的.然而,在早期更热并且是辐射主导的宇宙中,它们是极端相对论性的,所以将包含在辐射项中,使辐射能量密度增加约58%.

我们现在提前指出并将在第8章更详细描述其结果.除了5.8~5.11节讨论的微波光子和中微子的非常小的能量密度贡献,今天宇宙的能量密度由以下若干部分组成:

1. 对于以恒星、气体和尘埃形式存在的**发光重子物质**(即可见的质子、中子和原子核),人们发现

$$\rho_{lum} = 9 \times 10^{-29} \text{ kg} \cdot \text{m}^{-3}$$

或者

$$\Omega_{\text{lum}} = 0.01 \tag{5.31}$$

2. 从下一章描述的核合成模型中推导出的**重子的总密度**,可见和不可见的,约为 0.26 个重子·米$^{-3}$,或者具有能量密度

$$\rho_b = 4.0 \times 10^{-28} \text{ kg} \cdot \text{m}^{-3}$$

以及

$$\Omega_b = 0.042 \pm 0.004 \tag{5.32}$$

3. 从星系旋转曲线(见 7.2 节)得到的引力势能和宇宙大尺度结构的动力学(见 8.9 节)所推导出的**总物质密度**为

$$\rho_m = 2.2 \times 10^{-27} \text{ kg} \cdot \text{m}^{-3}$$

以及

$$\Omega_m = 0.24 \pm 0.03 \tag{5.33}$$

4. 暗(或真空)能量密度可以从由大红移 Ⅰa 型超新星(见 7.14 节)得到的哈勃图中的观测曲线测得. 从微波辐射温度涨落角功率谱中"声学峰"的位置(见 8.13 ~8.16 节)也可以推导出总密度为

$$\Omega_{\text{total}} = 1.0 \pm 0.02 \tag{5.34}$$

这些结果和式(5.33)表明了暗能量密度的值为

$$\Omega_\Lambda = 0.76 \pm 0.05 \tag{5.35}$$

这里我们应该注意到在许多文献中,H_0 被具体化为 $100h$ km·s^{-1}·Mpc^{-1},其中 $h = 0.72$. 这时式(5.26)中的临界密度将被写为 ρ_c/h^2,闭合参数的值为 Ωh^2,其中 $h^2 = 0.52$.

从方程(5.28)到(5.35)可以得到几个重要结论. 首先,式(5.34)中总闭合参数的单位值表明一个平坦宇宙($k = 0$),如第 8 章描述的非常早期宇宙的暴胀模型所预言的. 然后,我们注意到大部分重子物质是不发光的,而看得见的和看不见的重子,仅占总物质的一小部分,约 17%. 大部分物质是**暗物质**,在第 7 章有详细的讨论. 这种暗物质的本质现在还是未知的. 最后,在当今时期,大部分能量密度看起来是以**暗能量**的形式存在的. 这里和第 7 章一样,我们已经将这种暗能量等同于真空能,用下标"Λ"表示,但是人们也提出过其他可能性,例如第五种基本相互作用,把暗能量密度作为时间的函数. 实际上对于暗能量项,可以测量物态方程(5.21)中的参数 $w = P/(\rho c^2)$,今天的结果为

$$w_{(\text{暗能量})} = -0.97 \pm 0.08 \tag{5.36}$$

与简单的真空的值 -1 一致. 然而,我们要记住的十分关键和重要的事实是,**现在宇宙中 95% 的能量密度的本质还是完全未知的**.

除了暗物质和/或者暗能量之外的其他的可能性,就是在非常大的宇宙距离上对牛顿引力的平方反比率的偏离. 这种对传统引力的偏离这些年已经被反复提出,但是现在似乎还完全没有支持证据. 确实,人们已经找到星系相互穿过的例子,这

时可见物质和暗物质（通过引力透镜探测到它的引力效应）明显地分开了，据推测其原因是可见物质受到电磁作用力，而暗物质只是微弱地相互作用. 这里也许值得一提的是，最近的测量结果显示，能量在以上描述的不同部分之间所假定的分配在大约最近十年之间发生了显著的变化. 二十年前，人们认为真空能仅贡献一小部分，而 Ω 约为 1 中大部分由暗物质组成.

最后，我们也许注意到，看上去有些神奇的是，在 Ω_{tot} 的所有可能值中，今天人们观测到的看上去都非常接近于单位值，而这是零总能量和零曲率的平坦宇宙所预期的. 如前所述，描述宇宙所要求的所有不同数字中，这个零值似乎是唯一自然的一个.

5.6 宇宙的年龄和尺度

考虑到所有能量密度源之后**宇宙年龄**的估计，可以按如下方法计算. 从式 (5.11)和式(5.27)到式(5.30)得到在 t 时刻哈勃参数为

$$
\begin{aligned}
H(t)^2 &= (8\pi G/3)\big[\rho_m(t) + \rho_r(t) + \rho_\Lambda(t) + \rho_k(t)\big] \\
&= H_0^2\big[\Omega_m(t) + \Omega_r(t) + \Omega_\Lambda(t) + \Omega_k(t)\big] \\
&= H_0^2\big[\Omega_m(0)(1+z)^3 + \Omega_r(0)(1+z)^4 + \Omega_\Lambda(0) + \Omega_k(0)(1+z)^2\big]
\end{aligned}
\tag{5.37}
$$

其中，我们利用了式(5.9)中的 $R(0)/R(t) = (1+z)$，以及 5.8 节和表 5.2 所示的物质、辐射和曲率项分别随着 $1/R^3$，$1/R^4$ 和 $1/R^2$ 变化. 真空能，根据定义是不依赖于 z 的，而根据式(5.29)有 $\Omega_k(0) = -kc^2/(R_0 H_0)^2$. 并且，从式(5.9)得到

$$
H = \frac{1}{R}\frac{dR}{dt} = -\frac{dz/dt}{1+z}
$$

因此

$$
dt = -\frac{dz}{(1+z)H}
\tag{5.38}
$$

我们作积分得到从红移为 z 的时刻 t 到红移 $z=0$ 的现在时刻 t_0 之间的间隔为

$$
t_0 - t = \frac{1}{H_0}\int \frac{dz}{(1+z)\big[\Omega_m(0)(1+z)^3 + \Omega_r(1+z)^4 + \Omega_\Lambda(0) + \Omega_k(0)(1+z)^2\big]^{1/2}}
\tag{5.39}
$$

把上限设为在 $t=0$ 时 $z=\infty$ 就得到年龄. 一般情况下这个积分需要数值地求出，但是有几种情况可以解析地求出，例如，当辐射项可以被忽略并且 $\Omega_\Lambda = 0$ 或者 $\Omega_k = 0$，如例 5.3 和问题(5.11)所示，并且在图 5.6 中给出. 当辐射、真空和曲率项都

为零并且宇宙是平坦和物质主导的时候显然就得到式(5.15)的结果.

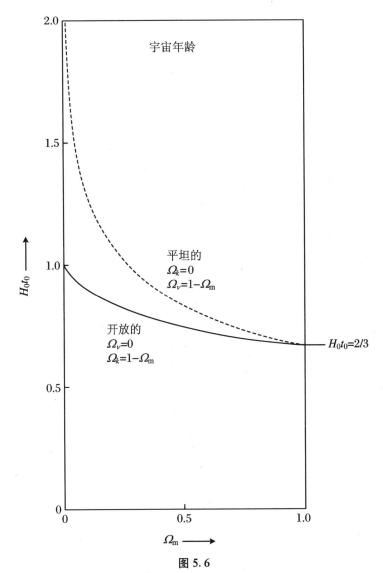

图 5.6

注:宇宙年龄对比物质密度和临界密度之比 Ω_m 的图.实线表示开放宇宙,即曲率项 $\Omega_k = 1 - \Omega_m$,并且假设辐射和真空能项都为零.虚线表示平坦宇宙($\Omega_k = 0$),即辐射能可忽略而真空能 $\Omega_v = 1 - \Omega_m$.目前的最佳估计与 $\Omega_m = 0.24$ 的平坦宇宙相符.这些曲线是根据例5.3和问题5.11中的解析表达式计算出来的.

例 5.3　估计一个平坦宇宙($k = 0$)的年龄,假设辐射可以忽略并且它现在由 $\Omega_m = 0.24$ 的物质和 $\Omega_\Lambda = 0.76$ 的真空能组成.

这种情形下,上面的积分式(5.39)变成

$$H_0 t_0 = \int_0^\infty \frac{\mathrm{d}z}{(1+z)\left[\Omega(1+z)^3 + (1-\Omega)\right]^{1/2}}$$

其中,$\Omega \equiv \Omega_\mathrm{m}(0)$,$\Omega_\Lambda(0) = 1 - \Omega$. 这个积分可以利用替换 $\Omega(1+z)^3/(1-\Omega) = \tan^2\theta$ 很容易地求出,这时它变成积分 $\int \mathrm{d}\theta/\sin\theta = \ln\tan(\theta/2)$. 最后我们得到

$$H_0 t_0 = \frac{1}{3A} \ln \frac{1+A}{1-A}$$

其中,$A = (1-\Omega)^{1/2}$. 对于 $\Omega = 0.24, 1-\Omega = 0.76$,我们得到 $H_0 t_0 = 1.026$,所以 $t_0 = 1.026/H_0 = (13.95 \pm 0.4) \times 10^9$ 年. 因此真空项使得年龄相比式(5.15)增加了.

可观测宇宙的半径 由光学视界距离决定,在光学视界距离之外没有光信号能够在此刻到达地球. 随着时间的进程,这个距离会增加,更多的部分会进入视界之中. 在一个静态的平坦宇宙中,视界距离可以简单地写成乘积:

$$D_\mathrm{H} = ct_0 = 4.2\,\mathrm{Gpc} \tag{5.40}$$

其中,t_0 是上面描述的年龄. 很明显,在一个膨胀宇宙中将得到更大一点的值. 2.9 节介绍的 FLRW 模型描述了各项同性的具有均匀曲率的膨胀宇宙,在这个模型中在 t 时刻到任意点的真实坐标距离为 $D(t) = rR(t)$,如式(5.8),其中 r 是共动坐标距离(即随着哈勃膨胀而膨胀的标度下测量到的距离),$R(t)$ 是宇宙尺度因子. 当然,这些量都不能被直接测量. 我们需要把它们表达为可测量的量,即哈勃参数和红移 z.

从式(2.31)可得 FLRW 模型下的线元为

$$\mathrm{d}s^2 = c^2\mathrm{d}t^2 - R(t)^2 \left(\frac{\mathrm{d}r^2}{1-kr^2} + r^2\mathrm{d}\theta^2 + r^2\sin^2\theta\,\mathrm{d}\varphi^2 \right) \tag{5.41}$$

考虑一个光子到固定在 (θ, φ) 的某一遥远物体的路径,从 2.2 节我们知道这时 $\mathrm{d}s^2 = 0$. 根据 $R(t) = R(0)/(1+z)$,我们从式(5.41)得到

$$c(1+z)\mathrm{d}t = \frac{R(0)\mathrm{d}r}{\sqrt{1-kr^2}}$$

而从式(5.38)有

$$c(1+z)\mathrm{d}t = -\frac{c\mathrm{d}z}{H}$$

所以

$$R(0)\int_0^r \frac{\mathrm{d}r}{\sqrt{1-kr^2}} = -\int \frac{c\mathrm{d}z}{H} = \frac{cI(z)}{H_0} \tag{5.42}$$

其中,从式(5.37)有

$$I(z) = \int_0^z \frac{\mathrm{d}z}{\left[\Omega_\mathrm{m}(0)(1+z)^3 + \Omega_\mathrm{r}(1+z)^4 + \Omega_\Lambda(0) + \Omega_k(0)(1+z)^2\right]^{1/2}}$$

$$\tag{5.43}$$

将式(5.42)左边对 r 积分,我们得到对于三个可能的 k 值:

$$cI(z)/H_0 = R(0)\sin^{-1}r \quad k = +1 \quad \text{闭合的}$$
$$= R(0)\sinh^{-1}r \quad k = -1 \quad \text{开放的}$$
$$= R(0)r \qquad\quad k = 0 \quad\;\; \text{平坦的} \qquad (5.44a)$$

所以我们考虑的在红移 z 处的物体现在的真实坐标距离为

$$D(z) = rR(0) = \frac{c}{H_0 Q}\sin[I(z)Q] \quad k = +1 \quad \text{闭合的}$$

$$= \frac{c}{H_0 Q}\sinh[I(z)Q] \quad k = -1 \quad \text{开放的}$$

$$= \frac{cI(z)}{H_0} \qquad\qquad k = 0 \qquad \text{平坦的} \qquad (5.44b)$$

其中, $Q = |\Omega_k(0)|^{1/2}$. 这时视界距离 D_H 通过令式(5.43)的积分上限为 $z = \infty$ 得到. 例如,对于一个平坦的物质主导宇宙,即 $\Omega_m(0) = 1$,并且将所有其他贡献设为零,我们得到 $D_H = 2c/H_0$,而对于 $\Omega_r(0) = 1$ 的一个平坦的辐射主导宇宙, $D_H = c/H_0$.

对于上文引用的对闭合参数 $\Omega_{tot} = 1$ 的贡献值,即 $\Omega_m(0) = 0.24$, $\Omega_\Lambda(0) = 0.76$, $\Omega_r(0) = \Omega_k(0) = 0$,积分式(5.43)需要数值求得,可以得到视界距离或者可见宇宙的半径为

$$D_H \sim 3.3\frac{c}{H_0} \sim 14\,\text{Gpc} \qquad (5.45)$$

当然,如果暗能量项在这里等同于真空能的是 z-依赖的,这个结果会改变.

5.7　减速参数:真空能/宇宙学常数的效应

我们可以将膨胀参数的时间依赖表达为泰勒级数:

$$R(t) = R(0) + \dot{R}(0)(t - t_0) + \frac{1}{2}\ddot{R}(0)(t - t_0)^2 + \cdots$$

或者

$$\frac{R(t)}{R(0)} = 1 + H_0(t - t_0) - \frac{1}{2}q_0 H_0^2(t - t_0)^2 + \cdots$$

其中,根据式(5.20),可能依赖于时间的**减速参数**被定义为

$$q = -\ddot{R}R/\dot{R}^2$$
$$= \frac{4\pi G}{3c^2 H^2}(\rho c^2 + 3P) \qquad (5.46a)$$

将表 5.2 中不同组分的 ρ 和 P 的值代入,可以直接证明这个无量纲参数具有值

$$q = \frac{\Omega_m}{2} + \Omega_r - \Omega_\Lambda \qquad\qquad (5.46b)$$

今天 $\Omega_m \gg \Omega_r$,所以如果 Ω_Λ 可以被忽略,那么一个平坦宇宙将具有 $\Omega = \Omega_m = 1$ 和 $q = 0.5$,也就是说,由于物质引力吸引的减速效应,宇宙膨胀必定是减速的.实际上,测量 q 早期尝试似乎给出(在大的误差下)与这个值相一致的结果.我们也许注意到如果 Ω_Λ 足够大,那么 $q < 0$,膨胀将是**加速的**,这时真空能与引力排斥等效.如上面所说的,对高红移处的"标准烛光"——Ⅰa 型超新星——的巡天似乎表明 q 确实是负的,如第 7 章描述的.这些巡天显示了几十亿年前,即对红移 $z > 1$,宇宙**曾经**确实是减速膨胀的,但是之后这种减速膨胀变为了加速膨胀.在这里我们注意到根据式(5.46),一个**空的宇宙**,即具有 $\Omega_m = \Omega_\Lambda = \Omega_r = 0$,也即 $\Omega_k = 1$ 的宇宙,是既不加速也不减速的.其 H 不依赖于时间(也可见式(5.29)).所以一个空的宇宙是第 7 章中我们判断一个特定的模型是否导致加速或减速的衡量标准.

5.8　CMB[①] 辐射

天体物理的主要发现之一是 Penzias 和 Wilson 在 1967 年做出的.当搜寻源自宇宙的波长约为 7 cm 的射电波时,他们发现了一个各向同性的微波辐射背景.虽然他们当时还没有意识到它,但是它在多年前就被伽莫夫预言了,是大爆炸的产物,当光子火球由于膨胀而冷却到几个开尔文的温度时产生的.图 5.7 显示了最先由宇宙背景探测器(COBE)卫星记录的辐射的谱分布数据(Smoot 等,1990).之后,卫星和球载探测器以及地面干涉仪绘制出了从 0.05 cm 到 75 cm 这一巨大波长范围的谱.最近的数据显示了与温度为 2.725 ± 0.001 K 的黑体所具有的谱非常精确的一致性;的确,宇宙微波谱是**非常好**的黑体谱.此外它还证明了在辐射与物质最后显著地相互作用的时刻,它们是处于热平衡.事实上,今天观测到的 CMB 源自于物质和辐射随着宇宙膨胀和冷却而退耦的时刻,即大爆炸之后的 380 000 年.

假设物质是守恒的,那么宇宙的物质密度的变化将是 $\rho_m \propto R^{-3}$.另一方面,假设辐射处于热平衡,那么随着温度的改变辐射密度的变化为 $\rho_r \propto T^4$(斯特藩定律).因为距离没有绝对的标度,所以与哈勃膨胀相关联的真实宇宙尺度上的辐射波长仅可能正比于膨胀因子 R.因此频率 $\nu = c / \lambda$ 和每个光子的平均能量都将正

---

① 即宇宙微波背景(cosmic microwave backgroud).(译者注)

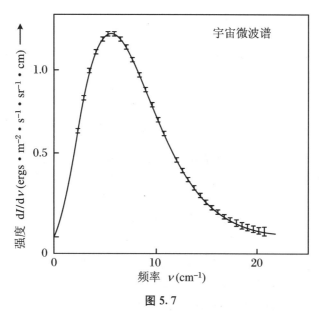

图 5.7

注:来自 COBE 卫星实验的宇宙微波辐射的谱分布数据.可以用实验点显示了 1990 年的早期实验结果.当最近的卫星数据和来自球载实验的数据相结合之后,$T = 2.725 \pm 0.001$ K,即 $kT = 0.235$ meV 的黑体谱来非常精确地拟合,如实线所示(Fixen 等,1996).现在的实验误差实际上比这条线的宽度还小.

比于 R^{-1}.光子数随着 $1/R^3$ 变化,而辐射能量密度随着 $1/R^4$ 变化,如表 5.2 所示.相比于非相对论性物质,能量密度中有一个额外的因子 $1/R$,它仅仅来自于红移,这事实上适用于任何相对论性粒子而不仅仅针对光子,只要这些粒子均匀地分布于和微波光子一样的宇宙学尺度上.在我们现在讨论的早期宇宙中,我们所认为的不依赖于 R 的真空能,是完全可以忽略的,我们也就不必考虑它了.

因此,虽然今天宇宙的物质密度主导了辐射密度,但是在过去当 R 的值很小时,辐射必定是主导的.这时,式(5.11)右边的第二项相比随着 $1/R^4$ 变化的于第一项可以忽略.这时

$$\dot{R}^2 = \frac{8\pi G}{3}\rho_r R^2$$

并且,因为 $\rho_r \propto R^{-4}$,所以

$$\frac{\dot{\rho}_r}{\rho_r} = -\frac{4\dot{R}}{R} = -4\left(\frac{8\pi G\rho_r}{3}\right)^{1/2}$$

积分之后给出能量密度

$$\rho_r c^2 = \frac{3c^2/(32\pi G)}{t^2} \tag{5.47}$$

对于处于热平衡的光子气,有

$$\rho_r c^2 = \frac{4\sigma T^4}{c} = \pi^4 (kT)^4 \frac{g_\gamma / 2}{15\pi \hbar^3 c^3} \tag{5.48}$$

其中,k 是玻耳兹曼常数.(这不能与同样记为 k 的曲率参数混淆;因为玻耳兹曼常数永远以与温度 T 的乘积形式出现.)σ 是斯特藩-玻耳兹曼常数,$g_\gamma = 2$ 是光子自旋子态数目.从最后两个方程我们得到辐射温度与膨胀时间之间的关系:

$$kT = \frac{[45\hbar^3 c^5 / (16\pi^3 Gg_\gamma)]^{1/4}}{t^{1/2}} = 1.307 \frac{\text{MeV}}{t^{1/2}} \tag{5.49}$$

其中,t 的单位为秒.温度本身的相应值为

$$T = \frac{1.52 \times 10^{10} \text{ K}}{t^{1/2}}$$

T 随着 $1/R$ 降低,R 随着 $t^{1/2}$ 增大,而温度随着 $1/t^{1/2}$ 降低.因此,宇宙开始于一个热大爆炸.

从式(5.49)我们可以粗略地估计今天,即在 t_0 约 140 亿年~10^{18} 秒时的辐射能量.结果为 $kT \sim 1$ meV(毫电子伏特),对应于开尔文标度下几度的温度.这实际上高估了,因为在之后的物质主导时期,辐射能量随着 $1/t^{2/3}$ 变化,即冷却得更快(见图 5.10).

对遥远气体云的微波分子吸收带的观测使得人们可以估计更早时期的背景辐射温度,这时波长减小了一个红移因子 $1 + z$,温度也升高了一个红移因子 $1 + z$.对红移的这种依赖关系被实验证实直到 $z \approx 3$ 都成立.

现在让我们比较观测的和预期的辐射能量密度.能量 $E = pc = h\nu$ 的黑体光子谱由玻色-爱因斯坦(BE)分布给出,它描述了单位体积在动量间隔 $p \to p + \mathrm{d}p$ 之中的光子数.考虑到光子自旋子态数 $g_\gamma = 2$,这个分布为

$$N(p)\mathrm{d}p = \frac{p^2 \mathrm{d}p}{\pi^2 \hbar^3 \{\exp[E/(kT)] - 1\}} \frac{g_\gamma}{2} \tag{5.50}$$

在讨论 BE 分布,以及之后的费米-狄拉克(FD)分布时,注意到以下从 $x = 0$ 到 $x = \infty$ 的积分是有用的:

$$\text{BE:} \quad \int \frac{x^3 \mathrm{d}x}{e^x - 1} = \frac{\pi^4}{15}; \quad \int \frac{x^2 \mathrm{d}x}{e^x - 1} = 2.404$$

$$\text{FD:} \quad \int \frac{x^3 \mathrm{d}x}{e^x + 1} = \frac{7}{8} \times \frac{\pi^4}{15}; \quad \int \frac{x^2 \mathrm{d}x}{e^x + 1} = \frac{3}{4} \times 2.404 \tag{5.51}$$

谱积分之后的总能量密度就很容易计算出为式(5.48)中的 ρ_r.单位体积的光子数为

$$N_\gamma = \frac{2.404}{\pi^2} \left(\frac{kT}{\hbar c}\right)^3 = 411 \left(\frac{T}{2.725}\right)^3 = 411 \text{ cm}^{-3} \tag{5.52}$$

而从式(5.48)得到的能量密度为

$$\rho_r c^2 = 0.261 \text{ MeV} \cdot \text{m}^{-3} \tag{5.53}$$

等效的质量密度为

$$\rho_r = 4.65 \times 10^{-31} \text{ kg} \cdot \text{m}^{-3}$$

而从式(5.26)有

$$\Omega_r(0) = 4.84 \times 10^{-5} \tag{5.54}$$

比式(5.33)中估计的现在物质密度小大约四个量级.

5.9　微波辐射的各向异性

微波辐射的温度显示出了一个小的各向异性,量级为 10^{-3},归因于太阳系(朝着室女星系团)相对于(各向同性)辐射的"本动速度"$v = 370 \text{ km} \cdot \text{s}^{-1}$.这由多普勒公式(2.36)给出:

$$T(\theta) = T(0)\left(1 + \frac{v}{c}\cos\theta\right) \tag{5.55}$$

其中,θ 是相对于速度 v 的观测方向.图 5.8 显示了(其差别放大了 400 倍)"热的"($\theta = 0$)和"冷的"($\theta = \pi$)偶极特征,以及来自银河系的(红外)辐射,即表现为一个宽的中心带.把偶极贡献和银河系辐射都扣除之后,分布的多项式分解显示出有四极($l = 2$)和更高项,一直到至少 $l = 1\,000$,包含 10^{-5} 水平的微小但非常显著的各向异性.人们发现这些特性是相当重要的,反映了早期宇宙的密度和温度的涨落,这些涨落是今天观测到的大尺度结构的种子.这些将在 8.13 到 8.16 节作详细讨论.

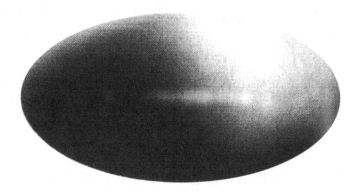

图 5.8

注:微波背景辐射的角分布图,显示了由于地球相对于各向同性辐射的速度而产生的式(5.55)中的偶极依赖,加上看上去是一条宽的中心带的来自银河系的红外辐射.角依赖在真实值 10^{-3} 量级的基础上被放大了约 400 倍.

如 5.12 节表明的,曾经与原子和电离氢平衡的微波辐射,在 z 约为 $1\,100$ 时与重子物质退耦,此时宇宙年龄约为 400 000 年.如果星际气体(大部分是氢和氦)保持为非电离的,就会存在一个"最后散射"时期.然而,当 z 降到约 12 时(所谓的黑暗时期的终结),第一代恒星形成了,进而开始发射紫外辐射再次电离星系际介质.因此微波辐射,在它经过星际介质到达观测者的途中,将受到等离子体中电子的汤姆森散射.然而这是一个很小的效应(见 8.14 节及其后面几节).

例 5.4 计算温度 $T = 2.725$ K 的宇宙微波光子的平均量子能量和相应的波长.

宇宙微波辐射最初是由调节到 7.3 cm 波长的接收机发现的.波长超过 7.3 cm 的光子所占分数为多少?

从式(5.50)和式(5.51)得到平均光子能量为 $\pi^4 kT/(15 \times 2.404) = 2.701 kT$ $= 6.34 \times 10^{-4}$ eV.相应的波长为 $\lambda = hc/(h\nu) = 0.195$ cm.

当波长很大即 $E/(kT) \ll 1$ 时式(5.50)中的中括号可以近似为 $E/(kT)$.这样,量子能量低于 $\varepsilon = E/(kT)$ 的光子所占分数很容易求出,为 $F = [\varepsilon/(kT)]^2/(2 \times 2.404)$,对大于 7.3 cm 的波长,这等于 1.06×10^{-3}.

5.10　早期宇宙中的粒子和辐射

早期宇宙中温度作为时间的函数的关系式(5.49)适用于由光子组成的辐射(具有 $g_\gamma = 2$).相对论性费米子,即夸克和轻子,如果假设它们足够稳定,那么它们也对能量密度有贡献.对于费米气体,类似式(5.50)的数密度的 FD 分布为

$$N(p)\mathrm{d}p = \frac{p^2\mathrm{d}p}{\pi^2 \hbar^3 \{\exp[E/(kT)] + 1\}} \frac{g_f}{2} \tag{5.56}$$

其中,$E^2 = p^2 c^2 + m^2 c^4$,m 是费米子的质量,g_f 是自旋子态的数目.在相对论极限下,$kT \gg mc^2$ 并且 $E = pc$,总能量密度,与式(5.48)相对比,由下式给出(见式(5.51)):

$$\rho_f c^2 = \frac{7}{8}\pi^4 (kT)^4 \frac{g_f/2}{15\pi^2 \hbar^3 c^3} \tag{5.57}$$

因此,对由极端相对论性玻色子 b 和费米子 f 的混合体系,式(5.48)的能量密度变为将 g_γ 替换为 g^* 的形式,这里

$$g^* = \sum g_b + \frac{7}{8}\sum g_f \tag{5.58}$$

而求和是针对所有对早期宇宙的能量密度有贡献的相对论性粒子和反粒子种类.

当然,在非常早期的宇宙中,当温度足够高到能够产生粒子时,所有类型的基

本夸克、轻子和玻色子,加上它们的反粒子,将出现在这个各种成分都处于热平衡的原初"汤"中.基于我们现在所知的基本粒子,费米子的自由度(电荷、自旋和色的子态)数目是 90,规范玻色子是 28.

为了理解这些很大的数字,我们回忆一下,玻色子包含:自旋为 1 的无质量光子,有两个自旋态,因为根据相对论不变性,一个自旋为 J 的无质量粒子只有两个自旋态,$J_z = \pm J$;自旋也为 1 的无质量胶子,具有 2 个自旋子态和 8 个色子态;有质量的玻色子 W^+、W^- 和 Z^0,自旋也为 1,但是因为它们是有质量的,所以每个贡献 $2J+1 = 3$ 个自旋子态;最后是第 3 章讲到的电弱理论的希格斯标量 0 自旋玻色子,总共贡献 28. 费米子包含:夸克,具有 6 个味子态、3 个色子态和 2 个自旋子态,加上它们的反粒子,总共 72 个态;带电轻子,有 3 个色子态和 2 个自旋子态,加上它们的反粒子,总共 12 个态;最后是中性轻子(中微子),有 3 个味子态但是每个只有一个自旋子态.加上反粒子之后中微子贡献 6 个自由度,总共有 90 个费米子和反费米子态.当然,在这种计数方法中我们仅仅计入了已知的基本粒子.例如,如果超对称是正确的,那么态的数目将变成大约两倍.这里我们注意到,对于比任何粒子的质量都大得多的 kT 值,带入 $g_b = 28$ 和 $g_f = 90$,得到 $g^* = 106.75$,如图 5.9 所示.

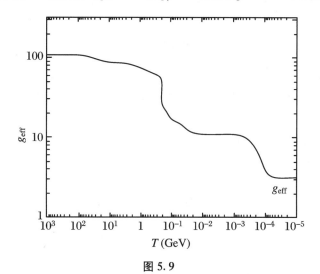

图 5.9

注:式(5.58)中衡量自由度的数目的量 g^*——这里变成 g_{eff},对比温度 kT 画出的图 (Kolb 和 Turner,1990).

随着膨胀的进行和温度的降低,最重的粒子,像顶夸克以及 W 和 Z 玻色子,将很快通过衰变而消失(在 10^{-23} s 之内),并且当 $kT \ll Mc^2$(M 是粒子质量)时就不会再出现了.当 kT 降到强量子色动力学(QCD)标度参数～200 MeV 之下时,残留的夸克、反夸克和胶子的存在形式将不再是等离子体中的单独成分,而是夸克束缚态,形成轻的强子如 π 介子和核子.然而,除了质子和中子之外所有的强子都由于寿命太短而只能在最初几纳秒内存在.类似地,带电 μ 子和 τ 子将在最初的约 1 μs

之内衰变.一旦 kT 降到约 20 MeV 之下,即在最初几毫秒之后,大多数核子和反核子也将湮灭成辐射,如第 6 章讨论的.幸存下来的核子数实际上只占光子数的约十亿分之一.除了光子,剩下的是电子 e^- 以及 ν_e、ν_μ 和 ν_τ 中微子,加上它们的反粒子,使得式(5.58)中 $\Sigma g_f = 4 + 2 + 2 + 2$(回忆一下,每个电子和正电子有两个自旋态,但中微子或反中微子只有一个).光的 $g_b = 2$,这给出值 $g^* = 43/4$.其效果是将式(5.49)中 kT 表达式的最右边乘上一个因子 $(g^*/2)^{-1/4}$,在这时值为 0.66.注意到这个结果当 kT 的值在约 20 MeV 到 5 MeV 之间时适用,如图 5.9 所示.

从前面两节的公式我们也可以在早期宇宙的辐射主导时期中将哈勃参数 $H(t)$ 表达为温度 T 的形式.因为在这一时期有 $\rho \propto R^{-4}$,从式(5.47)得到

$$H(t) = \frac{\dot{R}}{R} = -\frac{\dot{\rho}}{4\rho} = \frac{1}{2t}$$

而从式(5.49)有

$$
\begin{aligned}
H(t) &= \frac{4g^* \pi^3 G}{45 \hbar^3 c^5}(kT)^2 \\
&= \frac{4\pi^3 g^*/45}{M_{\mathrm{PL}} \hbar c^2} \times (kT)^2 \\
&= 1.66 g^{*1/2} \frac{(kT)^2}{M_{\mathrm{PL}} \hbar c^2}
\end{aligned}
\tag{5.59}
$$

其中第二行中的牛顿常数表达为普朗克质量的形式,即 $G = \hbar c / M_{\mathrm{PL}}^2$(见表 1.5).

例 5.5 在辐射时期,对于 $kT = 100$ MeV 和 $g^* = 20$,估计宇宙的尺度增加 10% 所需要的时间.

因为 $H = (1/R)\mathrm{d}R/\mathrm{d}t$,所需的时间(假设在短时间内 H 是常数)通过积分得到为 $t = (\ln 1.1)/H$.从式(5.59),再利用 $M_{\mathrm{PL}} = 1.22 \times 10^{19}$ GeV/c^2 和以 GeV 为单位的 kT 表达式,有

$$H(t) = 2.07 \times 10^5 g^{*1/2}(kT)^2 \, \mathrm{s}^{-1}$$

代入 kT 和 g^*,我们得到 $H = 9.25 \times 10^3 \, \mathrm{s}^{-1}$ 和 $t = 10.3 \, \mu\mathrm{s}$.

5.11 光子和中微子密度

当温度降到几 MeV 时,仅有的相对论性粒子(辐射)的成分为中微子 ν_e、ν_μ 和 ν_τ 以及它们的反粒子,还有电子、正电子和光子.这些是早期宇宙中最多的粒子,因为如第 6 章所示,中子和质子这些其他稳定粒子的数目相比之下是非常小的.轻子和光子将有可比的数目,根据平衡反应

$$\gamma \leftrightarrow e^+ + e^- \leftrightarrow \nu_i + \bar{\nu}_i \qquad (5.60)$$

其中 $i = e, \mu, \tau$. 如 3.6 节所阐述的,电子-正电子湮灭成中微子-反中微子对是一个弱过程,其反应截面的量级为 $\sigma \sim G_F^2 s/(6\pi)$,其中 s 是 CMS 能量的平方(见例 3.2).

这个反应的碰撞率为 $W = \langle \rho \sigma v \rangle$,其中 ρ 是电子或正电子的数密度,v 是它们的相对速度.因为 $\rho \sim T^3$ 是相对论性粒子在温度 T 时的数密度,所以 $W \approx s T^3 \approx T^5$,而辐射主导宇宙的膨胀速率为式(5.59)所示的 $H \sim T^2$.因此当 T 随着膨胀而降低时,一旦 $W < 1/H$,中微子必定开始退耦.代入数值(见习题 5.12)得到临界温度 kT 约为 3 MeV.所以当 $t > 1$ s 时,中微子就退耦了,之后中微子火球膨胀而冷却,不会受到其他粒子或辐射的影响(当然还会发生宇宙红移).

式(5.60)中的中微子数密度和光子数密度是可比较的.然而,当 $kT < 1$ MeV 时,光子将由于湮灭过程 $e^+ + e^- \to \gamma + \gamma$ 而增多,这个过程将电子和正电子的能量转变为光子的能量.粒子气体每单位体积的熵为 $S = \int dQ/T$,其中 Q 为温度 T 时每单位体积光子、电子和正电子的能量,从式(5.48)和积分式(5.51)得到

$$S = \int \frac{4aT^3 dT}{T} \times \left(1 + \frac{7}{8} + \frac{7}{8}\right) = \frac{4aT^3}{3} \times \frac{11}{4} \qquad (5.61)$$

其中,$a = 4\sigma_{st}/c$ 是辐射常数,σ_{st} 是斯特藩常数.湮灭过后光子将达到温度 T_1,其熵为

$$S_1 = \frac{4a}{3} T_1^3 \qquad (5.62)$$

但是因为膨胀是绝热的(等熵的),$S_1 = S$,所以

$$T_1 = \left(\frac{11}{4}\right)^{1/3} T \qquad (5.63)$$

所以如果微波光子的温度为 T_γ,那么没有经历增多过程的遗迹中微子的温度就是

$$T_\nu = \left(\frac{4}{11}\right)^{1/3} T_\gamma \qquad (5.64)$$

因此,用来乘以式(5.48)中因子 $(kT)^4$ 的 g^* 将具有值

$$g^* = g_\gamma + \frac{7}{8} g_\nu \left(\frac{T_\nu}{T_\gamma}\right)^4 \qquad (5.65)$$

并且由 $g_\nu = 6$ 和 $g_\gamma = 2$,我们得到

$$g^* = 2 + \frac{21}{4} \times \left(\frac{4}{11}\right)^{4/3} = 3.36 \qquad (5.66)$$

适用于 $kT \ll 1$ MeV 的区域,如图 5.9 所示.遗迹中微子和光子之后不发生相互作用,它们随着宇宙的膨胀和冷却会经历完全一样的红移,所以它们今天的相对数目将和以上所示的一样.从式(5.52)所示的今天观测到的微波光子数,很容易得到,对于每味中微子,微波中微子加上反中微子数为

$$N_\nu = \frac{3}{11} N_\gamma = 113 \text{ cm}^{-3} \tag{5.67}$$

与微波光子数密度 411 cm^{-3} 是可比的. 从式(5.63)得到 $T_\nu = 1.95$ K, 相比较而言光子的温度值为 $T_\gamma = 2.73$ K. 然而, 这个结果假设了中微子即使在今天也是极端相对论性的. 根据 kT_ν 约为 0.17 meV, 这不能对所有(或许任何)中微子的味成立, 如式(4.12)中的质量差 10～50 meV/c^2 所表明的. 遗迹中微子所起的作用将在第 7 章作更深入的讨论.

5.12 辐射和物质时期:物质和辐射的退耦

从以上公式, 例如式(5.49), 可以看到似乎在当温度和粒子密度都非常大的宇宙早期, 不同类型的基本费米子和玻色子都处于热平衡并且具有可比较的数目, 只要 $kT \gg Mc^2$ 使得即使最重的粒子都可以产生. 这里用到的热平衡条件是, 碰撞之间的时间必须比宇宙年龄 t 短得多. 否则, 就没有足够的时间发生足够多的碰撞来得到平衡的比值. 一个粒子的碰撞速率为 $W = \langle N v \sigma \rangle$, 其中 N 是与它碰撞的其他粒子的密度, σ 是每个碰撞的反应截面, 对相对速度 v 的分布取平均. 所以要求 $W \gg t^{-1}$.

最终, 随着宇宙膨胀和温度降低, 粒子会脱离热平衡. 例如, 反应截面可能依赖于能量而在低温下变得如此之小使得 W 降到 t^{-1} 以下, 因此这些粒子从其余粒子之中退耦出来. 我们说它们"冻结"了. 如前面一节所阐述的, 这就是弱作用:

$$e^+ + e^- \leftrightarrow \nu + \bar{\nu}$$

在 $kT \ll 3$ MeV, 即当 $t > 1$ s 的情形. 所以从那时以后, 中微子火球就从物质之中退耦出来而独立地膨胀. 尽管这些原初中微子实质上与物质没有更进一步的电弱相互作用, 但是它们当然是有引力相互作用的, 并且这在物质的成团中起到重要作用, 最终导致星系、星系团等这些大尺度结构的形成, 如第 8 章将要讨论的.

粒子如果具有质量, 也会退耦, 即使产生这些粒子的反应截面很大. 例如, 这就是可逆反应

$$\gamma + \gamma \leftrightarrow p + \bar{p}$$

当 $kT \ll M_p c^2$ 时会发生的情形. 这个反应将在下一章中讨论.

在大爆炸之后约 10^5 年, 绝大部分由质子、电子和氢原子组成的重子物质, 与光子是处于热平衡的, 其反应为

$$e^- + p \leftrightarrow H + \gamma \tag{5.68}$$

其中, 正向过程产生氢原子, 处于基态或激发态, 而逆向过程用辐射来电离氢原子, 产生的质子和电子形成等离子体. 在热平衡中, 电离的和没电离的氢的比值是一个

依赖于温度 T 的量. 我们感兴趣的是当温度降到 $kT < I$ 会发生什么, 这里 $I = 13.6\,\text{eV}$ 是氢的电离势. 很明显, 正向反应的速率正比于电子和质子的密度 N_e 和 N_p 之乘积, 而逆反应速率正比于单位体积的氢原子数 N_H. (光子数相比而言非常大, 所以它们的数目不会受到反应的影响.) 所以

$$\frac{N_e N_p}{N_H} = f(T) \tag{5.69}$$

对一个电子而言可能的束缚态数目为 $g_e g_n$, 其中 $g_e = 2$ 是自旋子态数, $g_n = n^2$ 是主量子数为 n 而能量为 E_n 的氢原子的束缚态数目. 为了得到一个电子被束缚于能量为 E_n 的态中的几率还需要乘以玻耳兹曼因子, 所以这个几率为 $g_e g_n \exp[-E_n/(kT)]$. 对 H 原子的基态 $(n=1)$ 和激发态 $(n>1)$ 求和, 得到一个电子处于某一**束缚态**的几率为

$$P_{\text{bound}} = g_e \sum g_n \exp\left(-\frac{E_n}{kT}\right)$$

如果我们写出 $-E_n = -E_1 - (E_n - E_1)$, 其中 $-E_1 = I$, I 为电离势, 那么

$$P_{\text{bound}} = g_e Q \exp\left(\frac{I}{kT}\right) \tag{5.70}$$

其中, $Q = \sum n^2 \exp\left(-\dfrac{E_n - E_1}{kT}\right)$, 因为对所有 $n > 1$ 有 $(E_n - E_1)/(kT) \gg 1$, 所以激发态几乎不做贡献, $Q \approx 1$.

我们考虑的电子处于动能为 $E \to E + dE$ 的某一非束缚态的几率为

$$P_{\text{unbound}} = g_e \frac{4\pi p^2 dp}{h^3} \exp\left(\frac{-E}{kT}\right)$$

其中, $4\pi p^2 dp/h^3$ 是单位体积在间隔 $p \to p + dp$ 内的量子态数目, $\exp[-E/(kT)]$ 是任意这种态被一个动能为 $E = p^2/(2m)$ 的电子所占据的几率, 这里 m 是电子质量. 这里我们假设了电子是非相对论性的, $E \gg kT$, 所以式 (5.56) 中的 FD 占据几率变为经典玻耳兹曼因子 $\exp[-E/(kT)]$. 这个电子在任一能量 $E > 0$ 都不能被束缚的几率由对 E 积分得到, 其结果为

$$P_{\text{unbound}} = g_e \left(\frac{2\pi mkT}{h^2}\right)^{3/2} \tag{5.71}$$

(见问题 5.3). 比较式 (5.70) 和式 (5.71) 的相对几率, 利用式 (5.69) 得到非束缚 (电离的) 和束缚 (非电离的) 态的比值为

$$\frac{N_p}{N_H} = \frac{N_{H^+}}{N_H} = \frac{1}{N_e}\left(\frac{2\pi mkT}{h^2}\right)^{3/2} \exp\left(\frac{-I}{kT}\right) \tag{5.72}$$

单位体积的总重子数为 $N_B = N_p + N_H$, 所以如果 x 代表被电离的氢原子的比例, 那么 $N_e = N_p = x N_B$, $N_H = (1-x) N_B$, 因此

$$\frac{x^2}{1-x} = \frac{1}{N_B}\left(\frac{2\pi mkT}{h^2}\right)^{3/2} \exp\left(\frac{-I}{kT}\right) \tag{5.73}$$

称为**萨哈方程**. 代入一些典型数值, 读者可以很容易通过这个公式得到, 当 kT 在 0.35 eV(4 000 K) 到 0.25 eV(3 000 K) 之间时, x 急剧下降, 所以辐射和物质必定在这一温度附近**退耦**. (我们也可以把这一时期叙述成电子和质子**复合**成氢原子的时期.) 事实上 $kT = 0.30$ eV 是这一退耦温度的很好的猜测值. 把这一值和今天的微波辐射温度 $kT_0 = 2.35 \times 10^{-4}$ eV($T_0 = 2.73$ K) 作比较, 得到退耦时刻的红移具有值

$$(1 + z)_{\text{dec}} = \frac{R(0)}{R_{\text{dec}}} = \frac{kT_{\text{dec}}}{kT_0} \approx 1\,250 \tag{5.74}$$

这一结果需要修正, 因为一个原子的复合所发出的光子可以几乎立刻电离另一个原子, 电离度因此可能被低估. 实际上人们发现涉及多于一个光子的更慢的两级过程是重要的, 从这些更细致的计算推导出的红移值为

$$(1 + z)_{\text{dec}} = 1\,100 \tag{5.75}$$

当然, 退耦不是在单一的红移值发生的. "最后散射"事件分布于一个均方根值 Δz ~80 中. 在这一处理中, 我们假设了自始至终都是热平衡的, 而确实可以证明以上反应是处于平衡的, 并且当 z 降到小于 z_{dec} 后才完全被哈勃膨胀"冻结". 不过在最终的冻结之后残留的电离分数非常小, $x < 10^{-3}$.

退耦之后, 物质对 CMB 辐射变得透明, 原子和分子才开始真正形成. 同样重要的是, 这个辐射的一些至关重要的性质, 包括今天可以观测到的非常小但是非常重要的温度的空间变化, 由于上述原因而与它们在"最后散射时期"的特征非常接近. 8.13 节描述的非常小角度范围(1°的量级)的温度涨落的测量, 对早期宇宙的参数给出了非常直接和精确的信息, 这些信息在 5.5 节作了总结.

5.13 物质-辐射相等的时期

首先我们注意到式(5.49)中得到的重子物质和辐射退耦的时间约为 10^{13} s, 或者从表 5.2 和式(5.75)的结果得到(因为 $t = t_{\text{dec}}$ 之后宇宙是物质主导的)对于 z_{dec} = 1 100:

$$t_{\text{dec}} = \frac{t_0}{(1 + z_{\text{dec}})^{3/2}} = 3.7 \times 10^5 \text{ 年} \tag{5.76}$$

可以证明随着 T^{-3} 变化的(重子)物质的能量密度, 和随着 T^{-4} 变化的(光子)辐射的能量密度, 在与退耦红移相差不大的红移处会变得相等. 实际上对于辐射和非相对论性物质的能量密度的相对大小来说, 有几个可能的时期. 把光子能量密度参数如上文那样记为 $\Omega_r(0)$, **重子-光子**相等的红移由下式给出:

$$\frac{\Omega_b(t)}{\Omega_r(t)} = \frac{\Omega_b(0)}{\Omega_r(0)}\frac{R(t)}{R(0)} = \frac{\Omega_b(0)/\Omega_r(0)}{1+z} = 1$$

或者

$$1 + z = \frac{\Omega_b(0)}{\Omega_r(0)} = \frac{0.042}{4.84 \times 10^{-5}} = 870 \tag{5.77a}$$

而**物质-光子**相等的红移为

$$1 + z = \frac{\Omega_m(0)}{\Omega_r(0)} = \frac{0.24}{4.84 \times 10^{-5}} = 4\,950 \tag{5.77b}$$

物质密度和**所有相对论性粒子的密度**(包括光子和中微子)相等的红移为

$$1 + z = \frac{\Omega_m(0)}{1.58\Omega_r(0)} = \frac{0.24}{7.67 \times 10^{-5}} = 3\,130 \tag{5.77c}$$

这里我们用到了中微子和光子的能量密度的比值,从 5.11 节的讨论中这一比值已经得到,为 $(9/11)(4/11)^{1/3} = 0.58$ [①].

　　这三个不同的时期对早期宇宙发展的不同阶段非常重要,这在第 8 章会讨论得更充分.然而,这里我们可能已经注意到,当物质密度超过相对论性粒子的密度

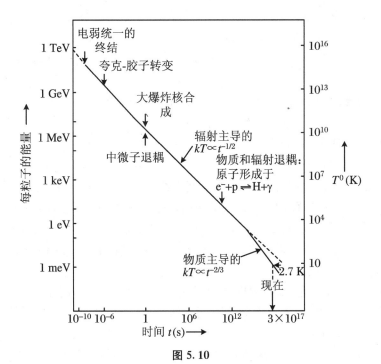

图 5.10

注:在所标明的不同时期,大爆炸模型下温度随时间的演化.也可见图 8.2.

---

① 此处应为 $(7/8) \times 3 \times (4/11)^{4/3} = (21/22) \times (4/11)^{1/3} \approx 0.68$.(译者注)

时,即式(5.77c)所示的 $z < 3\,000$ 时,物质的引力成团就可以开始了,尽管这在比较小的尺度上会被光子和中微子的自由流动所抵抗.暗物质在这里是至关重要的,因为重子单独主导光子的时期发生得非常晚,在如式(5.77a)所示的 $z < 900$,也在光子和物质退耦而原子形成之后.如第8章所示,如果没有暗物质的主导地位,我们很难理解观测到的结构——星系、星系团和超星系团——如何能形成得这么快.

最后,图5.10显示了在辐射和物质分别主导的时期温度随时间的变化.

5. 14   总   结

· 宇宙"标准模型"基于爱因斯坦的广义相对论和宇宙学原理,暗示了在早期和大尺度上,宇宙是各向同性且均匀的.宇宙的"大爆炸"膨胀是根据哈勃定律得出的.这种膨胀是全宇宙性的,对所有观测者看上去都一样,无论观测者在什么地方.

· 哈勃定律描述了来自遥远星系的光线的红移 z 和宇宙膨胀参数 R 之间的线性关系,为 $R_0/R_e = \lambda_{observed}/\lambda_{emitted} = 1 + z$.

· 弗里德曼方程将哈勃膨胀参数 $H = \dot{R}/R$ 与宇宙总能量密度和空间曲率(参数 k)联系起来.

· 总能量密度是物质、辐射和真空能(或者所谓的暗能量)的贡献之和.真空项起到了爱因斯坦宇宙学常数的作用.

· 宇宙年龄约为140亿年.对年龄的独立估计,即从放射性同位素的比值、星族分析和最近测量的宇宙学参数($\Omega_m = 0.26, \Omega_\Lambda = 0.74$),都对年龄给出了一致的结果.可观测宇宙的半径,即到现在光学视界的距离,约为14 Gpc.

· 宇宙的曲率参数,即在第8章将要描述的实验中被测量的,为 $k \approx 0$.在更大尺度上,宇宙是平坦的,它的总能量——包含质能、动能和势能——接近于零.

· 无处不在且各向同性的微波背景辐射具有一个 $T = 2.725$ K 的黑体谱,是热大爆炸在冷却过程中的遗迹.

· 重子物质和(光子的)辐射的能量密度在红移 $z \sim 10^3$ 时是相等的,这时宇宙年龄约为400 000年.在这个时刻附近,辐射和物质退耦,电子和质子的复合使原子(主要是氢)开始形成.

· 在稍大一些(即更早些)的红移 $z \sim 3\,000$ 时,物质的总能量密度(包括暗物质)开始超过辐射(光子和相对论性中微子)的总能量密度,这对于非常大尺度上物质的早期引力成团是一个重要因素.

习　题

所有需要的参数请参考附录 A. 难度稍大的问题用星号标出.

5.1　假设宇宙年龄为 140 亿年并且总密度等于临界密度 $\rho_c = 9 \times 10^{-27}$ kg・m^{-3}, 估计引力束缚能, 并且将它与宇宙总质能作比较.

5.2　计算一个粒子从一个半径为 r 具有均一密度 ρ 的球体表面的(非相对论性的)逃逸速度. 证明如果假设哈勃定律 $v = Hr$, 那么只要 $\rho < 3H^2/(8\pi G)$ 这个粒子就会逃逸出去.

5.3　在温度 T 处于热平衡的质量为 m 的非相对论性自由费米子由 FD 分布式 (5.56) 描述. 如果 $kT \ll mc^2$, 证明粒子的数密度为 $g\,(2\pi mkT/h^2)^{3/2} \exp[-mc^2/(kT)]$, 其中 g 是自旋子态数目.

5.4　据估计, 暗的真空能今天对闭合参数 Ω 贡献了约 0.75. 真空能密度小于辐射能量密度的一万分之一时, 红移参数为何值, 宇宙年龄是多少?

5.5　从太阳入射到地球大气层的总能量为 0.135 J・cm^{-2}・s^{-1} (太阳常数). 地球-太阳距离为 $D = 1.5 \times 10^{11}$ m, 太阳半径为 $R_S = 7 \times 10^8$ m. 假设太阳是一个黑体, 计算它的表面温度.

5.6　曾经有人提出宇宙的膨胀可以归因于原子之间的静电排斥, 这种想法基于电子和质子的电量值可能有一个非常小的差别分数 ε. ε 的值需要为多少? (注意: 这个猜想很快就被实验反驳了, 实验证明 ε 比所需值的 1% 还小. 见 Bondi 和 Littleton(1959) 的提议和 Cranshaw 和 Hillas(1959) 的实验反驳.)

*5.7　求出在(a)辐射主导和(b)非相对论性的守恒物质主导时, 一个膨胀的 "平坦" 宇宙中时间 t 对密度 ρ 的依赖关系. 证明, 在任一种情形下, t 和一个密度为 ρ 的物体从静止开始的引力自由落体塌缩的时间具有相同的量级.

*5.8　在一个年龄为 t_0 的平坦的物质主导宇宙($k = 0$)中, 来自某一星系的光显示出红移 $z = 0.95$. 从这个星系发出的光信号经过多久到达我们? (提示, 参考方程(8.1))

5.9　能够导致一个平坦宇宙膨胀的 Ω_Λ 的最小值是多少? 忽略辐射对能量密度的贡献.

5.10　证明一个密度均匀的球壳内部任何位置的引力场都是零; 总质量 M 的球外面的引力场分布等于放置于球心处的一个质点 M 的引力场(这称为经典力学中的牛顿球定律. 在广义相对论中称之为 Birkhoff 定理).

*5.11　推导出一个宇宙学常数为零并且辐射密度可忽略的开放宇宙的年龄

公式.利用方程(5.39)和例 5.3 作为指导.对于 $\Omega = 0.24$ 计算年龄.(提示:作替换 $\tan^2\theta = (1+z)\Omega/(1-\Omega)$.)

*5.12   证明,正如以上所阐述的,在辐射主导的早期宇宙中,当温度低于 kT ~3 MeV 时,中微子与其他物质和辐射退耦.按照以下几个阶段来解决这个问题:

(1) 先考虑交换 W 的过程 $e^+ + e^- \rightarrow \nu_e + \bar{\nu}_e$ 的反应截面,这在例 3.2 中给出了,为 $\sigma = G_F^2 s/(6\pi)$,其中 s 为 CMS 能量平方,并且假设质量可以忽略(即 $\sqrt{s} \gg m_e c^2$).计算这个反应截面,以 cm² 为单位,这里 s 以 MeV² 为单位.

(2) 证明,将电子和正电子处理为相对论性费米子时,温度 T 时 s 的平均值由 $\langle s \rangle = 2\langle E \rangle^2$ 给出,这里 $\langle E \rangle$ 是粒子在分布中的平均能量,可以从方程(5.56)得到.

(3) 计算电子和正电子密度 N_e 作为 kT 的函数,进而计算以上反应的速率 $W = \langle \sigma v \rangle N_e$ 作为 kT 的函数,其中 v 是粒子的相对速度.

(4) 利用式(5.49)和式(5.58)计算膨胀时间 t 作为 kT 的函数,然后令这等于 $1/W$,推导出中微子退耦时的 kT 值.

第6章　核合成和重子产生

6.1　原初核合成

为了连贯地讨论早期宇宙,我们接下来将注意力转向轻元素——^{4}He,^{2}H,^{3}He 和^{7}Li 的核合成.这些元素丰度的预言值和测量值之间的相符性为大爆炸假说提供了早期支持.

正如 5.10 节所讨论的,当宇宙冷却到一定温度 $kT < 100\,\text{MeV}$,或者经历时间 $t > 10^{-4}\,\text{s}$ 之后,仅仅除了中子和质子以及它们的反粒子之外,基本上所有的强子将通过衰变而消失.核子和反核子将具有相同的数目并且将差不多都(但没有完全)湮灭成辐射.正如下一节中描述的,一旦温度降到低于 $kT = 20\,\text{MeV}$,约有原初质子和中子数的十亿分之一的微小残余必须保留下来以形成我们今天所居住的物质宇宙的组成原料.这些保留下来的质子和中子的相对数目将由弱作用决定:

$$\nu_e + n \leftrightarrow e^- + p \tag{6.1}$$

$$\bar{\nu}_e + p \leftrightarrow e^+ + n \tag{6.2}$$

$$n \rightarrow p + e^- + \bar{\nu}_e \tag{6.3}$$

因为在所考虑的温度之下,核子是非相对论性的,所以正如 5.12 节分析的那样,中子和质子的平衡比率将由玻耳兹曼因子决定,也即

$$\frac{N_n}{N_p} = \exp\left(\frac{-Q}{kT}\right); \quad Q = (M_n - M_p)c^2 = 1.293\,\text{MeV} \tag{6.4}$$

前两个反应式(6.1)和式(6.2)的反应速率或宽度 Γ 单从量纲考虑就可知道必须随着 T^5 变化.从式(1.9)或表格 1.5 可知费米常数 G_F 的量纲为 E^{-2},所以反应截面 σ(量纲为 E^{-2})必须随着 $G_F^2 T^2$ 变化,并且正比于中微子密度的入射流量 ϕ 随着 T^3 变化.因此宽度 $\Gamma = \sigma\phi$ 得到一个 T^5 因子.另一方面,从式(5.59)可知辐射主导的宇宙的膨胀速率为 $H \sim g^{*1/2} T^2$.因此 $\Gamma/H \sim T^3/(g^*)^{1/2}$,随着宇宙膨胀和温度降低,以上反应将在 $W/H < 1$ 时脱离平衡,这里 $W = \Gamma/\hbar$.事实上,正如第 5 章所描述的,在 $kT < 3\,\text{MeV}$ 时中微子在过程 $e^+ + e^- \leftrightarrow \nu + \bar{\nu}$ 中就已经开始脱离和电子的平衡,因为更小的靶质量使这个反应有比式(6.2)更小的反应截面.代入式

(6.1)和式(6.2)的反应截面的典型值、中微子密度式(5.57)以及哈勃参数式(5.59),容易得到冻结温度在 1 MeV 的量级——见问题 6.2.事实上,对以上反应的完整计算的结果给出冻结温度的值 $kT = 0.80$ MeV.所以中子-质子比率的初始值为

$$\frac{N_n(0)}{N_p(0)} = \exp\left(\frac{-Q}{kT}\right) = 0.20 \tag{6.5}$$

经过一段时间后,中子将通过式(6.3)的反应衰变而消失.因而退耦之后经过时间 t,将会有 $N_n(0)\exp(-t/\tau)$ 个中子和 $N_p(0) + N_n(0)[1 - \exp(-t/\tau)]$ 个质子,中子-质子之比为

$$\frac{N_n(t)}{N_p(t)} = \frac{0.20\exp(-t/\tau)}{1.20 - 0.20\exp(-t/\tau)} \tag{6.6}$$

其中 $\tau = 885.7 \pm 0.8$ s 是自由中子寿命的常用值.如果在这个当口没有其他的事情发生,中子将仅通过衰变而消失殆尽,宇宙中除了质子和电子之外将什么也没有.然而,一旦中子出现,第一阶段的核合成就会开始,也就是氘的形成:

$$n + p \leftrightarrow {}^2H + \gamma + Q \tag{6.7}$$

其中,氘的结合能 $Q = 2.22$ MeV.这是一个电磁过程,反应截面为 0.1 mb,比弱过程式(6.1)~(6.3)的反应截面大得多,因此它处于热平衡的时间也长很多.正如下面所指出的,这时光子比核子在数量上占有十亿倍的优势,直到温度降到约 $Q/40$,也就是 $kT = 0.05 \sim 0.06$ MeV 时,氘才被冻结(见问题 6.3).氘的光致电离过程的逆过程一停止,导致氦产生的第二阶段的竞争反应就开始进行了,例如:

$$^2H + n \rightarrow {}^3H + \gamma$$
$$^2H + H \rightarrow {}^3He + \gamma$$
$$^2H + {}^2H \rightarrow {}^4He + \gamma$$
$$^3H + {}^2H \rightarrow {}^4He + n$$
$$^3H + p \rightarrow {}^4He + \gamma$$

这些进而导致产生锂和铍的第三阶段:

$$^3He + {}^4He \rightarrow {}^7Be + \gamma$$
$$^7Be + n \rightarrow {}^7Li + p$$

对于 $kT = 0.05$ MeV,对应于式(5.49)中当 $N_\nu = 3$ 时的膨胀时间 t 约为 300 s,这时式(6.6)得到的中子-质子之比为

$$r = \frac{N_n}{N_p} = 0.135 \tag{6.8}$$

将氦核质量设定为质子质量的 4 倍,那么期待的氦的质量分数为

$$Y = \frac{4N_{He}}{4N_{He} + N_H} = \frac{2r}{1 + r} \approx 0.24 \tag{6.9}$$

质量分数 Y 已经在不同的天体环境下测量到了,包括恒星大气、行星状星云、球状星团、气体云等,其值的范围为

$$Y = 0.238 \pm 0.006 \tag{6.10}$$

比较预言和测量值之后可知,理论值式(6.9)和观测值式(6.10)之间的符合度依然具有 5% 的不确定性.然而,这种符合程度是大爆炸模型早期的重要成功.这里应该指出的是,观测到的氦质量分数远大于主序星的氢燃烧所能产生的值;后者的贡献加起来仅占比率 Y 的 0.01(见问题 6.4).

大爆炸图像下核合成的一个重要特征是,它不仅能解释 ^{4}He 的丰度,也能解释 D,^{3}He 和 ^{7}Li 这些轻元素的丰度,这些元素的量很小但却是显著的,实际上远大于如果它们仅仅在恒星内部的热核反应中产生时能保留下来的量.锂和氘的丰度为

$$\frac{\text{Li}}{\text{H}} = (1.23 \pm 0.01) \times 10^{-10} \tag{6.11}$$

$$\frac{\text{D}}{\text{H}} = (2.6 \pm 0.4) \times 10^{-5} \tag{6.12}$$

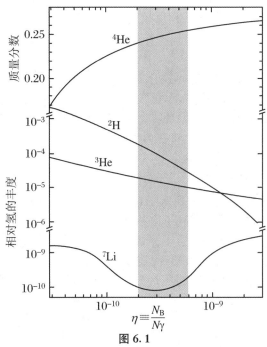

图 6.1

注:大爆炸核合成所预期的轻元素 ^{2}H,^{3}He 和 ^{7}Li 的原初丰度,以及 ^{4}He 的质量丰度,所有情况的结果都是对氢的相对值,并且作为重子数与光子数之比的函数画出.现在观测到的丰度值由式(6.10)~(6.12)给出.这些结果指出了式(6.15)给出的重子数与光子数之比,准确度为 10% 的量级.10 年前对这一比值所作的不太确定的数值估计——$(4\pm2)\times10^{-10}$——如图中的阴影区域所示以作比较(Schramm and Turner,1998).

图 6.1 中的曲线展示了原初核合成所期待的丰度值,其中的计算基于所涉及的反应截面,并且结果是以(现在的)重子与光子密度比的形式给出的.式(6.12)对

氘-氦比值的结果可导出重子密度取值范围：
$$\rho_B = (4.0 \pm 0.4) \times 10^{-28} \text{ kg} \cdot \text{m}^{-3} \tag{6.13}$$
从而对闭合参数的贡献为
$$\Omega_B = 0.044 \pm 0.005 \tag{6.14}$$
对应于重子数密度 $N_B = 0.24 \pm 0.03 \text{ m}^{-3}$. 与微波光子数密度式(5.52)作比较,可得重子-光子之比
$$\frac{N_B}{N_\gamma} \approx \frac{N_B - N_{\bar{B}}}{N_\gamma} = (6.1 \pm 0.6) \times 10^{-10} \tag{6.15}$$
分析第 8 章描述的 WMAP(威尔金森微波各向异性探测器,Wilkinson Microwave Anisotropy Probe)所得到微波背景各向异性,得到一个稍微不同的值(6.5 ± 0.4) × 10^{-10}. 重子-光子的这一比值意味着氦的质量分数 $Y = 0.248$,比观测值式(6.10)高出大约 5%.

所以,在大爆炸的第一个纳秒之内,重子、反重子和光子的相对数目差不多(仅相差自旋乘积因子),大多数核子和反核子之后会相互湮灭而消失,留下一个微小的核子超出——十亿之中的一个——作为构成现在宇宙的物质,这将在以下的小节中讨论.

在 ^{4}He 产生之后,更进一步的核合成会面临一个瓶颈,因为 $A = 5, 6$ 或者 8[①] 时没有稳定的原子核. 例如,因为库仑势垒的抑制,通过 3α 过程形成 ^{12}C 是不可能的,这只能等到在恒星内部的高温环境下氢燃烧开始后才能发生. 由高温下恒星的聚变反应导致的更重元素的产生将在第 10 章讨论.

在这里可以指出一个有趣的事实,就是氦质量分数的预期值依赖于假设的中微子的味的数目 N_ν,因为正如式(5.59)式描述的,达到一定温度所经历的膨胀时标反比于 $\sqrt{g^*}$,即基本玻色子和费米子自由度数目的平方根. 所以增大 N_ν 就增大了 g^*,也就减小了时标,因此提高了由条件 $W/H \sim 1$ 所决定的冻结温度 T_F. 式(6.5)可知,这导致更高的中子-质子原初比值以及更高的氦质量分数. 最初,在证明 $N_\nu = 3$ 的 LEP e^+e^- 对撞机实验(见图 1.13)之前,这个理由被用来限制中微子味的数目,而现在它被用来对氦的质量分数和重子数与光子数之比给出更好的数值(见问题 6.1).

6.2　大爆炸中的重子产生以及物质-反物质不对称

我们的宇宙最令人惊奇的特征之一就是缺少反物质,尽管第 3 章讲到的守恒

---

①　A 为质量数.(译者注)

规则似乎表明物质和反物质是几乎精确对称的.（回忆一下，*CP* 不对称仅仅在弱相
互作用中观测到，测量到的不对称程度是非常小的.）

　　图 6.2 显示了一个核乳胶中的例子，是劳伦斯伯克利实验室 Bevatron 加速器产
生的一个反质子湮灭，而第一个反质子就是 1955 年在这个实验室中观察到的.反质
子与乳胶中的核子湮灭，产生总能量为 1.4 GeV 的四个带电介子.中性 π 能解释湮灭
能量 $2Mc^2$ 中剩余的部分，其中 M 是核子质量.我们知道，我们的银河系或本星系团
中只有少量反物质，因为在恒星内部经历上十亿年反应所产生、又在银河系的磁场中
绕圈了数百万年之后的初级宇宙线核，被探测到的一直是原子核而不是反原子核.例

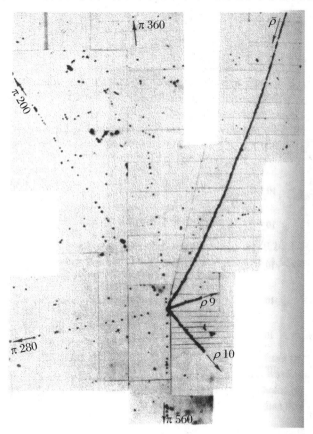

图 6.2

　　注:反质子在核乳胶中湮灭的例子.乳胶由在凝胶中悬浮的溴化银或碘化银的微小结晶体（半径为
0.25 μm 的量级）组成.带电粒子将沿途的原子电离，释放的电子被微小结晶体俘获后形成潜影.经过处
理，未受影响的卤化物消失了，有潜影的结晶体还原成了黑色的金属银，所以形成了轨迹，在显微镜下可
以看见.沿 1 点钟方向进入图中的粗轨迹是反质子减慢至静止时产生的.浅的电离轨迹由湮灭过程生成
的四个相对论性的带电 π 介子（能量以 MeV 为单位标出）形成.和（未观察到的）中性 π 粒子一起，它们解
释了总的湮灭能量 $2Mc^2$，其中 M 是核子质量.它们从被撞击的原子核中沿 2:30 和 4 点钟方向打出两个
低能质子.

如,图 6.3 显示了一个铬原子核进入一个高海拔热气球所携带的核乳胶中然后静止的情形.如果这是一个反原子核,其湮灭将比图 6.2 中所示情形剧烈 24 倍.

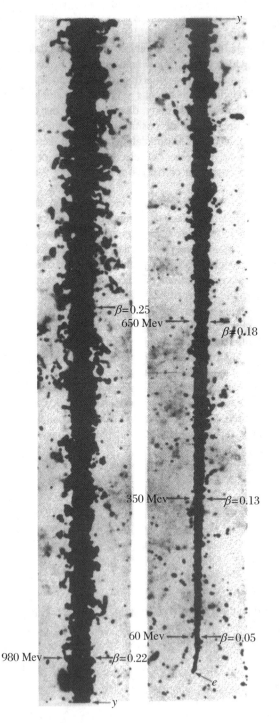

图 6.3

注:装在热气球中飞行的核乳胶中观察到的一个初级宇宙线铬原子($Z = 24$)的轨迹.总长度为 40 μm 的轨迹被分成两段相邻部分来显示,从左上角开始到右下角结束.因为电离与 Z^2 成正比,所以轨迹开始时相比于图 6.2 中带单个电荷的反质子的轨迹显得密集得多.原子核速度会慢下来,当其速度变得与铬原子中电子的速度可比拟时,它连续地在 K、L 等不同壳层上获得电子,然后轨迹逐渐变窄,最终它静止下来成为一个铬原子.如果这是一个反原子核,它减速和湮灭时将产生量级为 100 的次级 π 粒子.

在更大的尺度上,完全没有证据显示出遥远星系中物质与反物质云团湮灭之后强烈的 γ 射线和 X 射线发射.在 $z \sim 1\,100$ 时氢原子的再复合之后发生的核子-反核子湮灭也会对宇宙微波谱的普朗克黑体分布产生明显的影响.发生在地球大气层中的宇宙线事例中确实存在非常低流量的正电子和反质子,而高能 γ 射线或原子核与星际物质碰撞而产生的电子-正电子或质子-反质子对过程也可以解释这种现象.

虽然到目前为止所有的实验室所进行的实验中重子数的确都是守恒的,但是实际上没有令人完全信服的理论来解释为什么会这样,特别是早期宇宙具有非常高的温度和能量,可能会涉及新类型的粒子和反应,这些都是在实验室能量下无法实现的.事实上,正如在第 3 章中讲到的,粒子物理的历史中有一些长期被认可的守恒律最终被推翻.

我们知道,电荷在所有情形下都是严格守恒的,这是规范不变性和存在与电荷耦合的长程电磁场所保证的.重子的绝对守恒律也因此应该具有一个与重子数耦合的新的长程场.然而没有证据表明存在任何这类型的场.如果我们假设第 2 章所讲的等效原理是正确的,那么 2.3 节中的转矩平衡实验的结果可以让我们对任何这类型的场给出限制,方法如下.

两个材质不同但质量相同的物体具有略微不同的重子数——典型的差异为 0.1%——因为每核子的束缚能随质量数 A 的不同而不同,而且中子-质子的质量有差异并且 A 不同时中子-质子数之比也不同(见图 10.1).所以,如果假设等效原理是正确的,那么这些实验没有找到存在任何这种与重子数耦合的新的长程场的证据,进而对这种耦合给出限制为小于 $10^{-9}G$,其中 G 是牛顿常数.这样的叙述也适用于轻子数守恒——同样地,这种守恒也没有令人完全信服的理论原因.

6.3　大爆炸中的重子-光子之比

如果我们假设重子数严格守恒,大爆炸模型所预言的重子/反重子和重子/光子之比是怎样的呢?在大爆炸的早期阶段,每个粒子的热能 kT(k 为波尔兹曼常数)相比于强子质量来说很大,这预示着许多种类的强子,包括质子和中子以及它们的反粒子,将与辐射处于热平衡,通过如下类型的可逆反应产生和湮灭:

$$p + \bar{p} \leftrightarrow \gamma + \gamma \tag{6.16}$$

假设原初净重子数为零,那么温度为 T 时核子和反核子的数密度将由 $g_f = 2$ 时的式(5.56)给出:

$$N_B = N_{\bar{B}} = \frac{(kT)^3}{\pi^2(\hbar c)^3} \int \frac{(pc/kT)^2 \mathrm{d}(pc/kT)}{\exp(E/kT) + 1} \tag{6.17}$$

其中，p 为 3 动量，m 是核子质量，而 E 为总能量，由 $E^2 = p^2c^2 + m^2c^4$ 给出．这可以与式(5.52)中的光子数作比较：

$$N_\gamma = \frac{2.404(kT)^3}{\pi^2(\hbar c)^3} \tag{6.18}$$

只要式(6.16)中的逆反应速率超过由哈勃参数 H 所给出的宇宙膨胀速率，重子、反重子和光子就会处于并且保持热平衡．最终，随着膨胀继续下去而温度降低，光子分布的高能尾巴部分，即那些在核子-反核子对产生的阈值之上的光子，将变得太少以致产生新的核子-反核子对的速率减慢到低于膨胀速率．当光子不能产生足够的核子对，核子也不能找到足够的反核子来湮灭时，残余的重子和反重子就"冻结"了．这种情形发生的临界温度依赖于重子密度式(6.13)、核子-反核子湮灭的反应截面及其对速度和膨胀速率的依赖．下面的例 6.1 给出了一个直接的计算．给定这些参数，就可以从这些数值解出冻结时的温度和核子密度．

例 6.1 假设初始时重子-反重子相等以及重子数守恒，计算湮灭过程完成之后残余的重子-反重子的比率．

在这些假设之下，并且假设每个粒子的热能 $kT \ll Mc^2$，其中 M 是质子(或反质子)的质量，那么重子和反重子的数密度可以很容易地通过对式(6.17)积分得到，结果为(自旋分态数 $g_f = 2$)

$$N = g_f \left(\frac{2\pi MkT}{h^2}\right)^{3/2} \exp\left(\frac{-Mc^2}{kT}\right) \tag{6.19}$$

每个重子的湮灭速率为 $W = \langle \sigma Nv \rangle$，其中 σ 是质子-反质子相对速度为 v 时的湮灭反应截面．在我们这里所关心的动能情形下，即直到几十 MeV 时，我们可以让 $\langle \sigma v/c \rangle$ 取值为 80 mb——这一数值并不关键．这时的宇宙由辐射主导，其膨胀速率由式(5.59)给出：

$$H = 1.66 \sqrt{g^*}(kT)^2 \cdot \frac{2\pi}{M_{PL}\hbar c^2} \tag{6.20}$$

其中，总的分态数 $g^* \sim 10$，如 5.10 节中一样，$M_{PL}c^2 = 1.2 \times 10^{19}$ GeV 为普朗克能量．因此，将常数值代入可以得到如下比值：

$$\frac{H}{W} = 3.2 \times 10^{-19} \frac{\exp[Mc^2/(kT)]}{[Mc^2/(kT)]^{1/2}} \tag{6.21}$$

这一比值在 $kT = 19$ MeV 时为 43.0，$kT = 20$ MeV 时变为 3.7，在 $kT = 21$ MeV 时变为 0.41，也就是说，kT 每改变 1 MeV，这一比值将改变因子 10．冻结温度，即当 $H/W \sim 1$ 时，很明显是接近于 $kT = 20$ MeV 的，而利用式(6.17)~(6.19)可以得到相应的重子与光子密度之比为

$$\frac{N_B}{N_\gamma} = \frac{N_{\bar{B}}}{N_\gamma} = 0.72 \times 10^{-18} \tag{6.22}$$

上面例子的预言结果为

$$kT(\text{临界的}) \approx 20\,\text{MeV}; \quad \frac{N_{\text{B}}}{N_{\gamma}} = \frac{N_{\bar{\text{B}}}}{N_{\gamma}} \sim 10^{-18} \qquad (6.23)$$

所以核子与反核子的湮灭进行得差不多但并不十分完全. 简单地来看, 由于宇宙在膨胀所以会残留下微量的重子和反重子. 冻结阶段过后, 将没有更进一步的核子-反核子湮灭或产生, 所以以上比值对于今天也应该成立.

相反地, 式(6.15)中的重子-光子比值的观测值要大很多. 总的来说, 与式(6.23)的预言比值相对应的观测值为

$$\frac{N_{\text{B}}}{N_{\gamma}} \approx 10^{-9}, \quad \frac{N_{\bar{\text{B}}}}{N_{\text{B}}} < 10^{-4} \qquad (6.24)$$

所以, 大爆炸假说得到的重子-光子比值错误了一个 10^9 的因子, 而反重子-重子比值错误了一个至少为 10^4 的因子. 当然, 通过任意地给定宇宙一个初始重子数可以避免这个问题, 但是这个值将会很大($N_{\text{B}} \sim 10^{79}$!)并且是任意的, 而且无论如何在第 8 章所讲的暴胀模型下都是不可能的. 看起来更合理的途径是用(有希望的)已知物理去尝试理解观测值. 这让我们回到 Andrei Sakharov1967 年的一篇有影响力的文章, 在这篇文章中他找到了一个可能的解决途径.

6.4　Sakharov 判据

Sakharov 指出了实现重子-反重子不对称的必要基本条件. 假设初始时重子数 $B = 0$, 那么很明显, 重子数不对称的出现只可能是破坏重子数守恒反应的结果, 但是另外还需要两个更进一步的条件. 事实上这三个条件为

- B(重子数守恒)破坏的反应.
- 非平衡情形.
- CP 破坏和 C 破坏.

第一个要求是显然的, 并且其可能性已经在 4.3 节中联系大统一理论(GUT)模型和质子衰变的搜寻作了讨论. 现在, 还没有重子数不守恒的直接**实验**证据, 所以我们仅仅将它留作一个假设. 第二个条件来自于这样的事实, 就是在热平衡时粒子的密度仅仅依赖于粒子的质量和温度. 因为根据 CPT 定理(见 3.14 节)粒子和反粒子有相同的质量, 所以不会出现不对称. 换一种说法就是, 在平衡时任何消灭重子数的反应都将与它的逆反应即产生重子数的反应精确地保持平衡. 第三, 正如第 3 章中指出的, 如果在宇宙尺度上反物质和物质能被清楚地区分开来, C 和 CP 破坏就是必要的. 我们现在讨论有希望满足这些条件的模型.

6.5 重子-反重子不对称:可能的情形

什么样的机制能够产生重子-反重子不对称的观测幅度,如今这一点还不清楚,尽管在过去二三十年中人们提出了一些模型.其中三种可能性为

- · GUT 重子产生.
- · 电弱重子产生.
- · 通过轻子产生实现的重子产生.

6.5.1 SU(5)GUT 模型中的重子产生

我们首先考虑大统一理论的 SU(5)模型导致的重子数不守恒.在第 4 章已经讨论过了,在这个模型中,夸克和轻子包含在相同的多重态中,所以可以发生夸克-轻子转换,同时伴随着质子衰变的有趣可能性.这确实是 Sakharov 1967 年文章中的一个预言,然而他假设统一理论的媒介玻色子的质量为普朗克质量的量级,导致预言了一个没有观测到的长达 10^{50} 年的长寿命.例如,正如 4.3 节给出的,在 SU(5)模型中一个质子可以通过虚 X-玻色子交换转变为一个 π 介子和一个正电子.在这个转化中,重子数 B 和轻子数 L 都减少了一个单位,所以两者之差 $B-L$ 是守恒的,而 $B+L$ 是不守恒的.这在讨论产生重子不对称的可能机制时是一个重要特征.

假设 GUT 对称的媒介"轻子夸克"玻色子 X,Y,以及它们的反粒子产生于大爆炸后 10^{-40} s 时标之内,并衰变而脱离热平衡.叫作 1 和 2 的两个衰变道要求具有不同的重子数.假设 X 衰变到重子数为 B_1 和 B_2 两种模式的分支比分别为 x 和 $1-x$.对于反粒子 $\overline{X}$,令分支比为 $\bar{x}$ 和 $1-\bar{x}$,对应的重子数为 $-B_1$ 和 $-B_2$.因为 X 和 $\overline{X}$ 粒子的数目相同,根据第 3 章讨论的 CPT 定理,每个 X$\overline{X}$ 对的净重子不对称为

$$A = xB_1 - \bar{x}B_1 + (1-x)B_2 - (1-\bar{x})B_2 = (x-\bar{x})(B_1 - B_2) \quad (6.25)$$

B 不守恒保证了 $B_1 \neq B_2$,而 CP 不守恒保证了 $x \neq \bar{x}$,这样不对称是不为零的.注意到单独的 C 不守恒而 CP 守恒将给出 X 在 θ 角的衰变速率等于 $\overline{X}$ 在 $\pi-\theta$ 角的衰变速率,因此对角度积分后总的速率是相同的.在一个特定的道中(例如 1 道)CP 不守恒是必要的,能保证粒子和反粒子部分的衰变速率不同.

在这个模型中,重子不对称来源于"轻子夸克"玻色子 X 和 Y 的衰变,如果它们的质量能够使脱离平衡的衰变发生.这些衰变当然可以通过 $B+L$ 这一量的不守恒来产生所需的重子不对称幅度(约 10^{-9}).然而不幸的是,源于这种 GUT 过程的任何重子不对称似乎都被后来的与电弱相互作用联系的非微扰过程(瞬子)所

抹掉,具体描述如下.这一点适用于原始的 SU(5) 模型和人们提出的其他一些 GUT 对称性,例如比 SU(5) 更大的叫作 SO(10) 的群.更重要的是,SO(10) 可容纳一个额外的 U(1) 右手 Majorana 中微子单重态,不会受到具有规范对称的电弱 SU(2)×U(1) 群带来的辐射修正的影响,因此其质量可以任意大.下面讨论这种中微子在重子产生中的可能作用.

6.5.2　电弱模型中的重子产生

原则上重子产生也可能通过发生于电弱阶段中(一阶)相变的 $B+L$ 不对称来实现,发生的能量为 100 GeV 的量级,也即规范玻色子 W 和 Z 的质量标度.产生这种不对称的 sphaleron 机制将在下一节描述.标准模型也包含了需要的 C 和 CP 不对称程度,在第 3 章中讲到.然而,发生于相变中的脱离平衡条件仍然必要但是却显得太微弱而不能产生观测到的不对称.如果电弱重子产生机制是可行的,需要对标准模型作相当多的扩展,而这类型的模型现在已经被冷落了.

6.5.3　通过轻子产生实现的重子产生

有一种更可能的情形,首先是由 Fukugita 和 Yanagida(1986)提出的,就是**轻子**不对称,而不是重子不对称,首先在 GUT 能标下通过重 Majorana 中微子 N 的脱离平衡的衰变产生.它们被假定为右手单重态,例如,作为 SO(10)GUT 的分量. Majorana 中微子衰变中的轻子数不守恒.这种衰变(通过常规弱相互作用)的一个例子是可能衰变为一个轻中微子和希格斯粒子:

$$N \to H + \nu \tag{6.26}$$

同样地,为了产生轻子不对称,N 粒子必须有脱离平衡的数密度.所以衰变速率和宽度必须小于哈勃常数,即 $W = \Gamma/\hbar \ll H$.这个要求对 N 的质量给出了限制.然而最重要的是,得到的轻子不对称使 $B-L$ 这一量是守恒的.

在这个模型中,轻子不对称随后通过更低能标下电弱相互作用的非微扰过程转化为重子不对称.这里我们探讨一下有些奇特的规范反常情形(也就是轴矢量弱流的发散项),瞬子和 sphalerons.瞬子是场论中单事件的例子.我们可以认为这类事件与越过势垒发出单个 α 粒子的放射性衰变过程(见第 10 章的讨论)相当.正如我们在第 3 章中注意到的,电弱模型中的真空态(即能量最低态)可能相当复杂.确实,有无穷数目的简并真空态对应于不同的拓扑,即不同的重子和轻子数.相邻真空的 $B+L$ 值相差 $2N_f$,其中 $N_f = 3$ 是夸克或轻子的味的数目,并且它们被高度与电弱真空期待值 $\nu \sim 200$ GeV 量级相当的势垒分隔开.另一方面,$B-L$ 是"无反常"并且守恒的.相邻真空的轻子和重子数的改变为 $\Delta L = \Delta B = 3$.在通常能量下,这种改变只能借助于**越过**一个真空与下一个真空之间的势垒的量子力学遂穿来实现.正如 't Hooft 在 1976 年首先给出的,这种所谓的**瞬子**过程被极大地压低了一个量级为 $\exp(-2\pi/\alpha_w) \sim 10^{-86}$ 的因子,其中 α_w 是弱耦合常数.

　　然而,Kuzmin 等人(1985)的一个重要观测指出,在足够高的温度下,即 kT $>\nu$ 时,热转变可以通过在一个 12 费米子相互作用下的势垒跃迁而发生,这种相互作用称为 sphaleron(此名字来源于不稳定态的希腊语:sphaleron 是位形空间中的鞍点,位于势垒的顶端,可以向两个方向跃迁). 典型的 $\Delta B = \Delta L = 3$ 的转变可能是

$$(u + u + d) + (c + c + s) + (t + t + b) \rightarrow e^+ + \mu^+ + \tau^+$$

$$(u + d + d) + (c + s + s) + (t + b + b) \rightarrow \bar{\nu}_e + \bar{\nu}_\mu + \bar{\nu}_\tau \qquad (6.27)$$

在这些转变中,包含了 $N_f = 3$ 的每一代中的三个夸克和一个轻子. 由此产生了一定程度的重子-反重子不对称——典型量级为初始轻子不对称幅度的一半——并且依赖于所假定的重 Majorana 中微子 N 的质量 M. 同时,轻中微子的质量一方面可以从第 9 章所讲的中微子振荡的观测中估计出来,另一方面又通过第 4 章讨论的所谓"跷跷板"机制与 M 的值相联系. 这里关键的一点是在 GUT 能标下 N 粒子产生的 $B - L$ 不对称在经历电弱相变时被保留了. 与此相反的是 6.5.1 节中 GUT 产生重子不对称时,$B + L$ 不对称被 sphaleron 过程抹掉了,而完全相同的过程将轻子不对称转变成了重子不对称.

　　值得注意的是,根据跷跷板机制的公式拟合轻中微子质量所需要的 Majorana 质量 $\sim(10^{10}\sim10^{13})$ GeV 似乎也给出了合适的轻子不对称幅度,进而提供了与式 (6.15)差不多的重子不对称观测幅度. 的确,此论述可以反过来阐述,即观测到的重子不对称($\sim10^{-9}$)表明仅仅当轻中微子质量在范围 $0.01\sim0.1$ eV$/c^2$ 之内时以上机制才是可行的,而此质量范围正是振荡实验的结果.

　　然而这个模型还存在一些问题. 如第 8 章所讨论的,这种重 Majorana 中微子应该产生于暴胀之后紧接着的"再加热"阶段. 这里的一个困难是,为了产生重中微子,需要很高的再加热温度,而在超对称理论中这会导致产生过量的 gravitinos(引力子之重的、自旋为 3/2 的费米性质伴子). 这些重 gravitinos 的快速衰变必然会产生强子,而不幸的是其效果会完全改变核合成的参数,这样,6.1 节讲到的预言和观测之间很好的相符性将不复存在.

　　避免这个问题的一个建议是希望暴胀子(第 8 章中讨论的暴胀模型之基本玻色子)的衰变能产生 Majorana 粒子,$\varphi\rightarrow$N + N. 所以,暴胀结束后的再加热温度可以是 $kT\ll M$,这样上述困难就可以避免了(Yanagida,2005).

　　如果我们相信所有的困难都可以避免,那么轻子产生模型似乎提供了一个合理自洽的图像,尽管其体现的思想具有相当多的推测成分. 我们甚至还不知道中微子是 Majorana 粒子还是狄拉克粒子,并且重中微子部分必要的 CP 破坏相是完全未知的. 然而,观测到的轻中微子的小质量和观测到的宇宙中重子-反重子不对称之间通过重 Majorana 中微子和跷跷板机制所建立的联系,如果可以被证实,那么将是粒子天体物理杰出的成就之一. 尽管宇宙的重子不对称的真实起源目前还是未知的,但随着对中微子质量和混合所做的大量实验上的努力,以及期待中的对希

格斯玻色子[①]和超对称的发现,未来的形势看起来还是有希望的.

6.6　总　　结

· 我们可以通过大爆炸后最初几分钟时处于温度 $kT \sim 0.1\,\mathrm{MeV}$ 下的核合成来理解轻元素氘(^{2}H)、氦(^{3}He 和 ^{4}He)和锂(^{7}Li)的观测丰度.与微波背景辐射和红移一起,轻元素的丰度为大爆炸假说提供了很强的支持.从宇宙最初几分钟轻元素的合成得到的重子密度仅能解释总物质密度的一小部分:大部分物质是暗物质.

· 观测到的物质和反物质之间大幅度的不对称必须归因于在温度非常高的大爆炸极早期阶段起作用的特殊的重子数破坏和 CP 破坏的反应.

· 一个现实的期望是,如果重 Majorana 中微子存在,那么宇宙的重子不对称可能通过与电弱能标下非微扰相互作用耦合的跷跷板机制直接与轻中微子观测到的小质量相联系.

习　　题

难度稍大的问题用星号标出.

*6.1　如式(6.9)那样计算原初氦和氢的预期质量比,不过是对于不同的中微子味的数目 $N_\nu = 3, 4, 5, 6, \cdots$.证明每增加一味将使预期比值增加约 5%.再计算当中子-质子质量差别为 $1.40\,\mathrm{MeV}/c^2$ 而不是 $1.29\,\mathrm{MeV}/c^2$、但自由中子寿命不变时,在 $N_\nu = 3$ 的情形下预期的质量比.

*6.2　在讨论中子/质子平衡比值式(6.8)时说到反应 $\nu_e + n \rightarrow e^- + p$ 的速率或宽度 W 随 T^5 变化.回过头去参考 1.8 节来计算以上反应的截面作为温度的函数,并利用相关的流量密度从式(1.14)计算 W,从而对以上结论给出直接的证明.假设所有的粒子具有动能 kT,且满足 $m_e c^2 \ll kT \ll M_p c^2$,即将核子看作是非相对论性并且基本静止的,而轻子是极端相对论性的.与膨胀速率式(5.59)作比较,估算中子和质子从平衡中"冻结"出去的温度.

6.3　估算某 kT 的值,在这个值以下,膨胀宇宙中的氘将从反应 $n + p \leftrightarrow d + \gamma$

---

① 见第 iii 页"第 2 版序"注.

+ Q 中"冻结",其中 $Q=2.22\,\mathrm{MeV}$ 是氘的束缚能.计算时首先得到宇宙微波光子中能量 $E\gg kT$ 部分的解析表达式.假设光致电离反应截面为 $\sigma=0.1\,\mathrm{mb}$,从式(5.59)得到哈勃参数,取 $g^*=10$.

6.4 太阳的测量光度为 $3.9\times10^{26}\,\mathrm{W}$.它从将氢变成氦的热核聚变反应中产生能量,每个氦原子核形成时放出 $26\,\mathrm{MeV}$ 的能量.如果太阳的输出功率在 5 亿年中都保持上述值不变,那么太阳内部氦的质量分数是多少?

第 7 章　暗物质和暗能量组分

7.1　概　　述

在第 5 章我们已经注意到宇宙中的大部分物质似乎是暗(即不发光的)物质.早在 20 世纪 30 年代 Zwicky 就注意到这种暗物质假设的必要性,他观测到后发星团中的星系看上去运动得太快而不可能在可见物质的引力吸引下被约束在一起.显然,在这类大量存在的物质之本质和分布被人们理解之前,我们宇宙的图像是很难令人满意的.例如,一个重要的问题是,这种暗物质是否是由从大爆炸的早期阶段就一直漫游于宇宙中的新类型的(稳定)基本粒子所组成的.如果是这样的话,这种粒子是什么,并且为什么我们还没有在加速器实验中遇到过它们? 或者,有没有可能一部分暗物质是由不发光星体成团形成的,其成分或者与普通星体一样,或者是小型黑洞,亦或者是其他什么物质?

根据现在的构想,在加速器实验中我们所熟悉的夸克和轻子成分的物质,其在早期宇宙中产生的数目由第 6 章所讲的核合成模型所预言,而这些只占宇宙现在能量密度的 4%.暗物质估计占总能量密度的约 20%,但是能量密度的大部分——即约 76%——分配给了"暗能量",它在第 5 章被认为是真空能.然而,暗能量的真实本源——就像暗物质一样——现在还是未知的.

在继续叙述之前,我们应该回忆一下,第 6 章讲的原初核合成所推导出的总的重子贡献中,恒星和星系中的发光物质只占约 10%.星系团中的热气体和星系之间的氢又占了 40%,留下一半的重子没法解释.正如 7.5 节所讲的,一些重子位于星系晕中暗的、致密的类似星体的物质(MACHOs,即大质量致密晕天体)中,通过它们对更远恒星光信号的引力透镜效应可以探测到它们.然而,这些只能解释重子贡献的一小部分.在 7.7 节讨论的最近的观测表明遗失的重子物质可能与耀变体有关(见 9.14.2 节).

在这一章中,我们首先陈述暗物质存在的证据,然后简要描述一些可能的暗物质候选者以及直接探测它们的一些尝试.最后,我们描述从高红移超新星的研究中得出加速哈勃膨胀的证据,以及暗能量/宇宙学常数的后果.

7.2 星系和星系团中的暗物质

暗物质的经典证据来自于测量旋臂星系中恒星和气体的速度对径向距离的旋转曲线.这强烈地,尽管是间接地,表明了存在"遗失"的质量,其形式为不发光物质.例如,考虑一个质量为 m 距离星系中心 r 的恒星,以切向速度 v 运动,如图 7.1 所示.让引力和离心力相等,我们得到

$$\frac{mv^2}{r} = \frac{mM(<r)G}{r^2} \tag{7.1}$$

其中 $M(<r)$ 是半径 r 之内的质量.像我们的银河系一样的旋臂星系的大部分发光物质都聚集于一个中心区域加上一个薄盘中.对于在中心区域内的恒星,我们预期 $M(<r) \propto r^3$,因而 $v \propto r$,而对于中心区域之外的恒星,M 约为常数,因而我们预期 $v \propto r^{-1/2}$.所以,速度应该在小 r 处增大而在大 r 处减小.与此相反,对于许多旋臂星系,旋转曲线在 r 很大时却非常平坦.图 7.2 中显示了一个例子.这意味着大部分星系质量——典型地为 80%~90%——以图 7.1 所示晕中的暗物质的形式存在.

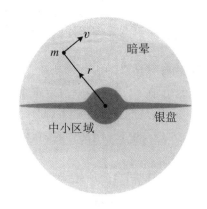

图 7.1

注:一个旋臂星系的侧向视图,包括中心区域、盘以及可能的暗物质晕.

对星系团的巡天显示出大量"可见"质量存在于发射 X 射线的非常热的气体之中.用 ROSAT 卫星对 X 射线的测量估计出的气体温度(典型地为 $10^7 \sim 10^8$ K)暗示着气体粒子的速度远远超出了从可见质量推导出的逃逸速度.气体朝着星系团中心聚集的这一事实意味着气体是由引力束缚的,这样的话总质量的大部分(至少 80%)必须是暗物质.

对星系和星系团的主要巡天,例如红外 IRAS 卫星巡天,对动能和引力能作了比较,也为暗物质提供了证据.其中的分析基于经典力学的**位力定理**,它将一个由 i 个质量 m_i、速度 v_i、动量 p_i 和动能 E_i 的非相对论性粒子组成、通过一个平方反比律的中心力 F_i 相互作用的束缚系统的势能时间平均值 $\langle V \rangle$ 与动能时间平均值 $\langle E \rangle$ 联系起来.位力定义为 $W = \sum p_i \cdot r_i$,其中 r_i 是相对于任意原点的位置矢量.将它对时间求导得到

$$\frac{\mathrm{d}W}{\mathrm{d}t} = \sum \dot{p}_i \cdot r_i + \sum p_i \cdot \dot{r}_i = \sum m_i \ddot{r}_i \cdot r_i + \sum m_i |v_i|^2$$

$$= \sum \boldsymbol{F}_i \cdot \boldsymbol{r}_i + 2 \sum E_i = \sum \left(\frac{\partial V_i}{\partial r_i} \right) \cdot \boldsymbol{r}_i + 2 \sum E_i$$

$$= - \sum V_i + 2 \sum E_i$$

其中,最后一行我们用到了引力势能随 $1/r$ 变化. 对一段时间间隔 T 取平均值,当 $T \to \infty$ 时一个**束缚**系统的位力 $\langle W \rangle = (1/T) \int (\mathrm{d}W/\mathrm{d}t) \mathrm{d}t \to 0$,所以时间平均值 $\langle V \rangle = 2 \langle E \rangle$.

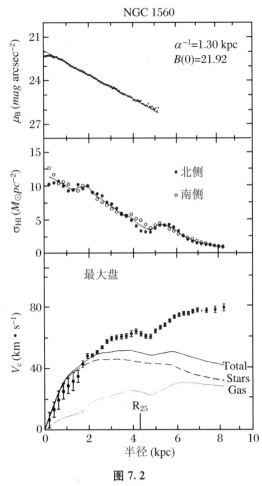

图 7.2

注:以旋臂星系 NGC1560 的旋转曲线为例. 顶图画出了光度对径向距离图,显示出指数下降. 中图显示了 Hα 线的光度. 底图中的点显示了此星系中恒星的切向速度观测值作为径向距离的函数. 曲线显示了利用(7.1)式对某特定半径之内质量的数值积分得到的预期值,恒星和星系的贡献也分别给出. 很明显,它们都不能解释观测到的大半径处的速度(Broeils,1992).

钱德拉卫星实验做了测量(Allen 等,2004),记录了从包含几百个星系的大星系团发出的 X 射线.因为它们是已知最大的束缚系统,可以假设它们代表了整个宇宙物质的一个合理样本.星系团包含温度为 10^6 K 量级的发射 X 射线的气体,而位力定理显示需要暗物质将星系团约束在一起.X 射线观测实际上让我们能够估计星系团中热气体和暗物质的质量比.在这一比值对于所有星系团都一样的这个合理假设之下,我们可以对每个星系团调整距离尺度进而绝对光度来得到气体对暗物质之比的普适值的最好拟合.用这种方法我们也可以看出早期膨胀宇宙在物质引力吸引下的减速度在约 60 亿年前变成了加速度.这些结果与早先独立的测量结果完美地符合,即宇宙的能量中暗能量占 76%,暗物质占 20%,重子物质占 4%.早先的这些观测来自于高红移超新星,稍后在本章(7.14 节)会讨论到.估计宇宙基本参数的非常不同的方法能得到如此一致的结果,实际上是既了不起又鼓舞人心的.

暗物质的一些最引人注意的证据来自于对遥远氢云团发射线的观测,这些氢云团显示出红移 $z=5$ 或 6,位于大量星系中,其中看上去像暗物质的部分占到了星系总质量的至少 99%.如第 8 章所讨论的,即使完全独立地考察宇宙微波背景的涨落水平和早期宇宙的结构增长,暗物质似乎也是必需的.观测到的这些密度涨落的量级为 $\Delta\rho/\rho$ 约为 10^{-5},而如果星系和星系团是单独地由在 $z\approx 1\,000$ 时从辐射中退耦的重子物质的引力塌缩形成的,那么需要的密度涨落幅度要比上述值大 2～3 个量级.另一方面,正如 5.13 节所讨论的,$\Omega_{cdm}\approx 0.20$ 的(冷)暗物质导致了在更高红移处($z\approx 3\,000$)物质对辐射的主导以及从一个更早时期开始的更有效的物质引力塌缩(暗物质的引力场拉着重子物质一起塌缩).

最后,由于引力透镜过程,星系团的质量和暗物质的贡献可以从它们对更远类星体成像的效应来直接估计,这将在下一节讨论.它的优点是避免了其他方法所必须用到的一些假设.

7.3 引力透镜

有关暗物质总量和位置的非常重要的信息来自于引力透镜,因此我们先花一些篇幅来讨论它.以一个最接近的距离 b 经过一个质点 M 的光子的引力偏折由 2.6 节的公式(2.28)给出:

$$\alpha = \frac{4GM}{c^2 b} \tag{7.2}$$

这是爱因斯坦广义相对论所预言的偏折,而此值恰好是根据牛顿力学所得到偏折值的 2 倍(见问题 7.1).爱丁顿 1919 年在普林西比岛的日食考察测量了从恒星发出而接近太阳边缘的光线的偏折,从而第一次证明了爱因斯坦预言的正确性.

在关系式(7.2)被实验检验之前爱因斯坦就预见到,光线的引力偏折暗示着大质量物体可以被当作**引力透镜**.假设图7.3中 S 是一个光源(恒星),其入射到观测者 O 的光线近距离地经过一个质量为 M 的大质量点透镜体 L.此图代表由 O、S 和 L 定义的平面中的情形,是光学中薄透镜系统的引力类比.一般情况下,源和透镜不与观测者共线因而源会有两个像 $S1$ 和 $S2$.如果 α 代表引力偏折而 b 代表最接近的距离,那么我们从式(7.2)得到

$$\alpha D_{LS} = D_S(\theta_1 - \theta_S)$$
$$\theta_S = \theta_1 - \frac{4GM}{bc^2}\frac{D_{LS}}{D_S} = \theta_1 - \frac{4GM}{c^2}\frac{D_{LS}}{D_S D_L}\frac{1}{\theta_1} \tag{7.3}$$

在共线情况下,$\theta_S = 0$,那么我们可以写出

$$\theta_1 = \theta_E = \left(\frac{4GM}{c^2}\frac{D_{LS}}{D_S D_L}\right)^{1/2} \tag{7.4}$$

其中,θ_E 是所谓的**爱因斯坦环**的角度.在共线情况下,S 的像是以视线为中心的光环.然而,对于有限大小的 θ_S 和一个质点透镜,我们得到的是位于由源、透镜和观测者所定义的平面上的两个像,其角度为二次方程式(7.3)的解:

$$\theta_{1,2} = \theta_S \pm \sqrt{\theta_S^2 + 4\theta_E^2} \tag{7.5}$$

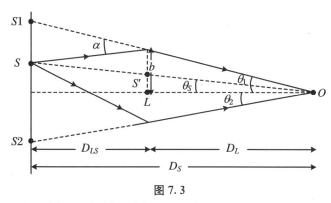

图 7.3

注:一个点源 S 由质点 L 产生的引力透镜所形成的两个像 $S1$ 和 $S2$.

7.4 从引力透镜得到的暗物质证据

以上的分析假设了一个质点透镜.通常来说,单个或多个透镜体在空间上是延展的,并且会形成更复杂的多个像.透镜的例子第一次是对被称为类恒星射电源或

类星体的这种非常强烈又非常遥远的源观测到的.而事实上类星体是已知最强的射电和光学源(见 9.14 节).类星体是有非常活跃的星系核心(**AGN**)的星系,并且几乎肯定是由大质量黑洞的引力能来提供能量的(见 9.15 节).在类星体情形下,透镜体是一个"前景"星系或星系团.拥有双重像的类星体的早期例子如图 7.4 所示.

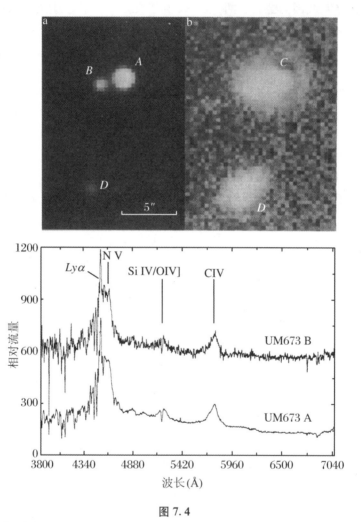

图 7.4

注:一个类星体在一个前景星系的透镜作用下形成双重像的例子,由欧洲南部天文台观测到.上图(左边)显示了这个类星体的 CCD 影像分成了两部分, A 和 B.将这些像减去之后显露出(右边)以 C 标记的透镜体. D 物体是一个背景星系.在下方图中画出的波长响应显示了以 2.2 移的弧度分开的这两个像具有相同的谱(Surdej 等,1987).

当透镜星系或星系团是延展体时,更远的物体在透镜作用下形成的像会呈现出多个弧形,如图 7.5,因为在多个像的事件中,不同的像涉及不同的光路,所以将涉及时间延迟.路程长度正比于距离尺度,即正比于哈勃参数的倒数 $1/H_0$,所以对有多个像的类星体的研究提供了一个确定 H_0 的方法.然而,重要的是,通过对这种遥远类星体的多个像的测量,可以测出前景星系或星系团的总引力质量.用这种方法得到的宇宙总质量密度也表明了与物质含量相关的闭合参数 $\Omega_m \approx 0.24$,如式(5.33)中所引用的.

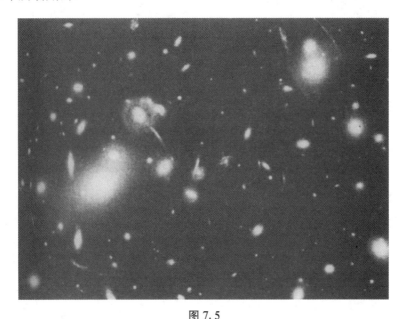

图 7.5

注:星系团 Abell 2218 对更远星系的透镜效应所形成的多个像,看上去是长而模糊的圆弧.由哈勃空间望远镜供图(Kneib 等,1996).

透镜技术在为暗物质提供非常令人信服的证据方面具有强大的能力,一个例子就是结合哈勃空间望远镜、ESO 甚大望远镜、Magellan 望远镜和钱德拉 X 射线望远镜所作的观测(Clowe 等,2006).他们观测了一个由两个明显穿过了对方的星系团组成的系统.利用此星系团对更远星系的引力透镜效应可以绘制出它的引力势,进而得到总的物质分布.另一方面,X 射线信号表明了热气体(即重子物质等离子体)分布,而星体发光物质当然是由光学望远镜观测到的.暗物质出现于两个明显分开的区域中.X 射线也位于两个区域中,然而这两个区域与暗物质区域完全分开(见图 7.6).这些观测的重要性在于发现了暗物质和重子物质区域是不同并且完全分开的.在这次碰撞中,当两个星系团穿过对方时,气体云会在电磁相互作用下减速,但是暗物质云不会,很可能仅仅受到弱和引力相互作用.由于暗物质和重子物质的这种空间上的分离,这些观测不能被解释为一种假象,比如由牛顿引力定律在大距离上的修改所造成的.

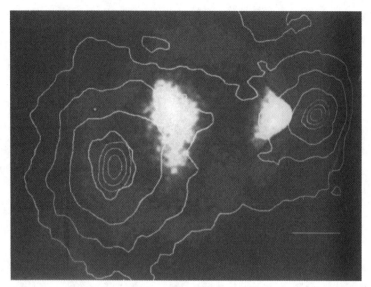

图 7.6

注:Clowe 等(2006)观测到的星系团 1EO657-558,被解释为穿过对方的两个星系团.两个白色区域显示了由钱德拉卫星测到的 X 射线源,对应于热等离子体(重子物质)区域.轮廓线表明了由背景星系的引力透镜(用光学望远镜观测到)推测出的暗物质区域,而这些区域看起来和等离子体区域是完全分离的.

7.5 引力透镜产生的放大效应:微引力透镜和 MACHOs

尽管引力透镜现象对于像星系和星系团那样的大质量透镜体被普遍地观测到,但是清晰而分立的影像并非由恒星个体产生,因为最好的光学望远镜的分辨率也不够好,如下面的例 7.1 所阐述的.虽然典型的恒星质量的天体太接近而无法分辨,但是对于像星系或者星系团那样的大质量透镜体显然是可以区分单独的影像的.例如,考虑一个质量为 $10^{14} M_\odot$ 的星系团,并且 $D_{LS} = D_L = D_S/2 = 100$ Mpc.那么 $\theta_E \sim 65$ 秒弧度(假设星系团可以当作质点),这完全可以测出来.

例 7.1 估计一个在本星系中的恒星作为透镜体所产生的爱因斯坦半径,考虑这样一个具体的例子,即 10 倍太阳质量的类点透镜体,位于相距 2 pc (6×10^{16} m)——恒星际的典型距离——的观测者和光源的中间位置.以此来讨论用光学望远镜观测单个恒星的分立影像的可能性.

将以上数字代入式(7.4),得到爱因斯坦半径为 $\theta_E = 0.32$ μrad $= 0.065$ 秒弧度.需要将这个角度和望远镜的分辨极限作比较.地面的光学望远镜的分辨率为约

1 秒弧度(5 μrad),而哈勃空间望远镜的分辨率也只有 0.1 秒弧度.所以,分辨光源在恒星质量的物体的引力透镜作用下所形成的分立光学影像是不可能的.

　　即使光源由引力透镜所形成的影像不能被分辨,然而光强度的放大是可能发生的,这叫作**微引力透镜事件**.假设一个类点的透镜体正在以速度 v 沿视线的法向运动,并且它和源对观测者的张角为 θ_S,如图 7.3 所标记.在这种情形下角 θ_S 是时间的函数,当透镜最接近到源的视线时达到最小值.图 7.7 中,Rt△$AS'L$ 有 $LS'^2 = AS'^2 + AL^2$,其中 $LS' = D_L\theta_S$,$AS' = D_L\theta_S(\min)$,并且 $AL = vt$,其中时间 t 开始于透镜体最接近到源的视线的时刻.两边同时除以 $(D_L\theta_E)^2$ 并且定义 $x = \theta_S/\theta_E$ 和 $x(\min) = \theta_S(\min)/\theta_E$,我们得到

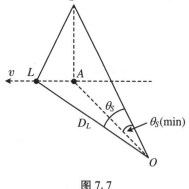

$$\begin{aligned} x^2 &= x^2(\min) + \left(\frac{vt}{D_L\theta_E}\right)^2 \\ &= x^2(\min) + \frac{t^2}{T^2} \end{aligned} \tag{7.6}$$

图 7.7

注:一个点透镜体 L 以垂直于视线的速度 v 运动.O 是观测者,S' 是光源在透镜平面上的投影位置.

其中第二行中已有定义 $T = D_L\theta_E/v$.当两个影像不能分开时,会导致(单个)信号的放大.根据刘维定理,相空间密度,也就是单位立体角的光子数,不会受到成像的影响,所以如果 θ 是像的角度,放大倍数将是这两个立体角之比,即 $A = \mathrm{d}\Omega/\mathrm{d}\Omega_S = \theta\mathrm{d}\theta/(\theta_S\mathrm{d}\theta_S)$.因为从式(7.5)得到

$$\frac{\theta}{\theta_S} = \frac{1}{2x}\left[1 + \left(\frac{2}{x^2}\right) \pm x\sqrt{1 + \frac{4}{x^2}}\right] \tag{7.7}$$

进而,将两个(不能分辨的)影像的幅度相加,得到净放大倍数为

$$A = \frac{1 + x^2/2}{x\sqrt{1 + x^2/4}} \tag{7.8}$$

其中 x^2 是在式(7.6)中定义的.图 7.8 显示了在几种不同的比值 $x(\min)$ 情形下信号与时间的依赖关系.对于 $x(\min) \ll 1$,A 的峰值大概等于 $1/x(\min)$.图 7.9 显示了一个微引力透镜事件的例子,这一事件中一个大质量暗物体放大了来自大麦哲伦云(一个邻近的小星系)中一颗恒星的光信号.

　　例 7.2　观测者与恒星光源相距 50 kpc,考虑一个位于二者的中间位置.以速度 $v = 200$ km·s^{-1} 沿与视线垂直的方向运动、质量为 $0.1M_\odot$ 的类点物体产生的引力透镜,计算其典型时间 T.

　　将这些数值代入上面的公式得到 $\theta_E = \left(\dfrac{4GM}{c^2}\dfrac{D_{LS}}{D_S D_L}\right)^{1/2} = 6.2 \times 10^{-10}$ rad,和 $T = D_L\theta_E/v = 2.39 \times 10^6$ 秒 ≈ 28 天.

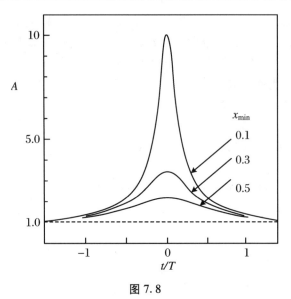

图 7.8

注:例如,对于不同的 $x(min)$ 值,从式(7.8)计算得到的微
引力透镜事件的放大倍数作为 t/T 的函数关系.

MACHOs 是在我们的银河系中,以具有恒星级质量的微引力透镜物体的形式
存在的暗物质的名字.它们的典型质量位于 0.001~0.1 倍太阳质量的范围内.例
如,几百个 MACHOs 已经通过它们对来自大麦哲伦云中恒星的光的微引力透镜
效应而观测到了,如图 7.9.这些事件的一个特征是对蓝光和红光观测到了相同的

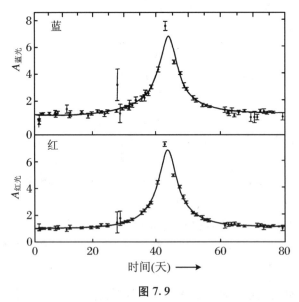

图 7.9

注:一个微引力透镜的例子,光源为大麦哲伦云中的一颗恒星,距离我们 50 kpc.注意
到对于蓝光和红光观测到了相同的信号(Alcock 等,1993).

放大倍数,这一点将它们与变星区分开来.这种无色差特性的原因很明显.如果光子动量为 p,它的有效引力质量为 p/c,所以它将从引力场获得一个横向动量 $\Delta p \propto p$.因此其偏差 $\Delta p / p$ 将不依赖于波长 h/p.

7.6 透镜概率:光深

一个特定的源经历具有可测量效应的引力透镜的概率,称为**光深**.它被定义为对于一个短暂的时间间隔,单个星在将要走过的距离间隔之内,其视线位于一个透镜体的爱因斯坦半径之内的概率.如果 N_L 是单位体积内透镜的密度,并且它们分布均匀,那么因为爱因斯坦环所延展的面积为 $\pi(D_L\theta_E)^2$,由此得出光深为

$$\tau = \int \pi D_L^2 N_L \mathrm{d}D_L \cdot \theta_E^2$$

其中,积分范围从 $D_L = 0$ 到 $D_L = D_S$.代入式(7.4)的 θ_E 以及 $y = D_L/D_S$ 和透镜的质量密度 $\rho = N_L M$,以上积分为

$$\tau = 4\pi G \left(\frac{D_S}{c}\right)^2 \int \rho(y) \cdot y \cdot (1-y)\mathrm{d}y$$

其中,y 从 0 变到 1.如果 ρ 是常数,这个表达式简化为

$$\tau = 2\pi G \left(\frac{D_S}{c}\right)^2 \frac{\rho}{3} \tag{7.9}$$

它仅仅依赖于到源的距离以及观测者和源之间透镜物体的质量密度.代入银河系的典型密度值,并且考虑位于中心核球的边缘~5 kpc 处的源,得到 $\tau \approx 10^{-7}$.所以透镜现象是相对稀有的事件,而为了探测以"暗星"——也就是上面描述的 MACHOs——的形式存在的暗物质,需要长年累月地检验几百万颗恒星的光线.这需要用到计算机搜寻技术,这和在粒子物理实验里扫描气泡室中首次用到的老式自动分析系统属于同一类.

微引力透镜的放大幅度与被透镜的恒星和 MACHO 之间的碰撞参数成反比,而正如上面所讨论的,探测微引力透镜通常需要检验上百万的恒星.另一方面,夏皮罗时间延迟仅仅随着碰撞参数的对数递减,所以即使只有几千颗已知的脉冲星,也可能有可探测到的效应,尽管到现在为止还没有发现这样的事例[①].

目前的证据是 MACHOs 似乎只能解释所有重子物质的一小部分.大部分是以恒星、气体和尘埃的形式存在的,其中最大的贡献来自气体——通常为位于星系

---

① 2010 年在毫秒脉冲星 J1614-2230 中观测到了夏皮罗延迟(Demorest 等,2010).(译者注)

团中非常热的 X 射线发射气体,如以下所要讨论的.当然,MACHOs 对暗物质能量密度的贡献不重要.我们现在讨论人们已经提出的暗物质成分的一些不同候选者,以及用来寻找它们的实验方法.

7.7　重子暗物质

人们假设存在暗物质来解释以上所描述的现象,可是暗物质的本质是什么呢?一部分暗物质**必须**是重子的,因为从大爆炸核合成推导出的值 $\Omega_{baryon} \approx 0.04$,比可见恒星、气体和尘埃所对应的闭合参数 $\Omega_{lum} \sim 0.01$(见式(5.31))几乎大了一个量级.在我们的银河系中,至少有一些这种不发光的重子暗物质被解释为前面所描述的致密晕天体(MACHOs)的形式.然而,星系团的 X 射线研究揭示了星系团中的星系之间存在着大量气体,并且这些气体有可能解释宇宙中几乎一半的重子物质.近来的钱德拉 X 射线卫星对氧和氮的吸收线的观测表明,遗失重子的其他来源是和耀变体(见 9.10 和 9.14 节,是 AGN 的 TeV γ 射线源)相联系的气体长纤维.

目前还没有证据显示像小型黑洞那样的更奇特的重子物质对重子能量密度有显著的贡献.相反,任何 $M < 10^{11}$ kg 的原初小型黑洞的寿命会小于宇宙年龄,并且在蒸发的过程中会发射霍金辐射(γ 射线)——见 10.11 和 10.12 节.从观测到的来自所有源的 γ 辐射流量,我们可以对这种黑洞的能量密度给出一个上限 $\Omega_{BH} < 10^{-7}$.

总之,重子物质对宇宙总体的密度仅仅贡献了一小部分,而对暗物质的总的估计密度的贡献当然也小于 15%.

7.8　中　微　子

目前人们所倾向的假说是非重子暗物质由基本粒子组成,这些粒子产生于热的早期宇宙中,并且足够稳定可以留存到现在.这种粒子的本质目前还完全是一个谜,尽管对此有大量的设想.首先,我们可以试图排除一些已知的候选者.正如 5.12 节中指出的,中微子 ν_e、ν_μ 和 ν_τ 以及它们的反粒子,和电子、正电子以及光子,在早期宇宙中被大量地产生出来,根据式(5.60)的平衡反应它们的数目相当:

$$\gamma \leftrightarrow e^+ + e^- \leftrightarrow \nu_i + \bar{\nu}_i$$

其中 $i = e, \mu, \tau$. 正如在第 5 章中所作的解释, 中微子将在温度 kT 降到约 3 MeV 之下时, 从与电子或其他物质的进一步(弱)相互作用中冻结出来. 在得到关于中微子小质量的更好实验证据之前, 在 20 世纪 90 年代中期, 人们提出了这样一个问题, 即中微子是否是暗物质的大量——或甚至是主导的——贡献者. 在这方面它们有一个很大的优点就是它们至少是已知存在的. 正如 5.11 节所讨论的, 残留的微波中微子(加上反中微子)数密度和残留的微波光子数密度相当, 其值为(见式(5.67)):

$$N_\nu = \frac{3}{11} N_\gamma = 113 \text{ cm}^{-3} \tag{7.10}$$

对于每一味中微子, 与微波光子的数密度 411 cm^{-3} 相当. 我们从这个数密度注意到, 中微子的总能量密度将等于临界密度式(5.26), 如果三味质量之和的值为

$$\sum_{e, \mu, \tau} m_\nu c^2 = 47 \text{ eV} \tag{7.11}$$

所以质量在几个 eV 范围内的中微子可能对于暗物质有显著的贡献. 然而, 中微子振荡(4.2 节)给出的证据表明了比式(7.11)小得多的质量, 即从质量差判断出来为小于 0.1 eV/c^2. 中微子作为暗物质的另一个问题是它们将构成"热"暗物质. 中微子的临界温度 $kT \sim 3$ MeV, 这使得它们在和其他物质退耦时以及宇宙结构正在形成时是相对论性的. 因此, 它们将很快地流动开来, 就像光子那样, 趋向于抹平原初密度涨落. 所以如果大尺度结构要形成, 早期的计算机模拟表明暗物质中的"热"成分所占分数仅仅为 30% 的量级或者更小. 所有这些将在 8.9～8.11 节中详细讨论.

除了遗迹中微子形成暗物质这一问题, 之前推断出的全空间中每立方厘米存在 340 多个能量在毫电子伏特范围的中微子, 对实验家们探测中微子提出了一个真正棘手的挑战. 遗迹中微子是目前我们所知仅次于微波光子的宇宙中最多的粒子, 但是似乎没有明显的方法显示它们的存在. 因为 5.11 节给出的值 $T_\nu = 1.9$ K, 以及 4.2 节中质量差的数据, 暗示了遗迹中微子(或者至少三味中的两味)是非相对论性的, 它们的德布罗意波长将为 0.5 mm 的量级, 所以它们可能和尺度合适的物质团相干散射. 然而, 目前人们还没有找到探测它们的真正合理的方法, 尽管已经提出了一些想法. 例如, 泡利原理可能抑制弱衰变, 因为这些过程发射的中微子会试图占据和遗迹中微子一样的相空间格子. 还有一种极小的可能性就是, 如果超高能(10^{23} eV!)中微子源真实存在, 那么当这种中微子和遗迹(反)中微子形成共振态 $\nu + \bar{\nu} \to Z^0$ 时, 它们的谱可能显示出一个可探测到的降低. 但是所有这些想法的实施似乎都是遥远将来的事.

前面的讨论当然适用于实验室中我们所熟悉的"轻"中微子 ν_e, ν_μ 和 ν_τ. 还有另外的可能性就是存在极端重的(GUT 能标)Majorana 中微子, 它们在宇宙的极早期形成, 正如 4.4 节讨论的. 这些中微子可能在形成宇宙物质-反物质不对称中起到至关重要的作用. 然而, 这种重中微子可能是不稳定的并且已经通过衰变而消失, 对今天的暗物质可能没有贡献.

7.9 轴   子

轴子是非常轻的赝标量粒子(自旋-宇称 0^-),人们假定这种粒子的初衷与强相互作用(量子色动力学,QCD)不具备 CP 破坏有关.原则上,在 QCD 里复杂的相可以出现在夸克波函数中,而这些可能是 T 破坏或者 CP 破坏的(在弱相互作用中确实是这样).然而,中子电偶极矩的上限比强 CP 破坏所预言的小 9 个量级.为了消除这种不合适的特性以及解释为什么任何可能的破坏都非常小,Peccei 和 Quinn(1977)提出一个新的全局 U(1) 对称,它在非常高能标处自发破缺,并且产生了一个相联系的玻色子(所谓的 Goldstone 玻色子),称为轴子,它通过在电弱能标(200 GeV)相变时的非微扰(瞬子)效应获得了一个小质量.轴子,正如赝标量中性 π 介子一样,可以衰变为两个光子,其速率决定于和其他粒子极端弱的耦合 $1/f_a$,其中 f_a 是 Peccei-Quinn 能标(这里所有的量都用"自然单位制"$\hbar = c = 1$ 表示).轴子质量由公式

$$m_a \approx 0.5 \, \frac{m_\pi f_\pi}{f_a} \approx \frac{6 \, \mathrm{eV}}{f_a/(10^6 \, \mathrm{GeV})} \tag{7.12}$$

给出,其中 $f_\pi = 93 \, \mathrm{MeV}$ 是 π 介子衰变常数.所以值 $m_a = 1(0.01) \mathrm{eV}/c^2$ 对应于 $f_a = 6 \times 10^6 (6 \times 10^8) \, \mathrm{GeV}$.轴子衰变为两个光子的真实寿命正比于 $1/m_a^5$,在质量低于 $10 \, \mathrm{eV}/c^2$ 时超过了宇宙年龄.如果轴子存在,它们将因此与原初光子和中微子一样,作为大爆炸的遗迹而幸存下来.

对轴子的最早限制来自天体物理学.由于具有双光子耦合,轴子可以在恒星中通过 Primakoff 效应由光子转变而来,在这种效应中光子与原子核的库仑场作用,$\gamma + \gamma \rightarrow a$.由于它们极端弱的耦合,在球状星团里的红巨星中,轴子将被自由地发射出来并且将星体的冷却速率极大地增加到一种不可接受的程度,因为能量损失必须被增加的核聚变反应所抵消,使星体的寿命缩短,进而使在任何时刻观察到的星体数目减少.这当然与传统的恒星模型不符,而后者可以对恒星演化给出相当成功的描述(见第 10 章).这些考虑对耦合 $1/f_a$,或者等价地对轴子质量,给出了一个上限 $m_a < 0.01 \, \mathrm{eV}/c^2$.

轴子到双光子的衰变暗示了在合适的磁场(提供一个入射光子)下,人们能够观测到一个轴子到一个光子的转变.CAST(CERN 轴子太阳望远镜)实验(Zioutas 等,2005)试图探测从太阳发出的轴子,同样是通过 Primakoff 效应在太阳中原子核的库仑场中由光子转变而来.将观测限制在光子具有 keV 能量的太阳核区,这个实验利用一个 9 T 的超导磁体,希望找到太阳轴子转变回光子而导致的 X 射线

光子.此实验没有探测到任何信号,这对轴子的质量给出了一个和上面相似的限制,$m_a < 0.02\,\mathrm{eV}/c^2$.

人们也尝试了直接观测从实验室的实验中产生出的轴子,方法是利用"穿墙而过的光子"(见图7.10).一束(平面极化的)激光通过一个磁偶极场,光子被转变为轴子,然后轻松地穿过一道墙,在另一侧的偶极场中轴子转变回光子(Cameron 等,1993;Ehret 等,2007).更多这类型的实验在轴子搜寻中当然将是至关重要的.

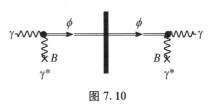

图 7.10

注:"穿墙而过的光子"实验.左边,一个入射光子与非常强磁场下的一个光子相互作用,转变为一个相互作用非常弱的轴子 ϕ,然后这个轴子穿过一道墙.右边,这个轴子在另一个磁场下转变回一个光子.

如果人们用与上面引用的导致中微子质量极限一样的讨论,那么从以上限制所推导出的轴子极端小的质量似乎妨碍了它成为一种严格的暗物质候选者.然而,非常弱的轴子耦合意味着,在宇宙早期暴胀阶段形成的轴子从未与其他粒子达到热平衡,中微子适用的"冻结"讨论因此并不适用于此.取而代之的是,轴子可能由于冷暗物质的玻色凝聚而形成.

为了解释暗物质,也就是说,为了得到具有临界密度量级的能量密度,必须要求轴子的质量至少为 $10^{-5} \sim 10^{-3}\,\mathrm{eV}$.

7.10 类轴子粒子

以上的论述适用于传统轴子,正如人们最初在 20 世纪 70 年代所设想的.当对其他类型的暗物质粒子(下面将描述的 WIMPs)的搜寻没有找到任何证据时,人们更加倾向于轴子假说,以及它的演变体.标准模型的拓展、大统一理论以及超引力理论都有容纳轴子类型粒子的空间.确实,轴子的定义可以包含具有稍许不同性质的粒子,例如,标量而不是赝标量粒子,以及不直接与夸克或轻子耦合的粒子.更进一步地,依赖于所假设的性质,这些粒子可以形成冷或者热暗物质.它们被称为类轴子粒子(ALPs),并且其耦合不再像式(7.12)那样与轴子质量相联系.

在所谓的强子轴子模型中,轴子与轻子或者夸克没有一阶耦合,这时前面提到的质量极限就不适用了.轴子与强子耦合,例如,与 π 介子通过过程 $a + \pi \to \pi + \pi$ 耦合.在这种情形下,当温度降到电弱能标约 100 GeV 之下时,轴子的热化可以发生,那么与中微子冻结速率类似的论述就适用了.现在的轴子强度将与遗迹中微子具有相同的量级,并且如果轴子质量在 eV 的范围内的话,轴子就又可以对暗物质有重要的贡献了.然而,明确地表明热的或者冷的轴子存在的关键性实验仍然有待完成.

7.11 弱相互作用大质量粒子

其他受到关注的暗物质粒子的假说是,它们是弱相互作用大质量粒子(WIMPs),在冻结时刻以非相对论性的速度运动所以组成冷暗物质.

然而首先我们需要问的是,这些粒子是否可能是大质量中微子.如果是的话,并且拥有的质量能够使它们在冻结时刻仍然是相对论性的,那么闭合参数将如式(7.11)那样随着中微子质量 m_ν 的增大而增大,并且对于 $m_\nu \sim 1\,\text{MeV}$ 的情形,将达到非物理的值 $\Omega \sim 10^4$. 对于更大的质量,大质量中微子在退耦时将变为非相对论性的,并且正如下面所示的,这会导致 $\Omega \propto 1/m_\nu^2$ 而不是 $\Omega \propto m_\nu$. 质量高于 $3\,\text{GeV}$ 时,闭合参数减回到 $\Omega = 1$ 之下.所有的测量值与 1 相比并不大这一事实,排除了 $50\,\text{eV} \sim 3\,\text{GeV}$ 的质量范围,而在 CERN 的 LEP 电子-正电子碰撞实验确切地证明了没有质量低于 $M_Z/2 = 45\,\text{GeV}$ 的"额外"传统中微子.不过,$m_\nu > 45\,\text{GeV}$ 的传统中微子,即使存在也将不会对 Ω 有明显的贡献($\Omega < 0.01$,从 $1/m_\nu^2$ 的依赖关系看出来).对于一般意义上的 WIMPs,也就是说,对于具有传统弱耦合的大质量非相对论性粒子,图 7.11 画出了闭合参数对质量的依赖关系.

由于一些原因,人们认为**超对称(SUSY)粒子**是最有可能的 WIMP 候选者.正如 4.5 节描述的,这种 SUSY 粒子被认为是成对产生的,对于一个称为 R-宇称的守恒量子数,其粒子对具有相反的值 $R = \pm 1$. 大质量 SUSY 粒子将通过 R-守恒的过程衰变为质量更小的 SUSY 粒子,直到最终生成最轻的超对称粒子(LSP),我们将它记作符号 χ. 这种粒子被假设是稳定的并且因此从宇宙原初时期保留下来.LSP 通常被等同于**中性微子**,即一种中性费米子,是 photino、zino 以及两个 higgsino(见表 4.1)的线性组合所产生的态中最轻的.因为这种异常重的粒子不是原子或原子核的组成成分,它们没有电磁或者强耦合,而是被假设仅仅具有弱的相互作用.尽管中性微子是稳定的,它们当然还是可以与它们的反粒子湮灭而消失,而它们的反粒子具有和它们一样的丰度.SUSY 模型中有许多自由参数,这意味着 LSP 的质量以及湮灭反应截面和宇宙学丰度可能在相当宽的范围内变化,而这种可变性也许就是这种模型的部分魅力所在.

现在让我们更仔细地考察一下 WIMP 模型必须满足的限制条件.首先,我们在寻找冷暗物质,因为这必须是所有暗物质的主体,这样才能够成功地解释宇宙的结构形成,正如第 8 章所解释的.所以 WIMPs 在"冻结"时必须是非相对论性的.这

种冻结发生在 $\chi\bar{\chi}$ 湮灭速率减小到膨胀速率之下时，也就是当

$$N\langle\sigma v\rangle \lesssim H \tag{7.13}$$

其中，N 是 WIMP 的数密度，v 是粒子与反粒子的相对速度，σ 是 WIMP-反 WIMP 湮灭反应截面，而 H 是冻结时刻的哈勃参数. 我们将会看到 WIMP 的丰度 反比于湮灭反应截面，所以更弱的相互作用导致更早的冻结进而更高的数密度和 对闭合参数更大的贡献. 因为 WIMPs 是大质量非相对论性粒子，$M \gg T$，其中 M 是 WIMP 质量而 T 是能量量纲下冻结时刻的温度. 那么密度由玻耳兹曼关系给出 （见问题 5.3）：

$$N(T) = \left(\frac{MT}{2\pi}\right)^{3/2}\exp\left(\frac{-M}{T}\right) \tag{7.14}$$

$\chi\bar{\chi}$ 湮灭反应截面的精确值当然还是未知的，但是如果它与弱反应截面具有相同的 量级，那么基于量纲分析我们可以令 $\langle\sigma v\rangle \sim G_F^2 M^2$，见式 (1.27). 将式 (7.14) 以及 式 (5.59) 给出的辐射主导宇宙的 $H = 1.66g^{*1/2}T^2/M_{PL}$ 代入式 (7.13)，冻结条件 成为

$$(MT)^{3/2}\exp\left(\frac{-M}{T}\right)G_F^2 M^2 \lesssim \frac{fT^2}{M_{PL}} \tag{7.15}$$

其中，f 包含了所涉及的数值常数，为 100 的量级. 费米常数的平方 $G_F^2 \approx 10^{-10}\ \mathrm{GeV}^{-4}$，而普朗克质量 $M_{PL} \approx 10^{19}\ \mathrm{GeV}$. 将这些数值代入，对于冻结时 $P = M/T$ 这一值可以容易地数值求解出来. 它缓慢地呈对数变化，从 $M = 1\ \mathrm{GeV}$ 时大 约 $P = 20$ 到 $M = 100\ \mathrm{GeV}$ 时大约 $P = 30$. 下面我们将这一比值看作常数，$P = 25$. 现在回到式 (7.13) 并且记得膨胀参数 $R \propto 1/T$，今天的 WIMP 密度 $N(0)$，也就是 当 CMB 温度 $T_0 = 2.73\ \mathrm{K}$ 时，将为

$$N(0) \sim \frac{(T_0/T)^3 \times (T^2/M_{PL})}{\langle\sigma v\rangle} \tag{7.16}$$

对应的 WIMP 能量密度将为

$$\rho_{\mathrm{WIMP}} = MN(0) \sim \frac{PT_0^3}{M_{PL}\langle\sigma v\rangle} \sim \frac{6 \times 10^{-31}}{\langle\sigma v\rangle}\ \mathrm{GeV \cdot s^{-1}}$$

这里 σv 的单位为 $\mathrm{cm^3 \cdot s^{-1}}$. 除以式 (5.26) 给出的临界能量密度 $\rho_c = 3H_0^2 c^2/(8\pi G) \approx 5 \times 10^{-6}\ \mathrm{GeV \cdot cm^{-3}}$，我们得到闭合参数

$$\Omega_{\mathrm{WIMP}} = \frac{\rho_{\mathrm{WIMP}}}{\rho_c} \sim \frac{10^{-25}\ \mathrm{cm^3 \cdot s^{-1}}}{\langle\sigma v\rangle} \tag{7.17}$$

在冻结时刻 WIMP 的速度将由 $Mv^2/2 = 3T/2$ 给出，或者 $v/c \sim (3/P)^{1/2} \sim 0.3$， 所以式 (7.17) 表明量级为 $10^{-35}\ \mathrm{cm^2}$ 的湮灭反应截面将导致单位量级的闭合参数. 或许非常引人注目的一点是这个反应截面具有弱相互作用所期待的量级，因为宇 宙闭合参数和费米常数之间并没有先验的联系. 无论如何，如果这仅仅是一个巧 合，那么这就是一个额外的收获，因为在解释这种类型的暗物质时，人们可以不必

发明新的耦合以及新的粒子.

　　然而,正如前面对中微子的阐述所表明的,对于传统弱耦合,湮灭反应截面随着 M^2 增加,因此闭合参数随着 $1/M^2$ 减小,并且在 M 值很大时 WIMPs 可能对能量密度没有足够的贡献.这种说法在当 WIMP 质量变得与媒介弱玻色子 W 和 Z 的质量相当或者更大时就不成立了.这时,正如式(1.9)表明的,传播项中的玻色质量变得不重要了.在电弱模型中,$g_W^2 = G_F M_W^2 \sim \alpha = 1/137$,而 $\chi\bar{\chi}$ 湮灭反应截面当 $M \gg M_W$ 时将为 $g_W^4/M^2 = \alpha^2/M^2$ 的量级.它随 $1/s$ 减小,其中 s 是质心系(CMS)能量的平方,正如图 1.9 中电磁反应截面一样.因此,Ω_{WIMP} 的值现在随着 M^2 增加而不是随着 $1/M^2$ 减小,如图 7.11 所示.所以,WIMP 质量即使在 TeV 范围内也可以使它成为暗物质的重要候选者,而不同的 SUSY 模型中可变动的耦合意味着宽范围的 WIMP 质量是有可能的.

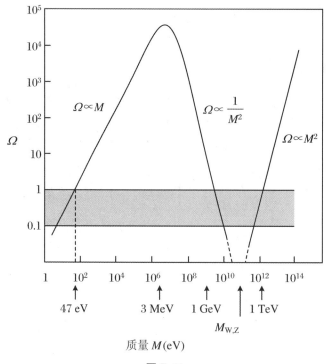

图 7.11

　　注:闭合参数随 WIMP 质量的变化,这里假设了传统的弱耦合.阴影区域对应于 $\Omega = 0.1 \sim 1$,对闭合参数有贡献的大质量中微子或者 WIMPs 必须位于此区域,因此排除了 100 eV ~3 GeV 的质量范围.加速器实验表明 WIMPs 必须具有超过 $M_Z/2 = 45$ GeV 的质量,否则 Z 玻色子会衰变为 WIMP-反 WIMP 对.然而,对于相对 Z 玻色子的质量来说大得多的质量,弱反应截面会因为传播效应而很快减小,所以位于 TeV 质量范围内的 WIMPs 是可能的暗物质候选者,依赖于 WIMP 耦合的精确值.

7.12　期待的 WIMP 反应截面和事件率

探测 WIMPs 有两个不同的可能途径. 对暗物质的直接探测依赖于对探测器中 WIMPs 的散射或者其他反应的观测, 而间接探测依赖于对 WIMPs 的湮灭产物的观测, 例如在星系晕中的, 或者它们在太阳或地球核心积累的后果. 当然在后一种情况中, 唯一可能被探测到的次级产物将是中微子. 事实上, 还没有找到证据显示从太阳的方向或者从地球核心有额外的高能中微子流.

在直接探测的情况中, 人们可能期待 WIMP 事件率显示出一定的角度和时间的依赖. 例如, 如果 WIMPs 主要存在于银河系的晕中, 那么可能有一个每日一次的调制, 来源于当地球转离银河系中心的时候产生的阴影效应. 同样也期待着一个每年一次的调制, 来源于从太阳系相对于银河系中心的速度中加上或者减去地球围绕太阳的轨道速度, 所以 WIMPs 的速度分布和探测的反应截面都随时间变化.

我们现在讨论 WIMPs 被探测器中原子核散射的预期后果, 这种探测器被记作核反冲装置. WIMP 速度被认为具有星系逃逸速度的量级, 也就是 $v \sim 10^{-3} c$, 所以我们可以使用非相对论的运动学. 那么如果一个质量为 M 的 WIMP 以动能 $E = M v^2 / 2$ 与一个质量为 $M_N = mA$ 的原子核碰撞, 其中 A 是质量数而 m 是核子质量, 可以直接得出总的 CMS 能量为(如果需要的话, 参见第 2 章的相对论性变换):

$$\varepsilon = \left[(M + M_N)^2 + 2M_N E \right]^{1/2}$$

$$\approx (M + M_N) \left[1 + \frac{M_N E}{(M_N + M)^2} \right] \tag{7.18}$$

其中, 在第二行中我们用了 $E \ll M_N$ 或 M 这一事实. 如果 p^* 代表 CMS 中每个粒子(大小相等符号相反)的动量, 那么在非相对论近似下:

$$\varepsilon = \left(M_N + \frac{p^{*2}}{2M_N} \right) + \left(M + \frac{p^{*2}}{2M} \right) \tag{7.19}$$

所以这两个方程给出

$$p^{*2} = \frac{2\mu^2 E}{M} = \mu^2 v^2 \tag{7.20}$$

其中, $\mu = M_N M / (M_N + M)$ 是约化质量. 当在碰撞中原子核的 CMS 动量矢量反号时反冲原子核的实验室动能 E_r 达到最大值, 所以它以实验室动量 $2p^*$ 和 $E_r(\max) = 2p^{*2}/M_N = 2\mu^2 v^2 / M_N$ 向朝前的方向被散射. $E_r(\max)$ 的值从 $M_N = M$ 时的 $v^2 M_N / 2$ 变到当 $M \gg M_N$ 时的 $2v^2 M_N$. 因为 CMS 角分布在低速时是各向同性的, 所以反冲能量分布将在零和 $E_r(\max)$ 之间均匀变化. 所以当 $v \sim 10^{-3} c$

和 $M_N \sim A$ GeV 时,我们得到反冲能量 $E_r \sim A$ keV 或更小.因此,需要一个敏感的探测器去观测如此小的反冲能.

靶原子的散射截面依赖于 SUSY 模型参数化的细节.作为指导,我们再次假设一个传统的弱反应截面.从式(1.18)以及 $|T_{if}| = G_F$ 可知每个靶原子核的反应截面将为

$$\sigma \approx \frac{G_F^2 p^{*2} K}{\pi v_r^2} = \frac{G_F^2 \mu^2 K}{\pi} \tag{7.21}$$

其中,入射粒子和靶原子核在 CMS 下的相对速度为 $v_r = v = p^*/\mu$.量 K 是一个模型依赖的数值因子.对于自旋不依赖的耦合,靶原子核中不同核子所引起的散射幅度必须相干叠加,所以 K 将包含一个因子 A^2.然而,动量转移具有量级 $p^* = \mu v \sim 10^{-3} A$ GeV,而原子核半径 $R = 1.4 A^{1/3}$ fm $\sim 7 A^{1/3}$ GeV^{-1}.原子核仅仅当 $p^* R \ll 1$ 时或者 $A \ll 50$ 时可以相干地反冲,否则 K 将包含一个压低因子(所谓的形状因子的平方).

另外的可能性是自旋依赖的(轴矢量)耦合,这时不同核子引起的幅度不能相加,因为大多数核子的自旋相抵消了,反应截面比相干散射小了一个量级为 A^2 的因子.例如,对于那些被等同于 sneutrinos(见表 4.1)的 WIMPs,相互作用是标量的和相干的,而如果 WIMP 是自旋 1/2 的 LSP(中性微子),那么相互作用通常将是非相干的.

期待的事件率依赖于 WIMP 数密度和散射截面.由于它们在银河系中特别是银盘和晕中的引力聚集,太阳系中的 WIMP 能量密度估计为宇宙平均值的 10^5 倍,为 $\rho_{WIMP} \sim 0.3$ GeV·cm^{-3},导致流量为 $\varphi_{WIMP} \sim 0.3v/M$ cm^{-2}·s^{-1},其中 WIMP 质量 M 以 GeV 为单位.每个靶原子核的反应率将由式(1.14)给出为 $W = \sigma\varphi_{WIMP}$,而从式(7.21)得到每单位靶质量的事件率(每千克每天的事件数)将为

$$R = \frac{W}{M_N} \sim \frac{10K}{A} \text{events kg}^{-1} \cdot \text{day}^{-1} \tag{7.22}$$

典型值 $M = 100$ GeV 和 $A = 20$ 预言了对于非相干散射 $R \sim$ 每千克每天 0.01 个事件,而对于相干散射 $R \sim$ 每千克每天 1 个事件.正如下面将要表明的,现在的上限远低于这些数字.如果我们假设 WIMPs 是超对称粒子,那么反应截面和事件率当然依赖于 SUSY 模型的许多参数,所以以上数字仅仅是指示性的:但是它们足够来强调一些严重的实验问题,即克服宇宙射线和辐射性背景效应的干扰,去探测事件率极低的低能反冲信号.

7.13 WIMP 的实验搜寻

利用散射核子的反冲来直接探测 WIMPs 已经通过几种不同的方法进行了尝试.对 keV 能量范围的反冲核非常敏感的半导体计数器(锗或硅)可以将反冲核穿过探测材料时引起的电离记录为一个脉冲,或者记录为像 NaI 或液态 Xe 那样的闪烁材料中发出的闪烁光.然而,反冲带来的大部分能量损失将以介质中的格点振荡(声子)的形式显示出来.这些可以被在低温状态(<1 K)运行的低温探测器记录下来.声子脉冲导致一个局域的温度升高,这将会影响探测器中附带的电热调节器的电阻,可以被记录为一个电压脉冲.声子脉冲与电离产生的电学脉冲相比非常慢,因此随机的背景噪声可能更成问题.

如前所述,来自 WIMPs 的信号必须同来自背景放射性以及宇宙线导致的中子和光子的相互作用的信号区分开来.出于这个原因,必须着重于非常纯的材料和将探测器置于很深的地下来减少宇宙线 μ 子流.可以用几种方法实现从背景事件中分离出真实信号.例如,反冲能谱和事件率对于由拥有不同 A 值和/或不同核自旋的原子核构成的探测器将会有所不同.闪烁器中的脉冲长度也有一些可能的区别.光子或者放射性背景产生的电子具有比相同能量的核反冲更长的脉冲长度.类似地,电离能量损失与格点(声子)能量损失之比对于反冲原子核和电子也不一样.最后,WIMP 反冲应该显示出一个信号的小的季节依赖性.后者来源于这一事实,即太阳以速度 $v \sim 200 \ \mathrm{km \cdot s^{-1}}$ 围绕银河系运动,而地球以速度 $v \sim 30 \ \mathrm{km \cdot s^{-1}}$ 围绕太阳运动.这两个速度矢量相加,在夏天(6 月 3 日)达到最大值,在冬天达到最小值.这些导致 WIMP 流量、探测器反应截面,以及事件率的一个小的周年改变,量级为 5%.

图 7.12(a)显示了 WIMP-核子散射反应截面的早期(2002)实验上限,假设了相干核散射,来自于本书的第 1 版.对于小的 WIMP 质量,这一极限首先随着 WIMP 质量增加而降低,因为更多的反冲能量在探测阈值之上;经过一个最小值之后,反应截面的极限又上升了,因为对于给定的暗物质闭合参数,WIMPs 流量随着 WIMP 质量增加而减小.

这些和以后的极限已经排除了一些版本的超对称模型下的 LSPs 所预期的反应截面范围.到目前为止,只有一个实验声称发现了一个拥有年调制形式的信号.利用一个大 NaI 探测器(100 kg),DAMA 组报道了对于小于 6 keV 的低反冲能量的一个 5% 的年调制,显著性水平约 2 个标准偏差.然而,有低温锗探测器的 EDELWEISS 实验,以及利用流体氙的 ZEPLIN 实验,定出了显然和 DAMA 的结

果不相符的极限. 更多的近期结果将反应截面上限置于比图 7. 12(a)所示上限低
至少一个量级的地方. 例如, 有低温锗和硅探测器的 CDMS 实验(图 7. 12(b))找到

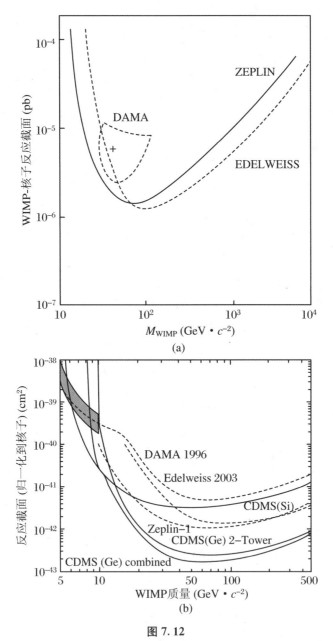

图 7. 12

注:(a) WIMP-核子散射反应截面的上限作为 WIMP 质量的函数, 来自 EDELWEISS(Benoit
等,2002)和 ZEPLIN(Smith,2002)实验. DAMA 组(Bernabei 等,2002)根据年调制给出的反应截面
用闭合轮廓画出(也可参见 Bernabei 等,2008). (b) 由更近的 CDMS 实验(Akerib 等,2006)给出的
反应截面的极限大约小了一个量级.

了反应截面的一个上限 2.5×10^{-7} pb(对于量级为 60 GeV$/c^2$ 的 WIMP 质量).这些极限假设了相干核散射.如果它是自旋依赖的,那么和 DAMA 的结果(现在有 250 kg 的探测器和一个 8σ 效应)的不符合性会更不明显.目前的极限仅仅排除了超对称模型的一部分参数范围,而人们需要利用不断改进的更大质量和更高灵敏度的探测器继续搜寻.

7.14　暗能量:高红移超新星和大 z 值处的哈勃图

如第 5 章所述,弗里德曼方程(5.11)中出现的总能量密度 ρ_{tot} 可能有三个独立的源——物质、辐射以及真空能密度——如表 5.2 所示.对于非相对论物质,$\rho \propto R^{-3}$,而对于辐射或者任何极端相对论粒子,$\rho \propto R^{-4}$.在这两种情况下,正如这个表所表明的,密度都以 $1/t^2$ 随时间降低.另一方面,真空能密度——如果这确实是暗能量的源——是常数,所以无论它在早期相比于其他形式的能量密度来说多么小,最终 t 值足够大时它肯定会开始起主导作用.从减速参数 q 的表达式(5.46b)可以明显看出如果在某时期真空能密度 $\rho_\Lambda > \rho_r + \rho_m/2$,宇宙将会加速膨胀.

7.14.1　Ⅰa 型超新星

存在大量暗能量组分的证据有几种来源:星系红移巡天;引力透镜;宇宙年龄(见例 5.3),特别是第 10 章描述的球状星团的年龄估计;但是最显著和最初的证据,来自于测量大红移处的哈勃流,以及Ⅰa 超新星光度的分析.1997 年两个独立的调研做出了惊人的发现,尽管在遥远的过去,哈勃膨胀由于物质引力吸引的制动效应是减速的,但是不久以前它已经变为了加速(Riess 等,1998;Perlmutter 等,1999).做出这一结论的数据来自于称为超新星的几种不同类型的爆发星中的一类,这一类中所有的个体都有一个共同的特征,就是当星核的质量超过钱德拉塞卡极限而向内挤压时,即当引力压强超过了电子简并压(见第 10 章)时,它们变得不稳定然后发生爆炸.Ⅱ型超新星,以及Ⅰb 和Ⅰc 型,与大质量星的热核聚变最终阶段以及引力塌缩相联系,发生于核心超过钱德拉塞卡极限时,然后它们会转变为中子星和黑洞.

我们这里所关心的Ⅰa 型超新星,和其他类型的超新星的区别在于它们的光谱中有硅线而没有氢线.这种情形所涉及的机制也是不同的.人们相信它们产生于燃烧完全部的氢而达到了碳/氧白矮星阶段的星体,但是星体的质量又没有足够大到能够提供更重元素的核反应所需要的高温.作为双星系统的一部分的白矮星爆发产生了闪耀.白矮星稳定地从它的主序星伴星吸积物质,直到核心最终超过了钱德拉塞卡临界质量,然后向内挤压达到核密度,同时伴随着引力能的巨大释放.结果是几秒钟时间之内星体物质大部分通过快速热核聚变转变成了更重的元素,例如硅、镍和铁,同时伴随着核束缚能的极大释放以及随后的爆炸.分散的镍原子核随后在几个月时间内衰变成钴和铁,这决定了光变曲线(粗略的)指数衰减(见图10.8 的一个 II 型超新星的例子)的时标.

一个 I a 型超新星的输出光典型地来说在几星期内持续增长,在达到一个最大值之后指数地下降.不同的超新星的最大输出光有一些变动,并且峰值光度依赖于到达最大值的时标 τ(随 $\sim \tau^{1.7}$ 变化).更亮的超新星来源于更大质量的恒星,并且接着发生的火球必须膨胀更长时间来使光深降得足够低而让光子逃逸出来.做了这种基于光变曲线"宽度"的经验修正之后,不同超新星所估计的总输出光显示出非常小的弥散,仅仅在 10% 的量级.

对于第 10 章讨论的 II 型超新星,绝大部分(99%)能量是以中微子的形式释放出来的,但是 I a 型超新星并不是这种情况.所以,尽管它们源自于更小的恒星,但是其输出的更大部分是以光的形式存在的,所以它们和 II 型超新星的(光子)光度是相当的.

7.14.2   大红移处的哈勃图

在描述实验结果之前,让我们首先想想不同的宇宙学参数如何改变作为红移函数的哈勃图的斜率.实际的图形由距离构成,而距离是从恒星的光度或者视星等估算出来的,也就是式(5.5)中定义的所谓光度距离 D_L. D_L 的预期值可以计算为红移 z 的函数,同时需要用到目前哈勃参数的测量值以及定义于 5.5 节的对闭合参数 Ω 的不同贡献的假设值.首先我们回想起一个红移为 z 并且共动距离为 r 的物体的真实坐标距离 $D(z) = R(0)r$ 由方程(5.44b)给出.式(5.5)和式(5.6)中的光度距离 $D_L(z)$ 由光度 L 给出,以源的各向同性辐射功率 P 的形式写出为[①]

$$L = \frac{P}{4\pi[R(0)r]^2} \times \frac{1}{(1+z)^2} = \frac{P}{4\pi D_L^2} \qquad (7.23a)$$

所以

$$D_L = (1+z)D(z) \qquad (7.23b)$$

式(7.23a)中,一个 $1/(1+z)$ 因子产生的原因是,从红移 z 处的源发射出的时间间隔为 Δt 的光脉中,将会经过一个拉长了的时间间隔 $\Delta t(1+z)$ 到达探测器.第二个 $1/(1+z)$ 因子产生的原因是,每个光子发射时的能量在它到达探测器时已经由于红移而被降低了.方程(7.23)和(5.44)给出了光度距离的表达式,包含了哈勃参数 H_0,以及物质、辐射、真空/暗能量、曲率项对能量密度的贡献.因为在处理超新

---

① 此处定义跟天文学习俗有异,这里出现的光度 L 其实是流量 F,而功率 P 等价于一般定义中的光度 L.(译者注)

星结果时,我们关心的是量级为 1 或者更小的红移,我们当然可以忽略辐射,因为它仅仅在非常大红移时($z > 1\,000$)才重要.这里也可以提到,在高红移处也必须承认一个事实,即超新星衰减曲线自身将被"拉伸"一个时间延迟因子 $1 + z$.

不同情形的预期结果从对式(5.42)的直接积分来得到.表 7.1 给出了无量纲的量 $D_L(z)(H_0/c)$ 的结果的表达式.

表 7.1 光度距离对比红移

主导成分	Ω_m	Ω_Λ	Ω_k	$D_L H_0/c$
物质 (爱因斯坦-德西特宇宙)	1	0	0	$2(1+z)[1-(1+z)^{-1/2}]$
空的宇宙	0	0	1	$z(1+z/2)$
真空	0	1	0	$z(1+z)$
平坦的,物质 + 真空	0.24	0.76	0	数值积分给出了对数据的 最佳拟合(见图 7.14)

图 5.3 给出了对低红移($z < 0.1$)超新星的测量结果,其中利用相同星系中的造父变星校准了距离/光度的标度.这个 z 区域的结果表明了一个非常均匀的哈勃流,具有 $H_0 = 72\ \text{km} \cdot \text{s}^{-1} \cdot \text{Mpc}^{-1}$.数据都落到了一条直线上而几乎没有弥散,这一事实使我们有信心相信所使用的归一化方法是合适的.

因为这种可重造性和它们极端的亮度使人们可以探索到更远距离和更高红移,Ia 型超新星已经被看作"标准烛光",也就是说它们的亮度或者视星等,与衰减曲线结合在一起,可以定下积分光度以及到地球的距离.然而,这种事件的发生率仅仅为每百年每星系一个事件的量级.高 z 超新星搜寻用到的方法,有例如利用哈勃空间望远镜扫描天空中一条包含约一万个星系的带状区域,然后 3 星期后重复这个巡天找出不同,来找到这期间爆发的几十个超新星.一旦确定了,它们的光变曲线就可以被细致地研究.这个领域的早期先驱性实验是高 z 超新星搜寻组(Riess 等,2000)和超新星宇宙学科研项目(Perlmutter 等,1999)所做的.之后,利用哈勃空间望远镜和地面望远镜,各种不同的实验组也开始贡献数据.

图 7.13 显示了 Clochiatti 等(2006)得到的典型结果,其中包括了几个不同实验的数据.上图显示了式(5.6)中的距离模数或光度距离对数的值,对比红移 z 的对数值画出.不同宇宙学参数所预言的不同由曲线所示,然而这些曲线太接近而很难标示出来.注意到,即使对于 H 显然为常数的非加速宇宙,图 7.13 中的图线也不是一条直线,这是由膨胀宇宙中从源的观测亮度测量出距离(或者星等)的方式引起的.下图显示了星等的差别,与一个空的、非加速的宇宙中的值作了比较.图中空的宇宙对应于一条垂直标度上为零的水平线,加速宇宙将显示出一条向上倾斜的曲线,而减速宇宙将显示出一条向下倾斜的曲线.图中的点表明了从小 z 值处的加速宇宙到 $z > 0.5$ 时的减速宇宙的转变.读者可以很容易地从对式(5.39)的粗略

数值积分核对出这一转变发生在约 50 亿年前,即当宇宙年龄为现在年龄的三分之二时.

图 7.14 再次显示了 Riess 等人(2004)给出的较差星等结果(与空的宇宙作比较),其中已经对大量实验结果作了平均,使得趋势更容易看出.水平的点画线再次表示一个空的宇宙,实线表示物质主导的宇宙,而虚线对应这种情况下当 $\Omega_m = 0.27$、$\Omega_\Lambda = 0.73$ 时的最佳拟合.可以再次观察到从加速到减速宇宙的转变发生在 $z \sim 0.5$.

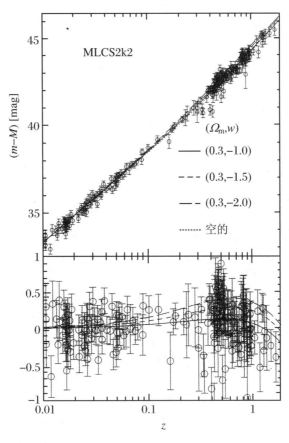

图 7.13

注:从低红移和高红移 I a 型超新星得到的哈勃图,取自 Clocchiatti 等人(2006).上图显示了距离模数(或者光度距离的对数)的测量值,对比红移画出.下图显示了星等的差别,与一个空的宇宙所预期的值相比较.作了平均的值见图 7.14.

图 7.13 和图 7.14 中的结果显然排除了一个平坦的物质主导的宇宙($\Omega_m = 1$).对所有现有数据的最佳拟合是一个 $\Omega_m = 0.24$、$\Omega_\Lambda = 0.76$ 的平坦宇宙,如式(5.33)和式(5.35)给出的.我们再次重申这一点,就是这些超新星的结果与第 8 章

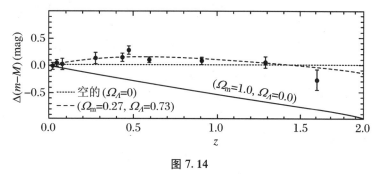

图 7.14

注：Ⅰa 型超新星给出的较差哈勃图，取自 Riess 等(2004)．实验点代表了若干超新星的平均
值．一个空的宇宙($\Omega_k = 1$，$\Omega_m = \Omega_\Lambda = 0$)用水平的点画线代表．一个平坦的、物质主导的(所谓的
爱因斯坦-德西特宇宙)宇宙($\Omega_m = 1$，$\Omega_\Lambda = \Omega_k = 0$)如实线所示；而虚线代表了数据的最佳拟合，
具有 $\Omega_m = 0.27$，$\Omega_\Lambda = 0.73$，$\Omega_k = 0$．

描述的根据大尺度星系巡天结合微波背景辐射的各向异性分析所作的独立估计，
以及利用例如球状星团(见例 5.3 和 10.3 节)对宇宙年龄的独立确定所作的估计，
都符合得非常好．

例 7.3　一个 $\Omega_m(0) = 0.24$ 和 $\Omega_\Lambda(0) = 0.76$ 的平坦宇宙中，在什么 z 值处加
速度/减速度将为零？

根据式(5.46)，$q(z) = \dfrac{1}{2}\Omega_m(0)(1+z)^3 - \Omega_\Lambda(0)$，它在 $(1+z) =$
$[2\Omega_\Lambda(0)/\Omega_m(0)]^{1/3}$，或者 $z = 0.85$ 时为零，这比图 7.14 中的虚线取最大值的 z
值要大一些．一个既不加速也不减速的宇宙通常被叫作"惯性变化的"．

在这里我们应该注意到以上的分析涉及将高红移与低红移超新星作比较，所
以对于测量哈勃参数时当然必需的绝对光度标度，在比较斜率的时候并不需要．比
较不同红移处的超新星光度的时候也有潜在的复杂性，因为它们发生于不同的时
期，而早期恒星可能比形成于前一代恒星残骸中的更晚期的恒星金属含量低，这将
会影响光深因而影响光度．这和其他可能的不同效应，比如由尘埃的吸收或散射导
致的变暗，已经被不同的研究组作了详尽的细节分析，而发现对结果仅仅有微小的
影响．

7.14.3　Ⅰa 型超新星结果的解释

如第 5 章表明的，宇宙的近期($z < 0.5$)加速已经用真空能一项来解释了，而真
空能不依赖于时间和 z，等同于爱因斯坦宇宙学常数(见式(5.23))．现在还根本不
清楚暗能量是否真正地与这种真空态相联系．例如，它可能产生于某种相变导致的
"潜热"．或者暗能量可能是某种新类型的演化中的标量场，出自所谓的"精质"模
型．更激进的建议——目前还完全没有支持证据——是暗能量(或暗物质)项的出
现是一种假象，来自于对引力的牛顿平方反比律在非常大的宇宙学距离上的微妙

偏离,如 2.10 节所讨论的.实际上存在令人信服的暗物质证据,由前面的图 7.6 所示,这与对平方反比律的任何可能偏离的假设都无关.

假设暗能量不是一种假象,描述它的状态方程当然可能与表 5.2 中的真空情形不同,压强与密度之比可能是时间依赖的.从超新星结果来看,当结合星系巡天的数据和第 8 章描述的宇宙微波背景(CMB)涨落的声学峰分析后,人们就可以去测量出现于暗能量状态方程中的量 $w = P/(\rho c^2)$,但是仅仅在假设它不依赖于时间时.那么可以得到与式(5.36)一样的

$$w_{暗能量} = -0.97 \pm 0.08 \tag{7.24}$$

与一个简单的真空/宇宙学常数的值 $w = -1$ 一致.

将暗能量等同于真空能的主要困难之一来源于人们考虑它的时间演化的时候.例如,今天的真空能密度和物质能量密度之比是 $\rho_\Lambda/\rho_m \sim 3$,但是当 ρ_Λ 是常数时,$\rho_m \propto R^{-3} \propto (1+z)^3$.所以 $\rho_\Lambda/\rho_m \sim 3/(1+z)^3$,而当物质和辐射退耦的时候,即 $1+z \sim 1\,100$ 时,比率 ρ_Λ/ρ_m 仅仅只有 10^{-9}.反过来,在未来这一比率将变得非常大,因为物质密度随着 $1/R^3$ 下降而尺度参数 R 将最终随时间指数增加.

既然真空能对总的闭合参数的相对贡献的变化非常大,一个主要的难题就是,在现在这一时期它刚好是物质能量密度的 3 倍.为了避免这一问题,可以假定暗能量与某种新类型的标量场——称为**精质**——相联系,其状态方程使比率 $w = P/(\rho c^2) < -1/3$ 来确保一个加速膨胀(见式(5.46)),并且是时间依赖的,其幅度可以在适中的 z 值处产生式(7.24)中的测量值.精质场可以被调整为具有这样的能量密度,即在早期紧密跟随或**追踪**着(但是小于)辐射的密度,在物质-辐射相等的时刻之后又追踪着物质的密度.参照表 5.2,可以注意到辐射和物质的能量密度都随着 $1/t^2$ 变化,所以如果精质场具有这种性质,它的能量密度将是总能量密度的一个固定的分数.很明显,对于并不十分复杂的精质势,$1/t^2$ 依赖关系上的小的变化也是可能的.

几年来,关于暗能量的起源有许多有趣的见解.它可不可能与牛顿引力在非常短的距离上的失败,即与使人联想到的超引力模型中额外纬度的卷曲有关系呢?从 Ω_Λ 得到的暗能量密度的大小为

$$\varepsilon = 4.1\,\text{GeV} \cdot \text{m}^{-3}$$

而如果我们用自然单位制($\hbar = c = 1$)表达,这个能量密度将对应于基本长度

$$L^4 = \frac{\hbar c}{\varepsilon}$$

其中,$\hbar c = 0.197\,\text{GeV} \cdot \text{fm}$ 具有能量×长度的量纲,ε 具有能量/(长度)^3 的量纲.所以可以得到 L 的值为 84 μm.不幸的是,对于这个提议,实际上利用一个非常精密的扭秤,人们已经发现平方反比律在从 9 mm 到 55 μm 的范围内是成立的(Kapner 等,2007).

7.15　真空能:卡西米尔效应

在第 5 章中我们已经提到目前的观测,例如在上面一节描述的,似乎要求被解释为暗真空能对当今宇宙的能量密度有主要的贡献.真空能自身是假设通过量子涨落来产生的,也就是粒子-反粒子对和量子的自发产生和消失,根据不确定原理的要求.这一观点并不是物理学家的想象所虚构的,已经在多年前被证实了,那时卡西米尔(1948)预言通过改变真空态的边界条件,真空能的改变将会导致一个可测量的效应,随后被 Spaarnay(1958)以及更近期用更容易理解的方式被 Lamoreaux(1997)和 Roy 等(1999)探测到了.

实质上卡西米尔效应的原始构型产生于当两个有理想导电性的平行金属板以一个非常小的距离 a 靠近彼此放置时(见图 7.15).金属板之间的真空能和没有金属板时相同体积的真空能不一样,因为金属板在涨落着的场中引入了边界条件.例如,如果虚量子是电磁场的量子,相关的电场和磁场中就有边界条件(E 的平行于金属板的分量与 B 的垂直于金属板的分量在金属板表面必须为零,使得如果 x 轴与金属板垂直,那么波数 $k_x < \pi/a$ 是被禁止的)真空能的不同对应于金属板之间的一个力,这个力在这种特殊构型中实际上是吸引的(力的符号一般来说依赖于几何).

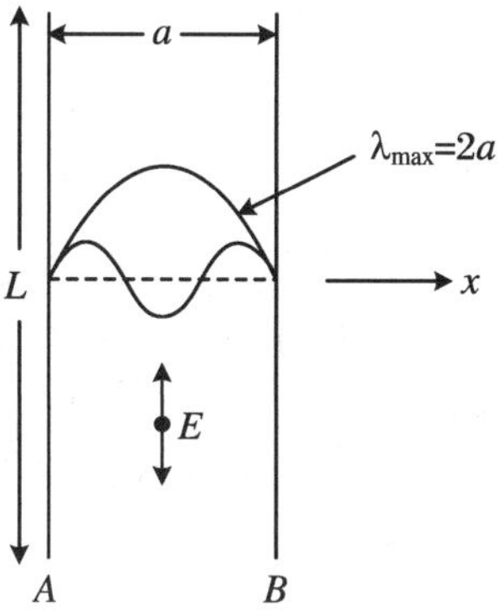

仅仅基于量纲讨论,就可以理解图 7.15 中单位面积的力一定是 $\hbar c/a^4$ 的量级.普朗克常数和光速的乘积必须被包含进去,因为在所有的不确定关系问题中都是这样,而这给出了能量乘上长度的量纲,它必须除以一个长度的四次方来得到单位面积的力.如果金属板的边长 $L \gg a$,那么仅有的相关长度是间隔 a.这里我们简单地引用完整计算的结果(例如,见 Itzykson 和 Zuber,1985)

图 7.15

注:测量卡西米尔效应的实验中,平行金属板 A 和 B 的侧视图,展示了真空能的存在.电场 E 必须在理想导电金属板的表面为零,使得 $\lambda(\max) = 2a$ 或者 $k_x(\min) = \pi/a$,这种边界条件改变了真空能的值并产生了一个吸引力.证实这个效应的成功尝试利用了一个金属板和一个金属半球这一实验上更简单的构型,而不是两个金属板.

$$F = -\frac{(\pi^2/240)\hbar c}{a^4} \sim \frac{0.013}{a^4} \mathrm{dyn \cdot cm^{-2}} \qquad (7.25)[①]$$

————————————

① 参见 Itzykson 和 Zuber 的《量子场论》(1985).(译者注)

其中,板的间隔 a 以微米(μm)为单位. 这个量级为每平方厘米微克重量的微小的力,以及它对板间隔的依赖,已经被测到了,并且以上公式在 1% 的精度内被证实了. 当然,这个效应并不是测量真空能密度的绝对值,而是当拓扑改变时的变化. 另一方面,引力场与能量和动量的**绝对值**耦合,而总真空能仅仅只能通过它的引力效应测量到.

卡西米尔效应在量子场论和宇宙学之外也有意义,例如,亚微米尺度的电机系统中,它可能导致系统故障. 卡西米尔效应也有经典宏观类似. 最著名的是所有水手都知道的. 在一定的波条件下,两艘船如果平行地航行得很近就会感受到一个吸引力,这是由于船之间的波形受到船体的影响而一些波长又被抑制了(参考 Buks 和 Roukes(2002)).

7.16 宇宙学常数和暗能量中存在的问题

宇宙学常数 $\Lambda = 8\pi G \rho_{\text{vac}}$ 代表了宇宙学中观念性问题里面——即使不是最主要的——主要的问题之一,并且从爱因斯坦引入它之后就一直是这样. 长时间以来人们都认为与宇宙学常数相联系的暗能量密度应该具有一个"自然的"值,由引力标度来决定. 这个自然的单位就是普朗克质能 $M_{\text{PL}} c^2 = (\hbar c^5 / G)^{1/2} = 1.2 \times 10^{19}$ GeV 置于一个边长等于普朗克长度 $\hbar / (M_{\text{PL}} c)$ 的立方体中(见式(1.12)),即一个能量密度

$$\frac{(M_{\text{PL}} c^2)^4}{(\hbar c)^3} \sim 10^{123} \text{ GeV} \cdot \text{m}^{-3} \tag{7.26}$$

一个确实很巨大的数字,这当然是没什么意义的,因为它隐含着宇宙年龄最多仅仅可能是几秒钟. 所以,也许有指导性的做法是更细致地看看这个数字是如何得到的.

在量子场论中,人们可以描述由不同频率的简谐振子的集合体导致的玻色场的真空涨落. 其中一个这种(玻色性的)振子的能量为 $(n + 1/2)\hbar\omega$,ω 是角频率而 $n = 0, 1, 2, \cdots$. 真空态或基态具有所谓的"零点能"$E = \frac{1}{2}\hbar\omega$. 在某种意义上,严肃地对待这个零点能还是简单地忽略它,只是一种个人选择,因为测量的通常是能量之差,而仅仅当我们处理引力问题的时候才需要担心绝对能量值. 然而,如果我们试图将它等同于神秘的暗真空能,那么我们必须对体积之中的所有振子求和. 从式(1.16)看到,一个空间体积 V 中,波数 $k = p/\hbar$ 位于间隔元 $k \to k + \mathrm{d}k$ 时,对所有方向求积分之后,可能的量子态的数目为 $4\pi V k^2 \mathrm{d}k / (2\pi)^3$. 所以单位体积所有振

子的总能量将为

$$\varepsilon = \frac{E}{V} = \frac{\hbar}{4\pi^2} \times \int k^2 \mathrm{d}k \omega_k \qquad (7.27)$$

角频率与波数通过 $\omega_k^2 = k^2 c^2 + m^2 c^4/\hbar^2$ 相联系,其中 m 是振子质量.很明显这个积分是发散的,但是让我们将它在某个值 k_m 或 $E_m \gg mc^2$ 处截断.那么,由相对论近似下的 $\omega_k \approx kc$ 得到

$$\varepsilon = \frac{\hbar c}{16\pi^2} k_m^4 = \frac{E_m^4}{16\pi^2 (\hbar c)^3} \qquad (7.28)$$

这里,截断是任意的.例如,我们可以将它置于一个我们预期量子场论开始失效的能标上,也就是量子引力的普朗克标度 $E_m = M_{\mathrm{PL}}$.选择这个标度的另一个理由是它是将基本常数 $G,\hbar$ 和 c 结合起来的"自然的"能量标度,即$(\hbar c/G)^{1/2}$.包含式(7.26)中忽略的数值常数之后,我们得到和前面类似的 $\varepsilon \sim 10^{121}$ GeV · m^{-3},而这要和式(5.26)中的临界能量密度 $\rho_c \sim 5$ GeV · m^{-3} 作比较,其中仅有一部分属于暗能量.所以为什么观测到的真空能/宇宙学常数仅仅只有通过以上简单分析得到的预期值的 10^{-121}?

当然,我们可以改变 E_m 的值使得真空能密度具有和临界密度相同的量级,即 $\varepsilon = \rho_c = 5$ GeV · m^{-3}.那么代入式(7.28)将得到 E_m 仅仅为 ~ 0.01 eV.这与实际上所有已知的基本粒子的质量相比,甚至是与原子能级相比,都小得很离谱.然而也有人注意到这个能量确实与轻中微子的质量差式(4.12)是相当的.如果宇宙的加速以某种方式与中微子质量联系在一起,这将确实很不寻常,但是暗能量的神秘在于即使是最古怪的想法也不能被忽视.

二十五年以前,在暗能量的重要性还不完全明显时,人们相信物质密度可以使得 $\Omega_m \sim \Omega_{\mathrm{tot}} \sim 1$ 并且宇宙学常数可能甚至等于零,而暗物质占了能量密度的绝大部分.鉴于以上论述,其困难是理解为什么宇宙学常数如此之小,或甚至为零.这里,至少可以说零是一个自然的数,对于此说法可能找到一个原因.例如,光子的无质量与一个对称原理有关,即电磁相互作用的局域规范不变性,第 3.7 节有描述.然而,没有一个已知的对称原理可以让 $\Lambda = 0$.确实,真空能/宇宙学常数的有限性好像直接来源于量子力学,原因非常简单,即对 Ω_m 有贡献的真实粒子,其虚态**必定**对 Ω_Λ 有贡献.

然而,以上积分会包含所有类型基本场的效应之和,这些基本场具有不同的幅度和相位而可以有一些抵消.例如,一个费米振子的能量,类似于以上对一个玻色振子的表达式,是$(n-1/2)\hbar\omega$,所以零点能以相反的符号进入进来.(其发生的原因是表述玻色子和费米子的产生和湮灭的波函数分别遵循对易和反对易关系.)所以在一个**精确**超对称的理论里,即每个玻色子与一个具有相同质量的费米子相配对并且反之亦然,将确实有完全的抵消,得到一个为零的真空能.然而,我们知道在现实世界里,即使超对称被证实是正确的,它也必须是一个被严重破坏了的对称

性.当在式(7.27)中 k 值很大时,即远在超对称标度之上时,可以有精确的抵消,但是在更小的 k 值处却不是这样.

实际的情形当然某种程度上比这个更糟,因为超新星结果给我们展示了暗能量密度是一个有限的非零数,与预期的可能值相比不可思议地小,但是它对总能量密度的相对贡献又显然在随时间改变.对这种行为建立模型的尝试已经在上一节中描述了.

最后,对这个问题的另一个不同的解决方法是求助于人择原理,也就是生命仅仅存在于物理定律允许的时候.这种情况下,这个条件就是现在时期的 Λ 的值.即使它仅仅差了一个量级左右,也将不会有人类去思索这个问题.常言道,我们生活的世界是最好的.在第 8 章描述的暴胀模型下,这种论述也许更合理.暴胀模型表明,我们这个特殊的宇宙仅仅是大量平行宇宙中的一个,以至于人类可以在条件碰巧合适的宇宙中演化而来.

总之,宇宙学常数或暗能量现象,目前我们相信它占据了宇宙中的大部分能量,只是却没有理解它,而正如我们不理解宇宙中的物质-反物质不对称一样,可算是宇宙学和粒子物理学的主要失败之一.这些失败并不是突然产生的.暗物质和真空能/宇宙学常数问题已经潜藏了至少七十年,但是由于实验数据的质量和数量的极大改进以及加速宇宙这一了不起的发现,它们在最近二十年间变得严重了.然而,永远值得强调的是,恰好就是这些问题使粒子天体物理这一学科保持着生命力和激情并且在未来充满巨大挑战.

7.17 总   结

· 旋臂星系中恒星的旋转曲线暗示着大部分物质(80%~90%)是不发光的,并且位于星系晕中.

· 星系团 X 射线的研究表明发射 X 射线的气体粒子的速度远远超出了基于可见质量的逃逸速度.

· 暗物质在描述早期宇宙的宇宙学模型中也是需要的,如果星系和星系团的结构是从由微波辐射的各向异性推导出的非常小的原初密度涨落(第 5 章所讨论的)演化而来的.

· 暗物质的独立证据是从遥远星系和星系团通过前景星系产生的引力透镜现象发现的.单个星体的微引力透镜,表现为光度的短暂而无色差的增强,显示了一部分星系暗物质是重子性的,这种物质表现为所谓 MACHOs 的形式,是质量为 0.001~0.1 倍太阳质量的类似暗星的物体.

- 重子暗物质对总的暗物质密度的贡献小于 25%，而大部分暗物质是非重子的.

- 暗物质的最可能候选者是 WIMPs，也就是质量非常大的、弱相互作用的粒子，它们构成了"冷"暗物质. 在这种粒子的性质被确认之前，最普遍的意见是它们是像中性微子那样的超对称粒子.

- 若干实验已经着手通过观测 WIMPs 的弹性散射导致的核反冲来直接探测 WIMPs，但到目前为止还没有成功.

- 对高红移($z\sim1$)Ⅰa 型超新星的观测表明在更早的时期膨胀速率(即哈勃参数 H)比现在的小；或者说，相比于更早的时期，现在宇宙的膨胀是加速的.

- 现在的加速膨胀被解释为宇宙学常数有一个有限值，或者解释为存在暗(真空)能量. 这种暗能量似乎解释了当今宇宙总能量密度的约 2/3.

- 真空能这一事实被卡西米尔效应的实验观测所证实，这种效应表现为受边界条件影响时真空能的改变.

- 观测到的暗能量与现在的物质能量密度在量上是相当的，这还没有令人满意的解释. 如果暗能量等同于真空能，那么在过去它是可忽略的而在将来它将成为主导. 人们也提出了暗能量的其他可能来源，包括全新形式的相互作用. 然而，暗能量的当今量值这一疑难问题依然存在.

习 题

难度较大或较长的问题用星号标出.

7.1 根据牛顿力学估算一个光子经过一个质点 M 引起的角度偏移. 将结果用包含 b 项的形式表达，b 为相互的最接近距离.

7.2 对于靠近半径为 R 质量为 M 的旋臂星系的盘的边缘处的一个星体，计算其切向速度 v 的表达式，然后得出微引力透镜的光深 τ 用 v 表示的表达式. 利用银河系的数据，即质量为 1.5×10^{11} 倍太阳质量，盘的半径为 15 kpc.

7.3 一个质量为 M_R 的原子核与一个质量为 M_D 入射动能为 E_D 的暗物质粒子发生弹性碰撞，得出原子核的反冲动能 E_R 的表达式，用相对入射方向的出射角的形式表达. 找出用 M_D 和 M_R 表达的反冲能量的极限值. 一个具有 80 倍质子质量的原子核与一个质量为 1 000 倍质子质量、以银河系的典型速度 200 km・s^{-1} 运动的暗物质粒子碰撞，计算此原子核的最大反冲.

7.4 假设宇宙是平坦的，具有 $\Omega_m(0)=0.24$ 和 $\Omega_\Lambda(0)=0.76$. 一个位于红移 $z=0.03$ 处的星系相对于地球的加速度或减速度的数值是多少？将这与地球引力导致的局域加速度(g)作比较. 忽略地球相对哈勃流的"本动速度"并且假设 $H_0 = 70 \, \text{km} \cdot \text{s}^{-1} \cdot \text{Mpc}^{-1}$.

7.5　证明, 如果真空能密度和今天的物质能量密度在量上是相当的, 那么当宇宙年龄为现在年龄的一个分数 f 时, 真空能的相对贡献将为 f^2.

7.6　证明表 7.1 中给出的光度距离作为红移函数的结果.

第8章 早期宇宙的结构形成

8.1 概 述

第5章描述的大爆炸模型似乎对早期宇宙的形成给出了一个非常有说服力的描述.它由三个不同寻常的现象所支撑:

- 观测到的遥远星系的红移.
- 原初核合成对轻元素丰度的正确预言.
- 存在无处不在的宇宙微波背景(CMB).

这样的成功格外非凡,因为这个模型主要的原则——"宇宙流体"的各向同性和均匀性——与今天的宇宙截然不同,后者具有的特征毫无疑问是各向异性的和非均匀性的——星系、星系团、空洞,等等.问题出现了:我们如何从大爆炸模型的均一性得到现在具有块状结构的宇宙呢?

正如在接下来的几页中描述的,可以合理地论证说,这种结构起源于能量密度的量子涨落,这种涨落发生于宇宙极早期,而当宇宙经历一个称为**暴胀**的指数并且超光速的膨胀阶段时它就被"冻结"了.这些微小的密度和温度涨落——典型地在10^{-5}的水平——经由后来物质主导时期的引力塌缩过程,成为了大得多的密度涨落的种子.

在8.3节我们列出了暴胀图像,它在二十年前被提出是为了应对大爆炸模型的一些困难,主要是关于显然需要的一些初始条件.在这一章的后面一部分我们会接触星系形成这一课题.宇宙最显著的特征之一是恒星永远聚集于包含10^{11}量级个恒星的星系中.星系隔开的距离大约比它们的直径大两个量级左右($\sim$Mpc 和$\sim$ 10 kpc 比较),所以人们可能问这样一个问题:为什么物质以这样的方式分布——而不是,例如,在一个巨大的星系中呢? 在我们作讨论之前先做出回答,就是只有分散于对应现在星系团尺度的距离之上时,早期宇宙中原初密度涨落才可能生长起来,而这些尺度又反过来决定于主导辐射时期的原初光子和中微子的性质和相互作用.

在本章中,我们不涉及关于星系分布和形成的非常复杂的宇宙学,而仅仅一般性地讨论宇宙如何从大爆炸模型的均一性发展成现在具有的非常成块的结构.

8.2　星系和星系际的磁场

在这一节我们非常简要地讨论星系际磁场的本质和大小,来试图评估它们在宇宙的早期发展中是否重要.我们自己的星系中,恒星际磁场非常显著并且跟随着旋臂分布.这个星系磁场的平均值 $B \sim 3\ \mu G(0.3\ nT)$,它的能量密度因此为 $B^2/(8\pi) \sim 0.2\ eV \cdot cm^{-3}$,所以和宇宙微波辐射的能量密度($0.26\ eV \cdot cm^{-3}$)以及深空宇宙线能量密度($\sim 1\ eV \cdot cm^{-3}$)是相当的.这个星系磁场已经通过观测来自脉冲星的偏振光的法拉第旋转测出了(Han 等,2006).这种旋转正比于磁场的线积分和波长的平方,所以平均场可以从旋转对波长的依赖关系来得到,从旋臂外缘的约 $2 \times 10^{-6}\ G$ 变到靠近中心区域的 $4 \times 10^{-6}\ G$.

星系际磁场仅仅知道极限值并且当然比星系内的小很多.与星系以及星系团纤维结构相联系的磁场,即在 1 Mpc 或更小的尺度上,通过穿过磁场的电子的软同步辐射作了估计,为 $10^{-7}\ G$ 的量级或更小(Kronberg,2004).对于非常深的空间(即 $10 \sim 100$ Mpc 量级的距离),AUGER 实验(见 9.13 节)的观测表明了 $10^{-11}\ G$ 这一值,这个观测中发现能量超过 $6 \times 10^{19}\ eV$ 的质子产生的广延大气簇射与 75 Mpc 距离之内的已知点源(活动星系核,AGNs)存在相关(约 3°之内).

一些模型假定非常弱而弥散的星系际磁场由非常高能的带电粒子——宇宙线——经过时产生,这些宇宙线产生于恒星形成时期(粗略地,在红移 $z < 12$ 之后)的超新星爆发时的发射和喷流.另一个观点是磁场可能是由更弱的"种子"场的动力学放大而产生的,这种"种子场"产生于更早期的复合时期之前(即 $z > 1\,100$)的原初质子-电子等离子体中.等离子体的密度涨落将产生从高密度到低密度流区域的光子"风".这个想法是这些光子将通过相互作用而将轻的电子从重的质子中分离出来,导致电荷分离并且将电流旋转起来作为原初磁场的种子.

然而,因为目前的星系际磁场看起来比星系磁场的 10^{-5} 还小,所以磁场似乎不可能在非常大的(星系团和超星系团)尺度上的结构形成中起重要的作用.我们将遵循一贯的思想,即将引力当作导致结构形成的主要因素,而电磁相互作用为次要因素.

这里当然应该强调的是,在更小的恒星尺度上,磁场是极端重要的.例如,像第 9 章和第 10 章讨论的,与超星系爆发相联系的非常强的场被认为是宇宙线的主要加速器,可以将粒子能量加速到 $10^{15}\ eV$ 或更高.观测到的数以千计的脉冲星永远提醒人们大质量恒星演化后期会产生巨大磁场.

8.3　视界和平坦性疑难

我们首先讨论大爆炸模型的两个主要疑难,是关于所需要的初始条件的.它们就是视界和平坦性疑难.

粒子视界定义为一个粒子可通过交换光信号而被观测到的最大距离.换句话说,视界和观测者是因果联系着的.距离更远的粒子观测不到,它们超出了视界.视界是有限的,因为光速的有限性和宇宙的有限年龄.在一个年龄为 t 的静态宇宙中,我们期待观测到最远在视界距离 $D_{\mathrm{H}} = ct$ 之内的粒子.随着时间的流逝,D_{H} 将增大,更多的粒子将进入视界中.现在,宇宙年龄为 $t_0 \sim 1/H_0$——见 5.6 节.量 $ct_0 \sim c/H_0$ 通常称为**哈勃半径**,即哈勃时间与光速的乘积.

在一个膨胀的宇宙中,很明显视界距离会比 ct 大一些.让我们假设,这似乎也是实际情况,像这一章后面描述的测量所表明的,我们处理的是一个具有零曲率 ($k = 0$) 的平坦宇宙,所以在极大的尺度上,光以直线传播.假设一个光信号在 $t = 0$ 离开 A 点(见下图)而在 $t = t_0$ 到达点 B.在 $t = t_0$ 时刻,A 将已经相对 B 运动到了点 C.

$$t = t_0 \quad t = 0 \qquad\qquad\qquad t = t' \qquad\qquad\qquad\qquad t = t_0$$

$$x \longrightarrow x \longrightarrow \;\; ----\; | \leftarrow c\mathrm{d}t' \rightarrow | \;---------- x$$

$$C \qquad A \qquad\qquad\qquad\qquad\qquad\qquad\qquad\qquad\qquad\qquad B$$

$$\longleftarrow\!\!\!\!\!\!\!\!\!\!\!\!\!\!-------------\; D_{\mathrm{H}}(t_0) \;-------------\!\!\!\!\!\!\!\!\longrightarrow$$

考虑 t' 时刻的时间间隔 $\mathrm{d}t'$,其中 $0 < t' < t_0$.这个光信号将走过距离 $c\mathrm{d}t'$,但是因为哈勃膨胀,在 $t = t_0$ 时刻,这个距离将变大到 $c\mathrm{d}t' R(0)/R(t')$,其中 $R(t)$ 是式(5.8)中的尺度参数而 $R(0)$ 是它的现在值.所以视界距离将为

$$D_{\mathrm{H}}(t_0) = R(0) \int \frac{c\,\mathrm{d}t}{R(t)} \tag{8.1}$$

从 $t = 0$ 到 $t = t_0$ 积分.因为根据式(5.9),即

$$R(t) = \frac{R(0)}{1 + z}$$

那么

$$\mathrm{d}t = \frac{\mathrm{d}z}{(1 + z)H}$$

所以

$$\frac{R(0)c\mathrm{d}t}{R(t)} = \frac{c\mathrm{d}z}{H} \tag{8.2}$$

因此今天的视界距离,用红移 z 来表示就是

$$D_\mathrm{H}(t_0) = c\int \frac{\mathrm{d}z}{H} \tag{8.3}$$

其中根据式(5.37),有

$$H = H_0\left[\Omega_\mathrm{m}(0)(1+z)^3 + \Omega_\mathrm{r}(0)(1+z)^4 + \Omega_\Lambda(0) + \Omega_k(0)(1+z)^2\right]^{1/2}$$

所以,在今天的光学视界之内的部分,在现在的宇宙尺度 $R(0)$ 中所占的比例正比于

$$F = \frac{D_\mathrm{H}(t_0)}{R(0)} = \frac{c}{H_0 R(0)}$$

$$\times \int \frac{\mathrm{d}z}{\left[\Omega_\mathrm{m}(0)(1+z)^3 + \Omega_\mathrm{r}(0)(1+z)^4 + \Omega_\Lambda(0) + \Omega_k(0)(1+z)^2\right]^{1/2}} \tag{8.4}$$

从 $z=0$ 到 $z=\infty$ 积分. 我们从这个积分看到如果将积分下限取为 z^*,那么对于一个物质主导的宇宙,F 随着 $1/\sqrt{(1+z^*)}$ 或 $t^{1/3}$ 减小,而在辐射主导的情形下随着 $1/(1+z^*)$ 或 $t^{1/2}$ 减小(见表格 5.2). 所以在早期或者大 z 值处,宇宙中处于视界之内的部分比现在小很多.

这个结果也可以更加简洁地得到,即从大多数宇宙学模型中可以看出,$R(t) \propto t^n$,其中 $n<1$,所以从 $t=0$ 到 $t=t_0$ 积分时,以上公式给出:

$$D_\mathrm{H}(t_0) = \frac{ct_0}{1-n} \tag{8.5}$$

可以看到比率

$$\frac{D_\mathrm{H}(t)}{R(t)} \propto t^{1-n} \tag{8.6}$$

所以由于 $n<1$,我们再次得到宇宙的因果联系着的部分曾经比现在小很多.

例 8.1 对于一个(a)物质主导,(b)辐射主导的平坦宇宙,计算粒子视界距离.

参考表 5.2. 对于一个物质主导的宇宙,$n=2/3$,因此 $D_\mathrm{H}=3ct_0=2c/H_0$;而对于辐射主导的情况,$n=1/2$ 而 $D_\mathrm{H}=2ct_0=c/H_0$,其中我们用到了这样的事实,即物质和辐射主导的情况下宇宙年龄分别为 $t_0=2/(3H_0)$ 和 $1/(2H_0)$. 利用 $1/H_0 = 14\,\mathrm{Gyr}$,相应的视界距离分别为 $2.5\times10^{26}\,\mathrm{m}$ 和 $1.25\times10^{26}\,\mathrm{m}$.

特别地,物质和辐射退耦的时间为 $t_\mathrm{dec}=4\times10^5$ 年(见 5.12 节),而那时视界的大小约为 ct_dec. 这个值到现在应该膨胀为 $ct_\mathrm{dec}(1+z_\mathrm{dec})$,其中根据式(5.75) $z_\mathrm{dec}=1100$. 所以,这个视界距离在现在平坦的、物质主导、年龄为 $t_0=1.4\times10^{10}$ 年的宇宙中对地球所张的角度将为

$$\theta_{dec} \sim \frac{ct_{dec}(1 + z_{dec})}{2c(t_0 - t_{dec})} \sim 1^{\circ} \tag{8.7}$$

这个公式显示了只有在量级为一度左右的小角度尺度下观测到的微波辐射,对应于这些光子最后相互作用的时刻,才能和其他物质有过因果联系和热平衡. 相反地,扣除与地球相对微波辐射的"本动速度"相联系的一个偶极各向异性之后,人们发现在非常大的角度尺度上,辐射的温度在 10^5 分之一之内是均一的. 这就是视界疑难.

平坦性疑难的产生如下. 根据式(5.26)和式(5.27),实际密度和临界密度之间的相对差别为

$$\frac{\Delta\rho}{\rho} = \frac{\rho - \rho_c}{\rho} = -\frac{3kc^2}{8\pi GR^2\rho} \tag{8.8}$$

在辐射主导时期, $\rho \propto R^{-4}$. 从式(8.8)得到 $\Delta\rho/\rho \propto R^2 \propto t$. 所以在早期, $\Delta\rho/\rho$ 必须比今天 $t \sim 4 \times 10^{17}$ s 时量级为 1 的值小很多. 例如,对于 $kT \sim 10^{14}$ GeV,即大统一的典型能标, $t \sim 10^{-34}$ s,在那时 $\Delta\rho/\rho$ 将为 $\sim 10^{-34}/10^{18} \sim 10^{-52}$ (甚至比这更小,如果我们将物质主导时期包含进来). 这样的话,如何能够如此精细地调整 $\Omega = \rho/\rho_c$ 来给出今天 1 的量级呢?

简而言之,这两个疑难需要一个机制来允许在传统粒子视界之外的热平衡,并且可以将式(8.8)中的曲率 k/R^2 减小一个巨大的因子. 一个可能的回答——事实上是我们仅有的一个回答——是由 Guth 在 1981 年提供的(他实际上关心的是减少可能的磁单极流量,见下文). 他假定大爆炸初始阶段,宇宙极快地指数膨胀了一个巨大因子,这个现象就是**暴胀**. 从那时开始就有了一些暴胀模型——旧暴胀,新暴胀,混沌暴胀,永久暴胀,等等——它们中还没有一个具备完全令人满意的描述. 然而,看起来几乎没有疑问的是,某种暴胀演化图像是宇宙创生之初的第一个必须经历的阶段.

8.4　暴　　胀

在这一节我们对暴胀演化图像给出一个简短而定性的描述. 首先,我们回忆弗里德曼方程(5.11):

$$\left(\frac{\dot{R}}{R}\right)^2 = \frac{8\pi G(\rho + \rho_\Lambda)}{3} - \frac{kc^2}{R^2}$$

其中, $\rho = \rho_m + \rho_r$ 是物质和辐射的总能量密度, ρ_Λ 是真空能密度,它在第 5 章被解释为一个不依赖于空间和时间的量. 假设出现了一个 ρ_Λ 主导方程右边其他项的情

形. 这时相对膨胀率变为常数, 可以得到在暴胀开始的 t_1 时刻和结束的 t_2 时刻之间的时间间隔内的**指数增长**:

$$\left(\frac{\dot{R}}{R}\right)^2 = \frac{8\pi G\rho_\Lambda}{3}$$

而

$$R_2 = R_1 \exp[H(t_2 - t_1)] \qquad (8.9)$$

其中

$$H = \left(\frac{8\pi G\rho_\Lambda}{3}\right)^{1/2} = H_0\left(\frac{\rho_\Lambda}{\rho_c}\right)^{1/2}$$

并且, 因为 RT 是常数, 所以在暴胀时期温度将会指数下降, 也就是说, 每个粒子的能量通过膨胀而红移掉了:

$$T_2 = T_1 \exp[-H(t_2 - t_1)] \qquad (8.10)$$

如上面所说的, 视界距离在例如 GUT(大统一理论)时期的可能时标($t = 10^{-34}$ s)时为 $ct \sim 10^{-26}$ m. 如果我们将宇宙在今天即 $t_0 \sim 4 \times 10^{17}$ s 时的大小估计值取为 $ct_0 \sim 10^{26}$ m, 那么这个半径在 $t = 10^{-34}$ s 时是 $[10^{-34}/(4 \times 10^{17})]^{1/2} \times 10^{26} \sim 1$ m, 也就是说, 比那时的视界距离大得多. 然而, 在暴胀演化图像中, 宇宙在暴胀之前的物理大小被假定是小于视界距离的, 使得有时间通过因果的相互作用达到热平衡, 此过程需要持续的时间中完全由光速决定. 在暴胀时期这个微小的区域膨胀而包含了 1 m 大小的宇宙, 然后它开始了传统的大爆炸"慢"膨胀, $R \propto t^{1/2}$. 因此这个演化要求

$$\exp[H(t_2 - t_1)] > 10^{26}$$

或者

$$H(t_2 - t_1) > 60 \qquad (8.11)$$

如果这个条件可以达到, 那么视界疑难就消失了, 因为即使是宇宙中相隔最远的部分也曾经处于密切的热接触中, 而仅仅是空间的远远超过光速的膨胀, 使得它们必然地分开了. 平坦性疑难也被解决了, 因为式(5.11)中的曲率项减小了一个因子:

$$\left(\frac{R_2}{R_1}\right)^2 = \exp[2H(t_2 - t_1)] \sim 10^{52}$$

所以如果 $\Omega(t_1)$ 在暴胀开始时仅仅是单位值的**量级**, 那么在暴胀结束时它将极其接近于单位值:

$$\Omega(t_2) = 1 \pm 10^{-52} \qquad (8.12)$$

在足够大的超星系团尺度上, 宇宙在今天应该是同等平坦和均一的. 可以将暴胀与一个橡胶气球作类比: 它在充气膨胀时, 表面的曲率减小, 在极限时表面的部分看起来非常平.

还有另一个疑难被暴胀解决了, 它确实也是 Guth 模型的最初动机. **磁单极**是狄拉克在 1932 年提出的, 又在大统一理论(其中电荷的量子化自然地出现了, 所以磁荷也一样)中被明确地预言存在. 磁单极质量将是 GUT 质量标度的量级, 它们

应该在早期宇宙中产生,具有与光子相当的数密度.它们可能作为稳定粒子而留存下来,其能量密度可能曾经主导了宇宙.搜寻磁单极并没有成功,观测对磁单极密度给出的上限比以上所期待的小很多量级.然而只要磁单极由于大的质量而只能在暴胀过程开始**之前**的非常高的温度下产生,那么磁单极疑难也解决了,因为磁单极数密度将通过暴胀而减小一个指数因子,典型地来说我们的整个宇宙中将只剩下一个磁单极.暴胀之后,温度被假设太低而无法导致磁单极的产生,但是当然足够产生我们在加速器实验中熟悉的所有基本粒子.

暴胀的物理机制是什么? 这还不知道.人们仅仅假定它产生于某种形式的标量场,称为**暴胀子**场.在它的最初形式中,暴胀机制被比作标量场自相互作用和自发对称性破缺的希格斯机制,后者出现于第 3 章中描述的非常成功的电弱相互作用理论中,而暴胀仅仅发生于高得多的能标,也许是 $10^{14}\sim10^{16}$ GeV,例如 GUT 能标.

假设从一个接近普朗克温度 $kT\sim10^{19}$ GeV 的巨热的微观宇宙开始,依据式(5.49)膨胀而冷却,而初始演化突然在 $t=t_1$ 时刻被这样一个由质量 m 的标量粒子组成的"暴胀子"场 ϕ 主导了.对于 $kT\gg mc^2$,这个场被假设是处于基态的,具有真空期待值$<\phi>=0$,如图 8.1.这个态被叫作"伪真空"态.然而当温度降到临界值 $kT_c\sim mc^2$ 之下时,通过一个自发对称性破缺的过程,这个场的真空期待值可能变得不等于零,具有$<\phi>=\phi_{\min}$ 和一个更低的势能.这个体系将因此试图从"伪"真空的亚稳态相变到"真"真空.在体系处于伪真空态的 $t_1\rightarrow t_2$ 这段时期,暴胀相就出现了,这时能量密度近似为常数.暴胀膨胀当然是由真空能驱动的.

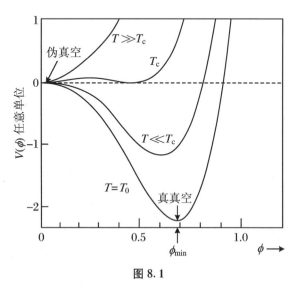

图 8.1

注:暴胀的早期模型中,"暴胀子"场的势 $V(\phi)$,对比场的真空期待值$<\phi>$在不同温度画出.临界温度标为 T_c.对于稍微小于这个值的温度,可能通过量子力学隧穿发生从"伪"真空到"真"真空的相变.暴胀在体系处于"伪"真空态时开始,当它达到"真"真空时结束.

回忆第 5 章和第 7 章中讲到的,我们看到今天宇宙中能量密度的一大部分(75%)是暗能量,它或许是不依赖于温度的真空能(见表 5.2).在遥远的过去这可能只占一个微小的分数,因为辐射和非相对论性物质的能量密度分别随着 T^4 和 T^3 变化.在这里讨论的暴胀中,我们需要的是**另一种**非常独立的真空能来源,仅仅存在于极高的能标上,在暴胀阶段完成之后就马上消失.

在这个模型中,当通过量子力学遂穿效应越过伪真空和真真空之间的势垒时,就会发生到真真空的相变,进而终止暴胀相.然后真真空"泡"生长了起来,人们假设它们彼此融合而终止了暴胀.当暴胀结束而体系进入真真空态时所释放的能量密度 $\rho \sim (mc^2)^4$,是对过度冷却的暴胀宇宙进行再加热的"潜热",使它恢复到具有"慢"膨胀和冷却的普通大爆炸模型.这种再加热类似于当过度冷却的水突然经历一个一阶相变而形成冰时释放出热量,过度冷却的水类似于伪真空而冰类似于真真空.在此模型中 R 和 T 随时间的变化在图 8.2 中画出.

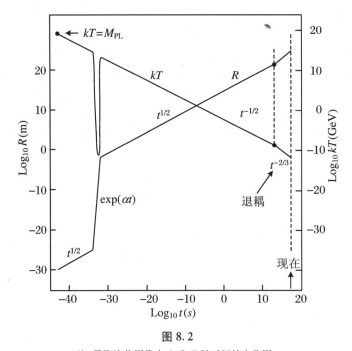

图 8.2

注:暴胀演化图像中 R 和 T 随时间的变化图.

我们在第 5 章的开头已经注意到宇宙今天的引力势几乎等于它的质能,所以总能量接近于零.强调这一点是重要的,即在暴胀演化图像下,宇宙实质上是从一无所有开始的,总能量为零,正如方程(5.13)中一个 $k = 0$ 的平坦宇宙的情形.当暴胀进行时,越来越多的正能量出现在迅速膨胀的被标量场 ϕ 所占据的区域:最终,在相变到真真空之后,"再加热"相将导致产生大量粒子($\sim 10^{88}$!)来最终形成物质宇宙.当这发生的时候,越来越多的负能量以膨胀区域的引力势能的形式出现.总能量保持在一个小的可能是零的值,同时 $k \approx 0$. 与膨胀和粒子的产生相联系的巨大能量仅仅由膨胀物质的引力势能提供. 这有点像从一座山的山顶由静止开始骑自行车下来. 达到底端所获得的大的动能被高度改变引起的势能损失精确地抵消了.

以上勾勒的早期 Guth 暴胀模型并不成功,因为它看起来不可能得到必要的暴胀增长,也不能有效地终止暴胀来留给人们一个合理的均匀宇宙. 无论"伪"真空和"真"真空之间通过量子隧穿进行的相变在哪发生,那里的真真空"泡"就形成了,然后暴胀结束. 然后这些泡将通过因果过程缓慢长大,而在它们之外,指数的暴胀仍然继续,结果这样就会导致一个非常成块的情形.

8.5　混 沌 暴 胀

以上问题在**混沌暴胀**模型中能够被避免,此模型最初由 Linde(1982；1984)以及 Albrecht 和 Steinhardt(1982)提出. 以上描述的 Guth 模型默认,在暴胀子场刚好处于伪真空最小值($\phi = 0$)时宇宙开始暴胀. Linde 指出,由于在或者接近于普朗克时间的量子涨落,这是不大可能的,开始的值可能是随机的. 这里的基本想法是,由于这种涨落,时空范围不同部分的条件以一种不可预言的方式变化,使得一些区域在其他区域之前获得暴胀的条件,而每个这种"泡"或者"碎片"自身就成为了一个宇宙. 暴胀势被假设是一个平滑的函数,如图 8.3 所示(这种情况是式(8.18)中的二次函数). 这里没有涉及相变或量子力学遂穿,结果是暴胀比以前的模型更容易达到终结.

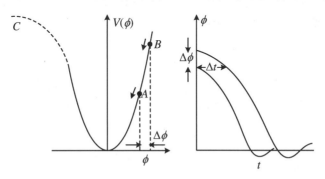

图 8.3

注:混沌暴胀演化图像下的典型势曲线(左边),这时对应二次函数式(8.18)的情况. 在大 V 处,曲线必须变平,如虚线 C 所示,意味着"慢滚"近似. 这种情况中没有涉及相变. ϕ 中的量子涨落的意思是,宇宙中不同的点,比如说 A 和 B,在不同的时间开始和结束暴胀(见右图),它们被一个间隔 $\Delta t = \Delta\phi / \dot{\phi}$ 分开,如式(8.22).

让我们从写下暴胀子场的拉格朗日能量开始:

$$L(\phi) = T - V = R^3\left[\frac{\dot{\phi}^2}{2} - V(\phi)\right] \tag{8.13}$$

其中, ϕ 是场的振幅, 以自然单位制 $\hbar = c = 1$ 表达, 具有质量的量纲, 如希格斯场的情形(见 3.11 节), R 是膨胀因子. 这个方程包含了这个场的动能和势能 T 和 V 之差, 如式(3.1). 这个场的总能量为

$$\rho_\phi = \frac{T + V}{R^3} = \frac{\dot{\phi}^2}{2} + V(\phi) \tag{8.14}$$

这个体系的欧拉 - 拉格朗日方程(3.1)具有形式:

$$\frac{\partial}{\partial t}\left(\frac{\partial L}{\partial \dot{\phi}}\right) - \frac{\partial L}{\partial \phi} = 0 \tag{8.15}$$

将它代入式(8.13)然后整个除以 R^3 得到

$$\ddot{\phi} + 3H\dot{\phi} + \frac{\mathrm{d}V}{\mathrm{d}\phi} = 0 \tag{8.16}$$

这个方程就像一个球在一个浅盘里来回滚动, 或者像非常高密度气体中的一个单摆在振荡, 中间一项对应于摩擦损失, 即对应于暴胀末期的再加热机制. 如果在暴胀过程的开始, 场的动能与势能相比很小, $\ddot{\phi} \approx 0$ 而 $\dot{\phi}$ 很小, 使得 $\phi \approx \phi_0$, 即一个几乎为常数的值, 那么 $V = V(\phi_0) \approx \rho_\phi$. 在这个所谓的慢滚近似下, 弗里德曼方程(5.11)具有形式(使用单位制 $\hbar = c = 1$ 和关系 $G = 1/M_{\mathrm{PL}}^2$):

$$H^2 = \frac{8\pi G\rho_\phi}{3} = \frac{8\pi V(\phi_0)}{3M_{\mathrm{PL}}^2} \tag{8.17}$$

所以宇宙在一个几乎是常数的膨胀因子下指数地胀大, 如式(8.9). 在这种情形下, 最小值附近的势通常被取作简单的二次形式:

$$V(\phi) = \frac{1}{2}m^2\phi^2 \tag{8.18}$$

暴胀进行时, 随着 V 轻轻"滚"下图 8.3 中曲线的虚线部分, ϕ 开始缓慢地变化. 因为 $\ddot{\phi} \approx 0$, 式(8.16)和式(8.18)给出

$$\dot{\phi} = \frac{-m^2\phi}{3H} \tag{8.19}$$

积分之后我们得到

$$\phi = \phi_0\exp\left(\frac{-m^2\Delta t}{3H}\right) \tag{8.20}$$

其中 $\Delta t = t_2 - t_1$ 是式(8.11)中暴胀的持续时间. 很明显, ϕ 应该不会下降得太快, 否则将得不到完整的膨胀, 因此代入式(8.11)中的极限我们从式(8.20)得到

$$60 < H\Delta t < \frac{3H^2}{m^2}$$

所以根据式(8.17)和式(8.18)得到条件

$$\frac{m}{M_{\text{PL}}} < \left(\frac{2\pi}{15}\right)^{1/2} \tag{8.21}$$

施加这个条件是为了保证得到一个足够大的暴胀因子,它也显示了暴胀子场的能量密度充分地小于 M_{PL}^4,在后者的水平上未知的量子引力效应可能变得重要.最终这个系统滚入了真真空的势阱然后暴胀停止,而正如上面所解释的,在势阱中的来回振荡对应于再加热相.

　　还有许多其他的暴胀模型,包括那些包含超引力的,但是我们在这里不讨论它们.还没有哪一个模型看起来完全成功地恰好提供了所需要的条件,但是似乎没有疑问的是,某种类型的暴胀是宇宙早期演化所必需的第一阶段.这类模型有两个强的预言.第一,闭合参数 Ω_{tot} 必然极端接近单位值,即曲率参数 k 必然接近零,宇宙在非常大的尺度上必然是平坦的.第二,在下一节描述的量子涨落发生的时候,众多的早期宇宙的众多区域中只有一个特别的区域在这一选定的时刻处于正确的状态;一定还有许多其他的宇宙从其他的区域中生长起来.所以,尽管我们的宇宙是这样的庞大,暴胀表明它只不过是大海中的一滴,即一个更大空间区域中的一个微小部分.

8.6　量子涨落和暴胀

　　人们相信量子涨落是早期宇宙各向异性的核心.在第 3 章中,我们看到基本粒子物理中的量子涨落,例如虚的电子-正电子对的产生和湮灭,可以解释电子和 μ 子的反常磁矩,并且这种涨落是非常成功的电弱理论的一个至关重要的部分.在一个静态宇宙中,这种虚过程不会导致实粒子的产生,因为对产生将永远伴随着湮灭.然而,在暴胀演化图像下,快速膨胀意味着任何产生的虚的粒子-反粒子对将不能够完全湮灭.产生和湮灭速率都是粒子密度和反应截面的乘积.所以湮灭时的粒子密度如果比先前产生过程中的更低,那么将会导致(从暴胀子场的能量中)一个净的实粒子的产生.这就是假设的粒子(和反粒子)在早期宇宙中产生的机制.这种量子涨落也和例如从黑洞中产生的霍金辐射(见 10.12 节)相联系.

　　量子涨落当然首先是由不确定关系所导致的结果.在一个时间间隔 Δt,一个系统的能量不能以超过 ΔE 的精度被确定,其中 $\Delta t \cdot \Delta E \sim \hbar$.暴胀子场振幅 ϕ 的涨落可以被认为是由于不同宇宙"泡"如图 8.3 那样完成暴胀时所处的时间不同,通过以下关系得到

$$\Delta t = \frac{\Delta \phi}{\dot{\phi}} \tag{8.22}$$

当讨论微波背景辐射中的涨落时,如下面的 8.13 节,在视界尺度上的涨落幅度是重要的,而它们决定于宇宙已经膨胀了多少:

$$\frac{\Delta\rho}{\rho} = \delta_{\text{hor}} = H\Delta t \sim \frac{H^2}{\dot{\phi}} \tag{8.23}$$

其中,哈勃时间为 $1/H$ 并且我们用了来自不确定原理的关系 $\Delta\phi \sim H$(还是在单位制 $h/(2\pi) = c = 1$).利用方程(8.17)中的 H^2 和方程(8.19)中的 ϕ,我们得到密度涨落的估计值:

$$\frac{\Delta\rho}{\rho} \sim \frac{m}{M_{\text{PL}}}\left(\frac{\phi}{M_{\text{PL}}}\right)^2 \tag{8.24}$$

我们再次说明一下实验上这个量是 10^{-5} 量级.理想地来看如果可以从暴胀模型来**预言**涨落的幅度当然是很好的,但是目前这看起来并不可能,因为预期的数字依赖于所假设的暴胀子势 $V(\phi)$ 的确切形式.

或许,如 8.15 和 8.16 节描述的,在未来研究由伴随着暴胀的引力波所导致的 CMB 偏振时,人们有可能完善暴胀模型.然而目前关于量子涨落的水平似乎还不能给出确切的预言.即使这样,现在延伸到 10^{26} m 量级的物质宇宙,我们知道它是从一个 10^{-27} m 的微小宇宙开始空间/时间之演化,而这起源于量子涨落,这一点是非常壮阔而迷人的.

8.7 原初涨落谱

上面说到的量子涨落是宇宙流体中的"零点"振荡.然而,暴胀一开始,大部分流体将以超光速的速度运动到**视界尺度 $1/H$ 之外**.(这里我们回忆起视界距离是 ct 的量级,其中 t 是膨胀开始之后经历的时间,在单位制 $c = 1$ 下等于膨胀速率的倒数 $1/H$.)这意味着振荡的波峰和波谷之间将不再有交流:量子涨落因此**在超视界尺度上"冻结"为经典的密度涨落**.我们也从式(8.24)注意到因为对涨落没有指定特殊的距离尺度,所以涨落谱应该遵循**幂律**形式,它(不像例如指数形式的那样)不涉及任何绝对尺度.这些密度涨落对应和曲率参数的变化相联系的时空度规的扰动.如下面所讨论的,涨落有不同的可能类型;然而,通常假设扰动是**绝热的**,即不同成分(重子,光子,等等)的密度变化是相同的.

我们可以看看涨落如何依赖于幂律的指数来决定小尺度和大尺度之间的平衡,根据 Barrow(1988)所作的论述.这种想法是基于指数膨胀在时间平移下不变.无论将指数增长的起点固定在什么时候,宇宙在每个时期看上去都将一样.所以膨胀速率 H 是常数,密度 ρ 是常数,视界距离 $1/H$ 是常数,而宇宙实际上处于**稳态**.

这样就没有一个时间或地点比其他的更重要,因为度规结构的扰动幅度在所有进入视界的长度标度上必须是一样的——否则扰动幅度的变化就可以用来标示一个时间感.这个度规(空间曲率)决定于引力势 Φ,而因为没有时间依赖,这将遵循牛顿引力的泊松方程(见式(2.20)):

$$\nabla^2 \Phi = 4\pi G\rho \tag{8.25}$$

假设球对称,$\nabla^2 \Phi = \dfrac{1}{r^2}\dfrac{\partial}{\partial r}\left(r^2\dfrac{\partial \Phi}{\partial r}\right)$,解为

$$\Phi(r) = \frac{2\pi G\rho r^2}{3} \tag{8.26}$$

因此,在视界距离 $r_{\text{Hor}} = 1/H$ 的尺度上,即在这个问题中仅有的自然长度上,我们有

$$\Phi = \frac{2\pi G\rho}{3H^2}$$

而在一任意尺度 $\lambda < 1/H$ 上,由密度涨落 $\Delta\rho$ 引起的引力势涨落将为

$$\Delta\Phi = 2\pi G\Delta\rho\frac{\lambda^2}{3} \tag{8.27}$$

因此在尺度 λ 上的引力势的相对扰动值为

$$\frac{\Delta\Phi}{\Phi} = H^2\lambda^2\frac{\Delta\rho}{\rho} \tag{8.28}$$

正如以上所解释的,在一个稳态中,$\Delta\Phi/\Phi$ 必须是某个常数而不依赖于任意的距离尺度 λ.因为 H 也近似为常数,就可以得到进入视界的密度涨落(并且特别的是它的均方根)必须有一个依赖于 λ 的幂律的谱:

$$\langle \delta_\lambda^2 \rangle^{1/2} = \left(\frac{\Delta\rho}{\rho}\right)_{\text{rms}} \sim \frac{1}{\lambda^2} \tag{8.29}$$

称为 PHZ(Peebles-Harrison-Zeldovich)谱,是暴胀演化图像典型的谱.用语言来阐述就是,这个谱对宇宙给出了相同程度的"褶皱"和视界距离上相同幅度的扰动而不依赖于所处的时期,这就是一个稳态宇宙所预期的.出于这个原因以上的谱被称为**标度不变的**.

注意到对于包含在体积 λ^3 中 N 个粒子,以上预言的涨落实际上比纯统计涨落要小,因为根据式(8.29),$\Delta N/N \propto N^{-2/3}$,而对于统计涨落 $\Delta N/N \propto N^{-1/2}$.这种对大尺度涨落的平滑是这样一个一般规则的例子,正如我们下面将要看到的,在一个加速宇宙中,扰动趋向于随时间衰减,而在一个减速宇宙中,扰动趋向于随时间增长.

通常我们不是描述涨落对长度尺度 λ 的依赖,而是讨论它们基于波数 $k = 2\pi/\lambda$ 的傅里叶分解.首先我们定义空间坐标 x 处的**密度反差**,为归一化体积下的平均密度值对 $\langle\rho\rangle$ 的相对偏离:

$$\delta(x) = \frac{\rho(x) - \langle\rho\rangle}{\langle\rho\rangle}$$

在空间中被距离 r 隔开的两点相关函数为

$$\xi(r) = \langle\delta(x+r)\delta(x)\rangle$$

这里再次对体积中所有的点对作了平均. 相关函数表达为对波数 k 的傅里叶积分. 假设涨落的相位是随机的, 交叉项将抵消, 然后得到

$$\xi(r) = \int |\delta(k)|^2 \exp(i k \cdot r) d^3 k \qquad (8.30)$$

这里, 为了简单起见, 傅里叶变换的定义中的一些 2π 因子被省略了. 量 $P(k) = |\delta(k)|^2$ 被称为涨落谱的**功率**. 假设各向同性, 可以对极角和方位角积分:

$$\xi(r) = \iint |\delta(k)|^2 \exp(ikr\cos\theta) 2\pi d(\cos\theta) k^2 dk$$

对 $\cos\theta$ 取极限 $+1$ 和 -1, 角度积分给出

$$\xi(r) = 4\pi \int P(k) \frac{\sin kr}{kr} k^2 dk \qquad (8.31)$$

从这个表达式, 我们看到对于 $kr \gg 1$, 方括号中的项, 也因此这个积分, 将平均成零, 而对于 $kr < 1$, 积分将随着 $k^3 P(k)$ 变化. 因为没有任何绝对标度, $P(k) \sim k^n$ 必须表示为幂律形式, 而对于暴胀模型, 我们从以上分析已经知道了 $n = 1$. 所以 $\xi \sim k^4$, 并且相关函数的平方根随着 k^2 或 $1/\lambda^2$ 变化, 正如我们已经从式(8.29)推出的. 如下面描述的, 通过分析 CMB 的角涨落, 可以利用 WMAP 实验得到对指数 n 的实验确定(见 Yao 等, 2006 给出的数据总结):

$$n = 0.95 \pm 0.02 \qquad (8.32)$$

和

$$\frac{dn}{d(\ln k)} = -0.003 \pm 0.010$$

这个结果接近于暴胀预言的 $n = 1$. 然而, 对这个单位值有小的偏离或"倾斜" $(1-n)$, 在 2σ 水平上是明显的. 如果考虑到在暴胀时 $\ddot\phi$ 和 ϕ 与零稍微有不同就会出现这种情形. 上面第二行显示指数随波数没有明显的"跑动".

8.8 大尺度结构: 引力塌缩和金斯质量

在第 5 章中早期宇宙被描述为均匀、各向同性和理想的原初流体(理想流体是摩擦效应可忽略的流体), 正在经历一个普遍的膨胀. 相反, 今天的宇宙是"颗粒状"的, 物质聚集成亿万个独立的星系, 每一个星系包含 10^{11} 量级的恒星, 并且与它们

的邻居被空间中巨大的空洞所分隔开.从大爆炸开始,我们必须思考发生了什么样的物理过程来造成这样的结构.最小尺度的结构形成,即恒星本身,在第 10 章中涉及.这里我们讨论大尺度结构,我们相信这最初起源于以上描述的暴胀阶段的微小涨落,这种涨落在今天观测微波背景辐射时可以探测到,如 8.13~8.15 节描述的.然而,在讨论这些观测和它们的解释之前,我们先考虑经典气体云的引力塌缩所必要的一般条件,最初由金斯给出了确切的说明.

　　让我们首先估计普通气体云在引力作用下塌缩所需要的时间,假设从气体的压强可以忽略开始.假设这团云是球形的,具有常数质量 M 和初始半径 r_0,并且它开始引力收缩.当半径缩小到 r 时,最外层球壳的一个小质量 m 将失去引力能 $GMm(1/r - 1/r_0)$ 而获得动能 $(m/2)(\mathrm{d}r/\mathrm{d}t)^2$,假设它初始时是静止的.令这两个量相等,我们得到从 $r = r_0$ 到 $r = 0$ 的自由落体时间:

$$t_{\mathrm{FF}} = \int \frac{\mathrm{d}r}{\mathrm{d}r/\mathrm{d}t} = \int \left(\frac{2GM}{r} - \frac{2GM}{r_0} \right)^{-1/2} \mathrm{d}r \tag{8.33}$$

代入 $r = r_0 \sin^2\theta$ 以及上下限 $\theta = \pi/2$ 和 0,这个积分给出

$$t_{\mathrm{FF}} = \frac{\pi}{2} \left(\frac{r_0^3}{2GM} \right)^{1/2} = \left(\frac{3\pi}{32G\rho} \right)^{1/2} \tag{8.34}$$

其中,ρ 是这团云的平均初始密度.注意到对一个给定的初始密度,这个结果不依赖于半径.可以看到,这个自由落体时间与围绕初始云团以公转轨道运行的卫星的环绕时间 $(3\pi/G\rho)^{1/2}$ 是相当的.

　　当气体云凝聚时,引力势能将转化为气体粒子的动(热)能.如果这些是原子或分子,这种运动的动能可能通过分子的碰撞分解或原子的电离被吸收,也导致了原子激发,这种激发在云是透明的情况下可以通过光子而辐射掉.这些过程将释放的引力能吸收然后再发射,使得气体云可以更进一步地收缩,但是最终当被加热气体的压强与向内的引力压平衡时,将达到流体静力学平衡.温度为 T 的气体的总动能将为

$$E_{\mathrm{kin}} \approx \frac{3}{2} \frac{MkT}{m} \tag{8.35}$$

其中,m 是每个粒子的质量,M/m 是粒子的总数,$3kT/2$ 是温度 T 时每个粒子的平均能量.一个质量 M 半径 r 的球的引力势能为

$$E_{\mathrm{grav}} \approx \frac{GM^2}{r} \tag{8.36}$$

这里有一个量级为 1 的数值系数,依赖于密度随半径的变化(如果密度为常数就等于 3/5).比较这两个表达式,我们发现如果 $E_{\mathrm{grav}} \gg E_{\mathrm{kin}}$,即如果 r 和 ρ 超过了以下临界值:

$$r_{\mathrm{crit}} = \frac{2MGm}{3kT} = \frac{3}{2} \left(\frac{kT}{2\pi\rho Gm} \right)^{1/2} \tag{8.37}$$

$$\rho_{\text{crit}} = \frac{3}{4\pi M^2}\left(\frac{3kT}{2mG}\right)^3$$

气体云将会凝聚.

例 8.2　计算一个质量为 10 000 倍太阳质量,温度为 20 K 的分子氢云的临界密度和半径.

将 SI 单位制下的值 $M_\odot = 2\times10^{30}$,$G = 6.67\times10^{-11}$,$k = 1.38\times10^{-23}$ 和 $m = 3\times10^{-27}$ kg 代入方程(8.37)给出以下数值:

$$r_{\text{crit}} = 1.07\times10^{19}\ \text{m} = 0.35\ \text{kpc}$$
$$\rho_{\text{crit}} = 3.83\times10^{-24}\ \text{kg}\cdot\text{m}^{-3} = 1\ 150\ \text{mol}\cdot\text{m}^{-3}$$

对于包含 10^5 量级的恒星的**球状星团**,这些是其中的气体云的典型温度和密度值. 单个的恒星将由于气体云的密度涨落而形成,从式(8.37)得到所要求的密度约为 10^8 倍平均密度.

从宇宙中大尺度结构形成的角度,我们想要判定什么标准导致气体云在其中一部分的密度变大的涨落下凝聚.以密度 ρ 的形式,气体云有一个称为**金斯长度**的临界大小,其值为

$$\lambda_{\text{J}} = v_{\text{s}}\left(\frac{\pi}{G\rho}\right)^{1/2} \tag{8.38}$$

实质上是将声速乘上自由落体时间得到的.直径等于金斯长度的气体云的质量称为**金斯质量**:

$$M_{\text{J}} = \frac{\pi\rho\lambda_{\text{J}}^3}{6} \tag{8.39}$$

这里 v_{s} 是气体中的声速.这些方程的意义何在? 声波(任意一种密度扰动的传播)穿过一个大小为 L 的云的典型时间是 L/v_{s},而当 $L\ll\lambda_{\text{J}}$ 时,这小于引力塌缩时间式(8.34).所以扰动仅导致了声波的来回振荡,没有任何优先的位置能够让物质向着它被吸引.另一方面,如果 $L\gg\lambda_{\text{J}}$,声波无法传播得足够快来响应密度扰动,气体云将开始围绕这些扰动而凝聚.对于一个非相对论性物质组成的云团,式(8.38)中的金斯长度 λ_{J} 和式(8.37)中的 r_{cri} 当然是一样的(至多相差单位量级的数值因子).对于

$$v_{\text{s}}^2 = \frac{\partial P}{\partial \rho} = \frac{\gamma kT}{m} \tag{8.40}$$

其中,γ 是定压比热与定容比热之比,对中性氢等于 5/3.在这种情况下,有

$$\lambda_{\text{J}} = \left(\frac{5\pi kT}{3G\rho m}\right)^{1/2} \tag{8.41}$$

所以如果用非相对论性气体分子的温度的形式来表示,式(8.37)中的 r_{cri} 和式(8.38)中的 λ_{J} 都是 $[kT/(G\rho m)]^{1/2}$ 的量级.

8.9　膨胀宇宙中的结构增长

　　我们现在将上一节中基于经典密度扰动的思想,应用于早期宇宙的涨落.假设在一个静态(即不膨胀的)均匀各向同性的非相对论粒子的流体中某点发生了一个密度变大的涨落,也就是说,密度在没有扰动的密度 ρ 上增加了一个小量 $\Delta\rho$,其中 $\Delta\rho \ll \rho$.扰动所施加的引力,以及因此每单位时间被扰动吸引的物质内向流,都将正比于 $\Delta\rho$,所以 $\mathrm{d}(\Delta\rho)/\mathrm{d}t \propto \Delta\rho$.这个简单的论述表明密度扰动可能随时间指数增长.然而,在非静态的膨胀宇宙情况下,引力内向流可能被外向的哈勃流抵消掉.结果密度涨落增长的时间依赖性是一个幂律而不是指数形式.可以直观地猜测,如果扰动很小以至于所有的效应都是线性的,并且是以所谓的**密度反差** $\delta = \Delta\rho/\rho$ 的形式来表示,那么这一无量纲的量仅可能和另一个与哈勃流有关的无量纲数成正比,也就是对应时间 t_2 和 t_1 的膨胀参数比 $R(t_2)/R(t_1)$.

　　定量地,我们需要考察最大尺度上宇宙的结构增长是否可以通过在宇宙微波辐射中观测到的微小的各向异性(温度和密度涨落在 10^{-5} 的水平,已经在 5.9 节提到并且将在下面更细致地讨论)来理解.用微扰理论来处理小密度涨落的增长这一标准方法非常冗长,在附录 C 中给出.这里我们用一个捷径来得到主要结果,将初始的密度增大的涨落处理为一个物质主导的闭合的"微观宇宙",具有质量 M 和 $k = +1$ 的正曲率 k/R^2,如图 5.4 的下面一条曲线和例 5.2 所描述的.那么从方程(5.17)得到的 R 和 t 的参数化形式为

$$R = a(1 - \cos\theta) = \frac{a\theta^2}{2}\left(1 - \frac{\theta^2}{12} + \cdots\right)$$

$$t = b(\theta - \sin\theta) = \frac{b\theta^3}{6}\left(1 - \frac{\theta^2}{20} + \cdots\right) \tag{8.42}$$

其中,$a = GM/c^2$ 和 $b = GM/c^3$,右边的展开是针对非常早的时期,即 $\theta \ll 1$.将第二个方程两边取 2/3 次方得到 θ^2 作为 $t^{2/3}$ 的函数,然后代入第一个方程得到

$$R(t) = \frac{a}{2}\left(\frac{6t}{b}\right)^{2/3}\left[1 - \frac{(6t/b)^{2/3}}{20} + \cdots\right] \tag{8.43}$$

我们看到当 $t \ll b/6$ 时,$R(t) \propto t^{2/3}$,即半径随时间的增加与在一个 $\Omega = 1$ 的平坦的物质主导宇宙中的情形是一样的(见表 5.2).对于更大但是仍然是小的 t 值,相对于平坦情形,密度增加随膨胀因子 $R(t)$ 线性增长:

$$\delta = \frac{\Delta\rho}{\rho} = -\frac{3\Delta R}{R} = +\frac{3}{20}\left(\frac{6t}{b}\right)^{2/3} \approx \frac{3}{10a}R(t) \propto (1 + z) \tag{8.44}$$

正如我们所预期的.顺便提一下,在这里我们可能注意到,如果我们对于一个开放宇宙利用式(5.18)作了同样的处理,将会得到符号相反的 δ 值,这样密度扰动随时间减小.

根据式(8.44)中简单的线性依赖关系,一个物质主导的宇宙中,微波辐射在退耦时($z_{dec} \sim 1\,000$)的原初(10^{-5})涨落到现在将增长了约三个量级.然而,这还不足以解释现在的宇宙中更大的物质密度涨落.结论是,在微波辐射中观测到的涨落水平太小而不能单独以重子成分中涨落的增长来解释观测到的结构,所以非相对论性(冷)暗物质也是需要的.

8.10　辐射时期涨落的演化

到现在为止,我们考虑的是非相对论性物质——重子成分和所谓的冷暗物质——中涨落的增长.然而,在退耦发生的时刻 $z \sim 1\,000$ 之前,能量密度包含着"残留"原初光子和中微子/反中微子的贡献,如 5.10~5.12 节讨论的.这些的确在更早期的辐射时期,即在物质-辐射相等的时刻之前(即 $z > 3\,000$ 时),做出了主导的贡献.

图 8.4 显示了一个密度涨落的均方根幅度对比式(8.29)中引入的距离尺度 λ 画出的早期的图.在非常大的尺度上(典型的角度范围为 $10° \sim 100°$)这些由微波背景的温度涨落推导出来,微波背景的涨落首先由 COBE 卫星实验观测到(Smoot等,1990),这当然反映了物质的密度涨落(见图 8.8).

在更小的尺度和角度上,密度涨落由大尺度星系巡天的分析推导出来.在大尺度上,涨落谱看上去确实非常好地遵循暴胀所预言的式(8.29)中随 $1/\lambda^2$ 的变化,宇宙在大距离上逐步变得平滑,而谱在星系和星系团这些更小的尺度上,即在 $\lambda < 100\,\text{Mpc}$ 上变平了.曲线显示了对一个冷暗物质情形以及一个热和冷暗物质混合情形的预期幅度,曲线在小尺度上的变平来源于相对论性粒子——光子和中微子——的平滑效应,我们现在讨论这一效应.

在大爆炸的早期阶段,宇宙是辐射主导的,声速是相对论性的,值为 $v_s \sim c/\sqrt{3}$——见表 5.2.这意味着,利用式(5.47)和 $\rho_r c^2 = [3c^2/(32\pi G)]/t^2$,金斯长度为

$$\lambda_J = c\left(\frac{\pi}{3G\rho_r}\right)^{1/2} = ct\left(\frac{32\pi}{9}\right)^{1/2} \tag{8.45}$$

所以在辐射时期视界距离和金斯长度都是 ct 的量级.

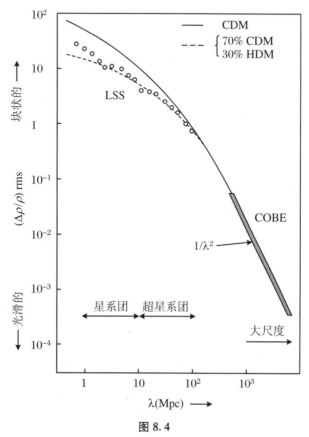

图 8.4

注:密度涨落对比尺度 λ 画出的图,来自 COBE 卫星对大角度尺度的微波背景的观测,和在更小角度尺度的大尺度结构的星系巡天(例如,来自 IRAS 卫星实验的红外巡天).实质上,这种巡天包含对天空中许多个 λ^3 体积中每个所包含的星系的计数、确定相对平均数的均方根涨落分数,以及对不同的 λ 值重复这一过程.这些曲线显示了从冷的和混合的暗物质模型得到的早期预言(Kolb,1998).

8.10.1　光子成分

我们现在讨论辐射主导时期视界之内的质量随时间的演化,并且考虑在那个时期初始物质密度涨落是否可能留存下来.首先,我们考虑光子成分的作用.在这个时期,视界之内实际的重子质量为

$$M_{\mathrm{H}}(t) \sim \rho_{\mathrm{b}}(t)(ct)^3 \propto \frac{1}{T^3} \tag{8.46}$$

其中,对 T 的依赖来自于 $\rho_{\mathrm{b}} \propto 1/R^3 \propto T^3$ 和从式(5.49)得到的辐射主导时期 $t \propto 1/T^2$.这一依赖关系当然将在接近退耦温度的时候变平,因为重子对减小声速的效应增加.在重子-光子退耦时刻, $z_{\mathrm{dec}} \sim 1\,100$, $\rho_{\mathrm{b}} = \rho_{\mathrm{c}} \Omega_{\mathrm{b}} (1 + z_{\mathrm{dec}})^3$,并且 $t_{\mathrm{dec}} =$

$t_0/(1+z_{dec})^{3/2}\sim 10^{13}$ s.代入式(5.26)中的 ρ_c,对于 $\Omega_b = 0.04$ 值我们得到

$$M_H(t_{dec}) \sim 10^{18}\Omega_b M_\odot \sim 10^{17} M_\odot \tag{8.47}$$

金斯质量将大一个量级.这表明了在星系($M\sim 10^{11} M_\odot$)和星系团($M\sim 10^{14} M_\odot$)尺度上的涨落在辐射时期进入视界,对应的红移分别为 $1+z\sim 10^5$ 和 $\sim 2\,000$. M_H 和 M_J 随 T 的变化如图8.5所示.

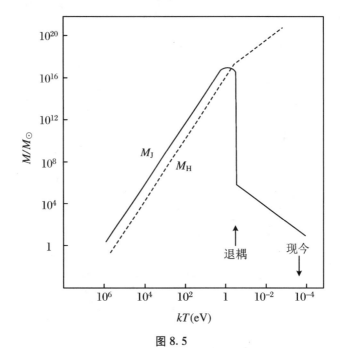

图 8.5

注:视界之内(即可以有因果效应的最大距离)的(重子)质量 M_H 和金斯质量 M_J(即可以克服辐射压从而引力收缩的最小质量)随辐射温度 T 的变化.物质和辐射退耦之后,金斯质量快速地下降,因为声速减小了一个 10^4 因子,而视界之内的质量(随着 $1/T^{1\cdots5}$)继续增加.

　　如上所述,原则上涨落可能有几个不同的类型.**绝热**涨落表现得像声波,重子和光子密度一起涨落,而对于**等温**涨落,物质密度在涨落但是光子密度没有,所以物质处在一个温度不变的光子浴中.或者可能的是在**等曲率**涨落中物质和光子密度都涨落但是相位相反.目前的迹象表明绝热涨落是最可能起主导作用的.发生了什么依赖于所考虑的距离标度.当物质是非相对论性的时候,光子以光速传播,并且通过抵抗引力的辐射压,可以从高密度区域流到低密度区域,所以抹平了一切涨落.辐射时期的大多数时候,光子能量密度大于重子或"冷"暗物质的能量密度,所以如果光子扩散走了,涨落的幅度将大大降低,这就是**扩散衰减**或 Silk **衰减**.

　　如果光子通过"汤姆森拽引",即通过重子-电子等离子体中的电子的康普顿散射,被锁定在重子物质上,光子的损失会受到阻碍,在所关心的能标下这种效应由汤姆森散射截面式(1.26d)决定.

如下面的例 8.3 所示的,人们发现,包含重子质量远大于 $10^{13}\,M_\odot$——星系或更大物体的尺度上——的涨落将在退耦时期留存下来而没有明显的幅度减小,之后这些涨落就可以增长了.相反,更小尺度上的涨落将被抹平,如图 8.6 所示.

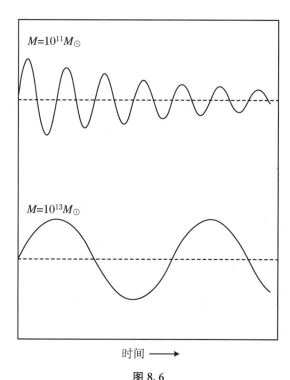

$M=10^{11}M_\odot$

$M=10^{13}M_\odot$

时间 ⟶

图 8.6

注:在辐射时期,波长包含的重子质量小于 $10^{12}\,M_\odot$ 的绝热涨落由于光子成分的溢出而衰减掉了,而质量大于 $10^{14}\,M_\odot$ 的以一个实际上不变的幅度保留下来,直到物质–辐射退耦的时期(见例 8.3).

例 8.3　估算与一原初密度涨落相联系的可以在退耦时期留存下来的最小质量,仅考虑光子衰减.

光子穿过电离重子物质的散射平均自由程为 $l=1/(n_e\sigma)$,其中电子数密度 $n_e\sim\rho_b N_0$,N_0 是阿伏伽德罗常数,σ 是 $\gamma e\to\gamma e$ 的康普顿截面,在这里的能量下等于汤姆森截面式(1.26d).因为散射是各向同性的,N 次连续散射的结果是光子走了一个直线距离 D,$\langle D^2\rangle=(l_1+l_2+l_3+\cdots+l_N)^2=N\langle l^2\rangle$,因为平方中的交叉项相消了(这是著名"醉汉行走"问题的例子).

光子走完一个直线距离 D 所花时间因此为 $t=Nl/c$,使得 $D=(ct\cdot l)^{1/2}$ 是视界距离和散射平均自由程的几何平均.因此一个光子扩散到一个具有标度长度 D 的涨落之外所需时间为 $D^2/(lc)$ 的量级,如果这远小于从大爆炸开始的时间 t,光子将流走,涨落将衰减掉.因此为了让涨落留存到时间 $t=t_{\mathrm{dec}}$(之后就开始增长

了),我们需要

$$D^2 > lct_{dec} = \frac{ct_{dec}}{\rho_b N_0 \sigma} \qquad (8.48)$$

对于 D 的下限我们取 $t = t_{dec}$ 时刻的 ρ_b 等于 $\rho_b(0)(1 + z_{dec})^3$,给出 $M > D^3\rho_b \sim 10^{13} M_\odot$. 相应今天的标度长度为 $D(1 + z_{dec}) \sim 10 \,\text{Mpc}$.

8.10.2　中微子成分

大爆炸除了遗迹光子之外,还残留下数目相当的相对论性中微子——"热暗物质",如 5.10 节讨论的,并且它们在结构形成中也将具有至关重要的效应. 中微子不会被等离子体中电子的汤姆森散射所限制,因为它们在所关心的能量,即 kT 为几个 eV 的量级下,$\nu p \to \nu p$ 散射(即对于中性流散射,因为它们在带电流相互作用的能量阈之下)的弱作用碰撞反应截面仅约为 $10^{-56} \,\text{cm}^2$,并且对于 $\nu e \to \nu e$ 散射就更小了. 如 5.11 节所说的,遗迹中微子实质上在它们由于膨胀而冷却到 $kT \sim 3 \,\text{MeV}$ 之后,即大爆炸之后仅 0.1 秒,将不会与物质有进一步的反应.

像其他暗物质一样,相对论性中微子将由于引力而聚集成团,如果它们可以这样的话. 但是,如果有足够的时间它们也可以从局域密度变大的涨落中自由地流走,即**无碰撞衰减**. 因为它们具有接近 c 的速度,它们可以流动的距离等于那个时刻的光学视界. 实际上这里重要的事情是在辐射和物质具有相等能量密度的时刻 t_{eq} 的视界距离,因为在辐射主导时期中进入视界之内的扰动将由于中微子的衰减效应而不能增长. 从第 5 章中视界距离的公式中,我们发现这是 150 Mpc 的量级. 对于这个尺度,中微子将趋向于阻抑任何密度变大的涨落,使得这种涨落不能增长. 对于明显在这个尺度之上的涨落,比方说在 400~500 Mpc 上的涨落,中微子将像其他暗物质一样聚集成团,因为它们不能在可能的时间内逃出涨落所覆盖的距离.

在图 8.4 和图 8.7 中我们注意到这种"热暗物质"确实没有影响超过约 400 Mpc 的距离尺度上的涨落谱. 这种尺度包含了 $10^{16} M_\odot$ 量级的质量,即超星系团的尺度. 所以在一个中微子主导的早期宇宙中,超星系团将首先形成. 从取自这本书的第一版的图 8.4 所示的早期结果中看到,"热"暗物质对总暗物质的贡献估计为 30% 的量级,因为辐射时期的末期 kT 的值是几个 eV 的量级,所以中微子是"热"的,即是相对论性的这一事实,表明中微子质量上限为 $1 \,\text{eV}/c^2$ 左右的量级. 在下一节我们引述从更近的实验中得出的更精确的极限.

8.11 从涨落谱得出的中微子质量的宇宙学极限

如果结合不同类型实验的结果,那么以上我们描述的观测到的涨落谱确实导致了对中微子质量的重要限制.我们可以按如下方式定性地理解这种效应.首先,正如上面我们所指出的,与中微子质量无关的是,大于 400 Mpc 的尺度上的涨落将实质上不受影响,功率如式(8.29)中的 $P(k) \sim k^1$.在越来越小的尺度上,中微子的流动在抹平涨落方面具有一个越来越大的效应,结果是 $P(k)$ 随着 k 的增加而减小.如图 8.7 所示,对 $k \sim 1\,\mathrm{Mpc}^{-1}$ 有 $P(k) \sim 1/k^2$,也就是说均方涨落 $k^3 P(k)$ 正比于 k,均方根涨落正比于 $k^{1/2}$ 或 $1/\lambda^{1/2}$.

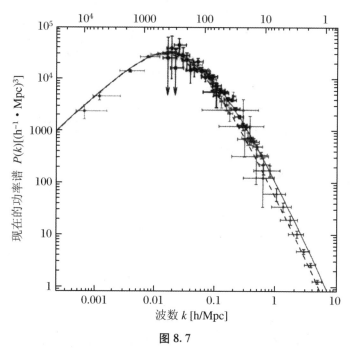

图 8.7

注:功率 $P(k)$ 对比波长 k(表示为 Mpc 的倒数)画出的图,来自在小 k 值(大距离 $\lambda > 1\,000$ Mpc)CMB COBE 的巡天和大 k 值的星系巡天.这包含了对约 250 000 个星系的斯隆数字化巡天、弱引力透镜,和莱曼 alpha 森林的数据.这些尺度所包含的参数 $h = 0.72$,是现在的哈勃常数 H 除以 100.所以最大的尺度是 0.72λ,其中 λ 是以 Mpc 为单位的标度长度.实线是在冷暗物质和零中微子质量下的理论预言,虚线是在中微子质量为 $1\,\mathrm{eV}/c^2$ 下的理论预言(Tegmark,2005).

然而,即使它对谱型的影响很小,小尺度上涨落的实际水平确实非常依赖于中微子质量. 如上面所表明的, 对于 $1\,eV/c^2$ 量级的质量, 中微子质能和热动能是相当的. 在这里让我们回想一下, 如第 5 章表明的, 光子和重子退耦时刻的红移是 $z_{dec} = 1\,100$, 此时 $kT = 0.3\,eV$, 所以在物质-辐射相等的时刻, 即当 $z_{eq} \sim 3\,000$ 时, $kT \sim (3\,000/1\,100) \times 0.3 \sim 1\,eV$. 对于比 $1\,eV/c^2$ 大得多的质量, 中微子速度可能因此明显地小于 c, 流动距离也相应地减小了, 但是更重要的是, 中微子对总密度参数的贡献 Ω_ν 是正比于中微子质量的, 因此更大的质量导致在衰减掉涨落方面具有更大的比例效应. 粗略地看, 人们发现中微子质量从零到 $1\,eV/c^2$ 的增加使得涨落水平减小一个约为 2 的因子, 见图 8.7.

最近对中微子质量效应的分析细致地考虑了几个大尺度星系巡天, 例如, Doroshkevich 等 (2003) 利用哈勃空间望远镜对超过 250\,000 个星系的斯隆数字化巡天[①], 和 Elgaroy 等 (2002) 的 2 度视场星系红移巡天 (2dFGRS). 还包括最小尺度上对 "莱曼 alpha 森林" 研究 (见 9.14 节) 的结果, 以及来自于 WMAP 和这一章的后面要讨论的对微波辐射的角谱中的 "声学峰" 的其他分析的宇宙参数. 这种将不同宇宙学参数相结合给出的信息中重要的一点是, 它提供了从星系巡天得出的小尺度涨落和从 COBE 对微波背景的实验得出的大尺度涨落之间的归一, 所以对中微子的贡献给出了更强的限制. 最近的分析 (Tegmark, 2005) 与零中微子质量相一致, 导致了对所有味求和的一个质量上限 (90% 置信度):

$$\sum m_\nu(e, \mu, \tau) < 0.42\,eV/c^2 \tag{8.49}$$

这个极限已经几乎和来自中微子振荡的最小质量值 (见第 4 章) 处于同一个量级, 并且在不久的将来肯定会得到改善.

顺便提一下, 在这里我们可以说, 遗迹中微子在**今天**没有机会在星系或星系团周围聚集. 它们是非相对论性的, 具有值 $kT = 0.17\,meV$ (见 5.10 节), 而式 (4.12) 的质量差——据推断就是它们自己的质量——高达至少 $10 \sim 50\,meV$. 它们的麦克斯韦能量分布的平均速度对中微子质量 $1\,eV/c^2$ 为 $\sim 6\,000\,km \cdot s^{-1}$, 对质量 $0.1\,eV/c^2$ 为 $\sim 20\,000\,km \cdot s^{-1}$. 这些速度都超过了星系或星系团的逃逸速度 (见习题 8.8).

8.12　物质主导时期涨落的增长

正如下面的例 8.4 所表明的, 一旦物质和辐射退耦以及中性原子形成, 声速以及金斯质量就减小了 10\,000 倍. 星系和更小尺度上不均匀性的增长就变得可能了.

---

① 此处疑有笔误, 斯隆数字巡天并未使用哈勃望远镜. (译者注)

例 8.4 估算物质(重子)和辐射刚退耦之后金斯质量的值.

重子物质从辐射中退耦出来以及质子和电子复合形成原子之后,声速由式 (8.40)给出

$$\frac{v_s^2}{c^2} = \frac{5kT}{3m_H c^2}$$

根据 5.12 节取 $kT = 0.3\,\mathrm{eV}$,并取氢原子的质能 $m_H c^2 = 0.94\,\mathrm{GeV}$,我们得到

$$\frac{v_s}{c} = 2 \times 10^{-5}$$

所以,与退耦之前的时期相比较,声速和金斯长度下降了一个 10^4 因子,而金斯质量从 $10^{18}M_\odot$ 变为 $10^6 M_\odot$. 最后这个值是拥有 10^5 量级个恒星的**球状星团**的典型质量,它们是天空中最古老的天体之一(见第 10 章). 很明显,更大的天体,如星系和星系团,这一时期完全可以在引力作用下凝聚.

从以上讨论我们可以看到只有在宇宙变成物质主导之后的扰动才真正有机会增长. 在这方面,暗物质特别是冷暗物质,对星系和超星系水平上的结构形成起了至关重要的作用. 事实上,若只考虑重子成分($\Omega_b(0) \sim 0.04$),仅仅依靠它在红移 $z \sim 1\,100$ 从辐射中退耦出去之后就开始的引力塌缩,这样计算出的密度反差随时间的增加,如果像上面所描述的开始由暴胀得到的值 $\Delta\rho/\rho \sim 10^{-5}$ 的话,并不足以解释观测到的星系和星系团的增长. 正如前面所说的,需要足够数量的冷(即非相对论性的)暗物质($\Omega_{dm}(0) \sim 0.20$)作为原初宇宙的一个成分. 不同于普通(重子)物质,它不会通过汤姆森散射和辐射相互作用,并且它还会在一个更早的时期($z \sim (3\,000 \sim 5\,000)$,见 5.13 节)开始比辐射更占主导地位,所以既更有效又有更多时间来完成引力塌缩. 当然,一旦暗物质的成团形成了引力势阱,重子将落入其中,这样重子密度反差的增加确实将跟随着暗物质了.

最后,我们注意到涨落谱,例如图 8.4 中的,看上去确实很好地依照暴胀演化图像的式(8.29)所预言的在非常大的尺度上随 $1/\lambda^2$ 变化,宇宙在大距离上逐渐变得平滑,而这个谱在星系团的更小尺度上被拉平了. 对于 λ 的这种依赖对应于 k-空间的幂律形式 $P(k) \sim k^n$,如式(8.32)那样具有 $n \approx 1$,对暴胀演化图像提供了强有力的证明.

8.13 CMB 的温度涨落和各向异性

到现在为止我们讨论了物质密度涨落对尺度 λ 或波数 k 的依赖. 然而,我们现在对于宇宙基本参数的认识很大程度上来自于过去 10～15 年间对 CMB 不同空间

方向上(即它们的角度依赖)微小的(10^{-5})**温度变化**而精度逐渐增高的细致研究.当然,通过它们和重子的相互作用,光子将经历密度涨落因而也是温度涨落,这些都反映了物质密度的涨落.我们首先简要讨论这些各向异性的源,然后描述实验状况及其分析.

观测到的最大(10^{-3})效应来自于第5章提到的偶极项,温度的多普勒移动 $T(\theta)=T_0[1+(v/c)\cos\theta]$,产生于地球相对于哈勃流的"本动速度"$v(=370\ \mathrm{km \cdot s^{-1}})$. COBE卫星观测也探测到了更高的多极项,对应于在7°或更大的角度尺度上温度的变化,这里的尺度由探测器的分辨率给定.图8.8显示了观测的CMB温度涨落的全天图像,来自于COBE和更近的WMAP卫星实验,后者的角分辨率是几个角分的量级.这些更高的多极项中观测到的温度涨落是微小的,为10^{-5}量级,具有均方根值18 μK.实际上有两种类型的各向异性:初级各向异性,由微波辐射在红移

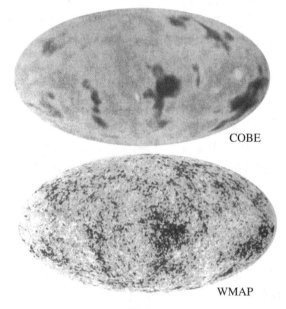

图 8.8

注:CMB中温度涨落的全天图,测量于(a)COBE实验(Smoot等,1990)和(b)WMAP实验(Bennett等,2003).WMAP中明显地提升了分辨率.在所展示的这些图中,反差被加强了约30万倍,使得微小的(10^{-5})涨落变得明显了.

$z_{\mathrm{dec}}=1\,100$ 的最后散射的时候或在这之前发生的效应所导致;以及次级各向异性,由光子在它们通过宇宙空间到达今天探测器的长达140亿年的旅途中与星际气体或引力势的相互作用所导致.首先,这些将趋向于抹掉最小角度上的初级各向异性.第二,因为初级各向异性的存在,与任何星系际等离子体中自由电子的汤姆森散射将产生面偏振,特别是在大角度的散射.这个大角度偏振已经被观测到了并且对星际介质在第一代恒星形成之后的再电离给出了重要限制,正如下面将要描述的.

8.13.1　初级各向异性

CMB 中的初级各向异性(不同空间方向上温度的变化)来源于光子与物质的引力(也包含次要的电磁)相互作用,发生在辐射和物质退耦($z_{dec} \sim 1\,100$)之前的最后一次散射,此时宇宙已经是物质主导的了. 有几种不同的效应,但是正如我们下面将要看到的,大尺度被引力相互作用主导,被称为 Sachs-Wolfe **效应**. 首先,如果有一个物质密度变大的涨落,在那个区域中当光子爬出引力势阱时将被红移(冷却),有 $\Delta T/T = \Delta\Phi/c^2$,这里引力势的改变 $\Delta\Phi$ 是负的. 另一方面,这个势的改变引起了一个时间延迟效应,$\Delta t/t = \Delta\Phi/c^2$(回想一下,在引力场中的钟走得慢). 因为尺度参数 R 在这个物质主导阶段中随着 $t^{2/3}$ 变化,并且 R 也随着 $1/T$ 变化,那么 $\Delta T/T = -(2/3)\Delta t/t = -(2/3)\Delta\Phi/c^2$. 这意味着光子被加热了,因为它们来自的区域对应于更早和更热的时间. 这两项的净效应就是 Sachs-Wolfe(SW)冷却:

$$\left(\frac{\Delta T}{T}\right)_{SW} = \frac{\Delta\Phi}{3c^2} \tag{8.50}$$

初级各向异性还有一些其他的原因. 因为等离子体是运动的,所以可能有光子频率以及温度的多普勒拖影. 然而,正如上面表明的,最重要的其他源似乎是**绝热**效应,这时光子和物质一起涨落. 在一个密度过大的区域,辐射因此压缩而变得更热. 因为光子数涨落 $\Delta n_\gamma/n_\gamma = \Delta\rho/\rho$ 和 $n_\gamma \sim T^3$,由此得到

$$\left(\frac{\Delta T}{T}\right)_{AD} = \frac{1}{3}\frac{\Delta\rho}{\rho} \tag{8.51}$$

其中,$\rho = \rho_m$ 是物质密度.

这两种效应之比,利用表达式(8.28)与尺度 λ 上密度变化引起的引力势变化联系起来,为

$$\frac{(\Delta T/T)_{SW}}{(\Delta T/T)_{AD}} = \frac{2\pi G\rho\lambda^2}{3c^2} \tag{8.52}$$

所以,在退耦时刻的尺度

$$\lambda^2(dec) > \frac{3c^2}{2\pi G\rho_m(0)(1+z_{dec})^3}$$

或对于今天的情形,即将 λ 乘以尺度因子 $1 + z_{dec}$ 然后将这一关系用临界密度式(5.26)和物质闭合参数表达,对于 $\Omega_m(0) = 0.26$ 和 $z_{dec} = 1\,100$ 得到的尺度:

$$\lambda > \frac{2c/H_0}{[\Omega_m(0)(1+z_{dec})]^{1/2}} \approx 0.50\,\text{Gpc} \tag{8.53}$$

SW 效应在这些尺度上更显著. 所以超过 1 Gpc,或者在现在的光学视界 15 Gpc(见式(5.45))上角间距大于约 $3°$ 时,CMB 温度中的 SW 各向异性在距离间隔是主导的.

8.13.2   次级各向异性

在重子物质和光子退耦(即电子和氢离子的"复合")的 $z_{dec} = 1\,100$ 之后,宇宙立刻变成由光子、中微子、氢和氦的中性气体原子,以及当然还有的无处不在的暗物质和暗能量组成.在接下来的"黑暗时期"中,物质将在引力下越来越凝聚在一起,直到"原恒星"最先形成,随后最终发生恒星核聚变过程(热核反应),如第 10 章描述的.黑暗时期走向终结,从此就有了光.这些第一代恒星发出的紫外光将再电离星际气体.结果 CMB 的次级各向异性可能变得重要,如果再电离开始于在 $z \sim$ 12 或更小(见问题 8.7)时的恒星形成.WMAP(威尔金森微波各向异性探测器)的结果(Alvarez 等,2006)的确找到了对此的实验证据.他们测量了由 CMB 和电离等离子体中的自由电子的大角度汤姆森散射所导致的偏振.CMB 偏振在下面讨论(8.16 节).上面的文章引用了一个 0.09 ± 0.03 的光深(等效于汤姆森散射截面的散射几率)和再电离红移 $z = 11$.

除了汤姆森散射的偏振效应之外,CMB 光子在它们到达观测者的路上,可能碰巧穿过致密的热等离子体区域,这种情况下它们会被蓝移,这是和高能电子碰撞的结果(Sunyaev-Zeldovich 效应).更进一步地,如果光子穿过可变化的引力势区域,它们将经历引力频移(所谓的积分 SW 效应).所有的这些过程将导致初始各向异性被拖影,在非常小的角度上最显著.

8.14   各向异性的角谱:分布中的"声学峰"

在 8.3 节讨论视界距离 D_H 时,我们下结论说,对于一个平坦宇宙($k = 0$),物质和辐射退耦时刻的(光学)视界在今天所对的角为一度的量级,如式(8.7).一种压力波可能产生于密度非均匀性以及引力吸引和非相对论性物质的压缩效应的相互作用,一方面又由光压所抵抗.这种压力波的传播依赖于声速 v_s,声学视界为光学视界距离的 v_s/c 倍.如果宇宙流在这一时期是辐射主导的,那么从表 5.2 得到这个比值大约为 $1/\sqrt{3}$.微波辐射最后散射时刻的声学视界在这种情况下在今天地球所对的角度约为

$$\theta_{acoustic} \sim \frac{ct_{dec}(1 + z_{dec})}{\sqrt{3}c(t_0 - t_{dec})} \sim 1° \tag{8.54}$$

现在来看观测方面,微波辐射的温度涨落被测量为天空中的位置以及角间距为 θ 的两点相关的函数.假设对于用单位矢量 n 指定的方向上的辐射温度的测量,相对于全天的平均温度 T,得到了一个偏离 $T(n)$,而在方向 m 上得到 $T(m)$.天空

中的两点之间的相关由以下平均量给出：

$$c(\theta) = \left\langle \left(\frac{\Delta T(\boldsymbol{n})}{T}\right)\left(\frac{\Delta T(\boldsymbol{m})}{T}\right)\right\rangle = \sum (2l+1) C_l \frac{P_l \cos\theta}{4\pi} \quad (\boldsymbol{n} \cdot \boldsymbol{m} = \cos\theta)$$

(8.55)

其中平均是对于天空中被角度 θ 隔开的所有成对的点取平均. 第二行中, 分布 $C(\theta)$ 展开了为了对于所有整数 l 勒让德多项式 $P_l \cos\theta$ 的和. 系数 C_l 描述了涨落谱, 它不仅依赖于 8.7 节讨论的密度涨落初始谱, 还依赖于几个其他参数, 如重子-光子之比、暗物质的总量、哈勃常数, 等等. 正如三十多年前所预言的, 对 l 值到几百的 C_l 值的测量应该能确定这些参数($l=1$ 的系数 C_l 对应于上面提到的偶极项, 这里不作考虑).

式(8.55)中的勒让德多项式 $P_l \cos\theta$ 作为 θ 的函数在正值和负值之间振荡, 在 0 到 π 弧度之间有 l 个零值, 它们之间具有大约相等的间隔:

$$\Delta\theta \approx \frac{\pi}{l} \approx \frac{200}{l} \ \text{度}$$

(8.56)

求和 $\sum (2l+1) P_l \cos\theta$ 从 $l=1$ 到 $l_{\max} \gg 1$, 在向前方向上($\theta=0$)有一个稳固的最大值, 这时所有不同 l 值的幅度相加, 而在更大角度上不同的贡献大多数相消了, 在角度间隔 $\Delta\theta = 200/l_{\max}$ 度之内幅度降低到几乎零. 正如式(8.54)表明的, 在一度或更小的角度范围内的涨落与退耦时刻的声学视界距离相关, 因此将与 $l>100$ 的多项式的贡献有关.

现在假设发生了一个"光子-重子流体"的初始"原初"密度扰动. 这可以分解为不同波数 k 和波长 $\lambda = 2\pi/k$ 的模的叠加. 如果波长变得比视界尺度大——在暴胀过程中它当然会这样——那么扰动中那种模式的幅度将变为冻结的; 在波峰和波谷之间再也不会有因果联系. 然而, 随着时间的演化, $\lambda(t)$ 将随尺度参数 $R(t) \propto t^n$ 增加, 这里对物质主导情形 $n=2/3$ 而对辐射主导情形 $n=1/2$. 因此, 正如式 (8.6)中的 $\lambda(t)/D_H(t) \sim 1/t^{1-n}$, 并且因为 $n<1$, 可以得到在某一时刻 λ 将会进入声学视界之内, 然后那种模式的幅度将开始振荡, 像一个宇宙流体中的**声学驻波**. 更短波长的模式将更早进入视界并且振荡得更快(因为频率随着 $1/\lambda$ 变化). 当幅度作为 l 的函数画出时, 不同波长和相位成分会导致一系列**声学峰**, 如图 8.9 和图 8.12 所示, 其中第一个峰对应等于视界距离的波长. 量 $l(l+1)C_l$ 对比 l 画出(因为发现对于一个标度不变的涨落谱, 这是一个不依赖于 l 的常数).

例 8.5　估算对应于微波辐射角功率谱中的"声学峰"的物体的质量.

在所考虑的时期, 也就是当物质从辐射和光子中退耦出来开始和电子复合形成原子和分子的时候, 包含在视界之内的物质的量, 实际上比一个超星系团的典型质量稍微大一些(见图 8.4). 视界之内的重子质量(因为 $t=t_{\text{dec}}$ 时 $\rho_b \sim \rho_r$)为

$$M_{\text{hor}} \sim (ct_{\text{dec}})^3 \rho_r(\text{dec}) \sim 10^{17} M_\odot$$

(8.57)

以上用到了 $z_{\text{dec}} \sim 1\,100, t_{\text{dec}} \sim 10^{13}$ s(见 5.13 节), 以及 $\rho_r(\text{dec}) = \rho_r(0)(1+z_{\text{dec}})^4$ $\sim 10^{-19}$ kg・m^{-3} 这些事实.

　　图 8.9 中的第一个峰,位于 $l \sim 200$,对应于刚好进入视界而仅仅压缩了一次的模式,第二个对应于经历了稀释的一个波长更短的模式,等等.对更小的 l 值和几度之上的角度,温度变化被前面一节描述的 SW 效应主导.因为因子 $l(l+1) \sim k^2$ 或 $1/\lambda^2$ 抵消了式(8.29)中的 λ^2 依赖,图中这种大角度部分应该非常平(所谓的 SW 平台).这个结果从根本上来自于暴胀演化图像预言的以及在得到式(8.29)时所假设的标度不变.

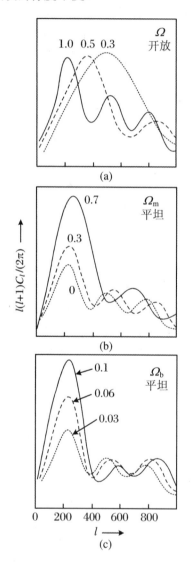

图 8.9

注:宇宙微波辐射的角谱中的"声学峰"期待的位置和高度,或者相应球谐函数的 l-值.在图(a)中,对于一个开放宇宙,第一个峰的位置(l-值)依赖于总密度 Ω 或曲率 $\Omega_k = 1 - \Omega$.在图(b)中,对于一个 $\Omega = 1$ 的平坦宇宙,峰的位置对物质和真空贡献之间的密度分配 Ω_m 和 $\Omega_\Lambda = 1 - \Omega_m$ 相当不敏感.在图(c)中,峰的高度——即声学振荡的强度——似乎依赖于重子密度 Ω_b.重子密度的增加提升了奇数(压缩)峰的高度而压低了偶数(稀释)峰的高度.第二个以及接下去的峰也依赖于其他的宇宙学参数,正如正文中描述的.在非常大的 l-值处,峰的强度由于 Silk 衰减而指数地降低(Kamionkowski 和 Kosowski,1999).

峰的位置与密度参数的对比

　　首先我们考虑一个**宇宙学常数为零的开放的物质主导宇宙**(即 $\Omega_\Lambda = 0$)在辐射

项依然相对比较小的红移处(即 $z < 1\,000$)的情况. 在红移 z 处的物体在今天的真实坐标距离为 $D(z)$,正如式(5.44)的第二个方程给出的,所以由 $\Omega_k = 1 - \Omega_m$ 和 $\Omega_\Lambda = \Omega_r = 0$ 我们从式(5.43)得到:

$$I(z) = \int_0^z \frac{\mathrm{d}z}{[\Omega_m(1+z)^3 + (1-\Omega_m)(1+z)^2]^{1/2}} = \int \frac{\mathrm{d}z}{[(1+z)(1+\Omega_m z)^{1/2}]} \tag{8.58}$$

这个积分可以利用 $(1+\Omega_m z) = (1-\Omega_m)\sec^2\theta$ 作替代来计算,这时它的值为

$$I(z) = [(1-\Omega_m)^{-1/2}]\ln\frac{1+\cos\theta}{1-\cos\theta} = \frac{1}{q}\ln\frac{(p+q)(1-q)}{(p-q)(1+q)}$$

其中,$p^2 = 1 + \Omega_m z$, $q^2 = 1 - \Omega_m = \Omega_k$. 对于一个红移 z 处的物体在今天的距离,由 $\sinh X = (\mathrm{e}^X - \mathrm{e}^{-X})/2$ 和式(5.44b)中间的那个方程就给出了以下表达式:

$$D(z) = R(0)r = \frac{c}{H_0(1-\Omega_m)^{1/2}}\sinh\left[\ln\frac{(p+q)(1-q)}{(p-q)(1+q)}\right]$$
$$= \frac{2c}{H_0}\frac{\Omega_m z - (2-\Omega_m)[(1+\Omega_m z)^{1/2}-1]}{\Omega_m^2(1+z)} \tag{8.59}$$

叫作 Mattig 公式,我们重申一遍,它适用于一个真空能为零并且辐射贡献可以忽略的开放的物质主导的宇宙.

对于高红移 z 处的非常遥远的物体,式(8.59)给出了简单的近似结果,事实上是不依赖于 z-值的,只要它足够大:

$$D(z) \approx \frac{2c}{H_0\Omega_m} \tag{8.60}$$

我们注意到对于 $\Omega_m = 1$ 时,这就是一个平坦的物质主导宇宙中光学视界距离的表达式. 所以一个开放的物质主导宇宙的效果仅仅是将视界扩大了一个 $1/\Omega_m$ 因子.

第二个重要情况是一个**平坦宇宙**的情形,其主导贡献来自**物质和真空能**,即 $\Omega_\Lambda = 1 - \Omega_m$ 和 $\Omega_k = \Omega_r = 0$. 这时积分式(5.43)具有以下形式:

$$I(z) = \int \frac{\mathrm{d}z}{[\Omega_m(1+z)^3 + (1-\Omega_m)]^{1/2}} \tag{8.61}$$

不可能找到解析解而这个积分必须被数值地计算. 然而,对于 $z > 4$ 且 $\Omega_m > 0.05$,相比于物质项我们可以忽略真空项,然后那部分积分可以解析地计算,所以仅仅需要一个便携计算器和仅仅几分钟的计算就可以画出对于固定 z 的 D 对 Ω 的图. 我们下面讨论结果.

我们现在考虑 CMB 最后散射时刻($t = t_{\mathrm{dec}}$)的声学视界在今天地球所对的角. 正如 5.13 节显示的,物质和光子能量密度在更高红移 $z_{\mathrm{eq}} \sim 5\,000$ 处实际上相等. 但是首先让我们假设在最后散射时期之前 $z > z_{\mathrm{dec}}$ 时辐射主导. 因为在大 z-值处曲率项相比辐射和物质项可忽略,所以距离由式(5.44b)中的平坦宇宙公式给出. 辐射显著的情形下声速和光速之比为 $1/\sqrt{3}$(见表 5.2). 所以,从 $z = z_{\mathrm{dec}}$ 到 $z = \infty$ 作积

分之后,辐射的最后散射时刻的声学视界距离现在可写为

$$D_{\mathrm{H}} \approx \left(\frac{c}{H_0}\right) \int \frac{\mathrm{d}z}{(3\Omega_{\mathrm{r}})^{1/2}(1+z)^2} = \frac{c}{H_0(1+z_{\mathrm{dec}})(3\Omega_{\mathrm{r}})^{1/2}} \tag{8.62}$$

在我们非常粗略的近似下,$\Omega_{\mathrm{r}}(0) \sim \Omega_{\mathrm{m}}(0)/(1+z_{\mathrm{dec}})$,所以这个结果也可以写为

$$D_{\mathrm{H}} \approx \frac{c}{H_0[(1+z_{\mathrm{dec}})3\Omega_{\mathrm{m}}]^{1/2}} \tag{8.63}$$

如果我们假设了在 $z = z_{\mathrm{dec}}$ 到 $z = \infty$ 的大部分范围内物质主导,那么我们将刚好得到这个值的两倍. 如果我们现在除以式(8.60)中的 $D(z)$,我们就得到 $z = z_{\mathrm{dec}}$ 时的声学视界现在所对的角度值 θ. 这因此表明第一个声学峰的位置,用角度给出为

$$\frac{\theta}{\sqrt{\Omega_{\mathrm{m}}}} \sim [3(1+z)]^{-1/2} \sim 1° \tag{8.64}$$

与我们最先的估计式(8.54)一致. 这个结果适用的情况是一个没有真空项的**开放的物质主导**宇宙. 它基于一些简化假设,所以这个角度的绝对数值仅仅是近似的,但是通过这个结果我们对其大小和主要因子有了一个感性认识. 在任意情况下,主要结论依然有效,也就是所对的角随着 $\Omega_{\mathrm{m}}^{1/2}$ 变化. 对于**平坦宇宙**情况,这个角需要通过数值积分来求出. 下面讨论结果.

正如式(8.64)表明的,第一个峰的**位置**(角度或 l-值)依赖于曲率参数 k 的值,或者更明确的是依赖于 $\Omega_k \equiv 1 - \Omega_{\mathrm{m}}$. 这显示在图 8.10 中,是对于两个重要情

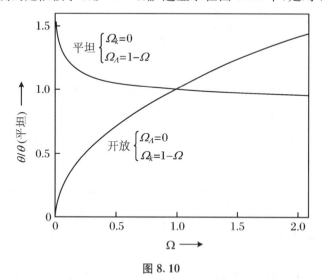

图 8.10

注:计算得到的宇宙微波各向异性所张的角度,与一个平坦的物质主导宇宙所期待的角度的相对值,对比物质密度参数 $\Omega = \Omega_{\mathrm{m}}$ 画出. 一条曲线是对于一个没有真空能的,即曲率项 $\Omega_k = 1 - \Omega_{\mathrm{m}}$ 的开放宇宙,给出了如式(8.64)中的正比于 $\Omega_{\mathrm{m}}^{1/2}$ 的变化. 另一条曲线是对于一个真空能 $\Omega_\Lambda = 1 - \Omega_{\mathrm{m}}$ 的平坦宇宙($\Omega_k = 0$). 注意到这种情况下角度对物质和真空能之间的分配的依赖相当小,并且非常接近于一个 $\Omega_{\mathrm{m}} = \Omega_{\mathrm{tot}} = 1$ 的平坦的物质主导宇宙中的值.

形,即一个没有真空能的开放宇宙,和一个有变化真空能的平坦宇宙.这个图显示了,只要总密度参数的值 $\Omega_{tot} = 1$,使得宇宙是平坦的($\Omega_k = 0$),那么第一个峰的位置基本不变,与物质和真空能密度如何分配无关(我们回忆一下式(5.30)中的 $\Omega_{tot} = \Omega_m + \Omega_\Lambda + \Omega_k + \Omega_r$ 以及这些符号表示今天的量).更进一步地,在大部分的范围内,峰的位置与一个 $\Omega_m = 1$ 和 $\Omega_\Lambda = \Omega_r = \Omega_k = 0$ 的平坦的物质主导宇宙的情形非常接近.我们看到微波数据本身并没有将物质和真空能密度的**相对**贡献区分得很好,我们不得不求助于其他实验去区分它们.然而,下面描述的实验结果中主要而非常重要的结果是**宇宙原来是如此之平坦**.

图 8.11 中绘出了光在弯曲空间路径的一个二维类比.对于一个平坦宇宙,峰的角度 θ 的值将会近似于 $\Omega_m = 1$ 的式(8.64),对应式(8.56)的 l 值.然而,对于一个有正曲率($k > 0$)的"闭合"宇宙,角度将增加,源和探测器之间的引力场充当了一个聚焦透镜.所以峰会移到更低的 l-值处;而如果曲率是负的——一个"开放"宇宙的情形——这个角将减小,就像有一个发散透镜,并且峰会移到更高的 l 处(也可见图 8.9).

如图 8.9 表明的,第一个峰以及每个奇数峰的**高度**,测出了声学压缩的强度,这敏感地依赖于重子/光子之比(一个更大的重子密度将有助于引力塌缩和加强振动幅度,而光压将抵抗塌缩和趋向于抹平不均匀性).其他峰的位置和高度敏感地依赖于其他宇宙学参数.例如,假设的中微子味的数目的增加将把所有的峰推向更高的 l-值.在这里说一下,比较有意思的是,实际上是

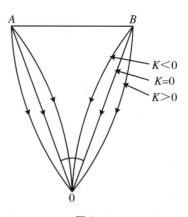

图 8.11

注:空间曲率对于遥远物体的角测量的效应(光子的引力偏折).相对于空间上平坦的宇宙($k = 0$),曲率参数 $k = +1$ 时,即对于一个闭合宇宙,角度增加了,而 $k = -1$(开放宇宙)时它减小了.

一些峰而不是一个峰的这一事实,排除了早期宇宙的一个模型,就是"宇宙弦",所以我们不需要讨论它.

8.15　CMB 各向异性的实验观测和解释

设计出实验来探测 CMB 中 10^{-5} 量级的微小的各向异性是一个非常有挑战性的问题.因为水蒸气吸收微波辐射,所以探测器被置于卫星上(COBE 和 WMAP 实验),或者随着气球漂浮在又高又干燥的位置上,例如南极.这些仪器本身应用低

温冷却来减小背景,包含测辐射热计或超导探测器,并且可能还被用作干涉仪来直接测量温度的微小空间变化.无处不在的背景,例如来自银河系的红外辐射,通过适当的频率组合来消除.这些实验成功地发掘出了来自背景的微小信号,被认为是现代实验物理的伟大胜利之一.

正如上面所提到的,第一个对 10^{-5} 水平上的(在 30 多年前就已经预言其存在的)各向异性的重要探测是由 1992 年 COBE 卫星上的较差微波辐射计来实现的(Smoot 等,1992;Bennett 等,1996;Mather 等,2000),然而它的角分辨率只有约 $7°$.从那以后,用来测量的探测器有了更高的角分辨率——典型的为 $10'\sim50'$ 弧度.一些被放置于高海拔的气球上——BOOMERANG(de Bernardis 等,2002)和 MAXIMA(Lee 等,2001)实验——还有一个是地面干涉仪——DASI(Halverson 等,2001)实验——都是在南极.目前最详细的数据来自 WMAP,威尔金森微波各向异性探测器卫星实验(Bennett 等,2003;Spergel 等,2003).在六个月的观测时间之内,这可以覆盖整个天空.人们用从 $23\sim94$ GHz 范围的五个频带的冷却过的较差辐射计来进行观测.这些小尺度上的温度变化为我们提供了最好的关于早期宇宙参数的信息,例如曲率以及物质、辐射和真空项对总能量密度的贡献.

图 8.12 展示了角谱在 WMAP 和其他实验中的声学峰.这个数据的最佳拟合对应于下面的表 8.1 中所示的宇宙学参数.有存在第三个峰的明显证据,但是在越来越高的 l-值处,振幅指数下降,因为在短距离上光子对密度涨落的衰减作用在加

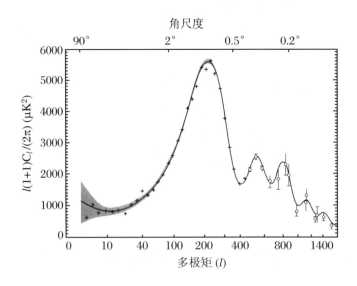

图 8.12

注:CMB 中的"声学峰"作为多项式(8.55)的阶 l 的函数的观测振幅,来自 WMAP 和其他实验(Bennett 等,2003).数据的最佳拟合——被称为"标准冷暗物质模型"——给出了表 8.1 所示的参数.在几度以上的大角度上,分布变得相当平直,这对应于 sachs-wolfe 平台.

强,正如上面的 8.13 节所描述的.

表 8.1 结合 CMB 各向异性、大尺度星系巡天和高红移 Ⅰ a 型超新星观测,
对宇宙学参数给出的最佳拟合(来自粒子数据表,Yao 等,2006)

总的闭合参数	$\Omega_{\text{tot}} = 1.00 \pm 0.02$
暗能量贡献	$\Omega_{\Lambda} = 0.76 \pm 0.05$
总的物质贡献	$\Omega_{\text{m}} = 0.24 \pm 0.03$
重子密度贡献	$\Omega_{\text{b}} = 0.042 \pm 0.004$
哈勃参数	$H_0 = 72 \pm 3 \text{ km} \cdot \text{s}^{-1} \cdot \text{Mpc}^{-1}$

微波光子具有初级各向异性,对应于它们在退耦时刻 $z_{\text{dec}} = 1\,100$ 时离开"最后散射面"的分布.事实上,这是一个最后散射"壳"而不是一个面,其厚度显然是光子汤姆孙散射的平均自由程的量级.如果介质是完全电离的,那么这已经被算出在那个时刻为 ~2 kpc,但是应该明显比这个值大,因为电离度在 $z = z_{\text{dec}}$ 时变化很快(回忆一下第 5 章的 Saha 方程).所以光子在一个小的 z-值范围内(典型地为 $\Delta z \sim 60$)发生最后散射,这个效应以及次级各向异性意味着任何低于约 $0.03°$ 的角变化将会被完全涂抹掉而不可被探测到(见问题 8.9).

总的闭合密度与暴胀演化图像预言的接近单位值相一致.从对利用超新星测量得到的哈勃常数和它随时间的变化推导出的真空能密度或者宇宙学常数值的贡献,如第 7 章描述的,与结合微波数据和星系红移巡天的估计值符合得非常好,而如例 5.3 所显示的,这个结果自然给出了对宇宙年龄的估计,与来自放射性同位素分析和球状星团中的恒星年龄等独立估计值符合得相当好.更进一步地,表 8.1 中的重子密度与第 6 章描述的来自大爆炸核合成的(精度稍差的)已知值符合得很好.物质的大部分贡献显然来自暗物质.

8.16 宇宙微波辐射的偏振

在 $t = t_{\text{dec}}$ 时刻从物质中退耦出来之前,微波光子将经历与电子-重子等离子体中自由电子的频繁的汤姆孙散射.因为上面所描述的各向异性,每次散射应该都导致光子的偏振——正如来自像太阳那样的局域光源的光在大气层中散射时变为面偏振,垂直于散射平面的偏振度为 $\sin^2\theta$ 的量级,其中 θ 是散射角.然而,因为连续的散射是随机取向的,所以除了产生于退耦时刻 t_{dec} 之前的恰好是最后一次散射的偏振之外,所有的偏振效应将被洗掉.这个偏振的方向将随着观测角度而变化,依

赖于所涉及的空间上的各向异性.这种偏振已经被 DASI 干涉仪和更近的 WMAP 实验测量到了,并且刚好是预期的幅度(几个 μK).除了在小的观测角度上(但是当然主要是由于大角度散射)的这些效应之外,由上面的 8.13.2 节讨论的次级过程导致的偏振,将在大角度上被观测到,即在 SW 平台区域,并且正如所描述的,这给出了星际介质的再电离信息.

汤姆森散射产生的偏振是所谓的 E-模式.一般地,偏振需要用一个二阶张量来描述,也能以所谓的 B-模式存在.两者的差别在于,如果将角度依赖分解为球谐函数,E-模式偏振具有宇称$(-1)^l$ 而 B-模式具有宇称$(-1)^{l+1}$.B-模式不能由像汤姆森散射这样的矢量相互作用来产生,而需要一个像例如引力波那样的张量相互作用来产生.

所期待的伴随暴胀的引力辐射爆发导致的 B-模式偏振的总量,计算出来与最高 0.1 μK 的最佳温度涨落水平相联系,因此将非常难探测.它是欧洲空间局未来将要发射的普朗克卫星实验的主要目标之一.当然,从 CMB 光子我们不能**直接**倒退看到物质-辐射退耦时刻之前的情形.然而,引力波可以直接与暴胀过程相联系,并且能够以偏振各向异性的形式在微波背景上留下痕迹.这看起来提供了仅有的现实希望来检验更早时期的暴胀过程的细节,当然也是宇宙学研究未来最重要的目标之一.

8.17   总   结

· 传统大爆炸模型,虽然成功地解释了红移、轻元素丰度,以及微波背景辐射,但是却存在视界和平坦性疑难.

· 视界疑难产生于解释观测到的微波背景在最大角度上依然存在的各向同性.物质和辐射退耦时刻 $z \sim 1000$(此时辐射具有最后一次相互作用和达到热平衡的机会)的视界,现在对地球仅仅有 1°的张角.因此不可能理解大角度的温度均匀性如何通过因果过程来达到.

· 平坦性疑难产生的原因是观测密度 ρ 和临界密度 ρ_c 之间的微小差异在辐射主导宇宙中应该正比于 t,而在物质主导情况下应该正比于 $t^{4/3}$.所以在非常早的时期,ρ 必须被非常精密地调节到 ρ_c(如果我们回到普朗克时期,其精度为 10^{52} 分之一).

· 假定以一个指数膨胀的暴胀阶段作为开始,在此阶段中初始微观宇宙从 10^{-26} m 膨胀到 1 m,那么就能够解决这两个疑难,也能解释为什么不存在磁单极.

· 暴胀开始时的量子涨落有可能解释观测到的宇宙微波辐射中的 10^{-5} 量级

的温度(因此也是密度)扰动.当这些量子涨落膨胀到超出因果视界时,它们将会变成经典的、冻结的密度涨落.

- 宇宙大尺度结构——星系、星系团、空洞,等等——起源于这些原初密度(或度规曲率)扰动.

- 初始时,在物质主导时期,当物质在引力作用下塌缩时密度扰动 $\delta = \Delta\rho/\rho$ 随着膨胀参数 R 线性增长.在所有比金斯长度大的尺度上,塌缩都是可能的,而这反过来又由宇宙流体中的声速 v_s 决定.当原子开始形成时 v_s 迅速下降,这时在越来越小的尺度上的更剧烈的非线性塌缩变为可能的.

- 由暴胀描述的密度涨落谱是幂律形式的,没有首选的尺度,而 $(\Delta\rho/\rho)_{rms} \sim \lambda^{-2}$,其中 λ 是所涉及的长度.COBE 微波测量在大角度尺度上观测到的谱符合这个预言.在小于 400 Mpc 的更小尺度上,由星系巡天得到的涨落谱要平得多,这是由于光子扩散和遗迹中微子成分的无碰撞衰减所导致的密度扰动的衰减,这与混合暗物质模型的期待相一致.衰减的程度被用来对三味中微子质量的总和给出小于 $0.4\ eV/c^2$ 的限制.

- 对天空中由角度 θ 隔开的两点之间的微波温度所观测到的微小(10^{-5})变化可以描述为勒让德多项式 $P_l\cos\theta$ 的和,其中 l 从 100 到 1 000 的值与在 $1°$ 或更小量级的分隔角度上的观测相关联.这些由密度涨落带来的温度涨落的振幅,当对比 l-值画出时,看上去是一系列所谓的"声学峰".

- 第一个声学峰的位置在 $l \approx 200$,它提供了总密度参数 Ω_{tot} 的一个测量,也表明了这个值接近单位值,以及由此得到的小于 0.05 的曲率参数 $\Omega_k = 1 - \Omega$:所以早期宇宙实际上很平,正如暴胀模型所预言的.第一个峰的高度以及其他峰的高度和位置估计出了其他宇宙学参数,例如重子密度、暗物质的总量、哈勃参数,等等,当与来自星系巡天和高红移超新星的数据相结合时,提供了描述宇宙的基本参数.

- CMB 被发现具有偏振,来自自由电子的汤姆森散射,发生在 $z \sim 1\ 000$ 的退耦时刻之前的最后散射,或者发生在穿过被早期恒星发射的紫外光再电离的星系际介质的途中.人们也期待一个由伴随暴胀的引力波的张量相互作用导致的分立偏振,这将构成对暴胀假说的一个重要检验,很有希望通过未来普朗克卫星的任务来观测到.

习　　题

难度较大的问题由星号标出.

8.1 证明自由落体时间式(8.34)与处于一个密度 ρ 的球形云团的闭合轨道上的卫星的周期具有相同量级.

8.2 计算标准温度和压力下一团空气的金斯质量和金斯长度($T = 273$ K, $\rho = 1.29$ kg · m^{-3}).

8.3 证明在一个闭合的($k = \pm 1$)物质主导宇宙中密度反差随时间增长的表达式(8.42)~(8.44).对一个 $k = -1$ 的开放宇宙,得出相应的表达式,并且证明在这个情况下密度反差将随时间减小.

8.4 假设一个密度涨落发生在暴胀过程中,并且在暴胀结束时的 $t_i \sim 10^{-32}$ s,这"冻结于"长度尺度 λ 上,此时宇宙达到了 ~ 1 m 的半径.对于 $\lambda = 1$ mm 和 $\lambda = 1$ cm,计算随后在什么时候这个扰动将进入视界并开始像"声学"波那样振荡.估计这两种情况下视界之内的质量,并且将它们与大尺度结构联系起来.

8.5 计算在早期辐射主导宇宙中 t 时刻的金斯长度,证明它大约等于那时候的视界距离.

8.6 从公式(5.44)开始,对一个 $\Omega_m = 0.24$ 和 $\Omega_\Lambda = 0.24$ 的平坦宇宙($k = 0$),计算光学视界距离 D_H,忽略辐射的贡献.(对于 $z < 4$ 需要一个简短的数值积分.对更大的 z 值真空能贡献可以被忽略,积分可以解析地求得.)

*8.7 找到今天观测到的微波光子经历星系际介质(被来自第一代恒星的紫外光子)的再电离所导致的汤姆森散射的几率,写出它作为某个红移的函数表达式,这里人们假设再电离发生于这个红移值之下.如果这个几率是 10%,找到在什么 z 值之下介质几乎完全电离了,以及这在大爆炸之后的什么时候发生.假设宇宙具有物质能量密度 $\Omega_m = 0.26$ 和重子密度 $\Omega_b = 0.045$,并且为了简单而假设对于所涉及的 z-值,辐射、真空能以及曲率都可以忽略(即 $\Omega_r = \Omega_\Lambda = \Omega_k = 0$).

8.8 估算一个典型星系和一个典型星系团的逃逸速度.将这与遗迹中微子的平均速度作比较,假设它们是非相对论性的,具有一个麦克斯韦速度分布,以及具有质量 0.1、1.0 或 10 eV/c^2.

*8.9 计算 $z \sim z_{dec} = 1100$ 时 CMB 光子汤姆森散射之间的平均路径长度,假设介质是完全电离的.因为退耦时刻附近的合适的电离度很小,所以假设"最后散射壳"的厚度为这个长度的 10 倍.计算相应的 Δz 的变化和导致的辐射角谱中声学峰的被抹平的角度.(提示:参考式(8.64)以及式(5.43)和式(5.44),假设一个平坦宇宙.)

第 3 部分
宇宙中的粒子和辐射

第 9 章　宇　宙　粒　子

9.1　概　　述

在宇宙中四处游荡的粒子包括所谓的宇宙线,宇宙线自从 1912 年被 Hess 发现后就被详细地研究了.美国物理学会的前主席 Karl K. Darrow 被这种早期研究的氛围所感染,将他们的研究描述为"因仪器之敏锐,现象之细微,实验家的尝试之大胆和推理之宏伟"而不同凡响.

宇宙线的组成包括从外太空入射到地球的高能粒子,加上它们在穿过大气层时产生的次级粒子.对它们的研究在物理学中有一个特殊的位置,不仅因为其自身的价值,也因为宇宙线研究对探索基本粒子以及它们的相互作用方面已经起到的——并且还在继续起着的——开创性作用.我们可以回忆一下,1932 年在宇宙线中发现了反物质,当时是通过产生的正电子和 e⁺e⁻ 发现的,20 世纪 40 年代末在宇宙线中发现了 π 介子,μ 子和奇异粒子.在 1950 年以前,宇宙辐射是仅有的高能粒子(能量高于 1 GeV)源.这些发现确实快速推动了大型粒子加速器的建设和与这些加速器联系的探测仪器的发展,这些发展实质性地扩展了这个领域的范围,将基本粒子物理置于一个坚实的定量基础之上.

之后,在 20 世纪 80~90 年代,太阳和大气层中微子的相互作用,发生于比任何加速器或反应器所能达到的尺度大得多的距离之上,揭示了标准模型的第一个裂痕,找到了中微子的味混合和中微子有限质量的证据,如 4.2 节和 9.15~9.17 节所描述的.这导致了加速器固定靶实验中的轻子物理在新千年的复兴,也导致了彻底的新提案的发展,例如提供高能电子中微子和 μ 子中微子源的 μ 子储存环的建设.

在最高能量下,TeV 及更高能量范围的 γ 射线的研究表明其源头是天空中的点源,似乎在那里发生了宇宙中最剧烈的事件,而对 γ 射线和超高能质子以及更重原子核的密集研究一定都会对粒子加速的机制给出新的线索,也或许会揭示在远远超过地球上所能达到的能量上发生的新的基本过程.宇宙线的研究确实仍然是一个非常开放的领域,在这里几乎每天都能出现新发展和新谜团.

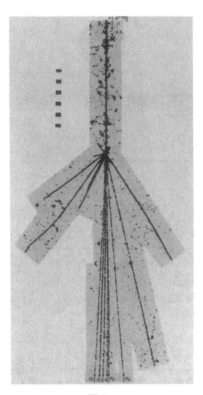

图 9.1

注:入射的高能初级宇宙线铝原子核(Z = 13)与一个在平流层中的气球所装载的"核"显影乳胶的相互作用所形成的路径的显微相片.如第 6 章所解释的,乳胶由一个微晶溴化银或碘化银(半径为 0.25 μm 量级)凝胶悬浮液组成.带电粒子将其穿过的原子电离,经过处理之后,没有受到影响的卤化物分解了,而受到影响的微晶还原为黑色的金属银,所以就形成了这些轨迹.在这个例子中,入射原子核碎裂为由六个阿尔法粒子(Z = 2)组成的朝前"喷流".初级和次级核的电量由沿着像头发一样的 δ 射线(被撞出的电子)轨迹的频率测量出来,这个频率随着 Z^2 变化.更大角度的轨迹形成于从被撞击的原子核中喷射出的质子.重的初级原子核与大气层的原子核相互作用的平均自由程为 10 gm · cm^{-2} 量级,所以它们不会穿透到低于海拔 25 km 处.这幅显微照片左侧标度是 50 μm.

9.2 宇宙线的成分和谱

宇宙线的带电初级粒子的主要成分是质子(86%)、阿尔法粒子(11%)、直到铀的更重元素的原子核(1%)和电子(2%).虽然这些来自初级源,但是也有非常小比例的正电子和反质子,我们相信它们具有次级起源,由初级粒子与星际气体的相互作用产生.以上百分比是对于一个给定**磁刚性** $R = pc/(z|e|)$ 之上的粒子而言的,其中 p 是动量而 $z|e|$ 是粒子电量,即对具有相同概率越过地球磁场而穿透大气层的粒子.中性粒子由 γ 射线以及中微子和反中微子组成.它们中的一些可以被确定来自天空中的"点"源;例如,中微子来自太阳和超新星,γ 射线来自像蟹状星云和活动星系核(AGNs)那样的源.

带电初级粒子的本性首先是用高海拔气球装载的核乳胶探测器确定的——见图 9.1.在低能标下,初级能量可以从吸收器的范围来估计.对 GeV~TeV 能量区域,用的是测热法.这涉及测量电磁簇射中的电离能量,这种大气簇射是由初级粒子穿过很厚的吸收器时产生的核级联所形成的(见 9.7 节).卫星装载的探测器运用闪烁计数器来根据脉冲高度测量初级核电量,而用装满气体的切

伦科夫计数器来测量粒子速度即能量(见图 9.9).

在太阳系磁场影响不到的深空中计算得到的宇宙线能量密度约为 1 eV · cm^{-3},

这与恒星星光的能量密度 $0.6\,\text{eV}\cdot\text{cm}^{-3}$、宇宙微波背景辐射能量密度 $0.26\,\text{eV}\cdot\text{cm}^{-3}$，以及银河系磁场能量 $3\,\mu\text{G}$ 或 $0.25\,\text{eV}\cdot\text{cm}^{-3}$ 都是非常相近的. 银河系磁场大部分被限制在银河系旋臂之中. 星系和星系际磁场在 8.2 节中已讨论.

大部分初级辐射起源于银河系中; 然而, 其谱延伸到非常高的能量(大于 $10^{20}\,\text{eV}$), 这一事实表明至少有一些辐射可能起源于银河系之外, 因为银河系磁场无法将这些粒子束缚在我们的银河系之中. 确实, 正如下文所表明的, 谱在约 $4\times10^{18}\,\text{eV}$——所谓的踝处——的硬化, 也许暗示了某一河外源.

例 9.1 计算一个能量 $10^{20}\,\text{eV}$ 的质子在(假设均一的)3 微高斯($3\times10^{-10}\,\text{T}$)星系磁场中的轨道曲率半径. 将这与一个旋涡星系的典型盘厚度 $d=0.3\,\text{kpc}$ 比较.

动量为 $p\,\text{GeV}/c$ 的带单位电荷的粒子在 $B\,\text{T}$ 的磁场中的以米为单位的曲率半径 ρ 为 $\rho=pc/(0.3B)$——见附录 A. 代入数值得到 $\rho=10^{21}\,\text{m}$ 或 $36\,\text{kpc}$. 所以磁偏转仅仅只有 $d/\rho\sim0.5°$. 如果河外磁场很小, 那么寻找这种高能粒子的可能点源就是可行的(见 9.13 节).

宇宙线核的化学组成显示了和太阳系丰度非常高的相似性, 后者从太阳光球吸收线和陨石推导出来, 但是也显示了一些显著的差别, 从图 9.2 可以看出. 宇宙和太阳丰度都显示了奇-偶效应, 这与以下事实相关, 即 Z 和 A 是偶数的原子核比具有奇数 A 和/或奇数 Z 的核束缚得更紧密, 因此在恒星的热核反应中会更多地产生出来. C, N 和 O 与 Fe 的归一化丰度的峰也都非常相似, 表明许多宇宙线核一定是来自恒星的.

宇宙和太阳丰度之间大的差别在于 Li, Be 和 B. 这些元素在恒星中的丰度非常小, 因为它们的库仑势垒很低, 束缚很弱, 并且很快在恒星核区的核反应中被消耗了. 相比较而言它们在宇宙线中的丰度更高, 这是由碳和氧原子核在穿过星际氢时的裂变导致的(见图 9.1). 实际上这些轻元素的量决定了这些辐射穿过的星际物质的平均厚度, 表明了银河系中宇宙线的平均寿命约为 300 万年. 人们发现 Li, Be 和 B 的能谱比碳或氧的能谱稍微陡一些, 这表明更高能量下原子核不会经历这样多的碎裂, 大概由于它们比低能量的原子核更快地逃出银河系. 以类似的方式, Sc, Ti, V 和 Mn 在宇宙线中的丰度来自于丰富的 Fe 和 Ni 原子核的裂变.

图 9.3 显示了宇宙线质子的能谱. 在几个 GeV 能量之上, 谱一直到 $10^{16}\,\text{eV}$ ($10^4\,\text{TeV}$)的所谓的膝, 遵循一个简单的幂律形式:

$$N(E)\mathrm{d}E = 常数\cdot E^{-2.7}\mathrm{d}E, \quad E < E_{\text{knee}} = 10^{16}\,\text{eV} \tag{9.1}$$

在这个"膝"之上谱变得更陡, 其幂指数约为 -3.0:

$$N(E)\mathrm{d}E = 常数\cdot E^{-3.0}\mathrm{d}E, \quad E_{\text{ankle}} > E > E_{\text{knee}} \tag{9.2a}$$

在所谓的踝处, 即 $E_{\text{ankle}}\approx4\times10^{18}\,\text{eV}$ 时, 谱会再次硬化, 有

$$N(E)\mathrm{d}E = 常数\cdot E^{-2.69}\mathrm{d}E, \quad E_{\text{GZK}} > E > E_{\text{ankle}} \tag{9.2b}$$

在 $E_{\text{GZK}}=4\times10^{19}$ 之上, 广延大气簇射实验——阿根廷的 AUGER 实验和犹他州

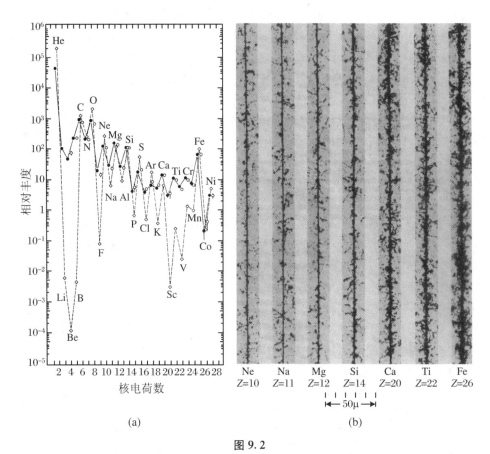

(a)   (b)

图 9.2

注：(a) 初级宇宙线核的化学成分，与元素的太阳丰度作比较，前者用实线画出，后者用虚线画出（出
自 Simpson(1983)，得到《核与粒子科学年度评论》第 33 卷的许可）. (b) 装载于高海拔气球的核乳胶所
记录的各种初级宇宙线核的轨迹.

的 HiRes("苍蝇眼")探测器——所找到的谱似乎是下降的，大概由于在和微波背
景光子的碰撞中产生 π 粒子而导致的"GZK 截断"（见 9.12 节）. 它们参数化为以
下形式：

$$N(E)dE = 常数 \cdot E^{-4.2}dE, \quad E > E_{\text{GZK}} = 4 \times 10^{19} \text{ eV} \tag{9.2c}$$

从大气簇射演化作为大气层深度的函数可知，在以上全部能量区域上，初级粒子是
质子和更重的原子核.

在高于 30 eV 的能量上，这时地球或太阳磁场的效应变得不重要了，辐射看上
去是各向同性的，因为银河系磁场会消灭任何初始的各向异性，除非在极端高的能
量上. AUGER 大气簇射实验的数据确实探测到了各向异性，以及距离地球约
75 Mpc 之内的已知 AGNs 与 6×10^{19} eV 之上的簇射的紧密而显著的关联（见
9.13 节）.

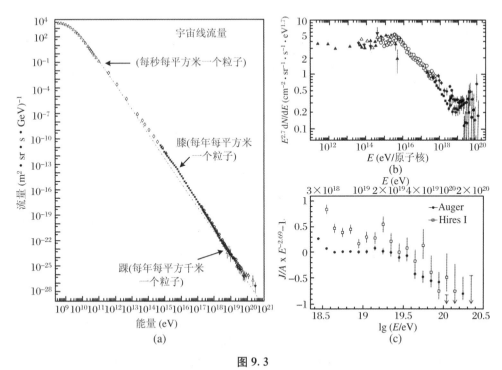

图 9.3

注:(a) 初级宇宙线谱,显示了在"膝"以下的能量时 $E^{-2.7}$ 的指数依赖,在这个能量之上变陡为 $E^{-3.0}$,之后显示了在~4×10^{18} eV 处的"踝"之上的变平. 箭头显示了一定能量之上的粒子的积分流量(由 S. Swordy 绘制,承蒙 J. W. Cronin(1999)的允许复制).(b) 初级谱乘以 $E^{2.7}$,显示了膝的更多细节(来自《粒子性质评论》,Barnett 等,1996).(c) 非常高能量的谱的细节,来自 AUGER 和 HiRes 广延大气簇射阵列(见 9.12 节). 垂直标度显示了观测的谱和流量随着 $E^{-2.69}$ 变化的谱之间的差别分数. 在~4×10^{18} eV 处的"踝"之上,谱变硬了,之后是在 4×10^{19} eV 之上的(推测的)GZK 截断. 误差棒表明的是统计误差(承蒙 AUGER 合作组的允许而复制的).

9.3 地球磁场和太阳效应

　　初级辐射,对于 10 GeV 能量之下的带电粒子,确实显示出方向效应以及时间依赖. 带电的初级辐射受到地球磁场的影响,这种影响可以近似为一个简单磁偶极的效应,并且受到太阳风的时间调制,遵循 11 年的太阳周期.

　　我们首先讨论地球磁场效应. 偶极的轴和地球自转轴有一个夹角. 两极的地理坐标随着地质学时间缓慢变化,现在的 N 极位于经度 101°W 和纬度 75°N. 计算在偶极场中螺旋着入射到地球的粒子的实际轨道是相当冗长而复杂的,最简单的途径是利用计算机程序计算. 然而, 地球磁场效应的一些主要特征可以用分析来理解.

首先考虑一个电量 $z|e|$、速度 v、动量 $p = mv$ 的粒子以半径为 r 的圆周赤道路径围绕一个磁矩为 M 的短偶极作圆周运动. 令离心力和磁力相等, 我们得到

$$z|e||\boldsymbol{B} \times \boldsymbol{v}| = \frac{mv^2}{r}$$

其中偶极产生的赤道场为

$$B = \frac{\mu_0}{4\pi}\frac{M}{r^3}$$

因此圆周轨道的半径为

$$r_S = \left(\frac{\mu_0}{4\pi}\frac{mz|e|}{p}\right)^{1/2} \tag{9.3}$$

称为 Stormer 单元, 以首次处理这个问题的物理学家命名. 粒子动量的一个重要值是使得地球半径 r_E 等于 Stormer 单元的值, 即

$$\frac{pc}{z} = \frac{\mu_0}{4\pi}\frac{Mc|e|}{r_E^2} = 59.6\,\mathrm{GeV} \tag{9.4}$$

其中, 我们已经代入了 SI 单位制中的值 $\mu_0/(4\pi) = 10^{-7}$, $M = 8 \times 10^{22}\,\mathrm{amp \cdot m}$, $r_E = 6.38 \times 10^6\,\mathrm{m}$, $|e| = 1.6 \times 10^{-19}\,\mathrm{C}$, $1\,\mathrm{GeV} = 1.6 \times 10^{-10}\,\mathrm{J}$. 一个简单的构造使我们明白了, 动量小于以上值的质子不能从磁场赤道的东方地平线达到地球. Stormer 证明了粒子遵循的运动方程具有形式:

$$b = r\sin\theta\cos\lambda + \frac{\cos^2\lambda}{r} \tag{9.5}$$

其中, r 是在 Stormer 单位下粒子和偶极中心之间的距离, λ 是地球磁场的纬度, θ 是速度矢量 $\boldsymbol{v}$ 和它在与粒子共动的子午平面 OAB 上的投影之间的夹角——见图 9.4. θ 角对于从东向西运动的粒子称为正的, 如图所示, 而对于以相反方向运动的粒子称为负的. 量 b (还是在 Stormer 单位下) 是膨胀参数或者粒子轨道的切线到偶极轴的最近距离. 因为我们必须要 $|\sin\theta| < 1$, 所以式 (9.5) 对到达地球的粒子所 "允许" 轨迹的 b, r 和 λ 给出了限制. 我们可以发现条件 $b \leqslant 2$ 对于判定哪些动量被地球磁场截断是有决定性的. 在式 (9.5) 中代入 $b \leqslant 2$, 得到对任意 λ 和 θ 的截断动量为

$$r = \frac{\cos^2\lambda}{1 + (1 - \sin\theta\cos^3\lambda)^{1/2}} \tag{9.6a}$$

其中从式 (9.4) 有

$$\frac{pc}{z} = 59.6r^2\,\mathrm{GeV} \tag{9.6b}$$

因为我们关心的是达到地球的粒子, 所以 $r = r_E/r_S$. 例如, 对垂直入射的粒子, $\theta =$

0 而 $r = \dfrac{1}{2}\cos^2\lambda$，所以截断动量为

$$(pc)_{\min}(\theta = 0) = 14.9z\cos^4\lambda \ \text{GeV} \tag{9.7}$$

例如，在欧洲西北部，$\lambda \sim 50°\text{N}$，所以动量的垂直截断为 $pc/z = 1.1\,\text{GeV}$，或者说一个质子的最小动能为 $0.48\,\text{GeV}$.

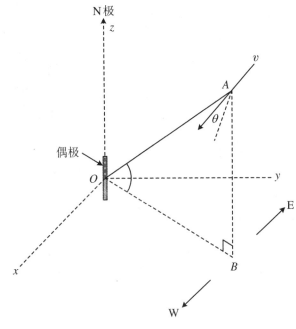

图 9.4

注：描述一个速度为 v 的粒子 A 在一个位于 O 点的偶极 M 的场中的坐标系统和变量.

θ 是粒子速度矢量 v 和与粒子一起转动的子午平面 OAB 之间的夹角.

从式(9.6)和式(9.7)我们看到在磁场赤道上，垂直截断为 $14.9\,\text{GeV}/c$. 从东地平线($\sin\theta = +1$)进入的粒子的垂直截断为 $59.6\,\text{GeV}/c$，而西地平线($\sin\theta = -1$)仅为 $59.6/(1+\sqrt{2})^2 = 10.2\,\text{GeV}/c$. 这导致所谓的**东-西效应**，也就是说在所有纬度上，从西边到达的(带正电的)粒子比从东边到达的多，就是由于更低的动量截断. 这个效应产生的原因实质上是所有带正电的粒子在顺时针的旋转中偏离了，就像从 N 极上方看到的. 图 9.5 显示了垂直截断能量的地图.

初级粒子的方位角和纬度依赖传递到了它们在穿过大气层时产生的次级粒子中. 这种效应被观测到了，例如观测到了次级 π 介子和 μ 子衰变产生的中微子在大气层中的相互作用，这对确保实验的可靠性和让人们相信中微子的味振荡这个解释，都是非常重要的，如 9.15 节讨论的.

例 9.2 估计在磁纬度 $45°\text{N}$，从东地平线入射的与从西地平线入射的初级质子强度之比.

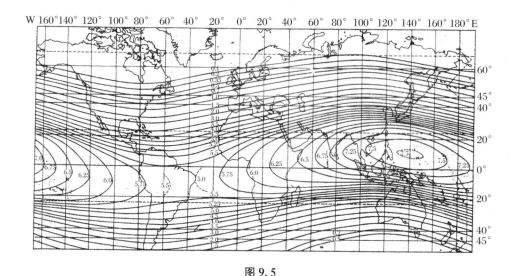

图 9.5

注:地球磁场垂直截断值的地图,用动能给出,单位为 GeV 每核子,对于 $A = 2Z$ 的原子核.这些值是对一个移位的偶极场计算出来的.对每个核子,最大截断约为 7.7 GeV,或者具有 8.6 GeV/c 的动量截断.对于质子,动量截断将为 17.2 GeV/c,与一个没有移位的偶极场中的值式(9.7)是相当的(Webber,1958).

从式(9.6)得到从东边的截断动量为

$$\frac{59.6\cos^4\lambda}{[1 + (1 - \cos^3\lambda)^{1/2}]^2} = 4.58 \text{ GeV}/c$$

而从西边的为

$$\frac{59.6\cos^4\lambda}{[1 + (1 + \cos^3\lambda)^{1/2}]^2} = 3.18 \text{ GeV}/c$$

假设动量谱为一个幂律形式 $\mathrm{d}p/\mathrm{d}p^{2.7}$,东边的与西边的强度值之比为 $(3.18/4.58)^{1.7} = 0.54$.

在实际情形下,地球的磁偶极(形成于地球深处的环绕电流)从地球中心偏离了 400 km,并且磁场也有高阶(四极)成分.更进一步地,在几倍地球半径以外的距离上,轨迹被由从太阳发射出来的低能质子和电子组成的等离子体——**太阳风**——剧烈地拉变形了.这个风的变化遵循 11 年太阳黑子循环的规律.海平面中子检测器测量了几十年的计数率和太阳黑子数刚好是反相关的,计数率的最大和最小值之间的差别为 20% 量级.尽管太阳风中的质子和电子是低能的(质子动能为 0.5 keV 量级),但是它们有高强度,其动能密度为 3 keV·cm^{-3} 量级,并且相关的磁场约为 10^{-8} T.如果地球正巧在这个风的路径上,那么它会经历所谓的**太阳耀斑**现象.例如,在靠近磁极的纬度上会观测到显著的极光现象.产生这种现象的原因是来自耀斑的带电粒子散播并被束缚在地球磁场(表现为一种磁镜)中,在两极之间绕着磁力线来回旋转,引起平流层中空气分子的激发,结果就产生了这种视觉美景.

9.4　宇宙线的加速

宇宙线如何能获得高达至少 10^{20} eV 的巨大能量,并且我们怎样解释能谱的形状呢? 许多年前,人们认为考虑到宇宙线的能量密度以及它们在星系中的寿命,要求有与超新星壳的产能率相似的能量供给.我们的银河系具有半径 $R \sim 15$ kpc 和盘厚度 $D \sim 0.3$ kpc.所以,在盘中加速宇宙线所需要的总功率,对于平均能量密度 $\rho_E = 1$ eV · cm^{-3} 为

$$W_{CR} = \frac{\rho_E \pi R^2 D}{\tau} = 3 \times 10^{41} \text{ J · yr}^{-1} \tag{9.8}$$

其中,$\tau \sim 3$ 百万年是星系中宇宙线粒子的平均寿命,之后它们会扩散出去或者在与星际气体的相互作用中耗尽能量而消失.一个 Ⅱ 型超新星(见 10.8 节)喷射的物质壳的典型质量约为 10 倍太阳质量(2×10^{31} kg),以 10^7 m · s^{-1} 量级的速度进入星际介质,对许多星系取平均得到的发生率约为每百年 2±1 个.(我们的银河系实际上在过去 2 000 年中仅报道了 8 个事例.)这给出了每个星系的平均输出功率为

$$W_{SN} = 10^{43} \text{ J · yr}^{-1} \tag{9.9}$$

尽管星系中的超新星率有些不确定,但是看上去只要激波将百分之几的能量转移到宇宙线中,就足够解释宇宙线束中的总能量了.

在 20 世纪 50 年代,费米考虑了宇宙线加速的问题.他首先设想电离的星际气体组成的随机运动的大质量云团所附带的磁场引起的"磁镜"将带电宇宙线粒子反射.然而他发现这种机制太慢而难以在银河系中宇宙线的已知寿命之内得到高能量的粒子.费米也提出加速可能由**激波面**导致.考虑在一个简化的一维图像中(图 9.6)

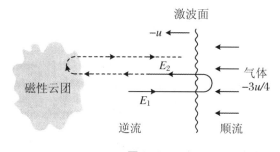

图 9.6

注:描绘一个带电粒子的加速图,这个粒子穿过一个激波面,又被上游气体散射回去而穿过波面.

一个相对论性粒子沿着正 x 方向运动,它穿过一个以速度 $-u_1$ 沿负 x 方向运动的激波面.假设粒子被波面后面的气体中的磁场反射,气体在激波方向的速度分量为

$$u_2 = \frac{2u_1}{C_p/C_V + 1} = \frac{3u_1}{4} \tag{9.10}$$

其中,电离气体的比热之比 $C_p/C_V = 5/3$.所以气体以速度 u_2 穿过激波面向回运动时,再被激波上游的磁化云团散射.如果粒子再次被向后(即在正 x 方向)散射,粒子可能再次穿过波前而再一次重复加速循环.因为波前是平面的(即单向的)所以直接运用洛伦兹变换(见第 2 章)可以证明获得的能量分数为激波速度的量级(见问题 9.11):

$$\frac{\Delta E}{E} \sim \frac{u_1}{c} \tag{9.11}$$

激波有许多可能的源,但是正如上面所阐述的,Ⅱ 型超新星的壳看上去是很好的候选者,其激波速度为 $10^7 \text{ m} \cdot \text{s}^{-1}$ 的量级.现在假设激波面的每一个加速循环中,粒子得到一个能量增量 $\Delta E = \alpha E$.在 n 个循环之后它的能量变为

$$E = E_0(1 + \alpha)^n$$

所以用最终能量的形式写出的加速循环数为

$$n = \frac{\ln(E/E_0)}{\ln(1 + \alpha)} \tag{9.12}$$

在加速的各个阶段粒子可能逃开下一个循环.粒子剩余下来可以被进一步加速的概率为 P,所以在 n 个循环之后留下来被进一步加速的粒子数为

$$N = N_0 P^n$$

其中,N_0 是初始粒子数.代入 n 之后我们得到

$$\ln\frac{N}{N_0} = n\ln P = \ln\frac{E}{E_0}\frac{\ln P}{\ln(1 + \alpha)} = \ln\left(\frac{E_0}{E}\right)^s$$

其中,$s = -\ln P/\ln(1+\alpha)$.数目 N 是经历 n 个或更多个循环的粒子数,所以其能量 $\geq E$.因此微分能量谱将遵循幂律依赖:

$$\frac{\mathrm{d}N(E)}{\mathrm{d}E} = 常数 \times \left(\frac{E_0}{E}\right)^{1+s} \tag{9.13}$$

对于激波加速,可以得到典型值 $s \sim 1.1$,所以微分谱指数为 -2.1,相比之下观测值为 -2.7.观测到的更陡的谱可以被解释为逃逸几率 $(1-P)$ 是能量依赖的.正如我们已经看到的,Li、Be 和 B 的碎裂谱确实比母体 C 和 O 原子核的碎裂谱随能量降低得更快,这表明逃逸几率确实随着能量增加.

超新星壳的激波加速看起来可以解释电量 $z|e|$ 的宇宙线核的直到约 $100z$ TeV($10^{14}z$ eV)的能量,但是很难解释更高的能量.人们必须借助其他机制来得到非常高能量的宇宙线,而在可能起到重要作用的过程中,有一些与 AGNs 中心的大质量黑洞从邻近恒星和气体吸积物质相联系.这被与 AGNs 相联系的极高能

粒子的数据所支持,如 9.13 节描述的.这时的巨大潮汐力意味着快速自转的吸积盘中粒子的切向速度可以被加速到接近光速.然而,人们目前还没有完全理解其涉及的详细机制.

9.5　次级宇宙辐射:π 介子和 μ 子——硬成分和软成分

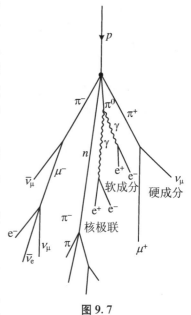

图 9.7

注:大气层中 π 介子和 μ 子产生与衰变的示意图(未按比例画出).

"宇宙线"指的是从地球大气层之外入射进来的粒子和辐射.这些初级粒子在穿过大气层时会产生次级粒子(介子),而大气层起到了和加速器粒子束中的靶相同的作用.图 9.7 画出了这一情形的原理图.最普遍的产物粒子是 π 介子,出现在三个带电和中性态 π^+、π^- 和 π^0 中.因为空气中质子的核作用自由程为 $\lambda_{int} \sim 100$ gm • cm^{-2}(对更重的初级核,这一值要小得多),与大气层的总深度 $X = 1\,030$ gm • cm^{-2} 相比,大部分 π 介子在平流层中产生.**带电 π 介子衰变为 μ 子和中微子**:$\pi^+ \rightarrow \mu^+ + \nu_\mu$ 和 $\pi^- \rightarrow \mu^- + \bar{\nu}_\mu$,它们的固有寿命为 $\tau = 26$ ns,衰变之前的平均自由程为 $\lambda_{dec} = \gamma c\tau$,其中 $\gamma = E_\pi/(m_\pi c^2)$ 是时间延迟因子.已知 $m_\pi c^2 = 0.139$ GeV,则对于1 GeV的 π 介子,$\lambda_{dec} = 55$ m.在粗略近似下大气层的上部是等温的,所以深度 x(gm • cm^{-2})随着高度 h(kms)指数变化,公式为

$$x = X \exp\left(\frac{-h}{H}\right) \quad (9.14)$$

其中,$H = 6.5$ km.对这个表达式求微分,可以得到在一个 $\lambda = 55$ m $\sim 0.01H$ 的间隔 Δh 中,深度仅仅改变1%.所以核吸收仅仅对 $\lambda \sim H$ 或能量为 100 GeV 之上的带电 π 介子才是重要的.实际上在 GeV 能量下所有的带电 π 介子都在飞行中衰变(而没有相互作用).

产生的 μ 子也是不稳定的,会经历衰变 $\mu^+ \rightarrow e^+ + \nu_e + \bar{\nu}_\mu$,其固有寿命为 $\tau = 2\,200$ ns.因为 μ 子质量为 0.105 GeV,所以一个 GeV 能量的 μ 子的平均衰变长度为 6.6 km,与大气层的标高 H 差不多.因此能量为 1 GeV 或更小的 μ 子会在大气层中的飞行中衰变(这里没有与核反应的竞争,因为 μ 子不参与强相互作用).然而,举例来说,一个 3 GeV 的 μ 子的平均衰变长度为 20 km,这与从它产生之处到海平面

的典型距离量级相当. 并且, 其穿过空气的电离能损失率为 2 MeV · gm^{-1} · cm^2 (见式(9.15)), 这样 3 GeV 或更高能量的 μ 子可以穿过整个大气层而不会停止或衰变掉. 更高能量的 μ 子可以达到地底深处, 出于这个原因它们被称为组成宇宙辐射的**硬成分**. 带电 π 介子和 μ 子的其余产物, 即中微子, 在 9.15 节讨论.

中性 π 介子经历电磁衰变, $\pi^0 \rightarrow 2\gamma$, 具有极其短的寿命 8×10^{-17} s. 衰变得到的光子进而发生下文描述的电子-光子级联过程, 大多发生在高层中大气, 因为这些级联的吸收长度与大气层的总厚度相比很短. 这些级联的电子和光子组成宇宙辐射中容易被吸收的**软成分**.

初级宇宙线在大气层中的核反应产物中, 还有放射性同位素, 其中一个重要产物是通过例如中子在氮中的俘获: $n + {}^{14}N \rightarrow {}^{14}C + {}^{1}H$ 而形成的 ${}^{14}C$. 这种方式产生的 ${}^{14}C$ 原子结合形成 CO_2 分子, 进而像更普遍和稳定的 ${}^{12}C$ 原子那样参与大气层中的气体循环, 通过雨滴进入海洋, 再被有机物吸收. 因为 ${}^{14}C$ 的平均寿命为 5 600 年, 所以在有机体中它相对于 ${}^{12}C$ 的丰度可以用来为样本定时间. 这当然假设了 ${}^{14}C$ 在宇宙线中的产生率随时间是不变的. 事实上, 将从同位素比值得到的年龄与从古树的年轮数得到的年龄相比较, 可以证明宇宙线强度确实在过去是变化的, 在 5 000 年前比现在大了约 20%. 这个变化大概来自于地球磁场值的长期涨落, 这种现象与大陆漂移相关, 通过岩石样本人们知道了在地质学时间内地球磁场的符号和大小已经改变过多次.

9.6 带电粒子和辐射在物质中的穿行

作为讨论 γ 射线源和广延大气簇射的准备, 我们这里总结了带电粒子和辐射在穿过物质时的相互作用, 包括在固体物质和大气层中.

9.6.1 电离能量损失

带电粒子与原子中的电子碰撞时会损失能量, 导致原子的电离. **电离能量损失**率由 Bethe-Bloch 公式给出:

$$\left(\frac{dE}{dx}\right)_{\text{ion}} = \frac{4\pi N_0 z^2 e^4}{mv^2} \frac{Z}{A} \left(\ln \frac{2mv^2 \gamma^2}{I} - \beta^2\right) \tag{9.15}$$

其中, m 是电子质量, v 和 ze 是入射粒子的速度和电量, $\beta = v/c$, $\gamma^2 = 1/(1-\beta^2)$, N_0 是阿伏伽德罗常数, Z 和 A 是介质原子的原子序数和质量数, x 是介质中的路程长度, 通常以 g · cm^{-2} 为单位测量. 量 I 是介质的平均电离势, 对原子中的所有电子取平均, 大概值为 $I \approx 10Z$ eV. 注意到 dE/dx 是速度 v 的函数, 不依赖于入射

粒子的质量 M. 在低速时它随着 $1/v^2$ 变化. 在经过约 $3Mc^2$ 能量处的一个最小值之后, 电离损失随着能量对数增加. 在更高能量下, 极化效应开始起作用, 电离损失达到一个平台值, 约为 $2\,\mathrm{MeV \cdot gm^{-1} \cdot cm^2}$, 如图 9.8. 还注意到, 因为大多数物质中 $Z/A \sim 1/2$ (除了氢和非常重的元素), 所以能量损失, 表达为穿过每 $\mathrm{gm \cdot cm^{-2}}$ 的物质, 几乎不依赖于介质.

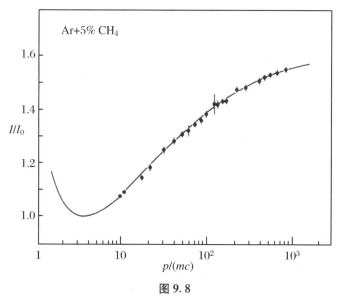

图 9.8

注:带电粒子在一个氩气-甲烷混合气体中的平均电离能量损失,作为以质量单位表示的动量 $p/(mc)$ 的函数. 这个测量由多重电离取样给出,显示了从最小值到平台值的相对增长.

9.6.2 库仑散射

在穿过介质时,一个带电粒子将受到介质中原子核的电磁(库仑)散射(原子中电子的散射,因为电子质量小得多,所以相比之下可以忽略). 以角度表示的单个散射由卢瑟福公式(1.23)描述. 在一个有限路径长度 t 之中,连续的散射结合形成一个**多重库仑散射**分布,这个分布大致是高斯型的,其均方根值为

$$\varphi_{\mathrm{rms}} = \frac{zE_{\mathrm{s}}}{pv}\sqrt{\frac{t}{X_0}} \tag{9.16}$$

其中, $E_{\mathrm{s}} = (4\pi/\alpha)^{1/2} mc^2 = 21\,\mathrm{MeV}$, X_0 是**辐射长度**, 为

$$\frac{1}{X_0} = 4\alpha\,\frac{Z}{A}(Z+1)r_{\mathrm{e}}^2 N_0 \ln\frac{183}{Z^{1/3}} \tag{9.17}$$

这里 r_{e} 是电子经典半径, $\alpha = 1/137$. 所以 $pv = p\beta c$ 以 MeV 为单位的带单位电荷的粒子,当传播一个辐射长度时,将受到 $21/(pv)$ 弧度的偏折.

9.6.3 辐射损失

除了经历电离能量损失和库仑散射之外,高能电子还会由于发射光子而受到**辐射损失**,这个过程叫作"轫致辐射"或制动辐射.一个电子穿过厚度 dx 的介质时由这种辐射导致的平均能损率为

$$\left\langle \frac{\mathrm{d}E}{\mathrm{d}x} \right\rangle_{\mathrm{rad}} = -\frac{E}{X_0} \tag{9.18}$$

因为辐射几率正比于加速度的平方,$X_0 \propto 1/r_e^2 \propto m_e^2$,$\mu$ 子的辐射长度的量级为电子的 $(m_\mu/m_e)^2$ 倍.所以在多数实际情况下,只有电子的辐射损失才需要考虑(μ 子的辐射只对可以穿透地面之下几千米厚度岩石的极端高能 μ 子才是显著的).如果电离损失可以忽略,那么一个初始能量为 E_0 的电子在走过厚度 x 的介质之后的平均能量为

$$\langle E \rangle = E_0 \exp\left(-\frac{x}{X_0}\right) \tag{9.19}$$

从式(9.17)我们看到辐射长度大概随着 $1/Z$ 变化.例如,辐射长度在空气中为 40 g·cm^{-2},相比较而言在铅中为 6 gm·cm^{-2}.电离能损率对高能电子实际上是常数,而辐射损失率却正比于能量 E.满足 $(\mathrm{d}E/\mathrm{d}x)_{\mathrm{ion}} = (\mathrm{d}E/\mathrm{d}x)_{\mathrm{rad}}$ 的能量称为**临界能量** E_c.临界能量之上的电子主要通过辐射过程损失能量,而临界能量之下的电子主要通过电离过程损失能量.粗略地说,$E_c \sim 600/Z$ MeV.

9.6.4 γ射线产生的粒子对

只要光子具有能量 $E_\gamma > 2mc^2$,电子产生的光子自身就可以转变为 e$^+$ e$^-$ 对,这里同样需要在原子核的库仑场中以满足动量守恒.一个光子在介质中转变为粒子对之前传播的平均距离称为**转变长度**.转变长度依赖于能量,但是在高能处(GeV)逐渐接近于约 $(9/7)X_0$.

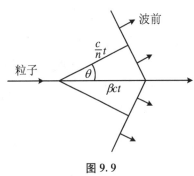

图 9.9

注:一个相对论性粒子发射切伦科夫光的惠更斯解释.

9.6.5 切伦科夫辐射

当相对论性粒子穿过介质(例如大气层)时,能量损失的一小部分是以**切伦科夫辐射**的相干波面的形式辐射出来的(有点类似于船头的弓形波),如图 9.9 所示.这种辐射多数在谱的紫外或蓝区.图中的惠更斯解释给出:

$$\cos\theta = \frac{ct/n}{\beta ct} = \frac{1}{\beta n}, \quad \beta > \frac{1}{n} \tag{9.20}$$

其中,空气在地面的折射率 n 由 $\varepsilon = n - 1 = 3 \times 10^{-4}$ 给出,这一量正比于空气压强.

$mc^2 = 0.51\,\mathrm{MeV}$ 的电子的阈值能量为 $mc^2/(1-\beta^2)^{1/2} = mc^2/(2\varepsilon)^{1/2} = 21\,\mathrm{MeV}$，而对 $mc^2 = 106\,\mathrm{MeV}$ 的 μ 子为 $4.3\,\mathrm{GeV}$. 大气簇射的大部分成分有高得多的能量，所以它们将产生大量切伦科夫光. 典型地，一个在阈值之上的相对论性粒子在地面附近每千米路径上产生约 10 000 个光子（在压强更低的高海拔上产生的更少）. 将其导入放置在焦点处的光电倍增管这种光可以通过大球面镜阵列探测到（见图 9.11）.

9.6.6　大气荧光

穿过大气层的带电粒子不仅电离原子，而且还激发原子. 一些这种过程表现为来自氮气分子的**荧光**，典型地为每千米路径长度 5 000 个光子，也是在蓝光波长区域（300～450 nm）. 这种荧光是各向同性地发射出来的. 另一方面，极端相对论粒子穿越大气层产生的切伦科夫光发射于一个窄的锥角 $\theta \sim (2\varepsilon)^{1/2}$ 中（在地面 $= 1.4°$，不过电子的库仑散射会大大加宽这一锥角）. 这个差别从簇射探测的角度来说非常重要，见下文的描述.

9.7　电磁级联的形成

我们现在讨论电磁簇射的纵向形成过程，以一个非常简化的方式. 考虑一个初始能量为 E_0 的电子穿过一个介质，忽略电离损失. 在第一个辐射长度中，假设电子辐射了一个光子，能量为 $E_0/2$. 在下一个辐射长度中，假设这个光子转变为一个电子-正电子对，每个能量为 $E_0/4$，并且原始电子再次辐射了一个光子，能量也为 $E_0/4$. 因此，两个辐射长度之后，我们有了一个光子、两个电子和一个正电子，每个的能量为 $E_0/4$. 以这个方式继续进行下去，在 t 个辐射长度之后，我们将有数目大致相等的电子、正电子和光子，每个的能量为 $E(t) = E_0/2^t$. 我们假设这种级联倍增过程持续到粒子能量降低为 $E = E_c$，即临界能量，此时我们假设电离损失突然变为主导，所以不可能发生更进一步的辐射或粒子对转变过程. 所以级联达到最大值然后突然停止. 这个简单模型的主要特征如下：

- 簇射最大值在深度 $t = t(\max) = \ln(E_0/E_c)/\ln 2$，也就是说，它随着初能量 E_0 对数增加.
- 簇射最大值的粒子数为 $N(\max) = 2^{t(\max)} = E_0/E_c$，即正比于初级能量.
- 能量 E 之上的簇射粒子数等于深度 $t(E)$ 之内产生的粒子数，即

$$N(>E) = \int 2^t \mathrm{d}t = \int \exp(t\ln 2)\mathrm{d}t = \frac{E_0/E}{\ln 2}.$$

所以粒子的微分能谱为

$$\frac{\mathrm{d}N}{\mathrm{d}E} \propto \frac{\mathrm{d}E}{E^2}.$$

· 以辐射长度为单位的总轨迹长度积分(对 $E > E_c$ 的带电粒子)为

$$L = \frac{2}{3}\int 2^t \mathrm{d}t \sim \left(\frac{2}{3}\ln 2\right)\frac{E_0}{E_c} \sim \frac{E_0}{E_c}$$

最后的结果也可以从能量守恒得到:因为每个粒子每辐射长度的电离损失为 E_c,所以实质上所有的入射能量最终都以电离能损的形式耗散了.因此我们得到了非常重要的结果,即轨迹长度积分给出了初级能量的一个测量.

例9.3 一个能量 10 TeV 的光子垂直入射到大气层.估算产生的最大电子-光子簇射的高度,以 km 为单位.空气中的临界能量为 100 MeV,辐射长度为 37 g · cm^{-2}.

从上面的简化模型得到,最大深度为 $x = \ln(E_0/E_c)/\ln 2 = 16.6$ 个辐射长度或 615 g · cm^{-2}.利用指数大气层表达式(9.14)得到最大值的高度为 3.4 km.

当然在实际上,辐射和电离损失效应在簇射过程中都表现出来了,一个实际的簇射包含一个初始的指数增长、一个宽的最大值和之后的一个逐渐下降,如图 9.10 所示.然而,以上的简化模型可以重现出实际电磁级联的许多基本的定量特征.

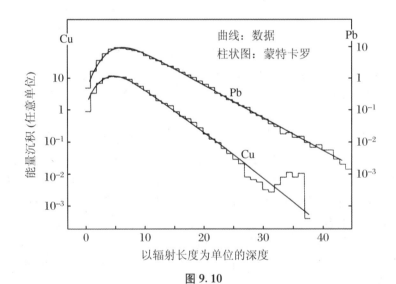

图 9.10

注:在 CERN 实验中 6 GeV 电子产生的电磁簇射的纵向演化(Bathow 等,1970).留给读者一个练习,证明级联中观测到的最大簇射出现的比以上简化模型所给出的要早得多.

我们的模型将簇射看作是一维的.实际的簇射向横向散布,主要原因是电子穿过介质时发生库仑散射.初始能量 E_0(以 MeV 为单位)的簇射的横向散布量是所谓**莫里哀单位**的几倍,后者等于 $E_s/E_0 = 21/E_0$ 个辐射长度.

9.8 广延大气簇射:核子和光子导致的簇射

如果初级粒子是一个高能质子或更重的原子核而不是一个电子或光子,就会在大气层中形成核级联.其纵向标度是空气中的核相互作用长度,$\lambda_{int} \sim 100\,\mathrm{gm} \cdot \mathrm{cm}^{-2}$.质子(或更重的核)在这些相互作用中产生介子,而反过来在之后的碰撞中它们可能产生更多的粒子.虽然在电子-光子簇射中,电子在一个辐射长度中损失大部分能量,但是核子一般可以穿透几个相互作用长度,在每次与核子和介子的撞击中仅仅损失一小部分能量——典型地为 25%.在空气中,核相互作用长度约为辐射长度 $X_0 \sim 40\,\mathrm{gm} \cdot \mathrm{cm}^{-2}$ 的 2.5 倍.因此由核子引发的级联比由光子引起的纯粹电磁级联的穿透性强得多,而大气层中簇射轮廓的这种差别已经被用来区分核子和光子导致的级联.

另一个不同是核簇射的横向散布主要由核相互作用中的次级粒子的横向动量决定,典型的为 $0.3\,\mathrm{GeV}/c$,比相同初级能量的电磁簇射大得多.这种**广延大气簇射**包含一个高能核,主要是核子,和一个能量分布得更广的电子-光子成分,这种成分持续地由新的中性 π 介子的产生和衰变,$\pi^0 \to 2\gamma$,以及新的电磁级联来补充.如 9.6 节提到的,π 介子的衰变几率在高能下随着 $100/E_\pi(\mathrm{GeV})$ 减小,所以除了一小部分能量以中微子和 μ 子的形式来自 π 子衰变之外,在质子引起的广延大气簇射中的大部分能量以及压倒性的大多数粒子将结束于电子-光子级联.所以轨迹长度积分将再次给出簇射初级能量的测量.然而,对被地面阵列或者大气切伦科夫/荧光探测器记录下的实际信号的解释确实在一定程度上依赖于所用的模拟核级联的模型,并且值得注意的是从 AGASA、HiRes 和 AUGER 阵列推断的流量,典型地相差了一个不超过 2 的因子.

9.9 广延大气簇射的探测

广延大气簇射的探测已经被多种技术实现了.最老的技术,由 Auger 在七十多年前开发出来,使用的是同时工作的延伸的**地面探测器阵列**.这些地面探测器对簇射中的带电粒子作了取样,通常的方式是利用装有液态闪烁剂或液体切伦科夫计数器的罐子.这种簇射仅对初级能量 $E_0 > 1\,000$ TeV(10^{15} eV)才可以在海平面被探测到,这时最大值发生在接近地面处.在高山的海拔处,阈值典型地为 100 TeV.这种簇射中的粒子都有 $v \sim c$,所以簇射面可以很好地被定义,并且初级粒子的方向可以通过对穿过阵列时簇射面的不同部分的测时来非常精确地测量出来.

人们对簇射探测所建立的其他技术是利用镜子加上光电倍增器系统来记录来自大气层自身的切伦科夫光和/或荧光.如上面所解释的,大气切伦科夫光显出一个很窄的角度范围,所以接收的光围绕簇射轴显出一个 100 m 量级的有限半径,簇射轴必须非常接近于镜子系统来记录任何信号.相反,荧光输出是各向同性的,所以接收的光要广延得多,这意味着几公里远的簇射,即使没有对着镜子/光电倍增器系统,也能被探测到,所以对能量最高——也是最稀有的——事件的灵敏度大大增加了.这些技术的弱点是它们占空比很差.零散的背景光问题只能够通过在没有云也没有月亮的晚上实施观测来克服.即使在最佳环境下,占空比也只有 10%.

第一个利用"大气光"技术的系统是 Whipple 天文台的镜面阵(见图 9.11).它

图 9.11

注:位于亚利桑那的 Whipple 天文台 10 m 镜面阵的照面,它用来探测来自大气簇射的切伦科夫光.附近的第二架(11 m)镜面使得人们可以构建广延大气簇射轮廓的立体影像.这些最近被更大的四架镜面的 VERITAS 阵列所取代.Whipple 天文台第一个确认出了来自 Crab(蟹状星云)的非常高能量的 γ 射线(>1 TeV 的点源).(照片承蒙 Trevor Weekes 1998 的允许.)

运用了两个空间上分开的镜面阵来从输出光中给出簇射的立体影像.用这种方式使人们有可能重构簇射轮廓,以及区分由初级光子引起的簇射和核子产生的簇射,前者形成得更早而包含在大气层上部,后者形成得更慢而穿透得更深.这个特征对于确认 γ 射线点源是很有价值的.

9.10　γ 射线点源

大多数宇宙 γ 射线形成一个次级起源的稳定的随机背景,例如来自于初级质子与星际介质作用时产生的中性 π 介子的衰变.然而,利用像 EGRET(Energetic Gamma Ray Experiment Telescope,高能伽马射线实验望远镜),其装载于 1991 年发射的 GRO(Gamma Ray Observatory,伽马射线天文台)卫星上(见图 9.12),人们探测到了量子能量范围从 3 keV 到 30 GeV 的点源;而利用地面的大气切伦科夫方法(图 9.11)可以达到 10 TeV 的能量.

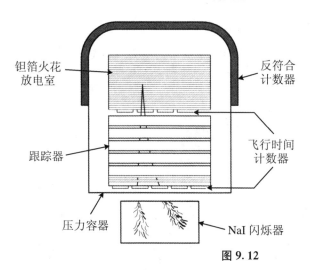

注:GRO 卫星上的仪器 EGRET 的简图.当 γ 射线在上层的铝箔火花室中转变为 e^+e^- 对时,可以探测到它;根据下方的 NaI 闪烁器阵列中的脉冲高度,可以测量产生的电子-光子簇射的总能量(Ong, 1998).

图 9.12

许多已知的脉冲星源(见 10.10 节)例如 Crab、Geminga 和 Vela,已经被不同的实验室用这种方式探测到了(见图 9.13 中的例子).人们相信产生 γ 射线的主要机制是脉冲星强磁场中的电子的同步辐射.

对于一个给定的电子能量,辐射的光子能谱大概具有形式 dE/E,即在低能处达到峰值.然而,在这些源附近的电子和光子的强度是如此之高以至于非常高能的光子可以通过逆康普顿散射产生,即低能光子被高能电子碰撞而提升能量(高能电子反过来由激波加速产生).

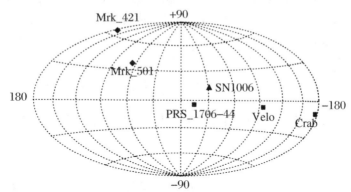

图 9.13

注:由 EGRET 卫星实验探测到的 γ 射线点源图,对于 100 MeV 以上的伽马射线能量时.坐标
是相对我们银河系平面的经度和纬度(Ong,1998).

这里描述的源是 γ 射线稳定源.例如 Crab 源,起源于约一千年前(公元 1054
年超新星),在 γ 射线光谱学上是一种"标准烛光".图 9.14 显示了来自 MAGIC 阵
列的 Crab 光谱,这个阵列的每个单镜面直径 17 m,位于 Canary 岛上,利用的是大

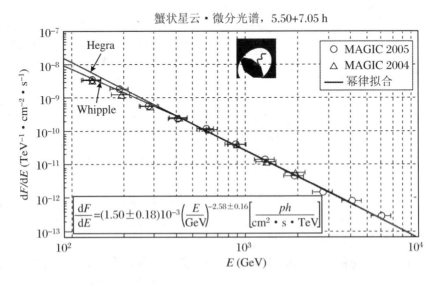

图 9.14

注:来自蟹状星云的 γ 射线谱,由 MAGIC 大气切伦科夫阵测出(Wagner 等,2005).

气切伦科夫探测器. 10 TeV 以上的谱（Wagner 等, 2005）的 γ 射线流量（$m^{-2} \cdot s^{-1} \cdot TeV^{-1}$）具有形式：

$$N(E)dE = \frac{(24 \pm 3) \cdot 10^{-8}}{E^{2.6 \pm 0.2}}dE \tag{9.21}$$

E 以 TeV 为单位. 在一个周期上, 测得的流量在 1% 精度上是常数.

一些 γ 射线源被确认为如下描述的 AGNs, 其红移可以达到 $z \sim 2.5$. 这些源随着时间有变化. 它们就像类星体那样——甚至它们可以被确认为是类星体——被认为与位于星系中心的非常大质量的黑洞相联系, 因为黑洞似乎是唯一可以产生这种巨大能量和强度的辐射的致密源, 其辐射主要集中在"喷流"中, 这在 9.14 节的射电星系中有描述. 据推测, 就像射电辐射那样, 当电子在喷流的磁场中回旋运动并产生同步辐射时, 喷流就产生了 γ 射线.

9.11　γ 射 线 暴

比以上描述的相对稳定的 γ 射线源更剧烈的, 是 **γ 射线暴**, 其持续时间典型地为从 10 ms 到 10 s. 这种辐射的量子能量在 $0.1 \sim 100$ MeV 之间, 更短的暴对应更硬的谱. 这种爆发首先是在 20 世纪 60 年代被美国的 Vela 卫星在搜寻地面核试验时意外观测到的. 这些事件非常普遍——大约每天有一到两个——并且其源似乎在天空中差不多是各向同性分布的, 显示在图 9.15 的全天图中. 因为 γ 射线是连续的而不是谱线, 所以其红移最开始是不知道的, 直到 20 世纪 90 年代人们最终确认了它们是起源于河外的, 那时荷兰-意大利 BeppoSAX 卫星精确地定位了一个爆发并且发现其光学余辉的谱显现出红移 $z \sim 0.8$. 大多数爆发具有 $z > 1$, 目前红移最大的记录是 $z = 6.4$, 对应于当宇宙年龄仅为约十亿年时发生的事件.

这些爆发的能量为 $\sim 10^{44}$ J, 可以比拟甚至超过一个 II 型超新星爆发过程中（以光子形式）发射的能量（这时释放的总能量为 10^{46} J, 但是其中 99% 的能量以中微子的形式放出——见 10.9 节）. 根据明显不同的起源, 这些爆发可以分成两类：短暴, 其持续时间小于 2 s, 平均为 0.3 s；以及长暴, 持续时间为 $2 \sim 10$ s.

人们对**长暴**似乎理解得更好. 它们来自于称为**塌缩星**的事件, 塌缩星的前身星是一类非常大质量（$20 \sim 100$ 太阳质量）的恒星, 被认同为快速自转的低金属丰度的 Wolf-Rayet（W-R）星. 人们相信, 在星系演化的早期阶段, 星系中这些大质量星是占主导的, 它们演化得非常快, 因为正如第 10 章显示的, 一个质量为 M 的主序恒星的寿命随着 $M^{-2.5}$ 变化. 因此一个 100 倍太阳质量恒星的寿命将是太阳寿命的 10^{-5} 倍, 即小于 100 000 年. 这些恒星形成于星系演化的早期阶段, 所以它们的重元

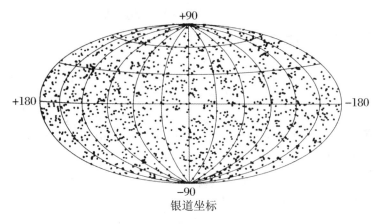

图 9.15

注：γ射线暴的全天图，表明在整个天空中的均一分布，来自在 GRO 卫星上装载
的暴和暂现源实验（BATSE）.

素丰度会很低（与在更晚阶段形成的恒星不同，后者形成于前一代恒星的循环喷出
物中）. 因为 W-R 星具有大的质量，所以它们演化得很快，在硅燃烧的末期，人们相信
这种星的核直接塌缩变为黑洞——与质量更低的恒星不同——而没有经历中子星阶
段. 当吸积盘的周围物质被吸入黑洞时，发生γ射线爆炸并伴随着巨大能量释放.

我们这里应该注意到，如第 10 章所解释的，中心质量吸引星际气体使其围绕
自己运动，而恒星就形成于这种不断积累的星际气体中，这种所谓的原恒星的演化
经历相继的热核燃烧阶段，其温度升高并且核心极大地收缩. 因为收缩和保持角动
量守恒，核心一般将快速转动. 在类星体情形下，由于自转物质的圆环形状，其释放
的γ射线看上去被束缚在一个沿着转动轴的窄喷流中——典型的为 3°开放角. 当
然，方向对着地球的爆发才能被观测到，所以对所有方向和全天积分的实际发生率
可能可以高达每分钟一个. 塌缩星的一个子类是所谓的软伽马重复暴[①]，这时的爆
发来自单个源，间隔不规则，包含非常软的γ射线或 X 射线.

人们对短暴理解得不太好. 它们如何起源目前还不清楚；然而，非常短的爆发
长度表明源头来自极端致密的物体. 它们可能产生于，例如一个双星系统中绕转的
两个中子星，当引力辐射导致的能量损失使它们塌缩形成黑洞的这个过程. 这个事
件率比超新星爆发导致形成中子星小约 10 000 倍，所以约每天 1 个暴的总观测率
可以与估计的中子星合并率相比.

总之，γ射线暴是宇宙中能量最高、最迷人和最使人困惑的事件之一. 人们现在
正在付出巨大的努力来研究它，未来人们对这些事件所隐含的基础机制将理解得更好.

例 9.4 来自遥远源的高能γ射线可能遭遇一个高能截断，起源于和宇宙微

---

① 现在认为软伽马重复暴的产生机制不同于γ射线暴.（译者注）

波背景光子或者星光(光学或红外)光子的碰撞而形成电子-正电子对.估计其阈值能量,以及相关的吸收长度.

高能 γ 射线的吸收长度由所涉及的过程决定.从式(1.26)可知,远在阈值之上的康普顿散射 $\gamma e \rightarrow \gamma e$ 和对产生 $\gamma \gamma \rightarrow e^+ e^-$ 具有非常相似的反应截面.然而,因为星系际空间的 CMB 光子数密度比电子数密度高许多量级,所以在这个阈值之上,和 CMB 光子发生的对产生将完全处于主导地位.

如果 E_{th} 代表光子阈值能量,E_0 代表靶光子的量子能量,那么对产生 $\gamma \gamma \rightarrow e^+ e^-$ 的条件为 $s = (E_{th} + E_0)^2 - (p_{th} + p_0)^2 > 4m^2$,其中 m 是电子质量.对于正碰,$E_{th} = m^2 / E_0$.对微波光子 $T = 2.73$ K,$kT = 2.35 \times 10^{-4}$ eV,对于一个能量 $E_0 = y \cdot (kT)$ 的光子,其阈值为 $E_{th} \sim 10^3 / y$ TeV.大部分碰撞不是正碰,但是我们可以将这作为一个典型阈值能量.

产生电子-正电子对的平均自由程为 $\lambda = 1/(\rho \sigma)$,其中 ρ 是微波靶光子的密度,而 σ 是对产生的反应截面.在阈值 $s_{th} = 4m^2$,反应截面为零,然后随着能量的增加而增大,当 $s \sim 8m^2$ 时到达最大值 $\sim 0.25 \sigma_{Thomson}$(见式(1.26)),然后在更高能量时下降.我们取 $\sigma = \pi \alpha^2 / m^2 = 2.5 \times 10^{-25}$ cm^2 表示一个上限.代入总的微波光子数密度 $\rho \sim 400$ cm^{-3} 之后得到 $\lambda \sim 10^{22}$ cm ~ 4 kpc.尽管这只是一个粗略的下限,但是它显示了对于能量在约 10^3 TeV(10^{15} eV)之上的光子,宇宙在百万秒差距尺度上是非常不透明的.另一方面,普朗克谱的高能尾巴上的小于一百万分之一的微波光子有 $y > 20$,对于这些光子,阈值能量仅为 50 TeV,而平均自由程超过 100 Mpc,这些光子可以通过散布在相当大范围宇宙中的点源被接收(这里我们必须记住在高红移处,微波光子能量,因此也是阈值能量,增加了一个因子 $1 + z$).

对于星光光子,我们可以取太阳光球层温度为 6 000 K,即量子能量为微波光子的 6000/2.73 倍,相应地换算过来的阈值能量典型地为 1 TeV.星系的星光能量密度为 1 eV · cm^{-3} 或 $\rho \sim 1$ 光子 cm^{-3} 的量级,因此 $\lambda > 1$ Mpc,与星系半径相比很大.所以探测来自银河系点源的任何能量的 γ 射线都是没有问题的.

9.12　超高能宇宙线簇射:GZK 截断

如图 9.3 所示,带电初级宇宙线的谱延伸到至少 10^{20} eV.这些能量上的数据来自非常大的计数阵列(在海平面或高山上).现在,探寻最高能量的最大的阵列是日本的 AGASA,它用表面探测器覆盖了 100 km^2 的面积;犹他州的 HiRes 实验,仅仅探测荧光辐射;阿根廷的 AUGER 实验,用一个表面探测器阵列覆盖了 3 000 km^2,也装备有荧光探测器.

HiRes 工程(Abassi 等,2005;2007)形式上是一个"苍蝇眼睛",也就是一个 67 架直径 1.6 m 的半球镜的阵列,每个镜子在其焦点处装置了 12 个或 14 个光电倍增器(PMTs).这些镜子的方向使得它们一起可以覆盖整个天区,总共 880 个 PMTs 中每个覆盖 5°×5°像素.

AUGER 实验(Abraham 等,2004)装备了一个由 1 600 个水箱组成的表面阵列来记录相对论性簇射粒子穿过水时发射的切伦科夫光,以及由 240 个探测器组成四个观测站来记录氮分子被穿过大气层的簇射粒子激发而发射的荧光(见图 9.16).

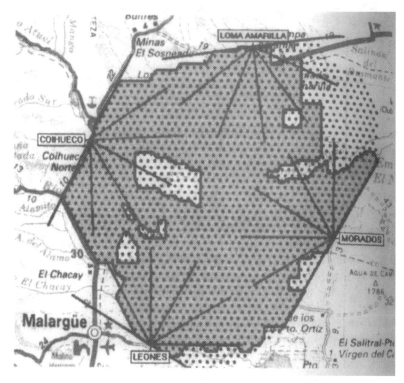

图 9.16

注:AUGER 广延大气簇射阵列的图.1 600 个切伦科夫水箱形成的地面探测阵列用点表示,间隔为 1.5 km.它们被四个装有 240 个镜子/光电倍增器阵列的观测站所监视,这些观测站记录被穿过大气层的大气簇射激发的氮分子产生的荧光.将地面阵列的数据和大气荧光的数据相结合的能力显示出了对能量测量的非常有效的限制.(承蒙 Pierre Auger 合作组的允许.)

图 9.3 中已经表明了谱显示出一个 10^{15} eV 处的"膝",之后谱持续变陡,以及一个 $4×10^{18}$ eV 处的"踝",表现出谱变平,之后在 $4×10^{19}$ eV 处是一个终结性的降低.许多年前,Greisen(1966)、Zatsepin 和 Kuzmin(1966)指出宇宙在这种能量上可能变得不透明,原因是初级质子与微波背景辐射光子的碰撞所引起的 π 介子的产生,这被称为 GZK 效应:

$$\gamma + p \rightarrow \Delta^+ \rightarrow p + \pi^0$$
$$\rightarrow n + \pi^+ \tag{9.22}$$

如果质子质量为 M，动量为 p，能量为 E，并且微波光子的动量为 q，能量为 qc，那么碰撞中总的质心能量的平方为（见第2章的相对论运动学）

$$s = E_{cms}^2 = (E + q)^2 - (p + q)^2$$
$$= M^2 + 2q(E - |p|\cos\theta)$$

在 $c = 1$ 的单位制下. 这里 θ 是质子和光子方向之间的夹角，E_{cms} 必须至少等于质子和 π 介子质量之和. 质子阈值能量为

$$E_{th} = \frac{5.96 \times 10^{20}}{y(1 - \cos\theta)} \text{ eV} \tag{9.23}$$

其中我们取光子能量为 $q = ykT$，而微波背景具有 $kT = 2.35 \times 10^{-4}$ eV. 典型地，一个质子在一次这样的碰撞中将损失 15% 的能量.

作为一个例子，考虑正碰（$\cos\theta = -1$）和 $y = 5$，$E_{th} = 6 \times 10^{19}$ eV. 反应式 (9.22) 在阈值附近的反应截面为 $\sigma = 2 \times 10^{-28}$ cm^2，而总的微波光子密度为 $\rho = 400$ cm^{-3}，这给出对所有微波光子的碰撞自由程 $\lambda = 1/(\rho\sigma) = 4.1$ Mpc. 对于 $y > 5$ 的 10% 的光子，平均自由程将为 50 Mpc 的量级. 所以我们可以预期，来自本地超星系团之外的 $E > E_{th}$ 的质子，其能量将由于和微波背景的碰撞而减弱（见表 5.1 给出的距离尺度）. 实际上详细的计算（Dermer，2007）表明约 5×10^{19} eV 之上的流量确实急剧地下降，如在 HiRes 和 AUGER 实验中发现的——见式 (9.2) 和图 9.3(c). AUGER 对簇射轮廓的结果表明最高能量的初级粒子有许多是重核，对于它们来说主导的能量损失机制是 CMB 光子导致的光核分解而不是光 π 产生. 然而，结果证明预期的截断能量与质子的截断能量是可比的.

人们相信"踝"效应，即谱在 4×10^{18} eV 和 4×10^{19} eV 之间的略微变平，可能表明起源于银河系之外的粒子占主导. 对于一个 $3\,\mu$G（0.3 nT）量级的星系磁场，能量 $E = 4 \times 10^{18}$ eV 的质子的曲率半径～4 kpc. 这种粒子将不会被束缚在盘的厚度比这个值小一个量级的旋涡星系的磁场中.

9.13　超高能宇宙线的点源

一般来说高能（带电）初级宇宙线的方向和点源之间没有关联. 除了在非常高能量之外，任何各向异性都会被星系磁场破坏. 然而，AUGER 实验确实发现 6×10^{19} eV 之上的事件有显著的各向异性（Abraham 等，2007）. 这个极限之上的所有 27 个事件中，大多数位于一个 3° 锥角中，朝着一个已知的 AGN（在距离地球

100 Mpc 之内). 如果这是碰巧发生的, 那么其概率是 2×10^{-3} 量级. 这个证据似乎表明极高能的宇宙线是被与黑洞相联系的机制加速的. 当然, 这种可能关联的存在暗示了远于 10 Mpc 的深空中的净磁场必须极端微弱, 小于 10^{-11} G(也可见 8.2 节).

9.14 射电星系和类星体

像银河系这样的星系发出的电磁辐射涵盖了很广的光谱范围, 从射电波段(厘米到千米)到能量达到许多个 TeV 的 γ 射线. 在我们自己的星系中, 少于总电磁输出的 1% 在射电波段, 但是人们观测到了所谓的射电星系, 它们的射电发射可以远远超出光学输出(来自恒星的). 最剧烈的射电发射来自**类星体**(代表类恒星射电源), 它们是天空中最亮的光学和射电源, 远远超出它们的寄主星系的总输出光. 出于这个原因它们即使在非常远的距离也可以被探测到. 实际上, 类星体几乎总是被发现具有大的红移; 多于一半的具有 $z>1$ 而至今最大的一个具有 $z=6.4$. 确实, 就是谱具有的这些大的红移使得最初将类星体确认为具有高光度和非常远距离的物体是如此困难. 类星体实际上对应于已知的最遥远的事件, 发生于宇宙年龄在 $t\sim t_0/(1+z)^{3/2}$ 的时候. 迄今观测到了将近 60 000 个类星体. 它们在某种程度上确实是一种远古现象, 典型地发生在十亿年前, 即星系演化的早期阶段. 我们今天才观测到它们是因为它们距离的遥远以及光或射电波的有限速度.

9.14.1 射电望远镜

类星体经常与一些星系成协, 这些星系是如此遥远以至于光学信号几乎不能被探测到, 而它们最初是由巨大接收盘组成的射电望远镜发现的. 最大的单口径是 Arecibo 的固定口径望远镜(见图 9.17). 射电望远镜相比光学望远镜有几个优点. 射电信号不会受到气体和尘埃的明显吸收, 所以我们的探索可以深入银河系中心. 信号可以使用电子装置放大; 它的相位可以被测出, 所以一个非常长的基线 L 上的几个独立望远镜的信号的幅度可以相干地结合起来, 利用原子钟测时信号和光纤传送到一个中心分析接收器上. 这个过程获得了一个有效孔径 L 和一个非常大的角分辨率 $\Delta\theta=\lambda/L$, 可以与最好的光学望远镜比拟(见图 9.18).

9.14.2 活动星系核(AGNs)

类星体与所谓的活动星系核(AGNs)成协. 只有仅仅 1% 的星系被归于这一类. 类星体光度通常随着时间变化, 具有几个月或几天的时标, 表明一个有限空间范围的源(光月或光天). 这一事实, 和类星体的典型 10^{40} W 或约太阳光度(3.9×

图 9.17

注:Puerto Rico 的 Arecibo 射电望远镜是世界上最大的单口径设备,直径为 30 m,建造在一个自然的下陷处.接收器(或者传送器)用三个塔架悬挂在盘的焦点处.在它 40 年的历史中,它发现了第一个脉冲双星和第一个太阳系外的行星.(承蒙康奈尔和 NSF 的国家天文和电离中心的允许).

图 9.18

注:VLA(甚大阵)的多口径射电望远镜,由新墨西哥州的国家射电天文台(NRAO)运行.它包含 27 个 25 m 直径的盘,可以被用作一个基线 L 长达 36 km 的干涉仪,对 7 mm 波长的角分辨率为 $\lambda/L \sim 0.2\ \mu\text{rad}$ 或 0.05 角秒.

10^{26} W)的 10^{13} 倍这一巨大的光度一起,使得大质量黑洞成为能够在一个致密空间区域提供这种功率的唯一可能的物体,方式是消耗吸入的物质(等价于每年大约一个太阳的质能).类星体被认为与星系中心典型的 $10^6 \sim 10^9$ 太阳质量的黑洞成协.黑洞在第 2 章中提到过,在第 10 章中有进一步的讨论.它们是具有非常强引力场的物体,即使像光子那样的相对论性粒子也会被束缚其中,附近的物质被强场所吸引,流入黑洞中而被吞噬.

一个大质量黑洞可以被一个自转的薄饼一样的吸积盘包围,吸积盘由星系物质——气体、尘埃和星体——组成,它们也为黑洞的质量增长提供原料.高的自转速率就是来自收缩和角动量守恒(非常类似于浴缸里的水进入放水孔中).发射的能量,主要在谱的红外区,由当吸积盘中的物质被黑洞吞没时释放的引力能提供.在这个过程中,物质约有一半的质能将被释放,所以每年吸入几个太阳质量的星体将足够提供以上的引力能输出.然而,这种吸积不能无限地进行下去.当附近的物质被消耗完之后,AGN 就逐渐消失了,留下一个正常星系,其中心包含一个大质量但是相对静态的黑洞——可谓 AGN 的废墟.例如,我们自己的星系——银河系,在中心有一个 360 万太阳质量的黑洞,认定为射电源人马座 A*(见问题 10.8).

在吸收的过程中,吸积的物质将经历剧烈的振荡并且被电离为等离子体,结果是带电粒子可以被加速到非常高的能量,而在等离子体流产生的磁场的伴随下,可以发出红外、光学和 X 射线频率的辐射.在一些情形下这些带电粒子可以贯穿吸积盘的短轴,形成两个向相反方向运动的窄的粒子喷流.这些喷流在穿过星系际介质时产生巨大的瓣,而就是这个等离子体产生了射电辐射,导致其名字"射线星系".因为磁场与带电粒子的喷流成协,所以射电发射将是**同步辐射**的一部分.这个名字来自称为同步加速器的粒子加速器,其中电子被强磁场束缚并加速于环形路径中,由于加速而产生辐射.

图 9.19 显示了双喷流过程的简图,而图 9.20 显示了一个典型射电星系天鹅座 A 的图.这种情况下的喷流延展到几个 Mpc.确实,已经很清楚地是,这种与大质量黑洞成协的现象的本质很大程度上依赖于喷流轴和对地球的视线方向的夹角.如果它很大,我们就得到如图 9.20 所示的天鹅座 A 的情况中的两个大小相近的喷流.然而,如果喷流速度是极端相对论性的并且角度碰巧很小,使得一个喷流向着我们而另一个远离我们,那么频率的多普勒移动可能意味着向着我们的喷流非常亮而远离我们的喷流却在探测阈值之下.有许多和喷流相联系的有趣效应.例如,观测到的横向速度可能看上去超过了光速(见问题 9.13).另一个例子是,如果观测到的光子有很高的能量,那么它们可能是由具有非常大的洛伦兹因子 γ 的电子辐射的,因此被束缚在一个 $1/\gamma$ 量级的窄的角度中(见问题 2.5).因此喷流角的小的涨落可能使辐射束偏离得远离观测者,而观测到的强度可能在短时标上变化.这也许是一些极端易变性 γ 射线源的一个可能的产生原因.

在一个小得多的尺度上的双喷流现象,叫作**微类星体**,也在本地星系中被观测

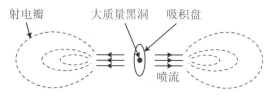

图 9.19

注:类星体的射电发射中可能涉及的双喷流机制的草图.

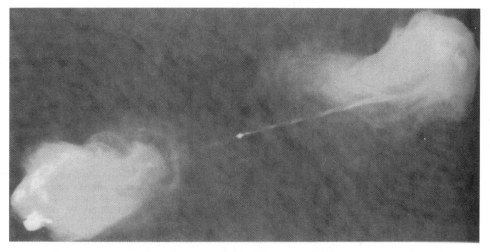

图 9.20

注:射电星系天鹅座 A 的射电图像.星系中心是两个大质量射电瓣之间的小点.(承蒙 Chris
Carilli,NRAO,2002 的允许.)

到了.这些被设想成是由于质量量级仅为几个太阳质量的黑洞对邻近伴星的吸积
所导致.这种情形下射电瓣的距离尺度为秒差距量级,而不是类星体的兆秒差距
尺度.

　　发射 TeV 能量范围的 γ 射线的 AGN 源,称为**耀变体**,最著名的例子是
Markarian 501(见图 9.13).来自这个源的 γ 射线流量可以两天改变一个量级,而
在 1997 年之中它增加了一个 50%的因子.

9.14.3　莱曼 α 森林

　　在离开类星体这一主题之前,我们简要提一下它们在建立星际介质再电离度
上所起的作用,这种再电离是第一代恒星的后果.如下一章要讨论的,人们认为恒
星在红移 $z < 12$ 时开始形成,它们发射的紫外光会引起星际的中性氢的再电离.电
离度可以从对所谓莱曼 α 森林的观测估计出来.这是氢云团被类星体发出的强光
从背后照亮时产生的.让我们回忆一下,氢原子的莱曼线系是由波长 $\lambda =$

$[2h/(\alpha^2 m_e c)][(1/n_1)^2 - (1/n_2)^2]$的谱线组成,来自主量子数 $n_1 = 1$ 和 $n_2 > 1$ 之间的跃迁. $n_2 = 2$ 的莱曼 α 线具有 $\lambda = 121.6$ nm,而 $n_2 = \infty$ 的"莱曼极限"具有 $\lambda = 91.0$ nm.光从类星体穿过并经过中性氢时将显示出在这两个波长之间的一个吸收线"森林".图 9.21 显示了一个典型的类星体光谱(对红移作了修正).对这些线的形状和强度的分析可以推导出中性氢的分数,即没有被电离的氢的分数.这个值很小但是不能被忽略.

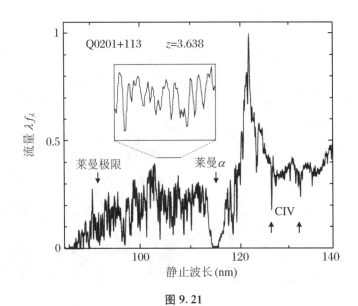

图 9.21

注:氢吸收线的谱,所谓的莱曼 α 森林,是当中性氢云团被类星体发出的紫外光从背后照亮时产生的(来自 *Cosmological Physics*,J. A. Peacock,1999).

9.15　大气层中微子:中微子振荡

中微子和反中微子是初级粒子相互作用而在地球大气层中产生的次级宇宙线的组成成分,如 9.5 节所讨论的.初级粒子与空气中的原子核作用产生介子(π 介子和 K 介子).这些又在飞行中衰变为中微子和 μ 子:例如,$\pi^+ \to \mu^+ + \nu_\mu$. μ 子反过来衰变为 μ 中微子和电子中微子:例如,$\mu^+ \to e^+ + \nu_e + \bar{\nu}_\mu$.中微子能谱在 0.25 GeV 附近达到峰值,然后在更高能量上随着 $E^{-2.7}$ 减小.在 1 GeV 量级的低能处,大部分 π 介子和 μ 子都将在飞行中衰变(而不是在大气层中相互作用或变为静止),所以如以上衰变模式所表明的,在 GeV 能量区域内预期的流量比为 $\phi(\nu_\mu)/\phi(\nu_e) \approx$

2,而这个比值应该反映了与次级 μ 子或电子反应的相对反应数(见习题 9.7).20 世纪 90 年代若干地下实验的发现与此相反,观测到的包含 μ 子的反应数与包含电子的反应数相比的比值为预期值的约 0.7 倍,预示了一种新现象的可能性,即**中微子的味振荡**.

尽管大气层中微子的绝对流量很低(海平面上约 $1\,\text{cm}^{-2}\cdot\text{s}^{-1}$)并且反应截面非常小(在 1 GeV 的典型能量下为每核子 $10^{-38}\,\text{cm}^2$),但是它们被记录的反应数已经足够多了,开始于 20 世纪 80 年代后期利用的巨大(几千吨的)地下探测器,而这种实验最初想要搜寻的是质子衰变.中微子相互作用最先被考虑为不能被消除的恼人背景.实际上,少数大气层中微子相互作用首先在 20 世纪 60 年代早期就被放置在地下深处的小型探测器观测到了,但是那时它们被认为没有什么用.所以大气层中微子的中微子振荡的发现,就像科学上许多其他发现一样,极其偶然,是一个原初目标失败了的研究项目的副产物.大气层中微子的典型能量是 1 GeV 量级,由地球磁场对初级宇宙线核的效应所决定,而中微子可获得的路径长度由地球半径所决定;非常幸运,这两者相结合之后非常精确地符合了中微子质量差的相应尺度.如第 4 章阐述的,有三个中微子味(ν_e,ν_μ 和 ν_τ)、三个质量本征态(ν_1,ν_2 和 ν_3),所以有两个独立的质量差.大的一个与大气层中微子相联系,而小的一个与太阳中微子相联系,如 4.2 节描述的.

图 9.22 显示了在超级神冈探测器中由 μ 子和电子中微子引起的事件的极角分布,这个探测器包含了 50 000 吨水,由 11 000 个光电倍增器观察(也可见图 3.13).电子和 μ 子型中微子的带电流作用将导致带电的电子或 μ 子的产生.这些粒子穿过水时发射切伦科夫辐射,而这种辐射看起来像水面的一个光环,由光

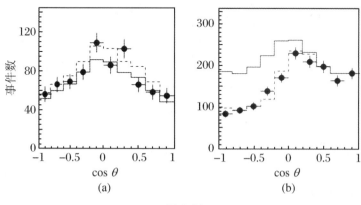

图 9.22

注:超级神冈探测器中观测到的极角分布,对于(a)电子和(b)μ 子事件,其轻子动量在 1.3 GeV/c 之上.实线柱状图显示了没有振荡的预期事件率,而虚线柱状图显示了在振荡图像下所预言的最佳拟合.点代表电子中微子和 μ 子中微子没有振荡,最大 $\nu_\mu \to \nu_\tau$ 混合于 $\Delta m^2 = 2.3 \times 10^{-3}\,\text{eV}^2$(Suzuki,2005).

电倍增器阵列探测到.μ子给出清晰的切伦科夫环,而电子的却更发散,原因是电子穿过水时发生轫致辐射和多重散射(也可见图1.1).带电轻子的方向是从光电倍增器记录的测时得到的,在所涉及的能量上,这给出了入射中微子极角的合理指征.

中微子穿过大气层和地球的典型路径长度强烈地依赖于极角 θ,如图9.23所示.它从直接来自头顶上的中微子的约20 km,到水平地飞入的中微子的200 km,到从地球遥远一侧的大气层垂直向上飞入的中微子的12 000 km.在这里我们可以说,大质量的几千吨大小的探测器是必要的,因为所涉及的弱相互作用的反应截面非常小,而另一方面人们正在利用穿过地球的基线来探索这些相互作用的微弱性.GeV能量范围的中微子被这种从直径上的横断物吸收的概率小于0.1%.

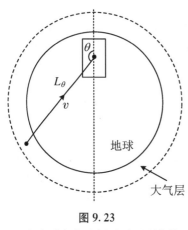

图 9.23

注:阐明中微子路径长度强烈依赖于极角 θ 的草图.虚线圆圈(不是按比例画出!)代表中微子在大气层中产生的典型高度(20 km).

图9.22中的点显示了观测到的高于1.3 GeV的事件率,实线柱状图显示了没有振荡时的预期事件率,而虚线柱状图显示了振荡图像下的最佳拟合.电子,因此也是电子中微子,显示了与没有振荡相一致的极角依赖,而向上传播的来自 μ 子中微子相互作用的 μ 子相对于向下的中微子来说被强烈地压低了,对那些垂直向上运动的来说,压低因子约为0.5.将这些结果与4.2节中预期的结果相比较,可以很清楚地看到,因为事件被在一个非常宽的能量谱和非常大的路径范围上作了积分,所以将不会观测到实际的振荡,式(4.11)中的因子 $\sin^2(1.27\Delta m^2 L/E)$ 的平均值对于大 L 值就是0.5.因此观测到的压低为0.5这一事实暗示了 $\sin^2(2\theta)\approx 1$,即

如图4.2所示(也可见图4.3)的混合的最大值.对于 μ 子事件.最佳拟合柱状图对应于一个最大混合($\theta_{23}=45°$)并且质量平方差 $\Delta m_{23}^2\approx 2.3\times 10^{-3}\,(\mathrm{eV}/c^2)^2$.因为电子事件没有显示出极角效应,所以这些结果归因于 $\nu_\mu \rightarrow \nu_\tau$ 振荡.

如第4章中指出的,大气层中微子首先得到的振荡结果后来在加速器的长基线实验中被证实,尤其是日本的 K2K 实验,它利用从 KEK 实验室到超级神冈探测器的一个250 km束:从费米实验室(芝加哥)到明尼苏达苏丹矿井的730 km(地下)束的 MINOS 实验;以及利用从 CERN 到意大利 Gran Sasso 地下实验室的750 km束的 CNGS 实验.这些加速器实验运用具有更高分辨率和高得多的中微子束强度的探测器(来自带电 π 介子和 K 介子在飞行中的衰变),并且可以通过比较远处探测器的事件谱和放置在加速器附近的探测器的事件谱来测量振荡.它们现在当然很快取代了大气中微子探测器,在将来会致力于例如地球中微子(来自地球

放射性)的研究、暗物质的研究,以及Ⅱ型超新星中微子的研究(见10.9节).

9.16 太阳中微子

同样也被解释为中微子振荡的反常的低事件率,首先是将近三十年前对太阳中微子观测到的,这一开拓性的实验是由Davis(1964;1994)在南达科塔州的Homestake矿井中利用一个包含装满615吨干洗流体(C2Cl4)的水箱的探测器来实现的,这个实验记录了由反应

$$\nu_e + {}^{37}Cl \rightarrow e^- + {}^{37}A$$

导致的事件,其事件率约为每天一个氩原子.10.3节描述了在所谓的pp循环中涉及的反应,这个循环发生于太阳核区的氢到氦的热核聚变.中微子在许多反应中生成(见方程(10.6)～(10.11)).

图9.24显示了对地球上的中微子计算出的流量作为能量的函数.尽管高能处的流量,尤其来自${}^8B$的衰变的流量,与来自pp反应的相比非常小,但是它们对总事件率有足够的贡献,因为所用的探测器的反应截面近似随着E_ν^3变化.表9.1显

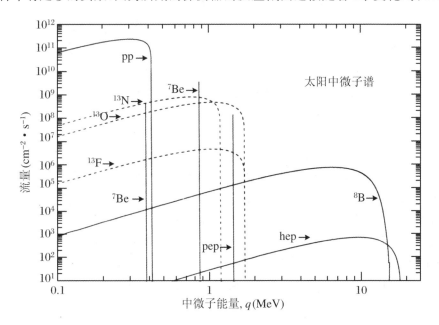

图9.24

注:太阳中各种反应产生的太阳中微子在地球上的流量(Bahcall,1989).

示了若干实验的结果,给出了观测到的事件率与由 Bahcall 等(2001)在没有振荡的情形下计算出的事件率的比值.前面的两个是放射化学实验,探测了产物原子核在一定时间之后的积累放射性.它们带来了强大的实验挑战,要求每天从 50 吨质量(对镓的情形)或 600 吨质量(对 Homestake 实验中氯的情形)中探测到少于一个产物元素的原子.镓实验 SAGE 和 GNO 的阈值能量为 0.2 MeV,因此对 pp 中微子很敏感,从图 9.24 看到 pp 中微子的能量延伸到 0.4 MeV.

表 9.1　太阳中微子实验

实 验		反 应	阈值(MeV)	观测/预期事件率
SAGE + GNO	CC	$^{71}\mathrm{Ga}(\nu_e, e)^{71}\mathrm{Ge}$	0.2	0.58 ± 0.04
HOMESTAKE	CC	$^{37}\mathrm{Cl}(\nu_e, e)^{37}\mathrm{Ar}$	0.8	0.34 ± 0.03
SNO	CC	$\nu_e + {}^2\mathrm{H} \rightarrow p + p + e$	~5	0.30 ± 0.05
SUPER-K	ES	$\nu + e \rightarrow \nu + e$	~5	0.46 ± 0.01
SNO	ES	$\nu + e \rightarrow \nu + e$	~5	0.47 ± 0.05
SNO	NC	$\nu_e + {}^2\mathrm{H} \rightarrow p + n + \nu$	~5	0.98 ± 0.09

注:CC = 带电流(交换 W);NC = 中性流(交换 Z);ES = 电子散射(对 ν_μ 和 ν_τ 通过 NC,而对 ν_e 通过 CC).

剩下的实验具有更高的阈值,对 pp 中微子不敏感.SNO 和 SUPER-K(超级神冈)实验分别用了 1 千吨重水和 30 吨轻水.两者都在现实的时间中测量了事件率,即用大型光电倍增器阵列探测到了由产物电子发出的切伦科夫光或穿过水的 γ 射线(见图 4.7 和图 9.25).电子起源于弹性散射反应(表的第 4 和第 5 行)或带电流反应(第 3 行).SNO 实验也探测了一个中性流反应中的氘裂变产生的中子(表的第 6 行).探测这个 NC 反应产生的中子是通过重水中氘的俘获,它会发出 6.25 MeV 的 γ 射线;或者通过增加 0.2% 的盐到重水中,这会导致氯中的中子俘获和发出 8.6 MeV 的 γ 射线;或者通过 ^{3}He 比例计数器来直接对中子计数.SNO 和 SUPER-K 实验的典型阈值为 5 MeV,由水、光电倍增管等的放射性背景水平决定.HOMESTAKE、SUPER-K 和 SNO 实验对硼-8 中微子非常敏感.

超级神冈实验根据被散射电子相对于太阳方向的角分布中的朝前峰的大小,测量了中微子-电子弹性散射(见图 9.26).这可以通过带电流(CC)散射(仅对于 ν_e)或者通过中性流(NC)散射(通过交换 Z^0)继续下去,它们可以适用于中微子所有的味,即 ν_e、ν_μ 或 ν_τ.

表 9.1 所蕴含的重要事实是:首先,CC 实验测量到比预期低得多的事件率,而 SNO 中性流反应与预期相符.因为 NC 反应截面对所有中微子味都相同,所以事件率不依赖于电子中微子可能经历的任何振荡,并且证实了图 9.14 中用于计算流量

图 9.25

注：位于安大略 Sudbury 矿井的 SNO 实验,装有 1 千吨重水的丙烯酸容器,加上 9500 8″光
电倍增器,可以用来记录电子产生的切伦科夫光以及太阳中微子的相互作用产生的 γ 射线.利
用反应器产生的 $\bar{\nu}_e$ 束的长基线实验,例如日本的 KAMLAND 实验,证实了从太阳中微子实验
得到的 ν_e 振荡的结果.

的太阳模型的正确性.第二,观测到的和预期的 CC 事件率的比值在不敏感于低能
(pp)中微子的实验中更小,这暗示了一个能量依赖的压低因子.最后,SUPER-K
和 SNO 对电子散射(ES)的结果与 HOMESTAKE 和 SNO 对 CC 反应的结果相符
得很好,如果我们认同后者的结果表明到达地球的总中微子流量中仅有约 35%是
电子中微子,而剩下的 65%从 ν_e 转变到 ν_μ 和/或 ν_τ,然后通过交换 Z^0 被电子散
射.这样的话,根据温伯格角的已知值($\sin^2\theta_W = 0.23$)计算出的这些中性流事件率
应该约为 ν_e 事件率的 1/3,使预期的总 ES 事件率与测量非常好地符合.

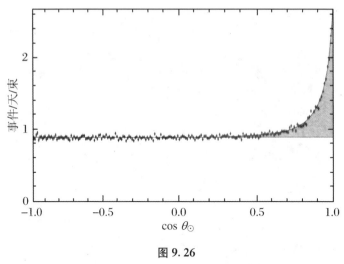

图 9.26

注：Superkamiokande 实验中电子相对于太阳的角分布．$\cos\theta$ 的平坦分布是
由次级宇宙线的背景导致的，而朝前峰是由太阳中微子的散射导致的，$\nu + \mathrm{e} \rightarrow$
$\nu + \mathrm{e}$（来自 Smy 等人，Superkamiokande 合作组，2002）．

9.17　物质中的中微子振荡

　　CC 反应的压低因子依赖于中微子能量范围的这一事实，如表 9.1 中前两个所
证实的，导致可能存在涉及真空振荡之外的机制．首先 Wolfenstein（1978），而之后
Mikhaev 和 Smirnov（1986）指出振荡可能被物质效应显著改变，也就是所谓的
MSW 机制，以这三位物理学家的名字首字母命名．

　　MSW 机制在附录 A 中有描述，这里我们只列出其要点．大致来说，太阳核区
的热核反应产生的一个电子中微子 ν_{e}（10.3 节），在它穿过太阳物质的途中，可能
经历和电子的带电和中性流相互作用，而 ν_{μ} 和 ν_{τ} 仅限于中性流相互作用，因为所
涉及的能量低于 20 MeV，不足够用来产生相应的带电轻子．这意味着 ν_{e} 受到一个
额外的弱势的作用，等价于增加了有效质量，而反过来这将带来的后果是，在一种
共振反应中 ν_{e} 本征态可以转换为 ν_{μ} 和/或 ν_{τ}．这些转变依赖于太阳电子密度和中
微子能量，而这给"为什么 $^8\mathrm{B}$ 中微子（大于 1 MeV 的那些，见图 9.24）的压低比 pp
中微子的压低更大"提供了一个正确的解释．根据观测到的压低因子作为中微子能
量的函数，可以计算出相关的真空混合角 θ_{12}．它被证实相当地大，如式（4.12）和图
4.3 表明的．

9.18　高能中微子的点源

9.10 节描述的 TeVγ 射线的点源的存在,通常被归因于电磁过程,例如,源中被加速的高能电子的同步辐射.然而,γ 射线也可能通过 π 介子产生和衰变来产生,$\pi^0 \to 2\gamma$,而这可能暗示高能中微子点源,基于反应 $\pi^{\pm} \to \mu^{\pm} + \nu_{\mu}$.这种中微子可以通过它们产生的次级带电 μ 子被地下实验探测到.在 TeV 能量下,岩石中 μ 子的射程是几千米,而我们的目标将是探测**向上**传播的 μ 子(因为任何的向下流量都将被头顶上的大气层中的 π 衰变产生的大气层 μ 子完全淹没掉).由于能量很高,所以次级 μ 子的方向会与母中微子的方向相当接近.这里,它们反应的极端微弱性被用来探测那些穿过地球出现的并且产生没有背景的信号的中微子,还要排除普遍存在的具有宽的角分布的大气中微子.

人们预期这种中微子事件率(相比于 γ 射线的)由于弱的反应截面而很低.然而,这被一些因素所补偿,首先是中微子和靶原子核中的夸克的相互作用反应截面随着 CMS 能量的平方增加,或者随着实验室中微子能量线性增加(见式(1.27));而在中微子-夸克碰撞中,次级 μ 子能量,因此也是它在岩石中的射程,也与中微子能量成正比.所以尽管中微子流量随着能量快速降低,但是它需要乘上一个 E_{ν}^2 因子来得到事件率.这种论述在直到 TeV 能量时成立,但是超过这之后,反应截面因为式(1.9)中的 W 传播子而变平了,并且由于类似 9.6 节讨论的电子那样的辐射损失使得 μ 子的射程不再正比于能量,但是在更高的能量上又显现出来(通过一个量级为 $(m_{\mu}/m_e)^2$ 的因子).

通过次级向上传播的 μ 子探测稀少的高能宇宙中微子相互作用必须在一个大尺度上进行,要使用海水或冰的巨大深度,并且再次依靠对 μ 子辐射的切伦科夫光的探测.图 9.27 显示了这种实验,其中一串串光电倍增器收集边长几百米量级的体积中的切伦科夫信号.它们当然已经记录到了大气层中微子事件,但是至今没有给出高能中微子点源的证据.这些阵列也可能探测到太阳中可能发生的 WIMP-反 WIMP 湮灭产生的高能中微子(见 7.9 节).

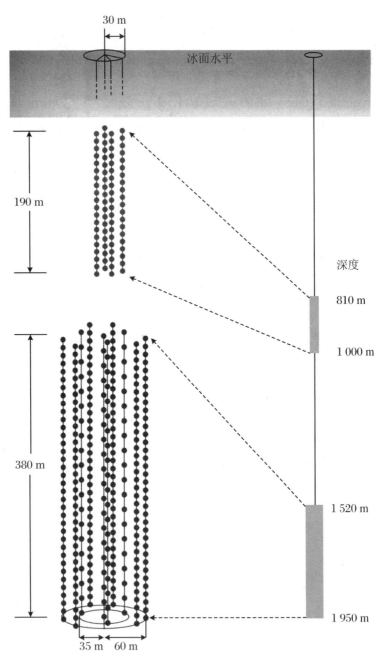

图 9. 27

注:AMANDA 实验中,沉没在南极的冰中一串串光电倍增器.它们记录向上传播的 μ 子
发射的切伦科夫光,这些 μ 子在中微子相互作用中产生.测时提供了 μ 子的极角和方位角的
信息.AMANDA 阵列目前正在被一个更大的阵列取代,即覆盖 1 km³ 体积的 ICECUBE.

9.19　引　力　辐　射

从宇宙中入射到地球的所有辐射中,最难以捉摸和最难探测的当然是引力辐射.描述引力辐射的关键方程、它的产生和探测都来自广义相对论,而这超出了本书的范围.不过,我们可以通过与电磁辐射类比来理解引力波的许多特征.

首先,我们说在散射问题中通常将描述平面波的函数展开为具有不同 l 值的球面波的叠加,l 为相对散射中心的轨道角动量.一个振子可以等同地表示为一个多极展开的形式,对应于具有不同 l 值的振子的叠加.因此偶极、四极、六极等振子项与 $l=1,2,3,\cdots$ 的波相联系.图 9.28 描绘了一个简单电偶极和两种电四极.如果 ω 代表振子的角频率,那么辐射功率由以下公式给出(见 Jackson(1967)):

$$P(l) = 2cF(l)\left(\frac{\omega}{c}\right)^{2l+2}|Q_{lm}|^2 \tag{9.24}$$

其中,$F(l)=(l+1)/[2(l+1)!!]^2$.这里 $n!! = 1,3,5,7\cdots$,Q_{lm} 是电荷密度分布 ρ 的 l 极矩对整个体积积分并且沿着 z 轴投影之后的值,而角动量沿着 z 轴的分量是 m:

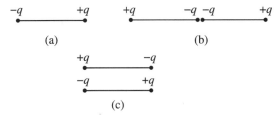

图 9.28

注:(a)为电偶极矩.(b)和(c)是电四极矩的两种构型,它们的电偶极矩为零.

$$Q_{lm} = \int r^l Y_{lm}^*(\theta,\phi)\rho\mathrm{d}V \tag{9.25}$$

其中,$Y_{lm}(\theta,\phi)$ 是球谐函数.从量级上看,一个电偶极矩($l=1$)$Q_1\sim er$,其中 r 是体系的尺度而 e 代表电量.因此由式(9.24)得到辐射功率的量级为

$$P_{\text{dipole}} \sim \frac{\omega^4 e^2 r^2}{c^3} \tag{9.26}$$

对 ω^4 的依赖产生的原因是辐射功率正比于电荷加速度的平方,而这随 ω^2 变化.这个公式也适用于光被空气分子和尘埃的瑞利散射,而它对 $1/\lambda^4$ 的依赖解释了蓝色的天空和红色的落日.对于一个电四极矩($l=2$),$Q_2\sim er^2$ 而辐射功率的量级为

$$P_{\text{quadrupole}} \sim \frac{\omega^6 e^2 r^4}{c^5} \tag{9.27}$$

引力场是一个张量场(而电磁光子场是自旋为 1 的矢量场),引力相互作用由自旋 2 的引力子作为媒介粒子.结果是,引力波不可能有偶极辐射,引力波的最简单的辐射体是一个振荡的质量四极.可以用两个质量之间引力势的表达式 GM^2/r 中的 GM^2 代替两个电荷之间电势的表达式 e^2/r 中的 e^2 来估计其功率,也就是

$$P_{\text{grav}} \sim \frac{\omega^6 GM^2 r^4}{c^5} \tag{9.28}$$

这里,M 代表四极系统中一个典型质量,r 代表一个典型尺度,而我们为了阐述目的只用量级的结果.应该强调的是,与利用广义相对论算出的相比较,利用牛顿力学和简单地用电四极公式作替代而给出的定量计算在任何情况下都将低估引力辐射功率,低估一个因子 4.我们这里引用定量预言的两个例子.一个长度为 L、质量为 M、绕着它的中点以角速度 ω 转动的杆的引力辐射功率为

$$P = \frac{2}{45} \omega^6 GM^2 \frac{L^4}{c^5} \tag{9.29}$$

而一个由两颗星组成的、绕行轨道的直径为 D、角频率为 ω 的双星系统的辐射功率为

$$P = \frac{32}{5} \omega^6 G\mu^2 \frac{D^4}{c^5} \tag{9.30}$$

其中,μ 是约化质量,对于质量 M 相等的两颗星,$\mu = M/2$.

对于一个实验室尺度下的实验,我们可以取 $L \sim 1\,\text{m}$,$M \sim 1\,\text{kg}$,而 $\omega \sim 10^3\,\text{s}^{-1}$,这时式(9.28)给出功率仅为 $P \sim 10^{-36}\,\text{W}$.根据式(9.30),即使是整个地球,在它围绕太阳的轨道上,辐射功率只不过为 196 W.具有可测量水平上的引力辐射的更可能的物体可能是演化晚期阶段的双星,正当它们合并为黑洞的时候,此时星体静能量的相当大一部分应该以引力辐射的方式释放出来.确实,人们相信引力能损导致了塌缩.急剧程度稍弱一点的是形成中子星过程中发出的辐射,这一过程之后是 Ⅱ 型超新星壮丽的光学景观(见 10.8~10.10 节).

9.20　脉　冲　双　星

存在引力辐射的最令人信服的证据,以及通过它对广义相对论的定量检验,来自 Hulse 和 Taylor 对脉冲双星 PSR 1 913 + 16 的观测,首次记录于 1975 年.这个双星由两个中子星组成,其中一个是周期为 0.059 s 的脉冲星.脉冲星是中子星(见

10.10 节),它们快速自转,频率为 $10\sim100\ \text{s}^{-1}$,其发出的射电波的波束周期性地扫过观测者,就像来自灯塔的转动光束.这个双星的轨道周期 $\tau=7.8\ \text{h}$,而这个轨道的其他特性由当这个中子星围绕它的伴星运转时它的脉冲信号的多普勒移动给出.这个双星的独特特征是,在超过 20 年的观测时段中,探测到了轨道周期的一个微小但是稳定的减小.对星系的加速度作了一些小的修正之后,发现观测到的周期 τ 的减小分数率为

$$\frac{\mathrm{d}\tau}{\mathrm{d}t}=-(2.409\pm0.005)\times10^{-12} \tag{9.31}$$

如果这对星通过发出引力辐射损失能量,就预期存在这种减小.为了估计这个效应的大小,让我们简单地假设这两颗星具有相等的质量 M,轨道直径为 D.轨道运动的角频率 $\omega=2\pi/\tau$,每颗星的切向速度为 $v=\omega D/2$.这个系统的总能量为动能和势能之和:

$$E_{\text{tot}}=2\times\frac{Mv^2}{2}-\frac{GM^2}{D} \tag{9.32}$$

让其中一个的引力和离心力平衡给出

$$2\frac{Mv^2}{D}=\frac{GM^2}{D^2}$$

所以

$$E_{\text{tot}}=\frac{GM^2}{2D} \tag{9.33}$$

也就是说,动能刚好是势能(绝对值)的一半——位力定理的又一个例子.因为由以上方程有 $E_{\text{tot}}\propto1/D$ 和 $\omega\propto1/D^{3/2}$,所以轨道周期 $\tau\propto E_{\text{tot}}^{-3/2}$.因此

$$\frac{1}{\tau}\frac{\mathrm{d}\tau}{\mathrm{d}t}=-\frac{3}{2E}\frac{\mathrm{d}E}{\mathrm{d}t}=-\frac{3}{2}\frac{P}{E} \tag{9.34}$$

其中,P 是辐射功率.这个双星的特性给出 $\omega=2.2\times10^{-4}$,$M\sim1.4M_\odot$.代入这些值得到 D 和 E_{tot},而利用式(9.30)来估算辐射功率,我们得到 $\mathrm{d}\tau/\mathrm{d}t\sim10^{-13}$.考虑双星轨道的偏心率和两个质量不相等之后的详细计算得到的结果为

$$\frac{\mathrm{d}\tau}{\mathrm{d}t}=-(2.402\,5\pm0.000\,2)\times10^{-12} \tag{9.35}$$

精确地(在 0.2% 的实验误差内)与观测值式(9.31)符合.这个结果给人巨大的信心,相信对基础物理的理解已经非常好了,虽然存在很多实验上的困难,但是在实验室中探测引力辐射是值得人们去追求的.

　　若干这种脉冲双星现在已经被观测到了.更引人注目的是,一个双脉冲星,PSRJ0737-3039 A 和 B,即一个两颗中子星 A 和 B 都是脉冲星的双星系统,已经被发现了(Lyne 等,2004).这个系统容许对广义相对论的更多检验,特别幸运地,轨道平面与视线几乎是重合的.首先,引力辐射引起的轨道塌缩被观测到了,与广义

相对论的预言又一次符合. 第二, 一个每年 17° 的轨道进动(2.8 节)——约比水星的轨道进动大 100 000 倍——被测出来了. 当 A 脉冲星的辐射束很近地经过 B 脉冲星时, 信号的夏皮罗延迟(2.7 节)也被探测到了. 最后, 引力时间延迟被观测到了, 即一颗脉冲星发出的脉冲很近的经过另一颗星时, 其脉冲率变慢了. 我们应该再次强调, 这些对广义相对论的检验非常精彩但是都是对相对弱的场, 而距离强场的爱因斯坦场方程所隐含的非线性还很远.

9.21　引力波的探测

当引力波撞到探测器上时, 波的不同部分的加速度的差别可以导致形变或应力, 对应于长度 x 的伸长 Δx. 应力 $h = \Delta x / x$ 为

$$h^2 \sim G \frac{P}{c^3 \omega^2 R^2} \tag{9.36}$$

其中, P 是源的辐射功率, R 是源到探测器的距离, ω 是辐射的频率. 很明显, 一个具有四极矩的探测器对于激发四极振幅是必要的. 代入式(9.28)中 P 的值我们得到振幅为

$$h \sim \frac{GML^2 \omega^2}{c^4 R} \tag{9.37}$$

其中, 乘积 $ML^2 \omega^2$ 是源的四极矩 ML^2 的二阶导数并且等于和源的振荡相联系的动能 $E_{kin} \sim mv^2$. 像在中子星塌缩这样的剧烈事件中, 由下落导致的引力能释放为 $0.1 M_\odot c^2$ 的量级(见 10.10 节). 如果我们乐观地假设这其中的 10% 是以引力波的形式, 那么

$$h \sim \frac{GM_\odot}{100 c^2 R} \sim \frac{10^{-15}}{R} \tag{9.38}$$

其中, R 是以秒差距为单位的源的距离. 对于本地星系, $R \sim 10$ kpc, 所以 $h \sim 10^{-19}$, 而对于 Virgo 星系团 $R \sim 10$ Mpc, 所以 $h \sim 10^{-22}$. 注意到, 即使对于 1 km 长的棒, $h = 10^{-19}$ 对应于 10^{-16} m 或者是一个原子核半径的十分之一的变化! 可能的是, 达到更远处时, 随着 R 增加而使得 h 的减小可能被补偿, 即源数目随着 R^3 增加和可能发生的更剧烈的事件, 例如塌缩成大质量黑洞(AGNs)所释放的引力波能量远远超过太阳的质能.

尽管引力波探测器所能测到的最剧烈的宇宙事件所引起的变形在最佳情况下为 10^{-20} 量级, 但是人们并不认为它们是不可捕捉的. 探测它们的技术基于分离的激光束和一个迈克尔逊干涉仪(见图 9.29). 激光光线被光束分离器 B 分裂为有合

适夹角的两个路径.光束被贴在探测器上的镜子 $M1 - M4$($M1$ 和 $M3$ 是半面镀银的)来回反射,当光束结合而干涉的时候就能观测到条纹.一束引力波将拉伸一条边,比方说 $D1$,而压缩与其正交的边 $D2$,因此引起条纹移动;另一种方式是,我们可以将引力波想象成引起镜子之间的空间/时间的变形,因此引起光束相对传输时间上的微小(夏皮罗)延迟.人们利用法布里-珀罗标准具使得光束结合之前做了许多次来回传输.例如,美国的两个 LIGO 实验所选择的值为 $D1,D2 \sim 4$ km,其处理的频率范围为 $10 \sim 1\,000$ Hz,是中子星/黑洞的典型塌缩时间.在欧洲,VIRGO 实验的边长相似,而 GEO600 是一个 $L = 0.6$ km 的更小的阵列.所有这些实验都具有相似的灵敏度,并且都相当困难,在科学运转开始之前需要几年时间的调试.

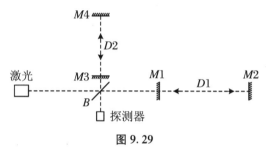

图 9. 29

注:引力波探测器中的迈克尔逊干涉仪的设计图.

　　这些实验的主要问题是背景(地震)噪声,它消灭了探测低于 10 Hz 信号的希望.这个噪声问题某种程度上可以通过结合位于世界上不同位置的若干探测器中的两个或更多探测器发出的信号来解决,即利用测时信息来减小噪声并指示源的方向.例如,LIGO 中的一个和 TAMA(日本)探测器碰巧都运行了几乎 500 h,对任一信号给出了每天 <0.12 个事件的上限(Abbott 等,2006).集合以上全部的五个探测器的信号的可行性被证实了,并且人们正在着手进行严肃的科学运转.以避开低频(地震)噪声为目标的更有野心的计划,是在地球轨道上放置若干引力波探测器(代号 LISA).毫无疑问,随着探测系统的不断改进,引力波将最终被探测到.

9. 22　总　　结

　　• 带电初级宇宙线主要由一些元素的高能量核组成,它们的化学成分一般与太阳系丰度相似.例外来自锂、铍和硼,它们在宇宙线中很丰富,于更重核在与星际物质碰撞的分裂中产生.

　　• 能谱在直到 10^{15} eV 之前幂律地降低,形式为 $\mathrm{d}N/\mathrm{d}E \sim E^{-2.7}$,然后在更高

能量处降低得更快,至少达到 10^{20} eV.

· 带电初级辐射受到太阳系磁场的影响.地球磁场引起了一个依赖于磁纬度的动量截断.宇宙线也被太阳效应(太阳风)所改变,这种效应遵循 11 年的太阳黑子周期.

· 宇宙线的能量密度,约为 1 eV·cm^{-3},与宇宙微波背景、星光和星系磁场的能量密度是可比的,用超新星壳的激波加速可以解释宇宙线所需的能量注入速率,只要这些过程具有几个百分比的效率.虽然这个机制可以适用到 10^{14} eV 的能量,但是对于最高能量的加速机制还是未知的.

· 海平面的宇宙线具有次级起源,产生于大气层中初级粒子的碰撞.硬成分由带电 π 介子在大气层中衰变产生的 μ 子组成,而软成分由中性 π 介子衰变产生的电子和光子组成.

· 高能宇宙线核在大气层中可以产生一个核级联,这可能导致广延大气簇射,由核子、μ 子和电子-光子级联组成,延展到一个大的面积(典型半径为 1 km).海平面上几乎所有的能量都在电子-光子成分中,并且初级能量和簇射尺度之间有一个线性关系.

· 电子-光子簇射可以通过它们在穿过大气层时产生的切伦科夫光或者闪烁光来探测.

· 在 10^{19} eV 之上的能量上,由于初级粒子与微波辐射的相互作用导致 π 介子的产生,所以预期显示出压低效应(GZK 截断),HiRes 和 AUGER 实验都观测到了这种效应.

· 能量直到 30 GeV 的 γ 射线的点源已经被 GRO 卫星上的 EGRET 探测器探测到了.这些源包括脉冲星和 AGNs.能量在 TeV 及更高区域的 γ 射线的点源已经利用地面大气切伦科夫方法探测到了.

· 间歇的和稳定的源都被探测到了.突发的源包括持续时间 10 ms 到 10 s 的爆发,它们可以完全消失然后在大约一年以后重新出现.在 TeV 能量区域的 γ 射线暴被称为耀变体.爆发的短暂性表明了致密源,耀变率与估计的中子星双星合并形成黑洞的事件率一致.

· 大气层中产生的 π 介子的衰变产生的大气层中微子已经被地下深处的实验广泛地研究了,研究显示了在与地球半径可比的基线上中微子味(ν_μ 或 ν_τ)振荡的明确证据,与中微子质量本征态的质量差相联系.$\nu_\mu \rightarrow \nu_\tau$ 混合幅度接近最大值.

· 来自太阳的中微子中相似的振荡现象也被观测到了.ν_e 事件由于混合导致的压低显示出能量依赖,这可以用太阳物质引起的振荡来描述.

· 人们正在试图探测高能中微子的点源.

· 脉冲双星的减慢速率展示了有预期大小的引力辐射的存在.直接探测引力辐射的尝试目前正在进行中.

习　　题

难度稍大的问题用星号标出.

9.1　相对论性宇宙线质子被激波面加速. 推导质子微分能谱的形式, 假设一个质子重新穿过激波面的几率是80%, 并且每次穿越的能量增长分数为20%.

9.2　空气在海平面的折射指数 n 由 $n-1=2.7\times10^{-4}$ 给出, 这一量正比于压强. 计算由一个极端相对论性带电粒子垂直向下穿越 $100\,\mathrm{gm\cdot cm^{-2}}$ 深度的大气层时产生的切伦科夫光的环在海平面的散布半径, 以米为单位. 假设大气层的密度 ρ 和高度 h 之间存在指数关系 $\rho=\rho_0\exp(-h/H)$, 其中 $H=6.5\,\mathrm{km}$. 大气层的总深度为 $1\,030\,\mathrm{gm\cdot cm^{-2}}$.

9.3　极端相对论性 μ 子在物质中穿过 $x\,\mathrm{gm\cdot cm^{-2}}$ 时的平均能量损失率由公式 $\mathrm{d}E/\mathrm{d}x=a+bE$ 给出, 其中 $a=2.5\,\mathrm{MeV\cdot gm^{-1}\cdot cm^2}$ 是电离损失率, 第二项代表辐射能损. 计算一个 $5\,000\,\mathrm{GeV}$ 的 μ 子在密度 $3\,\mathrm{gm\cdot cm^{-3}}$ 的岩石中的平均射程, 这里 μ 子的临界能量为 $1\,000\,\mathrm{GeV}$.

*9.4　初级宇宙线质子在大气层中相互作用的平均自由程为 $\lambda\sim100\,\mathrm{gm\cdot cm^{-2}}$. 它们产生垂直向下传播的能量为 E 的相对论性带电 π 子. 这些 π 子随后会在飞行中衰变, 或者经历核反应, 平均自由程也等于 λ. 假设大气层为指数型的, 标高为 H, 证明一个 π 子将经历衰变而不是核反应的总概率为 $P=E_0/(E_0+E)$, 其中 $E_0=m_\pi c^2 H/(c\tau_\pi)$. 计算 E_0 的值. 如果 π 子在极角 θ 处被产生, P 的表达式如何修改? 与 λ 相比, 大气层的总深度 ($1\,030\,\mathrm{gm\cdot cm^{-2}}$) 可以被假设为非常大 ($m_\pi c^2=0.14\,\mathrm{GeV}$; $H=6.5\,\mathrm{km}$; $\tau_\pi=26\,\mathrm{ns}$).

9.5　说明你是否相信 CP 破坏效应对于中微子束是可能的, 如果混合仅仅是两个味本征态之间. 对于穿越地球的中微子束, 如果考虑物质效应将发生什么?

*9.6　在 Kamiokande 实验中, 太阳中微子通过电子的弹性散射被观测到, 而反弹电子穿过水探测器时发出的切伦科夫光被探测到. 如果入射中微子具有能量 E_0, 计算电子的散射角, 用它的反弹能量 E 来表示. (假设这个电子(和中微子)质量相比于能量来说可以被忽略.)

*9.7　大气层中的高能带电 π 子在飞行中衰变. 计算在衰变 $\pi^+\to\mu^+ + \nu_\mu$ 中产生的 μ 子和中微子获得的平均能量分数. 再计算被随后的 μ 子衰变 $\mu^+\to e^+ + \nu_e + \bar\nu_\mu$ 产生的中微子(反中微子)所携带的 π 子能量的平均能量分数. 假设所有中微子都是无质量的并且忽略大气层中的电离能损和 μ 子衰变中的极化效应 ($m_\pi c^2=0.139\,\mathrm{GeV}$, $m_\mu c^2=0.106\,\mathrm{GeV}$).

9.8　计算月球在围绕地球的轨道上的引力辐射的辐射功率.(地球质量＝6×10^{24} kg,月球质量＝7.4×10^{22} kg,地-月平均距离＝3.8×10^5 km,月球的轨道周期＝27.3 天.)

9.9　利用9.20节的公式和数据检验 PSR 1 913＋16 的轨道周期数衰减,假设圆轨道并且双星系统的两颗星具有相等的质量.

9.10　估算能量 1 GeV 的 μ 中微子穿过地球直径时发生作用的中微子的分数(取地球的平均密度为 3.5 gm·cm^{-3},地球半径为 6 400 km).

9.11　证明,当一个沿 x 正方向传播的相对论性带电粒子被沿 x 负方向以非相对论速度 u_1 运动的激波面产生的场散射回来时,它获得的能量增加分数为 u_1/c 的量级.

9.12　证明在海拔 h 的大气层中产生并且极角 θ 位于 0 到 π 之间的中微子,距离放置在地球表面附近的探测器的路径长度 L 由 $L=(R^2\cos^2\theta+R^2+Rh)^{1/2}-R\cos\theta$ 给出.因此证明9.15节中引用的 L 值.

*9.13　计算一个以速度 v 传播、与地球视线夹角 θ 的喷流的视横向速度,并且证明这个横向速度看上去可能是超光速的,具有最大值 $\gamma\beta c$,其中 $\beta=v/c,\gamma=1/(1-\beta^2)^{1/2}$.

第 10 章　恒星与星系相关的粒子物理

10.1　概　　述

前几章我们主要从组成物质基本粒子性质及其相互作用的角度,沿着宇宙从古到今的发展历程进行了阐述.当火球的温度低于 kT 约为 $0.3\,eV$(即红移 z 约为 10^3)时最终成为辐射和(重子)物质脱耦相,此后宇宙为物质主导.此前宇宙是不透明的,由电子、氢核、氦核、光子等离子体组成;取而代之的物质主导期是相对透明但几乎完全黑暗的宇宙,充斥着巨大的中性原子和分子云团.在这些云团中,恒星通过引力收缩最早在红移降至 $z\sim12$ 时就能形成.从此,宇宙呈现光明.当然,从那时起,恒星形成过程一直持续着.

恒星的演化,至少在其一生的绝大多数时期内,只是间接地与基本粒子物理相关.因而我们将对此简要介绍,只讨论特定话题(如针对第 9 章描述的太阳中微子).然而,恒星的晚期演化非常直接地跟粒子过程相关,涉及一些基本层面和很高能量;这牵扯若干类宇宙最极端事件.这些是我们拟较详细阐述的.

10.2　恒星的早期演化

在第 8 章已经描述,一旦气态云团(主要是氢)的质量或密度满足金斯(Jeans)判据式(8.37),恒星就会在其中凝结而成.在收缩过程中,释放的引力势能加热气体;其后果是气体压强抵抗进一步收缩.所谓的原恒星就是达到一种近乎流体静力学平衡的状态(见例 10.2).在这一阶段,气体的典型密度为 $10^{-15}\,kg/m^3$,半径 $10^{15}\,m$(即大约一百万倍太阳半径).当恒星从包层辐射掉能量后,它进一步缓慢收缩至大约一百倍太阳半径.而到那时,每个氢原子所释放的引力能可达约 $10\,eV$,因此发生了氢分子的碰撞解离(需要 $4.5\,eV$)和氢原子的电离($13.6\,eV$).这就出现光子、电离及非电离物质成分之间的平衡；而原子和分子复合产生的能量以光子的形式辐射出去，导致云团进一步收缩. 若无除了引力之外的能源，进一步收缩释放的引力能正好补偿恒星所辐射掉的能量，其后果是增加核心区的压力和温度. 事实上，恒星内部的热动能必须正好是引力能的一半；这是平方反比势束缚下，非相对论粒子系统热平衡下动能和势能分配的位力定律的一例（见7.2节）.

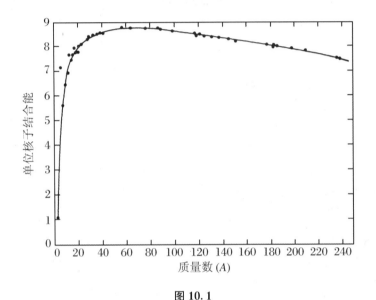

图 10.1

注：对于 β 稳定核，单位核子结合能作为质量数 A 的函数. 周期表中铁镍附近的原子核结合得最紧(Enge，1972).

恒星的塌缩最终因热核反应点火而停止. 图 10.1 显示单位核子结合能作为原子核质量数 A 的函数. 可见，只要由两个轻核聚变成核子数小于 56（这是铁的质量数，其单位核子结合能最大）较重核，就会释放能量. 所释放的总能量是巨大的. 比如，由氢形成氦时，每个核子将释放约 7 MeV 的结合能；这些将在下面介绍.

电荷为 $Z_1 e, Z_2 e$，质量数 A_1, A_2，相距 r 的两个原子核之间的静电势是 $V = Z_1 Z_2 e^2 / (4\pi r)$. 当它们刚刚接触时，$r = r_0 (A_1^{1/3} + A_2^{1/3})$，其中 $r_0 = 1.2$ fm 是核子半径单位. 太阳内部 p-p 聚变过程的第一阶段是如下的弱作用：

$$p + p \to d + e^+ + \nu_e + 0.32 \text{ MeV} \tag{10.1}$$

其中的库仑势垒 $V_0 = \dfrac{1}{4\pi} \dfrac{e^2}{2 r_0} = \dfrac{e^2}{4\pi \hbar c} \times \dfrac{\hbar c}{2 r_0}$. 考虑到 $\dfrac{e^2}{4\pi \hbar c} = \alpha = \dfrac{1}{137}$，$\hbar c = 197$ MeV · fm 和 $r_0 = 1.2$ fm，可知 $V_0 = 0.6$ MeV. 这远高于太阳核心区质子的热运动动能，后者可据太阳光度估计（参见例 10.1），为 $kT \sim 1$ keV. 尽管从经典意义上讲两核因而不能越过库仑势垒，但在量子力学中它们能具有一定的几率隧穿. 早在 20 世纪 20 年代，这个效应就已经成功地解释长寿放射性核的 α 衰变. 当 $E \ll E_G$ 时，

势垒隧穿几率近似表达为

$$P(E) = \exp\left[-\left(\frac{E_G}{E}\right)^{1/2}\right] \tag{10.2}$$

其中

$$E_G = \frac{2m}{\hbar^2}\left(\frac{Z_1 Z_2 e^2}{4}\right)^2 \tag{10.3}$$

称为所谓的伽莫夫(Gamow)能量(以首次研究势垒隧穿问题的 George Gamow 命名),m 为两原子核的约化质量.对于 p-p 反应而言,$m = m_p/2$.由 $e^2 = 4\pi\alpha\hbar c$,可得 $E_G = m_p c^2 \pi^2 \alpha^2 = 0.49\,\mathrm{MeV}$.所以,如上所示相对运动能量 $E \sim 1\,\mathrm{keV}$,则势垒隧穿几率量级上为 $P \sim \exp(-22) \sim 10^{-10}$.事实上,质子动能满足麦克斯韦分布.

$$F(E)\mathrm{d}E \sim E^{3/2}\exp\left(-\frac{E}{kT}\right)\mathrm{d}E \tag{10.4}$$

如图 10.2 所示,式(10.2)中隧穿因子随能量而增加,但当 $E > kT$ 时式(10.4)中质子数目随能量而减少.聚变速率为这两个分布之积.然而,即使成功穿越势垒,两质

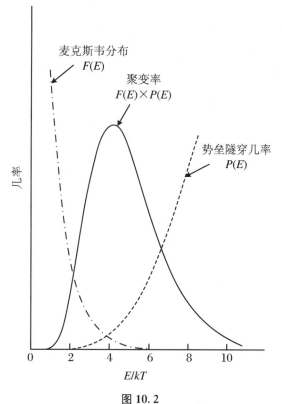

图 10.2

　　注:点画线表示碰撞核相对运动能量的麦克斯韦分布,虚线是 p-p 反应势垒隧穿几率,实线为聚变速率(正比于前两者之积).

子常规反应将是弹性散射（通过强相互作用），而非弱作用反应式(10.1)；后者相对前者的几率约为 $1:10^{20}$. 因此，尽管太阳内部任一质子能跟其他质子每秒相遇数百万次，但把质子转化为氘核和氦核的平均时间却为几十亿年. 核能产生率跟太阳大气辐射掉的能量精确一致；并且，当持续氢燃烧时，太阳是相当稳定的，不受半径涨落的影响. 若半径稍微增大一点，表面积和辐射能量也应该相应增加，这意味着必须配以聚变能和温度的增加，而这却不能实现：太阳只能收缩. 有趣的并值得注意的是，需要很长的时间才能将核心产生的核能传出来到达光球层（见例10.1）.

例 10.1 估计太阳核心聚变产生的能量通过辐射扩散而到达光球所需的时间. 提示：太阳核心温度 1.6×10^7 K，表面温度 6 000 K，半径 $R = 6 \times 10^8$ m.

在核心温度下，每个光子动能～1 keV，故为 X 射线波段. 辐射通过与等离子体的随机碰撞而逐步传至表面，导致散射、吸收、再发射等过程. 若我们以 $d_1, d_2,$ $d_3, \cdots$ 标记光子每步的位矢，则这个"随机游走"而经过距离的平方均值为 $L^2(\mathrm{av})$ $= \langle (d_1 + d_2 + d_3 + \cdots + d_N)^2 \rangle = Nd^2$，其中 d 为平均步长，N 为步数. 注意我们考虑了如下事实：每步的运动方向是随机的，因此在计算平方时，所有的交叉项都相消了. 所以有 $L \sim R$，从中心到表面要走 $N \sim R^2/d^2$ 步，逝去时间 $t_1 \sim R^2/(cd)$. 如果辐射从中心自由径直逃逸，到表面的时间只有 $t_2 = R/c$；因此辐射扩散过程使得太阳内部能量逃逸的速率减慢一个因子，$t_1/t_2 = R/d$. 核心光度（$R^2 T_c^4$）降至表面光度（$R^2 T_s^4$），也符合这个因子，即 $d/R \sim (T_s/T_c)^4$. 这样就有 $t_1 = (R/d)(R/c)$ ～10^{14} s，大约百万年.

10.3 氢燃烧：太阳内部的 p-p 链

太阳内部能量的产生通过氢聚变成氦而实现，净过程如下：
$$4\mathrm{p} \rightarrow {}^4\mathrm{He} + 2\mathrm{e}^+ + 2\nu_\mathrm{e} + 26.73\ \mathrm{MeV} \tag{10.5}$$
这个过程其实包含多个步骤. 第一步是弱作用式(10.1)形成氘：
$$\mathrm{p} + \mathrm{p} \rightarrow \mathrm{d} + \mathrm{e}^+ + \nu_\mathrm{e} \tag{10.6}$$
所谓的"pep"过程也有少量(0.4%)贡献：
$$\mathrm{p} + \mathrm{e}^- + \mathrm{p} \rightarrow \mathrm{d} + \nu_\mathrm{e}$$
第二步是如下电磁反应
$$\mathrm{p} + \mathrm{d} \rightarrow {}^3\mathrm{He} + \gamma \tag{10.7}$$
并随后发生强作用过程. 如下反应为 ^{4}He 的首要产生方式：
$$^3\mathrm{He} + {}^3\mathrm{He} \rightarrow {}^4\mathrm{He} + 2\mathrm{p} \quad (85\%) \tag{10.8}$$
其他产生 ^{4}He 及较重元素的途径通过如下一系列反应实现：

$$^3\mathrm{He} + {}^4\mathrm{He} \to {}^7\mathrm{Be} + \gamma \tag{10.9}$$

$$\mathrm{e}^- + {}^7\mathrm{Be} \to {}^7\mathrm{Li} + \nu_e; \quad \mathrm{p} + {}^7\mathrm{Li} \to 2\,{}^4\mathrm{He} \quad (15\%) \tag{10.10}$$

$$\mathrm{p} + {}^7\mathrm{Be} \to {}^8\mathrm{B} + \gamma; \quad {}^8\mathrm{B} \to {}^8\mathrm{Be}^* + \mathrm{e}^+ + \nu_e$$

$$^8\mathrm{Be}^* \to 2\,{}^4\mathrm{He} \quad (0.02\%) \tag{10.11}$$

其中括号内数字表示占氦总产率的百分比.

在太阳内部,除了 p-p 链[①],另外一种由 C、N、O 参与的循环也贡献约 1.6% 的氦产率.因为核电荷数较高,质量较大(因而核心温度较高)恒星的氢燃烧时 CNO 循环才比较重要,比如天狼 A.

以上写出了详细反应式;这些反应所放出中微子的研究非常关键:不仅可以检验太阳内部核聚变模型,而且能够揭示中微子味振荡的存在(见 9.16 节的描述).

假设太阳 10% 的氢处于核心以供核聚变,则观测到的太阳光度(3.8×10^{26} J/s)意味着通过式(10.5)核聚变反应可维持几十亿年;的确跟宇宙年龄相当.这一特征时间由众多因素决定:库仑势垒隧穿几率,p-p 链第一阶段的弱作用截面,以及太阳物质的不透明度.最后一个因素之所以非常重要,是因为它确定能量从太阳内部逃逸的速率,因而也就决定了核心聚变的产能率.

如前所叙,恒星发光开始于其收缩成"原恒星"而后进行氢燃烧;此后氢燃烧伴随恒星大部分生命.在赫罗图(Hertzsprung-Russel diagram,分别以光度和温度作为纵坐标和横坐标,见图 10.3)上,氢燃烧恒星处于主序带上的一点.主序带上的位置依赖于恒星的质量(光度也决定于质量).经验地讲,主序星光度 L 和质量 M 之间存在关系:$L \propto M^{3.5}$.主序星的寿命 τ 正比于 M/L,故 $\tau \propto M^{-2.5}$.星团中质量超过某一确定值的恒星,其主序阶段的寿命 τ 要短于星团的年龄 t_0;它们在主序分支点(MSTO)脱离主序带,因电子简并压(见 10.6 节)阻碍氦核心进一步收缩而向红巨星支演化.氢燃烧还可在氦核外的壳层中进行,导致氢包层膨胀、恒星表面温度降低.终于,随着核心温度的上升而点燃氦燃烧,恒星因而穿过水平支.如果碳核也能点火(这当然要求恒星质量足够大),恒星又会返回向红巨星支演化.然而,如果恒星质量只跟太阳质量相当,碳氧核心就不能发生核聚变,恒星将向下演化,到达赫罗图的左下角,即白矮星所在位置(图 10.3 中未显示).

星团的年龄 t_0(极古老星团的年龄可看作宇宙的年龄)可以根据 MSTO 的位置和恒星演化模型来确定.据此可估计宇宙年龄为 146 ± 17 亿年.

---

①　原著为"p-p cycle",但学术界一般都称为"p-p chain".为跟中外学术著作一致,这里译作"p-p 链".(译者注)

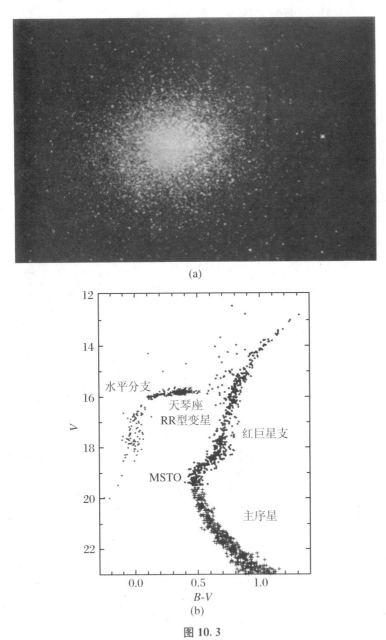

图 10.3

注:(a) 球状星团 M13,含有 10^5 以上颗恒星.银河系至少拥有 150 个这样的球状星团,它们绕银心做轨道运动.球状星团中的恒星一起形成,它们受到星团中心方向引力,并围绕其轨道运动.这样的星团极其古老;如下所述,它们可以用于估量宇宙的年龄.(b) 球状星团 M15 中恒星的赫罗图,它反映恒星光度随表面温度(即颜色)的变化.星团中这些恒星都是在宇宙很早的阶段同时形成的.该图中,纵坐标为 V 滤光片($\lambda = 540$ nm)观测到的星等(或光度的对数),横坐标为 B 滤光片($\lambda = 440$ nm)和 V 滤光片所测星等之差.图的右方表示颜色较红或表面温度较冷,上方表示较高的光度或较小的星等(Chaboyer,1996).

10.4　氦燃烧及碳氧产物

当恒星核心大部分氢转化成氦,那里不再产生核聚变能,星核将收缩;释放引力能的一部分导致当地升温,其余从核心逃逸.核心温度升高意味着氢燃烧此后可在氦核心周围的一壳层进行,因而氦的总质量和密度也逐渐增加.如果恒星质量足够大(大于约一半的太阳质量),核心温度(10^8 K 以上)可足以点燃氦,结果产生宇宙中除氢、氦之外最丰富的元素——碳和氧.

氦燃烧涉及如下稍复杂的反应链.由于缺乏质量数为 5 或 8 的稳定核,核聚变不得不通过所谓的 3α 反应继续进行,其最早被 Salpeter 于 1952 年讨论.第一步反应是

$$^4\text{He} +^4\text{He} \longleftrightarrow {}^8\text{Be} \tag{10.12}$$

不稳定 ^{8}Be 核比两个 α 粒子的静能高 92 keV,所以两氦核相对动能至少达 92 keV 才能"撞"至 ^{8}Be 的基态.要使这个过程能有效发生,温度需高达 $T=(1\sim2)\times10^8$ K (此值可通过类似图 10.2 的计算得到).^{8}Be 的平均寿命只有约 2.6×10^{-16} s.式(10.12)反应平衡下铍的浓度约只有氦核的十亿分之一.尽管如此,一个 ^{8}Be 核可通过俘获第三个 α 粒子而形成激发能 7.654 MeV 的 ^{12}C* 核,而 ^{4}He $+^8$Be 反应的阈能只有 0.3 MeV:

$$^4\text{He} +^8\text{Be} \longleftrightarrow {}^{12}\text{C}^* \tag{10.13}$$

Hoyel(1954)指出碳核共振态这一需求,并估算其能量,后被加速器实验发现.一般情况下,碳核经式(10.13)衰变回铍和氦,但也能辐射跃迁(只有 3×10^{-4} 的几率)至其基态:

$$^{12}\text{C}^* \longrightarrow {}^{12}\text{C} + 2\gamma \quad (\text{或者 } e^+ + e^-) \tag{10.14}$$

一旦碳核形成,下一步即可通过俘获 α 粒子并辐射光子而产生氧:

$$^4\text{He} +^{12}\text{C} \longrightarrow {}^{16}\text{O} + \gamma \tag{10.15}$$

幸运的是,在阈能附近 ^{16}O 不存在共振态,否则碳一形成即迅速消耗掉;这使得碳和氧都成为宇宙中较丰富的元素.很明显,^{12}C 存在 7.654 MeV 的共振能级对于以碳基生物分子和我们所处局部宇宙生命的发展是关键的.

10.5　重元素产物

一颗大质量恒星将通过聚变反应进一步演化,成功产生更重的元素;当然会涉及更高的库仑势垒和更高的核心温度.穿过恒星中心的剖切面看起来类似洋葱(见图 10.4):最重的元素位于核心,越轻的元素位于半径更大、温度更低的球状壳层内.

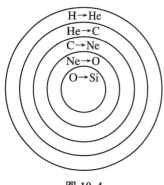

图 10.4

注:处于充分核聚变阶段大质量恒星内部类似洋葱的剖面图.最重的元素位于核心,那里的温度和密度最高;较轻的元素分布于周围温度和密度较低的球状壳层内.

当核心温度和密度分别达到 $T \sim 5 \times 10^8$ K 和 3×10^9 kg/m^3 时,碳燃烧开始,导致氖、钠、镁等核的形成:

$$^{12}C + {}^{12}C \longrightarrow {}^{20}Ne + {}^4He$$
$$\longrightarrow {}^{23}Na + p$$
$$\longrightarrow {}^{23}Mg + n \qquad (10.16)$$

更高温度下,约 2×10^9 K,氧燃烧合成硅:

$$^{16}O + {}^{16}O \longrightarrow {}^{28}Si + {}^4He \qquad (10.17)$$

在如此高温下,热辐射表现出显著的光量子行为.比如,小比例的($\sim 10^{-18}$)、具有 20 倍平均能量的光子,其能量超过 9 MeV,因而可导致硅的光致裂变,产生大量氦核:

$$\gamma + {}^{28}Si \longrightarrow {}^{24}Mg + {}^4He \qquad (10.18)$$

鉴于这样释放出来的氦核具有较低的库仑势垒,它们可被俘获而进一步聚变以形成硫、氩、钙,并最终产生铁和镍.这些反应易于发生,其反应率都决定于第一阶段——光致裂变(10.18).然而,形成铁之后,聚变放能过程不得不停止,因为铁是结合得最强的原子核(正如图 10.1 所示).表 10.1 给出了核聚变反应各阶段的时标、温度和密度.实际上,只有质量很大的恒星才能演化至中心形成铁镍.质量较小的恒星引力能低,因而(据位力定律)热能和核心温度较低.例如,质量 $M < 5M_\odot$ 的恒星在形成碳氧核后即停止进一步的热核聚变.

表 10.1　25 倍太阳质量恒星的核聚变时标(Rolfs 和 Rodney,1988)

聚变参数	时　　标	核心温度	核心密度(kg/m^3)
H	7×10^6 yr	6×10^7 K	5×10^4
He	5×10^5 yr	2×10^8 K	7×10^5

续表

聚变参数	时　　标	核心温度	核心密度(kg/m³)
C	600 yr	9×10^8 K	2×10^8
Ne	1 yr	1.7×10^9 K	4×10^9
O	0.5 yr	2.3×10^9 K	1×10^{10}
Si	1 day	4.1×10^9 K	3×10^{10}

10.6　电子简并压与恒星的稳定性

在高密度情形(如处于演化至晚期阶段的恒星中心),除了气体压和辐射压外,一种称为"电子简并压"的新形式压强就显得重要了.为考察简并压所起的作用,让我们讨论绝对零度下的电子气.电子将处于尽可能低的能级状态,我们因此就称电子气是简并的.泡利不相容原理适用于这些全同费米子,以至于每个量子态最多仅能容纳一个电子.当零温时,如下状态能量最低:在某一最大能量(称为费米能 ε_F)以下的量子态全部被电子占据,而所有 $\varepsilon > \varepsilon_F$ 的量子态未被占据(见图 10.5).相应地,电子具有的最大动量成为费米动量 p_F.在温度 T 大于零时,不是所有费米能以下的量子态都被占满,能谱延展至费米能以上.当 $kT \gg \varepsilon_F$ 时,能量分布最终还原为式(5.56)描述的费米-狄拉克分布.

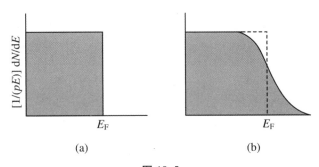

图 10.5

注:电子能量分布.(a) 绝对零度情形的电子气;能级一直填满至费
米能.(b) 有限并低温度情形的电子气;电子溢至费米能以上.

让我们讨论图 10.5(a)的完全简并电子气情形.体积 V 内动量 $p < p_F$ 的电子总数为

$$N = g_e V \int \frac{4\pi p^2 \mathrm{d}p}{h^3} = g_e V \frac{4\pi p_F^3}{(3h)^3} \tag{10.19}$$

其中,$g_e = 2$ 是电子自旋态的数目,$4\pi p^2 \mathrm{d}p/h^3$ 为单位体积内量子态的数目. 电子数密度 $n = N/V$,故

$$p_F = h\left(\frac{3n}{8\pi}\right)^{1/3} \tag{10.20}$$

若电子是非相对论的,即 $p_F \ll m_e c$,电子动能 $p^2/(2m_e)$,其动能密度为

$$\frac{E_{NR}}{V} = \int 8\pi p^2 \left(\frac{p^2}{2m_e}\right)\frac{\mathrm{d}p}{h^3} = \frac{8\pi p_F^5}{10 m_e h^3} \tag{10.21}$$

据式(5.24b),可以得到电子气的简并压为

$$p_{NR} = \frac{2}{3}\frac{E_{NR}}{V} = \frac{8\pi p_F^5}{15 m_e h^3}$$

$$= \left[\left(\frac{3}{8\pi}\right)^{2/3} \times \frac{h^2}{5m_e}\right]n^{5/3} \tag{10.22}$$

然而,若电子以相对论性的为主,即 $p_F \gg m_e c$,电子能量 $\varepsilon \approx pc$,这样有

$$\frac{E_R}{V} = \int \frac{8\pi p^2 \mathrm{d}p(pc)}{h^3} = \frac{2\pi p_F^4 c}{h^3} \tag{10.23}$$

相应地,由式(5.24b)得到的压强为

$$p_R = \frac{1}{3}\frac{E_R}{V} = \left[\frac{hc}{4}\cdot\left(\frac{3}{8\pi}\right)^{1/3}\right]n^{4/3} \tag{10.24}$$

注意:尽管在相对论性和非相对论性情形压强均随电子密度的增加而升高,但在非相对论性情形压强升高得更快. 这一点在讨论晚期恒星的稳定性时非常关键.

下面让我们讨论引力的作用. 假设均匀密度 ρ 的恒星或星核,质量 M、半径 R、体积 V,其引力能为

$$E_{grav} = \frac{3}{5}\frac{GM^2}{R}$$

星体受引力作用下,对整个体积作平均的内部压强为(见如下例 10.2)

$$P_{grav} = \frac{E_{grav}}{3V} = \frac{G}{5}\left(\frac{4\pi}{3}\right)^{1/3} M^{2/3} \rho^{4/3}$$

$$= \frac{G}{5}\left(\frac{4\pi}{3}\right)^{1/3} M^{2/3}\left(\frac{m_p A}{Z}\right)^{4/3} n^{4/3} \tag{10.25}$$

在上面第二行,包含电子气的星核物质质量密度 ρ 代以电子数密度 n 表达,其中 Z 和 A 分别是星核内原子核的电荷数和质量数,m_p 为核子质量,故 $n = (Z/A)\rho/m_p$.

例 10.2 恒星处于平衡时,证明其对体积平均的气体压强等于引力能密度的 1/3.

令 $P(r)$ 为半径 r 出气体的压强,并考虑密度 $\rho(r)$、厚度 $\mathrm{d}r$ 的球壳. 气压导致的向外力为

$$4\pi r^2\left\{P(r) - \left[P(r) + \left(\frac{\mathrm{d}P}{\mathrm{d}r}\right)\mathrm{d}r\right]\right\}$$

显然这里 $\mathrm{d}P/\mathrm{d}r$ 为负值. 对这个球壳作用的引力是 $GM(<r)\mathrm{d}m/r^2$, 这里 $\mathrm{d}m = 4\pi r^2 \mathrm{d}r$ 为球壳质量. 让这两种力相等, 且都乘以 r, 并从 $r=0$ 积分至 $r=R$ (恒星表面), 得

$$-\int 4\pi r^3 \left(\frac{\mathrm{d}P}{\mathrm{d}r}\right)\mathrm{d}r = -\int \frac{GM(<r)\mathrm{d}m}{r}$$

对以上左式作分部积分, 并假定 $r=R$ 时 $P=0$, 我们得到

$$3\int 4\pi r^2 \mathrm{d}r P(r) = 3\int P(r)\mathrm{d}V = -\int \frac{GM(<r)\mathrm{d}m}{r} = E_{\mathrm{grav}}$$

这里 $\mathrm{d}V$ 表示球壳的体积. 上式第二项是气体压强对体积的积分, 而第三项为总引力能. 因此, 我们得到体积平均的压强为

$$\langle P \rangle = -\frac{1}{3}\frac{E_{\mathrm{grav}}}{V} \tag{10.26}$$

如果电子是非相对论性的, 以 $n^{5/3}$ 方式变化的简并压式 (10.22) 能超过抗衡引力所需的、依赖于 $n^{4/3}$ 的压强. 所以恒星或星核将稳定存在而不收缩, 原因是: 任何密度的增加都将导致向外压力增加得比向内引力快. 然而在相对论简并情形, 两种力对密度的依赖都是 $n^{4/3}$, 因而这样的星核在超过所谓的钱德拉塞卡极限时是不稳定的; 合理的触发机制会使得星核塌缩至一个新的状态.

由式 (10.20) 知, 电子非相对论动量的条件 $p_{\mathrm{F}} < m_{\mathrm{e}}c$ 意味着电子之间的平均距离 $n^{-1/3}$ 大于电子康普顿波长:

$$n^{-1/3} > \left(\frac{3}{8\pi}\right)^{1/3}\frac{h}{m_{\mathrm{e}}c} \sim 0.5\frac{h}{m_{\mathrm{e}}c} \tag{10.27}$$

核子的数密度是 An/Z, 因此能维持稳定的临界密度为

$$\rho_0 = \frac{8\pi m_{\mathrm{p}}A}{3Z}\left(\frac{m_{\mathrm{e}}c}{h}\right)^3 \tag{10.28}$$

让抗衡引力的压强式 (10.25) 等于非相对论简并压式 (10.22), 得到它们相等时的密度

$$\rho = \frac{4m_{\mathrm{e}}^3 G^3 M^2}{h^6}\left(\frac{Am_{\mathrm{p}}}{Z}\right)^5\left(\frac{4\pi}{3}\right)^3 \tag{10.29}$$

将这个密度等于式 (10.29) 的临界密度, 并代以 $G = \hbar c/M_{\mathrm{PL}}^2$, 我们就得到维持恒星稳定而不塌缩的最大质量值:

$$\begin{aligned} M_{\mathrm{Ch}} &= \frac{3\sqrt{\pi}}{2}\left(\frac{Z}{A}\right)^2\left(\frac{M_{\mathrm{PL}}}{m_{\mathrm{p}}}\right)^3 m_{\mathrm{p}} \\ &= 4.9\left(\frac{Z}{A}\right)^2 M_{\odot} \\ &\approx 1.2 M_{\odot} \end{aligned} \tag{10.30}$$

其中假设了氦或更重元素组成的核心, $Z/A = 1/2$. 考虑密度的半径依赖, 更合理

的恒星模型得到较符合实际的值

$$M_{Ch} = 1.4M_\odot \tag{10.31}$$

称 M_{Ch} 为钱德拉塞卡质量,以讨论白矮星稳定性的一位物理学家命名(见 Stoner (1929,1930)和 Chandrasekhar(1931)).

10.7　白　矮　星

　　质量较低的恒星,像我们星系中的太阳,经过氢和氦燃烧阶段后会形成碳和氧的核心.核心温度的升高将导致氦在围绕核心的球壳中燃烧,使得恒星包层巨大膨胀并最终逃逸而成为围绕恒星的行星状星云.对于质量与太阳相当的恒星,中心温度不能足够升高致碳燃烧;这样,氦燃料耗尽后将不再具有核能源.尽管如此,若质量低于钱德拉塞卡质量,因核心电子简并压的存在,恒星也不会灾难性地塌缩.这些恒星丧失其包层并缓慢冷却;它们被称为白矮星.

　　所有质量约为一倍太阳质量的主序星最后都以白矮星而告终.然而,这些恒星限制于相当窄的质量区域.其质量上限为钱德拉塞卡质量(1.4$M_\odot$),但也存在下限(大约 0.25 $M_\odot$).低于这个下限质量的恒星演化成为白矮星的时标要比目前宇宙的年龄还长(见图 10.3 的说明).若为双星系统中的一员,即可能测得白矮星的质量;观测所得到的质量跟以上的质量限制很好地一致.

　　例 10.3　利用非相对论电子简并压条件,试估计一倍太阳质量白矮星的半径和密度.

　　由式(10.29)得到非相对论简并压力平衡引力的密度为

$$\rho = \frac{4m_e^3 G^3 M^2}{h^6} \times \left(\frac{Am_p}{Z}\right)^5 \times \left(\frac{4\pi}{3}\right)^3$$

代入 $\rho = 3M/(4\pi R^3)$,得到 $M = M_\odot$、$A/Z = 2$ 时的半径 $R = 7\times10^6$ m $= 0.01R_\odot$. 注意 $R \propto M^{1/3}$,白矮星的半径随质量的增加而降低.以上情形下,显见平均密度是太阳的 10^6 倍,约为 2×10^6 kg/m³.

　　白矮星的典型半径可如上例所示估计;量级上只有太阳的 1%,相应的平均密度为太阳密度的 10^6 倍.在前面的讨论中,我们将白矮星当作均匀密度处理,但从例 10.2 可见,越趋于恒星中心,压强和密度越高.对于一倍太阳质量的白矮星,计算得到的中心密度约 10^{11} kg/m³.正如其名,白矮星发射白光,其表面温度应该跟太阳相当;考虑到半径约为太阳的 $\frac{1}{100}$,白矮星光度量级上是太阳光度的 10^{-3} 倍.这确保白矮星在无核能源的情况下能够持续发光数十亿年.

10.8　恒星塌缩：Ⅱ型超新星

质量 $M>10M_\odot$ 的恒星足以经过所有核聚变演化阶段,最终通过在温度约 4×10^9 K 下燃烧硅形成铁核心(如图 10.4 所示意)而结束.随着更多的硅在铁周围燃烧,铁核心的质量和温度都逐渐增加,直到核心的质量终于超过钱德拉塞卡极限式(10.31).星核从而变得不稳定,并受如下两个触发机制驱使而塌缩:(1) 铁原子核被热光子作用而光致裂变;(2) 通过逆 β 衰变将电子转变成中微子.结果导致超新星爆发;像银河系这样的旋涡星系中大约一个世纪一次.

在塌缩进程中,释放的部分引力能用于加热核心至 10^{10} K 以上,相当于热光子平均能量约为 2.5 MeV,导致相当一部分光子能引起铁原子核光致裂变为 α 粒子(氦原子核).只要有足够的光子,铁原子核显然将一步步地完全分解成氦原子核,跟主序星 p-p 链以来所有聚变过程的效果相反:

$$\gamma +{}^{56}\mathrm{Fe} \longleftrightarrow 13{}^4\mathrm{He} + 4\mathrm{n} \tag{10.32}$$

此式显示了铁与氦原子核之间建立的平衡;当核心温度增加时,反应趋于向右进行.当然以上吸热过程所致能量的吸收(铁原子核全部光致裂变为 α 粒子需要 145 MeV)进一步加速引力的塌缩,核心也被再加热导致氦原子核自身也发生光致裂变:

$$\gamma +{}^4\mathrm{He} \longleftrightarrow 2\mathrm{p} + 2\mathrm{n} \tag{10.33}$$

塌缩也预示着**中子化**的来临;经过逆 β 过程,简并"海"里的电子将自由或束缚的质子转化为中子:

$$\mathrm{e}^- + \mathrm{p} \longleftrightarrow \mathrm{n} + \nu_\mathrm{e} \tag{10.34}$$

其中的阈能只有 0.8 MeV.当核心半径收缩一个数量级后,密度将升至 10^{12} kg/m^3 左右;由式(10.20),此时电子的费米动量为

$$p_\mathrm{F}c = hc\left(\frac{3Z\rho}{8\pi A m_\mathrm{p}}\right)^{1/3} \sim 4\ \mathrm{MeV} \tag{10.35}$$

这样接近费米面的电子就能触发式(10.34)的反应,或等效的铁逆 β 过程:

$$\mathrm{e}^- +{}^{56}\mathrm{Fe} \longleftrightarrow {}^{56}\mathrm{Mn} + \nu_\mathrm{e} \tag{10.36}$$

以上反应的阈能为 3.7 MeV.在这个过程中,随着越来越多的电子转变成中微子,电子简并压持续下降,实质上塌缩不可逆转.自由落体塌缩时标由式(8.34)给出:

$$t_\mathrm{FF} = \frac{3\pi}{32G\rho} \sim 0.1\ \mathrm{s} \tag{10.37}$$

当密度接近核密度时,塌缩最终受阻.接着由核子的(非相对论性)简并压对抗引

力. 核心包含铁原子核、电子、质子, 以及占优势的中子(之所以名为中子星). 我们可以很粗略地将塌缩后的核心看作由中子组成的巨大原子核, 这样即能推测其半径量级上为

$$R = r_0 A^{1/3} \tag{10.38}$$

其中 $r_0 = 1.2\, \text{fm} = 1.2 \times 10^{-15}\, \text{m}$ 为据已测核得到的核半径单位. 当核密度 $\rho_N = 3m_p/(4\pi r_0^3) \sim 2 \times 10^{17}\, \text{kg/m}^3$ 时, 对于质量 $M = 1.5 M_\odot$ 的核心, 质量数 $A = M/m_p \sim 1.9 \times 10^{57}$, 可得半径 $R \sim 15\, \text{km}$. 核力的短程排斥抗拒进一步压缩; 据估计, 当密度约超过 2 至 3 倍核密度时, 核心迅速停止塌缩并 "反弹", 产生向外传播的压力波. 这一反弹波将发展成为穿过下落物质包层的超声速激波, 并最终(尽管至今尚未非常清楚)导致光学上壮观的超新星爆发现象. 由大质量恒星塌缩所致的这类事件就是大家知道的 II 型超新星.

在塌缩开始时, 反应式(10.34)和式(10.36)将导致中微子的辐射. 特别地, 一个几毫秒的电子中微子短爆将伴随着向外的激波. 这些中微子具有几个 MeV 的动能, 约占释放引力能的 5%. 然而, 一旦核心密度超过约 $10^{15}\, \text{kg/m}^3$, 甚至中微子都是不透明的. 中微子就这样被俘陷于收缩着的物质中了.

利用以上的 A 和 r_0 可得塌缩成 1.5 倍太阳质量、均匀密度的中子星所释放的总引力能:

$$
\begin{aligned}
E_{\text{grav}} &= \frac{3}{5} G m_p^2 \frac{A^{5/3}}{r_0} \\
&= 3.0 \times 10^{46}\, \text{J} \\
&= 1.8 \times 10^{59}\, \text{MeV}
\end{aligned} \tag{10.39}
$$

合计每个核子释放大约 100 MeV 能量. 这意味着: 初始质量 $1.55 M_\odot$ 的未收缩核心最终成为质量仅为 $1.4 M_\odot$ 的中子星. 释放的这些能量远大于将铁分解成组分核子(铁原子核的比结合能为 8 MeV)所需要能量, 也远大于将质子和电子转变为中子和中微子(每核子 0.8 MeV)的能量. 然而, 所释放的巨大能量暂时约束于核心而成为 "热平衡相": 光子、电子对、中微子对跟中子以及少量的质子、重核等达到热平衡. 在这一热平衡相将产生所有味的中微子和反中微子:

$$\gamma \longleftrightarrow e^+ + e^- \longleftrightarrow \nu_i + \bar{\nu}_i \tag{10.40}$$

其中 $i = e, \mu, \tau$. 中微子在核心物质内传播的平均自由程依赖于被核子、电子及原子核的带电流和中性流散射. 为示意起见, 我们考虑 ν_e 被中子的带电流散射式(10.41). 据式(1.18)和式(1.27), 散射截面量级上为 $G_F^2 p_f^2$, 其中 $p_f = E \sim (E_\nu - Q)$ 是比(负)阈能 ($Q = -0.8\, \text{MeV}$) 多出的中微子能量(见习题 10.7). 完整的截面表达式为

$$\sigma(\nu_e + n \rightarrow p + e^-) = \frac{G_F^2}{\pi}(1 + 3g_A^2)E^2 = 0.94 \times 10^{-43} E^2\, \text{cm}^2 \tag{10.41}$$

其中 $g_A = 1.26$ 是轴失耦合常数, E 以 MeV 为单位. 对于典型的核密度, $\rho = 2 \times$

10^{17} kg/m^3，中微子的自由程或扩散长度量级上为 $\lambda = 1/(\sigma N_0 \rho) \sim 900/E^2$ m. 对于典型能量 $E = 20$ MeV，自由程仅为 $\lambda \sim 2$ m. 这还只考虑了中微子的吸收过程. 在中微子中性流（只针对 μ 和 τ 中微子）散射情形，平均自由程要长一些，约为 5 至 10 m.

在各种中性流过程（类似于光子在太阳内的扩散情形，见以上例 10.1）中，中微子将可能被散射至任意方向；连续散射 N 次后，这种"随机行走"将输运中微子至均方根距离 $\lambda N^{1/2}$. 让输运距离等于核心半径 R，我们就能得到从中心到表面的扩散时标 $t \approx R^2/(\lambda c) \approx 0.1 \sim 1$ s. 由于只有中微子能逃逸，每核子释放 100 MeV 的引力能将在六味中微子/反中微子之间分配；详细的计算机模拟确实表明：数目相近的所有味中微子和反中微子在 $0.1 \sim 10$ s 内从核心辐射出来，平均能量约 15 MeV，并且接近式 (5.56) 的费米-狄拉克分布. 这些中微子从表面几米以下的所谓"中微子光球层"发射出来. 中微子携带式 (10.39) 中释放总引力能的 99%. Ⅱ 型超新星爆发光学壮举只占到释放总能量的 1%.

10.9　来自 SN1987A 的中微子

图 10.6 显示大麦哲伦云（距离银河系约 60 kpc 的小星系）超新星 SN1987A 的照片. 这一超新星之所以著名是因为观测到了它发射出来的中微子的相互作用；确实同时被大神冈（Hirata 等，1987）和 IMB（Bionta 等，1987）水切伦科夫探测器（它们分别有 2 000 吨和 7 000 吨的介质）以及小（200 吨）Baksan 液体闪烁探测器（Alekseev 等，1987）所探测. 有趣的是，所有这些探测器起先设计的目的是探测质子衰变的. 在能记录到光学信号前约 7 小时实际上就已经探测到中微子脉冲了.

导致水探测器能够探测超新星中微子的主要反应如下：

$$\bar{\nu}_e + p \rightarrow n + e^+ \tag{10.42a}$$

$$\nu + e^- \rightarrow \nu + e^- \tag{10.42b}$$

$$\bar{\nu} + e^- \rightarrow \bar{\nu} + e^- \tag{10.42c}$$

反应次生的电子或正电子具有相对论性速度，穿过水时通过发射切伦科夫光（见 9.6 节）的形式损失部分动能. 如图 4.7 所示，切伦科夫光最终被光电倍增管阵列探测.

第一个反应式 (10.42a) 的阈能是 $Q = 1.8$ MeV；如式 (1.23)，截面随中微子能量的平方而增加，当 $E_\nu = 10$ MeV 时每核子散射截面为 10^{-41} cm^2. 次生轻子的角向分布几乎是各向同性的. 对于式 (10.42b) 和式 (10.42c) 这两个反应而言，电子中微子/反电子中微子经由中性流和带电流通道实现的，而 μ- 和 τ-中微子（及相应的反中微子)只能产生中性流作用. 尽管不能忽略, 但这些与能量有关的反应总截面约每个电子只有 10^{-43} cm^2 (取 $E_\nu = 10$ MeV). 所以, 虽然水中每个自由质子对应于 5 个电子, 中微子与电子散射的事件率要比第一个反应低一个量级. 进一步地, 反应式 (10.42a) 参与粒子动量相近, 考虑到其质量差异, 质子动能很小而次生正电子几乎获得全部能量 ($E_e = E_\nu - 1.8$ MeV); 而式 (10.42b) 和式 (10.42c) 反应中电子获得的典型能量只有入射中微子能量的一半.

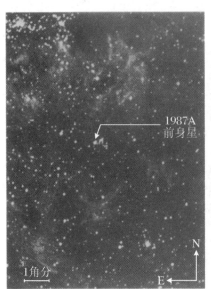

图 10.6

注: 超新星 SN 1987A. 大麦哲伦云恒星视场在超新星爆发前 (左) 和两天后 (右) 的照片. 尽管这一超新星是一段时间以来银河系附近最亮的, 但其光学辐射仅占释放总能量的约 1%. 其余能量被中微子带走. 对于这一特殊的超新星, 它的前身星是一颗约 20 倍太阳质量的蓝巨星. 至今尚未探测到它残留的中子星 (脉冲星).

结合已知超新星距离 (60 kpc), 可以利用记录到的事件率计算中微子和反中微子的总能流; 当然要注意到: 总能流是仅从 $\bar\nu_e$ 得到六倍值. 考虑到探测阈能, 不同探测器得到的数据都与均温 $kT \sim 5$ MeV 吻合, 对应于相对论费米-狄拉克分布的平均中微子能量为 3.15 kT. 这样, 从事件率所算得的中微子总光度是

$$L \approx 3 \times 10^{46} \text{ J}$$

$$\approx 2 \times 10^{59} \text{ MeV} \tag{10.43}$$

这里所估值的不确定因子为 2, 因而跟式 (10.39) 的预言很好地一致.

可能需要强调的是, Ⅱ 型超新星的中微子能流确实惊人. 虽然 $\sim 10^{58}$ 个中微子从 SN1987 发射, 甚至是远在近 17 万光年之外的地球上, 中微子流量还是超过 10^{10} 个/cm^2.

记录到的 SN1987 中微子也会反映中微子自身的一些特性. 经 17 万年旅行而

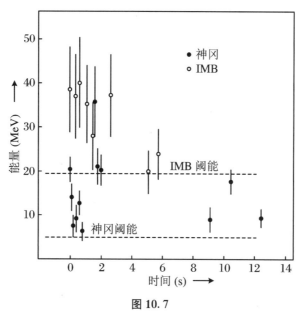

图 10.7

注:记录到 IBM 和神冈的水切伦科夫事件的能量和到达时间.
这两个探测器的有效阈能分别是 20 MeV 和 6 MeV.

不衰的事实表明中微子的稳定性.因为中微子脉冲持续了不到 10 s,不同能量中微子的旅行时间在 $5×10^{11}$ 分之一程度内一致.到达地球的时间 t_E,将由中微子发射时间 t_{SN}、距离 L 和中微子质量 m、能量 E 决定.对于 $m^2 \ll E^2$,有

$$t_E = t_{SN} + \frac{L}{c}\left(1 + \frac{m^2 c^4}{2E^2}\right)$$

考虑不同能量 E_1 和 E_2 的两个事件,时间差为

$$\Delta t = |\Delta t_E - \Delta t_{SN}| = \frac{Lm^2 c^4}{2c}\left(\frac{1}{E_1^2} - \frac{1}{E_2^2}\right) \tag{10.44}$$

如果取 $E_1 = 10$ MeV,$E_2 = 20$ MeV,$\Delta t < 10$ s,上式给出 $m < 20$ eV.更为仔细的计算也不会对此得到更好的限制.

值得提及的是:中微子爆可能有助于激波发展成超新星壮观的光学表现.早期的计算机模型认为,向外运动的激波在遇到来自外核区的下落物质时停止,且光致裂变过程将这些物质分解为其组成核子.但是,至少一些模拟发现,当考虑中微子与包层物质之间的相互作用时,仅获得中微子总能量的 1% 即足以保持激波继续向外运动.

似乎所有味的中微子(ν_e,ν_μ 和 ν_τ)通过中性流和带电流过程而相互作用能在宇宙事件中起重要作用.当然目前我们只剩下电子,而对应的带电轻子 μ 和 τ 在大爆炸之后几毫秒内衰亡.我们也要注意到这些超新星在生产重元素方面起特定作用;超新星提供的高通量中子导致由快中子俘获链合成周期表中靠后的核素.所以

我们要切记:你甲状腺中碘和你骨骼中钡的存在很可能要感谢有三味中微子和反中微子这样的事实,它们参与中性流和带电流耦合.

如上所述,超新星总能量的仅约 1% 贡献于光学表现(尽管这已足以主导寄主星系一段时间的发光).至少前 3 年内,光变曲线近似指数衰减,主要是源于^{56}Co 的放射性衰变,平均寿命为 111 天(见图 10.8).

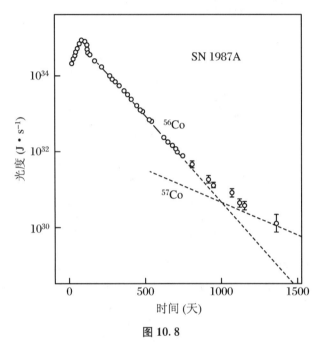

图 10.8

注:超新星 SN 1987A 的光变曲线.初始爆发后,光度在前 100 天快速下降,由^{56}Ni 通过 β 衰变成^{56}Co 主导,平均寿命 $\tau = 9$ 天.在时间 $t = 100$ 天至 $t = 500$ 天,能量释放由^{56}Co 到^{56}Fe 的 β 衰变主导,$\tau = 111$ 天.$t = 1\,000$ 天之后,以^{57}Co 衰变^{57}Fe 为主($\tau = 391$ 天),当然还包括一些其他长寿同位素的衰变.绝大多数重核通过下落包层物质快速吸收中子的反应而产生.非常有趣的是,至今尚未探测到这一超新星爆发后残留的中子星(Suntzeff 等,1992).

10. 10　中子星与脉冲星

超新星爆发之后一般残留中子星,它含有中子、质子、电子以及重核,但中子占绝对优势.自由中子衰变的平均寿命是 887 ± 2 s,所以我们要考虑逆反应平衡:

$$n \longleftrightarrow p + e^- + \bar{\nu}_e + 0.8 \text{ MeV} \tag{10.45}$$

在中子星内部,如果衰变产生的电子和质子能够具有的量子态都已经被占据,那么泡利原理将阻碍中子的衰变. 如果忽略衰变能 Q 值(这是个很好的近似),以上条件要求简并中子和电子的费米能相等, $\varepsilon_F(n) = \varepsilon_F(e)$,这样正向和反向反应即达到平衡. 由式(10.39)知,中子和质子是非相对论性的,但电子是极端相对论性的,所以有 $p_F(e) \ll p_F(n)$. 据式(10.20),显然电子数密度远小于中子(数值上的计算,见例10.4).

例 10.4　设中子星内部密度 $\rho = 2 \times 10^{17}\ \mathrm{kg/cm^3}$,试估计禁戒中子衰变所需电子(和质子)与中子的数目比.

先假设所有核子实际上都是中子,则数密度为 $n_n = 1.2 \times 10^{44}\ \mathrm{m^{-3}}$,由式(10.20)得到的费米动量为

$$p_F(n)c = hc\left(\frac{3n_n}{8\pi}\right)^{1/3} = 300\ \mathrm{MeV}$$

而它们的(非相对论性)费米能是

$$\varepsilon_F(n) = \frac{[p_F(n)c]^2}{2M_n c^2} = 48\ \mathrm{MeV}$$

为了阻止中子衰变,相对论性电子的费米动量和能量量级上要达到:

$$p_F(e)c = \varepsilon_F(e) = \varepsilon_F(n) = 48\ \mathrm{MeV}$$

电子数密度正比于费米动量的立方, $n_e = (48/300)^3 n_n \sim 0.004\ n_n$. 显然,电中性要求 $n_p = n_e$. 所以,只需要低于 1% 的少量质子和电子就足以阻碍中子衰变,式(10.45)的平衡就能向左进行.

[注:为简单起见,这里忽略了质子的微弱效应. 如果我们考虑它,平衡条件就成为 $\varepsilon_F(n) = \varepsilon_F(e) + \varepsilon_F(p)$. 作为练习,请解此二次方程,并显示这一质子效应将让以上电子浓度降低 7%.]

尽管早期的中子星理论在 1932 年 Chadwick 发现中子后很快就发展了,实验上的大量研究热情却要等到 Hewish 等(1968)发现脉冲星之后. 脉冲星是快速旋转的中子星;它发射非常规则且短间隔的辐射,就像旋转灯塔束以特定的频率扫过观测者视线那样. 下面我们将指出,脉冲星具有极强的磁场,相信这样强的磁场与宇宙线质子和原子核的加速有关. 已经探测到一千多颗脉冲星[①],其转动周期分别于 1.5 ms 至 8.5 s. 只有大约 1% 的脉冲星与超新星遗迹成协,可能几百万年的时间就能让中子星走出遗迹星云. 对于像蟹状星云脉冲星那样的一些年轻脉冲星,遗迹还跟脉冲星成协. 蟹状星云脉冲星是最著名的标本;它自转周期 33 ms,是中国人在公元 1054 年记录的超新星爆炸后的残骸.

除了像蟹状星云脉冲星那样发射射电波外,还发现了大约 200 颗 X 射线脉冲星. 这些中子星是双星系统中的一员. 大质量伴星物质吸积至中子星的磁极区,产

[①]　目前已经发现的脉冲星超过两千颗(http://www.atnf.csiro.au/research/pulsar/psrcat/);其中转动最快的脉冲星是 PSR J1748-2446ad,其周期为 1.396 ms.(译者注)

生 X 辐射("极光").随着中子星的旋转,观测到的 X 射线强度也周期性地调制.

X 射线暴跟具有小质量主序伴星的中子星有关.氢被吸积至很热的中子星表面;吸积一段时间后,温度和密度升至能触发热核爆炸,持续几秒钟.随着更多物质的吸积,以上过程又重复进行.9.11 节曾提及 γ 射线暴.它们涉及宇宙中最激烈的事件;释放估计 10^{46} J 的 γ 射线,约与 II 型超新星的爆发能量相当.它们可能产生于中子星双星并合而成黑洞的过程.

脉冲星的最大角频率 ω 决定于表面物质向外的离心力不能大于向内的引力,即

$$\omega^2 R < \frac{GM}{R^2} \tag{10.46}$$

代入 $R \sim 15\,\mathrm{km}$、$M \sim 1.5 M_\odot$,得到最短周期 $\tau = 2\pi/\omega \sim 1$ ms.的确还没有观测到周期短于 1 ms 的中子星.观测到脉冲星很高的转动频率是因为在演化晚期阶段原来的巨星角动量守恒,因显著收缩至中子星大小而极大地增加转动频率.

脉冲星自身的辐射归因于旋转的偶极磁场,磁轴倾斜于转轴的角度为 θ.若偶极磁矩为 μ,电磁辐射功率正比于径向加速度的平方,即 ω^4,则

$$P \propto \mu \omega^4 \sin^2 \theta \tag{10.47}$$

脉冲星表面磁场量级上为 10^8 T,这样强的磁场起源于恒星塌缩过程中高电导率等离子体内磁通守恒;磁场的增加反比于半径的平方.通过辐射损失能量使得脉冲星略微转动减速.若脉冲星的转动惯量为 I,转动动能就是 $I\omega^2/2$,转动能的变化率或辐射的功率即为

$$P = I\omega \frac{\mathrm{d}\omega}{\mathrm{d}t} \propto \omega^4$$

故有

$$\frac{\mathrm{d}\omega}{\mathrm{d}t} = -A\omega^3$$

目前对蟹状星云脉冲星的观测表明,$\omega = 190\,\mathrm{s}^{-1}$,$\mathrm{d}\omega/\mathrm{d}t = -2.4 \times 10^{-9}$.如果脉冲星诞生时的角频率是 ω_i,则其转动减慢至目前 ω 的所需时间 t 为

$$t = \frac{1}{2A}\left(\frac{1}{\omega^2} - \frac{1}{\omega_i^2}\right) < \frac{1}{2A\omega^2} = \frac{1}{2}\frac{\omega}{\mathrm{d}\omega/\mathrm{d}t} = 1\,255\,\mathrm{yr}$$

这与公元 1054 年的超新星起源一致.

10.11 黑   洞

中子在支撑中子星时所起的作用类似于简并电子支撑白矮星.简并中子气能

抵抗的极限质量跟电子气平衡白矮星的钱德拉塞卡极限相似. 如果忽略强作用核力以及强引力场中的广义相对论效应, 利用式 (10.29) 并代入 $A/Z = 1$, 我们也能从式 (10.30) 得到:

$$M_{max} \sim 4.9 M_\odot \tag{10.48}$$

对于质量 $M > M_{max}$ 的中子星, 简并中子气成为相对论性的, 引力塌缩不可避免. 然而中子间的强相互作用倾向于使中子星物质较不可压缩, 从而极限质量有所增加. 另一方面, 中子星的引力束缚能与其自身质量可比 (见式 (10.39)), 因此也应该考虑跟场本身质能有关的非线性引力效应; 这倾向于降低中子星的极限质量. 所以式 (10.48) 只能是示意性的, 表明中子星的临界质量为几倍太阳质量.

塌缩中子星的命运是成为黑洞, 但并非所有的黑洞都是通过这种方式形成的. 举一个例子, 在贫金属大质量 Wolf-Rayet 星碳燃烧的晚期, 人们相信也会塌缩成黑洞. 与黑洞有关的一个重要特性是史瓦西半径式 (2.23); 对于质量 M 的天体而言, 由下式给出

$$r_s = -\frac{2GM}{c^2} \tag{10.49}$$

该结论最早由史瓦西推得, 他曾经获得爱因斯坦广义相对论在一个特殊情形 (因大的静质量 M 而导致的引力场) 下的精确解. 正如第 2 章所述, 这个半径碰巧也能利用狭义相对论和等效原理推得, 或者让质量 M 质点的径向逃逸速度等于光速也能得到. 作为式 (10.49) 一例, 质量 $M = 5 M_\odot$ 恒星的史瓦西半径 $r_s = 15$ km. 式 (10.49) 表明, 当塌缩恒星的物理半径落入史瓦西半径以内时, 没有一条光的路径 (测地线) 能够通往外部世界. 恒星发射的光子不能逃出引力场; 对于外部观测者而言, 该星是 "黑" 的.

为了理解其中的道理, 让我们在狭义相对论框架中比较如下两个参考系中相同时钟的时间间隔. 一个位于远处惯性系的静止时钟测得间隔 dt, 另一个同样的时钟相对于前者作速度 v 的惯性运动, 并瞬时与塌缩恒星表面共动, 所测间隔为 dt'. 因此有 $dt'^2 = dt^2(1 - v^2/c^2)$. 这样, 当 $v \to c$ 时, $dt' \to 0$; 即在遥远的观测者参考系看来, 恒星随时间而 "冻结". 换句话讲, 塌缩恒星至史瓦西半径以内时, 其发出来光的波长红移至 $\lambda' = \lambda/(1 - v^2/c^2)^{1/2}$; 当 $v \to c$ 时红移趋于无穷. 随着波长 $\lambda \to \infty$, 辐射量子的能量为 $h\nu = hc/\lambda \to 0$, 因而从恒星辐射出来的能量也趋于零. 这一塌缩现象其实是不能被外部观测者完整记录的. 尽管史瓦西半径以内的观测者可以记录大量事件活动, 然而他却不能跟外部观测者交流信息.

黑洞是爱因斯坦广义相对论不可避免的后果——即使爱因斯坦并非能让自己相信黑洞的存在. 在广义相对论框架内, 所有物质 (包括光子) 都具有能动量, 并受引力场作用而偏转; 若强引力场足够强, 物质还会作 "打圈式" 运动. 黑洞存在的观测证据是非常有说服力的. 例如依赖于双星系统的观测证据显示, 不可见致密伴星的运动意味着其质量 $M > M_{max}$. 这些系统在观测上称为致密 X 射线源, 其 X 射线

产生于可见伴星物质流入黑洞的过程中.第一颗黑洞候选体是 X 射线源天鹅座 X-1,质量 $M = 3.4M_\odot$[①].另一个候选体是天鹅座 V404,其中包含一颗质量 $M > 6M_\odot$ 的致密天体.近期的研究显示,几乎所有星系中心辐射明亮的 X 射线.所得到的结论是:这些 X 射线是非常热气体在流进星系中心的大质量(典型质量为 10^6 至 10^8 太阳质量)黑洞时发射的.例如,银河系中心拥有一颗质量 $3 \times 10^6 M_\odot$ 的黑洞,证认为在人马座 SgrA* 的位置(见习题 10.7).

一般认为宇宙中绝大多数激烈事件起源于星系核心很小($\sim 1\%$)的"活动"区域——所谓的活动星系核(AGN).这些事件与星系中心的大质量黑洞成协;此时黑洞正在吸积周围大量物质(恒星、气体、尘埃等)而表现活跃.它们与大多数星系核心的黑洞不同,那些黑洞已经过了活跃期,现在比较宁静.正如第 9 章所述,最近发现能量超过 6×10^{19} eV 的荷电宇宙线主要跟 AGN 的方向相关,很可能是因为这些宇宙线在黑洞周围加速.

另一个极端情形是关于早期宇宙可能产生的原初"微黑洞".如果是这样的话,根据如下式(10.51),质量远小于 10^{12} kg 的黑洞已经很早之前就蒸发掉了.

10.12　黑洞的霍金辐射

如果在如上情景中考虑量子涨落,我们将会发现黑洞周围的极强引力场中其实能够发射(热)辐射;这一结论于 1974 年被霍金证明.质量 M 黑洞的霍金温度为

$$KT_H = \frac{\hbar c^3}{8\pi GM} \tag{10.50}$$

例如,对于质量 $M = 5M_\odot$ 的黑洞,温度 $T_H \sim 1.23 \times 10^{-8}$ K.注意:随着黑洞蒸发而损失能量和质量,它将越来越热并最终消失.可以根据自表面而损失能量的速率来计算黑洞的寿命:

$$\frac{d(Mc^2)}{dt} = 4\pi r_s^2 \sigma T_H^4$$

其中,$\sigma = \pi^2 k^4/(60\hbar^3 c^2)$ 为斯特潘常数.代入式(10.49)和式(10.50)并积分,就可以算得寿命:

$$\tau_{BH} = 常数 \times \frac{G^2 M^3}{\hbar c^4}$$

---

① 最近测得天鹅座 X-1 黑洞伴星的质量为 $(14.8 \pm 1.0)M_\odot$(见:J. Orosz 等,2011,ApJ,742,84).(译者注)

$$\sim 10^{67} \left(\frac{M}{M_\odot} \right) \text{yrs}$$

可见,对于典型天文质量黑洞的蒸发而言,其寿命远远长于宇宙年龄.

　　通过如下简单的论证,我们将看到霍金辐射的起源并能理解式(10.50).因量子涨落的缘故,假设在质量 M 黑洞的史瓦西半径外附近 r 处临时产生了一对虚电子 $e^+ e^-$(见图 10.9).在往常情形,该电子对会很快湮灭;但在极强引力场中,位置的任何微小差别都会导致潮汐力.潮汐力可足以至少将粒子对之一转化为真实态.根据测不准原理,如果粒子对总能量为 E,则能存在的时间 $\Delta t \sim \hbar/E$.这段时间内,这对粒子能够径向分离的最大距离 $\Delta r \sim c \cdot \Delta t \sim c \hbar/E$.两粒子位置处引力场强度之差为 $(2GM/r^3)\Delta r$,而引力之差 ΔF 是这个数再乘以有效质量,E/c^2.所以,潮汐力就是 $\Delta F \sim (GM/r^3)\hbar/r$.为使引力场能够产生粒子对,我们要求 $\Delta F \Delta r >$ E,即 $E < \hbar \, (GM/r^3)^{1/2}$.产生粒子的最大能量 E 对应于尽可能小的半径 r,即有 $r \sim r_s$.这样就能得到一个数量级上的关系:

$$E \sim \frac{\hbar c^3}{GM}$$

这与式(10.50)吻合,只是差个常数.在强引力场中,粒子对分开得非常快,以至于其中一个远离史瓦西半径以外并作为一个真实粒子而逃逸,而另一个却被吞进黑洞.

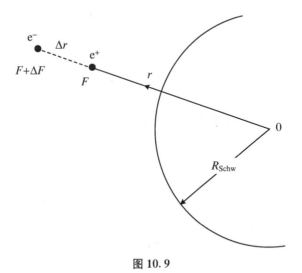

图 10.9

注:在黑洞的史瓦西半径外附近处产生一对电子对.

10.13　总　　结

· 恒星的形成自巨大的氢分子云引力塌缩而成原恒星开始.当原恒星收缩升温至核心温度达到 $kT \sim 1\,keV$ 时,将氢聚变成氦的热核反应开始进行,恒星从而能够维持流体静力学平衡状态.这些氢聚变的恒星位于赫罗图的主序带上,由大约十亿颗恒星组成.

· 氢燃烧结束后将发生氦聚变成碳和氧的过程,只是核心温度越高、维持燃烧的时间越短.这时恒星成为红巨星,具有膨胀的包层.

· 如果恒星质量与太阳相当或者更小,氦燃料耗尽标志着聚变过程和核能释放的结束.恒星从此缓慢冷却,成为一颗具有简并电子气的白矮星.

· 对于更大质量的恒星,核心温度可以足够高来继续进行核聚变,直到合成铁镍等重元素.

· 如果铁核心的质量超过 1.4 倍太阳质量的钱德拉塞卡质量,其内在的不稳定性导致灾难性地塌缩,同时形成具有核物质密度的极致密中子星.星体大约 10% 的质能以中微子暴的形式辐射掉,并伴随形成导致 Ⅱ 型超新星光学表现的激波.

· 如果核心质量更大,为 4~6 倍太阳质量左右,中子星也是不稳定的,并进一步塌缩成黑洞.黑洞为伴星之一的双星系统表现为致密的强 X 射线源;这些 X 射线是在另一颗伴星物质流入黑洞时辐射的.

· 黑洞可通过发射霍金辐射而衰亡,这体现了黑洞史瓦西半径附近的量子涨落.许多星系中心的强烈 X 射线源起源于流入星系中心大质量(10^8 太阳质量)黑洞的热气体辐射.这些黑洞被认为是活动星系核,可能与第 9 章阐述的 γ 射线暴成协.

习　　题

难度稍大的问题用星号标出.

10.1　假设白矮星质量等于太阳质量而半径只有太阳半径的 1%,试估计其最大转动频率.

10.2　已知太阳表面温度为 5 780 K、半径 7×10^8 m,计算太阳的光度(以瓦特为单位).太阳的能量由氢聚变成氦来提供.若现在太阳 5% 的氢已经聚变成氦了,假设太阳光度一直为常数,请估计太阳的年龄.

*10.3　如果一个物体由正常原子物质(不需要电子简并压来抵抗引力塌缩)构成,其密度为 10^4 kg/m^3,它的最大质量可能是多少? 这样的物体可表现为什么样的天体?

10.4　正如式(10.47)所示,我们假设旋转磁场的磁偶极辐射导致蟹状星云脉冲星的自转减慢.然而我们也可问这样一个问题:引力四级辐射可否导致它的自转减慢(能损率跟自转频率的 6 次方正比,见式(9.28))? 试证明,这样一来观测到的自转频率 $\omega = 190$ s^{-1} 和频率导数 $d\omega/dt = -2.4 \times 10^{-9}$ 跟蟹状星云脉冲星的年龄将不一致.

*10.5　如果黑洞的史瓦西半径等于年龄 t_0 的宇宙的粒子视界距离,试计算黑洞的质量.如果宇宙的密度等于其临界密度,t_0 为多少时宇宙的密度跟黑洞的密度相等?

10.6　估计寿命等于宇宙年龄的黑洞的质量和半径.

10.7　证明 $\bar{\nu}_e + p \rightarrow e^+ + n$ 的反应截面为 $G_F^2 p_f^2$ 量级,其中末态的质心系动量 $p_f \approx E_\nu - Q$.这里假设反中微子能量 E_ν 相对于核子质量小得多,相对于电子静质量却较大(电子静质量可忽略);Q 为反应阈能.

10.8　在红外波段观测到一颗恒星围绕银河系中心的大质量但看不见的天体(黑洞)公转.银河系中心认证为人马座 SgrA,它是射电和 X 射线的致密源(参见 2003 年 2 月的“Physics Today”).椭圆轨道的周期为 15 年,偏心率为 0.87,且离银心的最近(近星点)距离约 17 光时.试计算黑洞的质量以及该恒星在近星点处的轨道运动速度.有必要的话,请参考天体力学教材.

附录 A 物理常数表

下表摘自《粒子数据表》(Particle of Data Group)中的物理常数,该版本的粒子数据表发表于《欧洲物理杂志》(European Physical Journal)C15,1(2000).表中的常数保留到小数点后三位数.

符 号	名 字	数 值
c	光速(真空中)	$2.998 \times 10^8 \text{ m} \cdot \text{s}^{-1}$
$\hbar$	普朗克常数$/(2\pi)$	$1.055 \times 10^{-34} \text{ J} \cdot \text{s} = 6.582 \times 10^{-22} \text{ MeV} \cdot \text{s}$
$\hbar c$		$0.197 \text{ GeV} \cdot \text{fm} = 3.16 \times 10^{-26} \text{ J} \cdot \text{m}$
e	电子电荷	$1.602 \times 10^{-19} \text{ C}$
m_e	电子质量	$0.511 \text{ MeV}/c^2 = 9.109 \times 10^{-31} \text{ kg}$
m_p	质子质量	$0.938 \text{ GeV}/c^2 = 1.672 \times 10^{-27} \text{ kg} = 1\,836 m_e$
m_n	中子质量	$0.939 \text{ GeV}/c^2$
$m_n - m_p$	中子-质子质量差	$1.293 \text{ MeV}/c^2$
μ_0	真空中的磁导率	$4\pi \times 10^{-7} \text{ N} \cdot \text{A}^{-2}$
$\varepsilon_0 = 1/(\mu_0 c^2)$	真空中的介电常数	$8.854 \times 10^{-12} \text{ F} \cdot \text{m}^{-1}$
$\alpha = e^2/(4\pi\varepsilon_0 \hbar c)$	精细结构常数	$1/137.036$
$r_e = e^2/(4\pi\varepsilon_0 m_e c^2)$	经典电子半径	$2.818 \times 10^{-15} \text{ m} = 2.818 \text{ fm}$
$a_\infty = 4\pi\varepsilon_0 \hbar^2/(m_e e^2)$	$= r_e/\alpha^2 = $ 玻尔半径	$0.529 \times 10^{-10} \text{ m}$
$\lambda_c = \hbar/(m_e c) = r_e/\alpha$	$= $ 约化的电子康普顿波长	$3.861 \times 10^{-13} \text{ m}$
$\sigma_T = 8\pi r_e^2/3$	汤姆森散射截面	$0.665 \times 10^{-28} \text{ m}^2 = 0.665 \text{ b}$
$\mu_B = e\hbar/(2m_e)$	玻尔磁子	$5.788 \times 10^{-11} \text{ MeV} \cdot \text{T}^{-1}$
$\mu_N = e\hbar/(2m_p)$	核子磁子	$3.152 \times 10^{-14} \text{ MeV} \cdot \text{T}^{-1}$
$\omega/B = e/m_e$	电子的回旋加速器频率	$1.759 \times 10^{11} \text{ rad} \cdot \text{s}^{-1} \cdot \text{T}^{-1}$
N_A	阿伏伽德罗常数	$6.022 \times 10^{23} \text{ mol}^{-1}$

续表

符 号	名 字	数 值
k	玻耳兹曼常数	1.381×10^{-23} J・K^{-1} = 8.617×10^{-11} MeV・K^{-1}
$\sigma = \pi^2 k^4/(60\hbar^3 c^2)$	斯特藩常数	5.670×10^{-8} W・m^{-2}・K^{-4}
$G_F/(\hbar c)^3$	费米耦合常数	1.166×10^{-5} GeV^{-2}
$\sin^2\theta_W$	弱耦合参数	0.231 2
M_W	W 玻色子的质量	80.42 GeV/c^2
M_Z	Z 玻色子的质量	91.19 GeV/c^2
G	万有引力常数	6.673×10^{-11} m^3・kg^{-1}・s^{-2}
au	天文学单位＝平均日地距离	1.496×10^{11} m
$M_{PL} = (\hbar c/G)^{1/2}$	普朗克质量	1.221×10^{19} GeV/c^2 = 2.177×10^{-8} kg
pc	秒差距	3.086×10^{16} m = 3.262 ly
$M_\odot$	太阳质量	1.989×10^{30} kg
$R_\odot$	太阳半径（赤道）	6.961×10^{8} m
$L_\odot$	太阳亮度	3.85×10^{26} W
$M_\oplus$	地球质量	5.975×10^{24} kg
$R_\oplus$	地球半径（赤道）	6.378×10^{6} m
H_0	哈勃膨胀率	72 ± 3 km・s^{-1}・Mpc^{-1}
T_0	CMBR 温度	2.725 ± 0.001 K
t_0	宇宙年龄	14 ± 2 Gyr

换算因子：

1 eV = 1.602×10^{-19} J； 1 eV/c^2 = 1.782×10^{-36} kg

kT 在 300 K 时 = 1/38.681 = 0.025 85 eV

1 erg = 10^{-7} J；1 dyne = 10^{-5} N；1 cal = 4.18 J；0 ℃ = 273.15 K

1 个大气压 = 760 托 = 101 325 Pa = 1 013 gm・cm^{-2}

1 barn = 10^{-28} m^2；π = 3.141 592；e = 2.718 281 828

pc = 0.3$B\rho$ = 单带电粒子以 GeV 为单位的动量,该粒子的曲率半径为 ρ(以米为单位),该粒子
所处的磁场为 B(以特斯拉为单位)

附录 B 汤川理论和玻色子的传播子

汤川秀树在 1935 年提出了量子交换理论,在这个理论中相互作用的基本粒子之间会交换虚的玻色子,而这个虚玻色子就会贡献传播子项.汤川秀树最初想描述原子核中质子和中子之间的短程势.他从相对论性的能动量关系式(1.1)出发:

$$E^2 = p^2 c^2 + m^2 c^4 \tag{B.1}$$

我们将能量和动量替换成相应的算符 $E_{op} = -i\hbar\partial/\partial t$, $p_{op} = -i\hbar\nabla$,这些算符作用在粒子的波函数上就会得到相应的能量和动量,因此上面的方程变为(除去 $-\hbar^2 c^2$):

$$\frac{1}{c^2}\frac{\partial^2 \psi}{\partial t^2} = \nabla^2 \psi - \frac{m^2 c^2}{\hbar^2}\psi \tag{B.2}$$

该方程称为 Klein-Gordon 方程,其描述了一个质量为 m 且无自旋的自由粒子的传播.如果我们代入 $m=0$,式(B.2)变成我们熟悉的描述波速为 c 的电磁波的传播方程,其中 ψ 可以理解为光子的波动振幅或者是电磁势 $U(r)$.对于一个静态的,径向对称的势,我们可以丢掉时间依赖的项,因此式(B.2)可以写为

$$\nabla^2 U(r) \equiv \frac{1}{r^2}\frac{\partial}{\partial r}\left(\frac{r^2 \partial U}{\partial r}\right) = \frac{m^2 c^2}{\hbar^2}\psi \tag{B.3}$$

通过代入法可以证明,将该方程积分可以得到解:

$$U(r) = \frac{g_0}{4\pi r}\exp\left(-\frac{r}{R}\right): R = \frac{\hbar}{mc} \tag{B.4}$$

在这个表达式中,g_0 是作用常数.在电磁作用的情形 $m=0$,可以得到静态势为 $U(r) = Q/(4\pi r)$,其中 Q 是原点处的电荷.因此汤川秀树将 g_0 理解成"强核荷".将已知的核力力程大约 1.4 fm 带入 R,则可以得到 $mc^2 = \hbar c/R \sim 150$ MeV.1974年在宇宙线中发现的粒子 π 就是零自旋且质量刚好为该值的粒子.然而将核力看成是重量子交换的理解方式要比汤川秀树 70 年前提出的设想要复杂得多——比如它将包含自旋依赖的势.π 介子并非是基本的玻色子,而是最轻的由夸克-反夸克所构成的粒子.汤川秀树的理论指出了两基本粒子之间的相互作用力程(B.4)和其所交换量子的质量之间的关系,而这一关系在今天看来依然正确.

我们考虑一个入射动量为 p_i 的粒子,其被质量很大的粒子引起的势 $U(r)$ 散

射且散射后动量为 p_f，在这种情形下，并没有发生能量转移，因而出射和入射粒子的动量数值上相等. 粒子会发生某一 θ 角度的偏离，其动量转移为 $q = p_i - p_f$（$= 2p \cdot \sin(\theta/2)$）. 散射振幅 $f(q)$ 即是势 $U(r)$ 的傅里叶变换，这和经典光学中光被障碍物衍射后其角分布是障碍物的形状的傅里叶变换是一致的. 如果 g 代表粒子和势的耦合系数，则有

$$f(q) = g \int U(r) \exp(\mathrm{i} q \cdot r) \mathrm{d} V \tag{B.5}$$

假设是中心势 $U(r) = U(r)$，利用 $q \cdot r = qr\cos\theta$ 及 $\mathrm{d} V = r^2 \mathrm{d} r \mathrm{d} \phi \sin\theta \mathrm{d}\theta$，其中 θ 和 ϕ 分别是极角和方位角，带入汤川势(B.4)可以得到：

$$\begin{aligned} f(q) &= 2\pi g \iint U(r) \exp(\mathrm{i} qr\cos\theta) \mathrm{d}(\cos\theta) r^2 \mathrm{d} r \\ &= g g_0 \int \exp\left(-\frac{r}{R}\right) \frac{\exp(\mathrm{i} qr) - \exp(-\mathrm{i} qr)}{\mathrm{i} qr} r^2 \mathrm{d} r \\ &= \frac{g g_0}{q^2 + (1/R^2)} = \frac{g g_0}{q^2 + (m^2 c^4 / \hbar^2)} \end{aligned} \tag{B.6}$$

该结果适用于势源的质量很大的情形，在这种情况下，散射粒子的动量发生变化但是能量不变. 对于实际的两粒子散射过程，相对论性不变的四动量转移的平方为 $q^2 = \Delta E^2 - \Delta p^2 = \Delta E^2 - q^2$. 因此(B.6)中的 q^2，其对应于 $\Delta E = 0$，应该替换成 $-q^2$，若使用自然单位制 $\hbar = c = 1$，则散射振幅写为

$$f(q^2) = \frac{g g_0}{m^2 - q^2} \tag{B.7}$$

因此 1.8 节中以 $|T_{fi}|$ 标记的散射振幅包含了两粒子和交换虚玻色子的耦合，再乘以传播子项，而传播子依赖于交换的四动量(其中 q^2 总为负)以及自由玻色子的质量. 上面所有的表达式都只适用于无自旋的粒子，当粒子有自旋时需要加入一些新的因子.

附录 C　早期宇宙中结构的微扰增长

我们从第 2 章和第 5 章描述的 FLRW 模型开始,这个模型假设经历哈勃膨胀的物质和辐射,具有完全各向同性并且均匀分布.我们假设我们处理的是微小的扰动,至少初始时是这样,因此也是弱引力场.更进一步地,所涉及的距离,尽管是巨大的,但与视界距离 ct 相比也被假设是小的,所以哈勃流是非相对论性的.因此我们可以运用基于经典流体动力学的牛顿力学.有如下 3 个基础方程:

$$\frac{\partial \rho}{\partial t} + \nabla \cdot (\rho u) = 0 \tag{C.1}$$

$$\frac{\partial u}{\partial t} + (u \cdot \nabla)u = -\left(\frac{1}{\rho}\nabla P + \nabla \Phi\right) \tag{C.2}$$

$$\nabla^2 \Phi = 4\pi G\rho \tag{C.3}$$

这些方程中,ρ 是流体密度,u 是流体流动的速度,P 是压强,Φ 是引力势.第一个方程(C.1)是**连续性方程**,表述了流体密度随时间减小的速率,即单位时间流体流出其体积的质量,实际上正好等于流体流动的散度.方程(C.2)是**欧拉方程**.它表述了一个体积元所受的力 ∇P 等于这个体积元的动量改变率,即如果加入引力压强,则有 $\rho \, du/dt = -(\nabla P + \rho\,\nabla \Phi)$.速度的总变化率,对于一个特定的流体元,由两部分组成:衡量一个特定空间坐标中流体速度改变的偏导数 $\partial u/\partial t$,加上一个由于流体元在运动并且在时间 dt 中它运动了一个距离 $dr = u dt$ 所导致的项.因此

$$\begin{aligned}
du &= dt\left(\frac{\partial u}{\partial t}\right) + \left[dx\left(\frac{\partial u}{\partial x}\right) + dy\left(\frac{\partial u}{\partial y}\right) + dz\left(\frac{\partial u}{\partial z}\right)\right] \\
&= dt\left(\frac{\partial u}{\partial t}\right) + (dr \cdot \nabla)u
\end{aligned} \tag{C.4}$$

并且除以 dt 就得到(C.2).第三个方程(C.3)是引力势用 G 和密度写出的**泊松方程**.

如果没有任何密度扰动,那么以上方程具有以下解:

$$\rho(t) = \frac{\rho_0}{[R(t)]^3}$$

$$u(t, r) = \frac{\dot{R}(t)}{R(t)}r$$

$$\Phi(t,r) = \frac{2\pi G\rho r^2}{3} \tag{C.5}$$

第一个解表述了密度对膨胀参数 $R(t)$ 的依赖. 在方程(C.1)中, 假设我们处理的是一个均匀宇宙, 那么我们有 $\nabla\rho = 0$, 而 $\rho\,\nabla\cdot u = \rho(\dot{R}/R)\nabla\cdot r = 3\rho(\dot{R}/R)$; 就得到了结果(见方程(C.8)的脚注). 第二个是哈勃流方程 $u(t,r) = H(t)r$, 第三个从对方程(C.3)的积分得到, 利用在球坐标下 $\nabla^2\Phi = \frac{1}{r^2}\frac{\partial}{\partial r}\left(\frac{r^2\partial\Phi}{\partial r}\right)$.

现在我们假设 u 和 ρ 的值发生了扰动. 在一个随着哈勃膨胀共动的坐标系中讨论扰动的演化会更简单. 下面, r 表示一个"稳态"观测者(即不随哈勃流运动的观测者)所测得的位置坐标, x 是共动系中的观测者所测得的位置坐标. 这样 $x = r/R(t)$. 那么, 上面定义为 u 的一个流体粒子的速度在稳态系中为

$$u = \frac{\mathrm{d}r}{\mathrm{d}t} = x\dot{R} + v \tag{C.6}$$

右边第一项衡量了哈勃流产生的速度, 额外项 v(其中 $v\ll u$)是所谓的粒子相对于整体膨胀的"本动速度". 没有扰动时, 这当然等于零. 密度 ρ 的扰动表示为 $\Delta\rho\ll\rho$, 而变化分数, 称为"密度反差", 表示为 $\delta = \Delta\rho/\rho$. 稳态体系的梯度表示为 ∇_s, 以便于和共动系中称为 ∇_c 的相区分, 这里有

$$\nabla_c = R\,\nabla_s \tag{C.7}$$

最后, 在这两个体系中任意函数 F 的时间倒数由下式相联系:

$$\left(\frac{\partial F}{\partial t}\right)_s = \left(\frac{\partial F}{\partial t}\right)_c - \dot{R}x\cdot\frac{\nabla_c F}{R} \tag{C.8}$$

其中稳态系相对于共动系的速度为 $\dot{R}x$. 由这些定义可将连续性方程(C.1)写为[1]

$$\left(\frac{\partial}{\partial t} - \frac{\dot{R}}{R}x\cdot\nabla_c\right)\rho(1+\delta) + \frac{\rho}{R}\nabla_c\cdot[(1+\delta)(\dot{R}x + v)] = 0 \tag{C.9}$$

为了计算这个表达式的值, 回忆起在一个均匀宇宙中 $\nabla\rho = 0$. 更进一步地, 如果压强很小, 即我们处理的宇宙流体中是非相对论性物质, $\rho\propto 1/R^3$, 所以 $\partial\rho/\partial t = -3\dot{\rho}R/R$. 而 $\nabla_c\cdot x = 3$, 所以 $(\rho/R)\nabla_c\cdot\dot{R}x = +3\rho\dot{R}/R$. 最后, 像乘积 $v\delta$ 这样的二阶项可以被忽略. 这样方程写为

$$\frac{\partial\delta}{\partial t} + \frac{\nabla_c\cdot v}{R} = 0 \tag{C.10}$$

---

[1]   以下关系对计算式(C.3)和式(C.5)是有用的:

$$\nabla\cdot r = \left(i\frac{\partial}{\partial x} + j\frac{\partial}{\partial y} + k\frac{\partial}{\partial z}\right)\times(ix + jy + kz) = 3$$

$$(v\cdot\nabla)x = (iv_x + jv_y + kv_z)\times\left(i\frac{\partial}{\partial x} + j\frac{\partial}{\partial y} + k\frac{\partial}{\partial z}\right)\times(ix + jy + kz)$$

$$= \left(v_x\frac{\partial}{\partial x} + v_y\frac{\partial}{\partial y} + v_z\frac{\partial}{\partial z}\right)\times(ix + jy + kz) = (iv_x + jv_y + kv_z) = v$$

欧拉方程(C.2)成为

$$\left(\frac{\partial}{\partial t} - \frac{\dot R}{R} \boldsymbol{x} \cdot \nabla_c\right)(R\boldsymbol{x} + \boldsymbol{v}) + (R\boldsymbol{x} + \boldsymbol{v}) \cdot \nabla_c \frac{R\boldsymbol{x} + \boldsymbol{v}}{R}$$

$$= -\frac{\nabla_c \Phi + (\partial P/\partial \rho)\,\nabla_c(1 + \delta)}{R} \tag{C.11}$$

减去无扰动系统的方程,然后再次忽略像 $\boldsymbol{v} \cdot \nabla \boldsymbol{v}$ 这样的二阶扰动项,得到

$$\frac{\partial \boldsymbol{v}}{\partial t} + \boldsymbol{v}\frac{\dot R}{R} + \frac{\nabla_c \phi}{R} + v_s^2 \frac{\nabla_c \delta}{R} = 0 \tag{C.12}$$

其中 ϕ(假设 $\ll \Phi$)是扰动引起的引力势, $\partial P/\partial \rho = v_s^2$ 决定了流体中的声速. 泊松方程给出 $\nabla^2 \phi = 4\pi G \rho \delta$,所以从式(C.12)的散度中减去式(C.10)的时间倒数,给出:

$$\frac{\partial^2 \delta}{\partial t^2} + 2\frac{\dot R}{R}\frac{\partial \delta}{\partial t} - 4\pi G \delta \rho - \frac{v_s^2(\nabla^2 \delta)}{R^2} = 0 \tag{C.13}$$

　　最后一步将压强和密度扰动的空间依赖表达为波数 k 的平面波的叠加,即具有形式:

$$\delta(x,t) = \sum \delta_k(t)\exp(\mathrm{i}\boldsymbol{k} \cdot \boldsymbol{x}) \tag{C.14}$$

所以对一个特定的波数 k,式(C.13)成为

$$\frac{\mathrm{d}^2 \delta}{\mathrm{d}t^2} + 2\frac{\dot R}{R}\frac{\mathrm{d}\delta}{\mathrm{d}t} = \left(4\pi G\rho - \frac{k^2 v_s^2}{R^2}\right)\delta \tag{C.15}$$

当 k 的值对应金斯长度:

$$\lambda_J = \frac{2\pi R}{k} = v_s\left(\frac{\pi}{G\rho}\right)^{1/2} \tag{C.16}$$

时右边的项等于零.

　　首先我们注意到,如果宇宙的膨胀可忽略,即 $\dot R(t) = 0$,那么式(C.15)的解要么是周期性的,要么是指数型的,根据下面两种可能性:

　　(1) $\lambda \gg \lambda_J$:如果压强波的反应时间相比引力下落时间很大,那么密度反差**指数增长**:

$$\delta \propto \exp\left(\frac{t}{\tau}\right) \quad \left(\tau = \left(\frac{1}{4\pi G\rho}\right)^{1/2}\right) \tag{C.17}$$

　　(2) $\lambda \ll \lambda_J$:这种情形下式(C.15)的解具有以下形式:

$$\delta \propto \exp(\mathrm{i}\omega t) \quad \left(\omega = \frac{2\pi v_s}{\lambda}\right) \tag{C.18}$$

所以密度反差**像声波一样振荡**.

　　物质主导时期的结构增长

　　在大爆炸的早期阶段,宇宙是辐射主导的,这时声速是相对论性的,具有值 v_s

$$= (\partial P/\partial \rho)^{1/2} = c/\sqrt{3} \text{（见表 5.2）}. \text{这意味着，利用方程（5.47）和 } \rho_r c^2 = \frac{3c^2/32\pi G}{t^2},$$

得到金斯长度为

$$\lambda_J = c \left(\frac{\pi}{3G\rho_r} \right)^{1/2} = ct \left(\frac{32\pi}{9} \right)^{1/2} \tag{C.19}$$

这种情况下金斯长度和视界距离都是 ct 的量级，其中 $t = 1/H$ 是哈勃时间（即距离大爆炸开始的时间）. 因此这个辐射时期的结构增长不太可能出现（并且我们所假设的欧拉空间中的经典牛顿力学可能在这种大的长度标度上并不适用）.

　　在辐射和物质退耦之后，即在温度 $kT \sim 0.3\,\mathrm{eV}$ 和 $t \approx 3 \times 10^5$ 年，电子和质子复合形成氢原子，声速因此也是**金斯长度，将快速减小**，所以非均匀性的增长就变为可能. 在以上的退耦温度下，声速仅仅只有 $v_s \sim 5 \times 10^3\,\mathrm{m \cdot s^{-1}}$，所以金斯长度减小了 10^4 倍以上.

　　让我们取一个简单的情况，即一个 $\rho = \rho_c$ 和 $\Omega = 1$ 的物质主导宇宙，通常称为爱因斯坦－德西特宇宙. 那么从式（5.26）和式（5.15）得到

$$\rho = \frac{3H^2}{8\pi G}$$

$$H = \frac{\dot{R}}{R} = \frac{2}{3t}$$

所以假设 $4\pi G\rho \gg \dfrac{k^2 v_s^2}{R^2}$ 后，式（C.15）变为

$$\frac{\mathrm{d}^2\delta}{\mathrm{d}t^2} + \frac{4}{3t}\frac{\mathrm{d}\delta}{\mathrm{d}t} - \frac{2}{3t^2}\delta = 0 \tag{C.20}$$

它具有幂律形式的解：

$$\delta = At^{2/3} + Bt^{-1} \tag{C.21}$$

其中 A 和 B 是常数. 第二项描述了一个收缩模式，我们对此不感兴趣. 第一项描述了一个密度反差以幂律形式增长的模式. 所以加入宇宙膨胀之后式（C.17）的指数增长变为一个幂律形式的依赖. 我们从式（5.2）注意到

$$\frac{\delta_0}{\delta_{dec}} = \left(\frac{t_0}{t_{dec}} \right)^{2/3} = \frac{R(0)}{R_{dec}} = 1 + z_{dec} \approx 1\,100 \tag{C.22}$$

其中符号"0"和"dec"表示今天和物质-辐射退耦时刻，后者即当电子和质子开始复合形成氢原子的时刻. 今天 $kT_0 = 0.23\,\mathrm{meV}$，而在退耦时刻 $kT_{dec} \approx 0.3\,\mathrm{eV}$，$(1 + z_{dec}) = 1\,100$，如式（5.75）所示. 以上方程是基于小扰动假设的一个结果，而由于我们以一个 10^{-5} 量级的密度反差开始的，这种大的外推可能是有问题的. 然而，这种分析表明，在物质和辐射退耦时刻的任何小的各向异性将正比于尺度参数 $R(t)$ 增长.

附录 D 太阳中微子相互作用的 MSW 机制

作为讨论 MSW 机制的开始,我们写出质量本征态式(4.8)随着时间演化的薛定谔方程 $i\mathrm{d}\psi/\mathrm{d}t = E\psi$. 采用矩阵的形式以及式(4.9)可以得到:

$$i\,\frac{\mathrm{d}}{\mathrm{d}t}\binom{\nu_1}{\nu_2} = \begin{bmatrix} E_1 & 0 \\ 0 & E_2 \end{bmatrix}\binom{\nu_1}{\nu_2}$$

$$= \begin{bmatrix} m_1^2/(2p) & 0 \\ 0 & m_2^2/(2p) \end{bmatrix}\binom{\nu_1}{\nu_2} + \begin{pmatrix} p & 0 \\ 0 & p \end{pmatrix}\binom{\nu_1}{\nu_2} \tag{D.1}$$

最右端的项是常数相位因子,其对 ν_1 和 ν_2 的影响相同,因此可以被忽略. 如果我们将 ν_1 和 ν_2 利用式(4.7)中的 ν_e 和 ν_μ 表示,则经过一些简单的代数运算可以得到真空的振荡为

$$i\,\frac{\mathrm{d}}{\mathrm{d}t}\begin{bmatrix} \nu_e \\ \nu_\mu \end{bmatrix} = M_V \begin{bmatrix} \nu_e \\ \nu_\mu \end{bmatrix} \tag{D.2}$$

其中

$$M_V = \frac{(m_1^2 + m_2^2)}{4p}\begin{pmatrix} 1 & 0 \\ 0 & 1 \end{pmatrix} + \frac{\Delta m^2}{4p}\begin{pmatrix} -\cos2\theta & \sin2\theta \\ \sin2\theta & \cos2\theta \end{pmatrix}$$

在和物质的相互作用中,电子中微子在 MeV 能量范围内可以发生带电($W^\pm$)以及中性流(Z^0 的交换)的相互作用,而 μ 子和 τ 子中微子只能发生中性流相互作用,因为它们的能量太低无法产生带电的轻子. 因此电子中微子要受额外的势的影响,而这将影响到其朝前散射振幅,它会导致有效质量的改变:

$$V_e = G_F \sqrt{2} N_e$$
$$m^2 = E^2 - p^2 \rightarrow (E + V_e)^2 - p^2 \approx m^2 + 2EV_e$$
$$\Delta m_m^2 = 2\sqrt{2}G_F N_e E \tag{D.3}$$

其中 N_e 是电子密度,$E = pc$ 是中微子能量,G_F 是费米常数,而 Δm_m^2 是质量平方的偏差. (对于反中微子,即为中微子的 CP 变换态,势 V_e 的符号要改变.)因此对于电子中微子在物质中穿行,我们可以用式(D.2)中的平均质量的平方代替真空表达式:

$$\frac{1}{2}(m_1^2 + m_2^2)\begin{pmatrix} 1 & 0 \\ 0 & 1 \end{pmatrix} \rightarrow \frac{1}{2}(m_1^2 + m_2^2)\begin{pmatrix} 1 & 0 \\ 0 & 1 \end{pmatrix} + 2\sqrt{2}G_F N_e p\begin{pmatrix} 1 & 0 \\ 0 & 1 \end{pmatrix}$$

$$= \left[\frac{1}{2}(m_1^2 + m_2^2) + \sqrt{2}G_F N_e p\right]\begin{pmatrix} 1 & 0 \\ 0 & 1 \end{pmatrix} + \sqrt{2}G_F N_e p\begin{pmatrix} 1 & 0 \\ 0 & -1 \end{pmatrix}$$

则适用于在物质中传播的矩阵 M_M 应该将(D.2)中的真空矩阵 M_V 修改为

$$M_M = \left[\frac{(m_1^2 + m_2^2)}{4p} + \frac{\sqrt{2}G_F N_e}{2}\right]\begin{pmatrix} 1 & 0 \\ 0 & 1 \end{pmatrix} + \frac{\Delta m^2}{4p}\begin{pmatrix} -\cos2\theta + A & \sin2\theta \\ \sin2\theta & \cos2\theta - A \end{pmatrix} \tag{D.4}$$

其中 $A = 2\sqrt{2}G_F N_e p/\Delta m^2$. 第一项对 ν_e 和 ν_μ 给出了相同的相因子,因此可以忽略.

如果我们将物质存在时的混合角标记为 θ_m,而在物质中质量差的平方标记为 Δm_m^2,式(D.4)中的第二项也可以像式(D.2)中的写出:

$$\frac{\Delta m_m^2}{4p}\begin{pmatrix} -\cos\theta_m & \sin2\theta_m \\ \sin2\theta_m & \cos2\theta_m \end{pmatrix} \tag{D.5}$$

令两式相等,立即可以得到:

$$\tan2\theta_m = \frac{\sin2\theta}{\cos2\theta - A} = \frac{\tan2\theta}{1 - (L_v/L_e)\sec2\theta} \tag{D.6}$$

其中真空振荡波长为 $L_v = 4\pi p/\Delta m^2$,而电子相互作用尺度为 $L_e = 4\pi/(2\sqrt{2}G_F N_e)$,因此 $A = L_v/L_e$. 我们注意到无论 θ 取何值,都有可能使物质混合角达到一个"共振值",即 $\theta_m = \pi/4$,只要 L_v 是正值,因此 $\Delta m^2 > 0$,即 $m_2 > m_1$. 共振条件为

$$L_v = L_e\cos2\theta$$

或者

$$N_e(\text{res}) = \frac{\Delta m^2\cos2\theta}{2\sqrt{2}G_F p} \tag{D.7}$$

其中 $N_e(\text{res})$ 代表相应的"共振"电子密度. 比如,太阳中心的密度为 $\rho(\text{core})\sim 100\ \text{gm}\cdot\text{cm}^{-3}$,或者 $N_e(\text{core})\sim3\times10^{31}\ \text{m}^{-3}$,由此给出 $L_e\sim3\times10^5\ \text{m}$(与太阳的半径 $7\times10^8\ \text{m}$ 相比). 太阳密度在核以外随着半径迅速下降(大约以指数衰减). 如果在某一半径"共振"条件成立,则电子中微子就部分甚至是全部转化成 μ 子或 τ 子中微子,即使真空的混合角非常小. 中微子总是会经过共振区域,只要临界的电子密度小于太阳核心的值,即能量超过最小值

$$E_{\min} = \frac{\Delta m^2\cos2\theta}{2\sqrt{2}G_F N_e(\text{core})} \tag{D.8}$$

这就解释了表9.1中高能量的硼-8中微子会被极大地压低的原因.

为了得到 MSW 效应的直觉图像,并且为了简单,我们假设真空混合角很小. 则电子中微子从太阳的核心出发,主要是在真空中被称为 ν_1 的,其本征质量为

m_1,但是额外的弱势会在恰当的电子密度区域将有效质量增加到 m,(在式(4.6)中取 $\theta_m = 45°$),而这在真空中会被认为主要是由 ν_μ 味道的本征态构成.如果太阳的密度随着半径是缓慢变化的,这一质量本征态将会飞出太阳而不再发生进一步的变化,而在真空中它将被认定为是 μ 子中微子的本征态.总体来说,只有部分的味道守恒(见图 D.1).

实验数据的最关键的特征是从 SUPER-K 和 SNO 实验中的硼-8 中微子中的电子能谱,该实验数据表明在 $6\sim14$ MeV 有一常数压低因子.对实验数据的拟合意味着大的真空混合角 θ_{12}(最初时候有两种可能性,大的混合角和小的混合角,但是后一种可能性已被排除.)

图 4.3 中画出了大气和太阳中微子的结果,在那里给出了拟合的 $\tan^2\theta$ 与 Δm^2 的关系,其中闭合的阴影区域代表允许的参数空间.大气的结果已经和长基线加速器实验的数据结合,这一点在前面已经提及,而太阳的 ν_e 数据以及和 $\bar{\nu}_e$ 束的数据结合(假设 CPT 是成立的),比如在神冈矿山的 KAMLAND 实验,其中使用了在约为 200 km 基线上的反应堆反中微子.当然,反应堆的实验可以直接测量真空混合角 θ_{12},而且有足够短的飞行路径以保证它们不受与物质相互作用的影响.

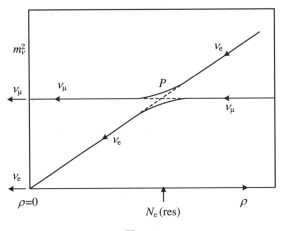

图 D.1

注:MSW 效应.图中画的是中微子质量平方和太阳密度的关系.对于 μ 子中微子,其质量不依赖于密度,用水平线表示.对于电子中微子,质量平方正比于密度如式(D.3),如果没有味道混合(θ = 0)则由对角线表示.两条线在点 P 交汇,该点满足 $\Delta m^2 \cos 2\theta = 2\sqrt{2} G_F N_e E$(见式(D.7)).如果太阳核心的密度比 P 点的"共振密度"还大,则电子中微子将会位于 P 的上方即图的上半部.随着中微子移出该区域并移进低密度区域,它最终会达到共振密度,只要太阳密度随其半径变化缓慢,它将沿着连续曲线移动最终作为 μ 子中微子飞出太阳.

习 题 答 案

第 1 章

1.1 $\dfrac{GM^2/R}{2Mc^2}$: 2.5×10^{-14} ; 8×10^{-21} .

1.2 这个反应用夸克的形式写为

$$d\bar{u} + udu \rightarrow uds + d\bar{s}$$

强相互作用具有量级 $r_0 = 1$ fm 的力程,所以典型反应截面为 $\sigma = \pi r_0^2 = 31$ mb ($= 3.1 \times 10^{-26}$ cm²).特征时间为 $r_0/c = 3 \times 10^{-24}$ s.所以 $\sigma = 1$ mb 的这个值对应这种情形下的强相互作用时间为 10^{-23} s.所以弱耦合与强耦合的比值为 $(10^{-23}/10^{-10})^{1/2} \sim 10^{-6}$.

1.3 29.8 MeV : 10 GeV : 5.7 GeV.

1.4 5.5×10^{-24} s ; 134 fm.

1.5 (a)能,(b)和(c)不能,第一阶耦合 $\Delta S = 2$ 禁戒;(d)不能,由于能量守恒.

1.6 如果忽略所有末态的轻子质量,则概率正比于 Q^5 .在核子的贝塔衰变中,这被称为萨金特(Sargent)规则.式(1.15)中的衰变概率 W 量纲为 E^{-1} .公式中包含了一个因子 E^{-4} ,其由弱耦合常数 G_F^2 引入,正如式(1.27).因此 W 的表达式中其他的因子量纲为 E^5 ,即其能量的依赖行为为 Q^5 ,只要 Q 是相关问题的重要能标.比值 W/Q^5 以 MeV$^{-5} \cdot$ s^{-1} 为单位分别如下:

(a) 3.5×10^{-5} ;(b) 3.6×10^{-5} ;(c) 3.4×10^{-4} ;(d) 2.7×10^{-4} ;(e) 3.9×10^{-3} .极端相对论近似对(c),(d),(e)中电子的次级反应并不成立,而因子 W/Q^5 随着 Q 的减小而增大.

1.7 我们先考虑一个无质量的中微子具有很高的能量 E ,动量 p ,其与质量为 M 的静止的核子对撞.在质心系下,对撞的质心能量的平方为

$$s = (E + M)^2 - (p + 0)^2 = 2ME + M^2 \sim 2ME$$

如果夸克携带了质子质量的 x 分量的能量,则夸克-中微子的质心能量为 $s = 2xME$,而式(1.27b)的散射截面则为

$$\sigma = \frac{G_F^2 s}{\pi} = \frac{2G_F^2 xME}{\pi}$$

带入 $G_F = 1.17 \times 10^{-5}\ \mathrm{GeV}^{-2}$，$M = 0.94\ \mathrm{GeV}$，$1\ \mathrm{GeV}^{-1} = 0.197\,5 \times 10^{-13}\ \mathrm{cm}$（见表 1.1），可以得到 $\sigma = 3.2 \times 10^{-38} xE\ \mathrm{cm}^2$，其中 E 以 GeV 为单位，当 $x = 0.25$ 时，可以得到 $\sigma = 0.8 \times 10^{-38} E\ \mathrm{cm}^2$. 实际测量的高能中微子散射截面为每个核子 $0.74E \times 10^{-38}\ \mathrm{cm}^2$.

1.8　由式(1.9)和式(1.27)可以得到微分散射截面为

$$\frac{\mathrm{d}\sigma}{\mathrm{d}q^2} = \frac{g_W^4}{\pi\,(-q^2 + M_W^2)^2}$$

其中四动量转移的平方的极大值为 $q^2(\max) = -s$，即质心能量的平方. 因此总的散射截面，即从 $q^2(\min) = 0$ 到 $q^2(\max)$ 的积分得到：

$$\sigma = \frac{g_W^4}{\pi} \int \frac{\mathrm{d}q^2}{(-q^2 + M_W^2)^2} = \frac{g_W^4 s}{\pi M_W^2(s + M_W^2)} \to \frac{G_F^2 s}{\pi} \quad (\text{对于 } s \ll M_W^2)$$

$$\to \frac{G_F^2 M_W^2}{\pi} \quad (\text{对于 } s \gg M_W^2)$$

代入常数的值，可以得到散射截面的渐近值为 0.11 nb. 当 $s = M_W^2$ 时，散射截面达到渐近值的一半：

$$E = \frac{M_W^2}{2m_e} = 6.3 \times 10^6\ \mathrm{GeV}$$

1.10　4×10^{-13} s.

1.11　这三种衰变分别是电磁，弱和强相互作用导致. 如果我们把强相互作用的耦合定义为 1，则通过表中的数据，可以发现电磁相互作用的数量级为 1.6×10^{-2}，而弱作用的数量级为 5×10^{-7}，将衰变概率开方，得到的值正比于耦合常数.

1.12　费曼图如下：

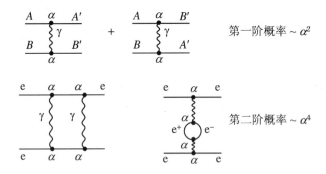

在电子-电子通过交换单光子的一阶散射过程中，有两幅图其末态粒子 A，B 的标注不同. 由于实验中观测到的是电子的散射而不是具体的顶点，因而这些图都应该包含. 第二阶的图，振幅中包含因子 α^2 或散射概率中包含因子 α^4，与一阶过程的因子 α^2 相比，二阶过程有一个相对的压低因子 $\alpha^2 \sim 10^{-4}$.

1.13　(a)和(b)是弱过程，(c)是电磁过程，(d)是强过程. 将强耦合设定为 1，则弱和电磁耦合分别为 10^{-8} 与 10^{-3}.

1.14 比值为 $R = 3\sum (Q_i/e)^2$,其中,因子 3 是夸克颜色的数目,且对所有相关味道的夸克进行求和.作为质心能量 $\sqrt{s}$ 的函数,夸克-反夸克的味道以及 R 值如下:

夸克	$\sqrt{s}$(GeV)	R	
$u\bar{u}, \bar{d}$	>0.7	$3[(1/3)^2 + (2/3)^2]$	$=5/3$
$u\bar{u}, d\bar{d}, s\bar{s}$	>1.0	$3[(1/3)^2 + (2/3)^2 + (1/3)^2]$	$=6/3$
$u\bar{u}, d\bar{d}, s\bar{s}, c\bar{c}$	>3.5	$3[(1/3)^2 + (2/3)^2 + (1/3)^2 + (2/3)^2]$	$=10/3$
$u\bar{u}, d\bar{d}, s\bar{s}, c\bar{c}, b\bar{b}$	>10	$3[(1/3)^2 + (2/3)^2 + (1/3)^2 + (2/3)^2 + (1/3)^2]$	$=11/13$

$e^+ e^- \rightarrow \pi^+ + \pi^- + \pi^0$ 的费曼图如下所示.G 代表胶子交换.

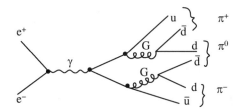

1.15 在衰变 $\Delta \rightarrow \pi + p$ 中,π 在质心系中的能量可以由简单的相对论性运动学给出,为 $E_\pi = (M_\Delta^2 + m_\pi^2 - M_p^2)/(2M_\Delta) = 0.267$ GeV(在共振峰处).相应的 π 的动量为 $p_\pi = 0.228$ GeV/c.在质心坐标系中波长为 $\lambda_\pi = hc/(p_\pi c) = 8.6 \times 10^{-14}$ cm.代入 $J = 3/2$,$s_\pi = 0$,$s_p = 1/2$,$\Gamma_\gamma/\Gamma_{\text{total}} = 0.0055$,可以得到 $\sigma = 1.03$ mb.这是反应 $\gamma + p \rightarrow \Delta$ 在共振峰处的散射截面.在面对面的对撞中,质子的能量为 E_p,光子的能量为 E_γ,质心的能量为 $s = M_p^2 + 4E_\gamma E_p = M_\Delta^2$,如果碰撞激发了 Δ 共振态的峰.微波背景辐射的温度为 $T = 2.73$ K,其平均能量为 2.7 kT,其对应的量子能量为 $E_\gamma = 6.3 \times 10^{-4}$ eV.带入上述的表达式可以得到 $E_p \sim 10^{21}$ eV.光子通过微波背景辐射的平均自由程为 $\lambda = 1/(\rho\sigma)$,其中 $\rho = 400$ cm^{-3} 是微波背景的光子密度(见第 5 章).代入上面的截面值可以得到自由程的值为

$$\lambda = 2.5 \times 10^{22} \text{ m} \sim 0.8 \text{ Mpc}$$

(更详细的细节见 9.12 小节.)

第 2 章

2.1 见 2.8 节.

2.2 1.79×10^4 GeV^2.

2.4 红移,$\Delta\lambda/\lambda = 2.12 \times 10^{-6}$.

2.5   我们参考 2.11 节的变换.假设电子沿 x 轴运动,并且为了方便令 $p_z = 0$,所以横向动量为 p_y.在电子静止系中的发射角为

$$\tan\theta^* = \frac{p_y^*}{p_x^*} = \frac{p_y}{\gamma(p_x - \beta E/c)}$$

其中带星号的符号对应电子静止系中的量,没有星号的符号对应实验室系统的量,对于一个光子,有 $p_y^* = p_y$. $p_y = p\sin\theta, p_x = p\cos\theta, E = pc$,可得

$$\tan\theta^* = \frac{\sin\theta}{\gamma(\cos\theta - \beta)}$$

在电子静止系中,有一半的光子具有 $\theta^* < \pi/2$,或者 $\cos\theta > \beta$,或者 $\sin\theta < 1/\gamma$.因此对于极端相对论性粒子,发射的光子束的半宽为 $\theta \sim 1/\gamma$.

2.6   引力移动 $= +5.28 \times 10^{-10}$;

狭义相对论移动 $= -0.83 \times 10^{-10}$;

净移动 $= +4.45 \times 10^{-10} = 38\,\mu\text{s}/天$(卫星上的钟走得快).

第 3 章

3.2   正电和负电的 π 粒子是粒子和反粒子.正电和负电的 Σ 重子则不是正反粒子.

3.3   ρ 介子 $C = P = -1$,f 介子 $C = P = +1$. 过程 $\rho \rightarrow \pi^0\gamma$ 是电磁衰变,其衰变分支比正比于 α(实际为 0.07%).相应的 f 介子的衰变被 C 宇称不变性所禁戒.

3.5   如果 p_e, E_e, m_e 和 p_p, E_p, m_p 分别指代电子和质子的三动量,总能量和质量,则总四动量的平方,即质心能量的平方为(见 2.11 节)

$$s = (E_e + E_p)^2 - (p_e + p_p)^2 = m_e^2 + m_p^2 + 2(E_e E_p - p_e \cdot p_p) \approx 4E_e E_p$$

在最后一步中我们利用了下列事实,粒子都是极端相对论性的,因此其质量是可忽略的,以及电子和质子的动量方向是相反的.

(a) 代入数值,$s = 98\,400\,\text{GeV}^2$.

(b) 电子-夸克系统的质心能量的平方为 $s/4$.

(c) 电磁相互作用的散射截面由式(1.23)给出,其中假设 $q^2 \ll q_{\max}^2 = s$.在该近似下:

$$\left(\frac{\mathrm{d}\sigma}{\mathrm{d}q^2}\right)_{em} = 4\pi\alpha^2 \frac{|Q/e|^2}{q^4} \tag{ⅰ}$$

其中,$|Q/e| = 2/3$ 是 u 夸克的电荷. 弱的带电流的相互作用散射截面由式(1.23b)给出,在大的 q^2 时保留 W 的传播子,可以得到

$$\left(\frac{\mathrm{d}\sigma}{\mathrm{d}q^2}\right)_{wk} = \frac{G_F^2}{\pi\left(1 + \dfrac{q^2}{M_W^2}\right)^2} \tag{ⅱ}$$

如果我们代入 $x = 3G_F M_W^2/(4\pi\alpha)$ 且设定 $\gamma = q^2/M_W^2$,将上两个截面相等,可以

得到:

$$\gamma^2(x^2 - 1) - 2\gamma - 1 = 0$$

其解为 $\gamma = (1+x)/(x^2-1)$.代入数值(见附录 A)可以得到 $x = 2.45$ 和 $\gamma = 0.69$,因此散射截面在 $q^2 = 4\,400\ \mathrm{GeV}^2$ 处相等.在该值之上,弱带电流的散射截面将会超过电磁相互作用的散射截面.

注:散射截面(ⅰ)实际上是简化的形式.在大的 q^2 时,截面还应乘上因子 $[1 + (1 - q^2/q^2_{\max})^2]/2$.但由于 $q^2 \ll s$,此修正非常小.

(d) 在大动量转移时,中性流(Z 交换)以及在过程 e+p→e+强子中的光子交换都会变得重要.

3.6 (a) 在空间和自旋坐标交换时,波函数有一因子 $(-1)^{L+S}$,即对于 $L = 0$,$S = 0$ 或 1 的系统该因子为 $(-1)^S$.交换电子和正电子的自旋和空间坐标等价于交换它们的正负电荷,因此 $C = (-1)^S$.如果正负电子偶素衰变到两个光子,则 $C = +1$,因此它是单态 $S = 0$,当衰变到三个光子,则意味着 $C = -1$ 和 $S = 1$.考虑到正反粒子的宇称相反,宇称为 $P = (-1)^{L+1} = -1$.因此两光子衰变的量子数为 $J^{PC} = 0^{-+}$,衰变到三光子的量子数为 1^{--}.

(b) 能级为 $E_n = -\alpha^2 mc^2/(4n^2) = 6.806/n^2\ \mathrm{eV}$. $n = 2 \to n = 1$ 的跃迁能量为 $0.75 \times 6.806 = 5.1\ \mathrm{eV}$.

(c) 湮灭过程需要电子和正电子在它们所处的体积内波函数重叠,其量级是玻尔半径 $a = 2h/(mc\alpha)$ 的立方.因此无论是何种衰变,都有因子 $(m\alpha)^3$ 进入衰变概率.双光子衰变包含两个轻子-光子顶点,因此还有因子 α^2,这样总的因子为 $m^3\alpha^5$.概率或宽度其量纲为能量量纲,因此除以 m^2 后得到正确的量纲而得到 $\Gamma(2\gamma) \sim m\alpha^5$.事实上,真实的宽度是该值的一半,即 $m\alpha^5/2$.三光子衰变明显带有第三个顶点,因此会多一个 α 因子.完整的计算可以得到 $\Gamma(3\gamma) = [2(\pi^2 - 9)/9\pi]m\alpha^6$.

3.7 $J^{PC} = 1^{--}$, $\alpha_s \sim 0.7$(更精确的分析给出 $\alpha_s \sim 0.2$).

3.8 变换如下:

	T	P
r	r	$-r$
p	$-p$	$-p$
σ	$-\sigma$	σ
E	E	$-E$
B	$-B$	B
$\sigma \cdot E$	$-\sigma \cdot E$	$-\sigma \cdot E$
$\sigma \cdot B$	$\sigma \cdot B$	$\sigma \cdot B$
$\sigma \cdot p$	$\sigma \cdot p$	$-\sigma \cdot p$

可以看出中子的点偶极矩破坏了 P 和 T 宇称不变性. 因此我们可以写成偶极矩为

$$EDM = 荷(|e|) \times 度 \times P\text{-破坏} \times T\text{-破坏}$$

P-破坏意味着我们必须引入弱耦合, 其幅度为 $G_F = 1.17 \times 10^{-5}$ GeV^{-2}. 我们可以得到一个特征长度, 其量纲为 1/能量, 通过引入一个质量, 即中子质量. 因此利用 1 GeV$^{-1} = 1.97 \times 10^{-14}$ cm, 我们可以得到特征长度为 $l = G_F M_n \sim 2 \times 10^{-19}$ cm. 对于 T-破坏的参数, 我们假定 CPT 定理成立而且认为 CP 破坏率等价于由中性 K 介子衰变中定出的值. 直接的 CP 破坏率为 $\varepsilon' \sim 10^{-7}$, 如此给出的中子电偶极矩为 $EDM \sim 10^{-26}$ e·cm. 这个值就是当前 (2007) 实验给出的点偶极矩的上限, 当然这纯粹是巧合. 标准模型的完全计算给出的估计值为 10^{-31} e·cm, 但是其他超出标准模型的理论可以给出的值可以高达 10^{-26} e·cm.

质子-质子散射中极化的不对称度, 即散射截面对束流螺旋度的依赖, 将会给出宇称破坏的信号. 理论预期的宇称破坏水平量级为弱相互作用与强相互作用相对强度的比值, 即 10^{-7}.

3.9 所有的衰变都是允许的, 除了:

$\rho^0 \to \pi^0 + \pi^0$ (被玻色对称性禁戒, 根据玻色对称性 J 必须为偶数).

$\rho^0 \to \pi^0 + \eta$ ($C = -1 \to C = +1$ 的转化是被电磁相互作用禁戒的).

$\eta \to e^+ + e^-$ ($C = +1 \to C = -1$ 的转化是被电磁相互作用禁戒的).

$\pi^0 \to \gamma + e^+ + e^-$ 的衰变概率相对于双光子衰变有一个 α 因子压低.

3.10 点状散射截面式 (1.27b) 为 $\sigma = G_F^2 s / \pi$, 其中 G_F 是费米常数, s 是质心能量的平方. 中微子的对撞能量为 E, 忽略其质量则动量为 $pc = E$, 核子的静止质量为 M, 则有

$$s = (E + M)^2 - (pc)^2 = M^2 + 2ME \approx 2ME$$

对于 $E \gg M$ (单位为 $h/(2\pi) = c = 1$). 对于带有核子四动量 x 分量的部分子的散射, 相应的值为 $s = 2MEx$. 因此, 平均的 x 值为

$$\langle x \rangle = \frac{\pi \sigma}{2 G_F^2 ME}$$

在上面的单位中, $G_F = 1.17 \times 10^{-5}$ GeV^{-2} (见表 1.5), $M = 0.94$ GeV, 在该单位下, σ 为 $(0.197\,5$ fm$)^2$, 见 1.1 节. 带入上面的表达式可以得到 $\langle x \rangle = 0.21$.

第 4 章

4.1 30 毫拉德每年. $\approx 10^{17}$ 年.

4.2 2.4×10^{32} 年.

4.3 $\Delta m^2 < 0.064$ eV^2.

第 5 章

5.1 束缚能 $\sim 10^{69}$ J.质能 $\sim 10^{70}$ J.

5.2 $v^2 > 8\pi G\rho r^2/3$.带入 $v = Hr$ 得到密度极限恰好是临界密度式(5.26).

5.4 $1 + z = 107$. $T = 1\,200$ 万年,假设 $z < 107$ 时是物质主导的.

5.5 5 750 K.

5.6 $\varepsilon > 5 \times 10^{-19}$.

5.7 对于一个辐射主导的宇宙,$\rho = \dfrac{3/(32\pi G)}{t^2}$(见式(5.47)),而对于物质主导情形 $R = (6G\pi\rho R^3)^{1/3} t^{2/3}$(见式(5.14)).积分过后这给出了达到密度 ρ 所需的时间为

$$t_{\mathrm{rad}} = \left(\frac{3}{32\pi G\rho}\right)^{1/2}$$

$$t_{\mathrm{mat}} = \left(\frac{1}{6\pi G\rho}\right)^{1/2}$$

这可以与一个密度为 ρ 的物体从静止开始自由塌缩的时间相比(见8.8节):

$$t_{\mathrm{freefall}} = \left(\frac{3\pi}{32 G\rho}\right)^{1/2}$$

5.8 让光信号在 $t = t_1$ 时刻发出,在 $t = t_0$ 时刻到达我们.考虑时间间隔 $\mathrm{d}t'$,其中 $t_1 < t' < t_0$.在这个时间间隔中光信号走过一个距离 $c\mathrm{d}t'$,但是在 $t = t_0$ 时刻,这将延长为 $c\mathrm{d}t' R(0)/R(t')$,其中 $R(t')$ 是 $t = t'$ 时刻的膨胀因子.我们知道在一个物质主导宇宙中 $R(0)/R(t') = (t_0/t')^{2/3}$.因此光信号走过的总距离为

$$L = R(0)\int \frac{c\mathrm{d}t'}{R(t')} = ct_0^{2/3}\int \frac{\mathrm{d}t'}{t'^{2/3}} = 3ct_0\left[1 - \left(\frac{t_1}{t_0}\right)^{1/3}\right]$$

红移为 $1 + z = R(0)/R(t_1) = (t_0/t_1)^{2/3}$.因此所需时间为

$$t_{\mathrm{elapsed}} = 3t_0\left[1 - \frac{1}{(1 + z)^{1/2}}\right] = 0.85 t_0$$

5.9 $< 2/3$,或者 $\Omega_\lambda > 1/3$.

5.11 参考方程(5.39)和例5.3,得到年龄 t_0 的表达式由以下积分给出:

$$H_0 t_0 = \int \frac{\mathrm{d}z}{(1 + z)[\Omega(1 + z)^3 + (1 - \Omega)(1 + z)^2]^{1/2}}$$

其中,积分从 $z = 0$ 到 $z = \infty$,$(1 + z)^3$ 和 $(1 + z)^2$ 项分别代表物质和曲率的贡献,并且 $\Omega_k = 1 - \Omega$,$\Omega \equiv \Omega_{\mathrm{m}}$.为了计算这个积分,首先作替换 $1 + z = [(1 - \Omega)/\Omega] \cdot \tan^2\theta$,这时它简化为

$$A\int \left(\frac{1}{\sin^3\theta} - \frac{1}{\sin\theta}\right)\mathrm{d}\theta = -\frac{1}{2}A\left[\frac{\cos\theta}{\sin^2\theta} + \ln\left(\tan\frac{\theta}{2}\right)\right]$$

其中，$A = 2\Omega/(1-\Omega)^{3/2}$. 积分限从 $\tan^2\theta = \Omega/(1-\Omega)$ 时的 $z = 0$，到 $\tan^2\theta = \infty$，即 $\theta = \pi/2$ 时的 $z = \infty$. 带入数值 $\Omega = 0.24$，得到 $H_0 t_0 = 0.832$ 或者 $t_0 = 113$ 亿年.

5.12 答案分成以下几个步骤：

(1) 带入费米常数的值以及以 MeV^2 为单位的 s，得到反映截面为 $\sigma = 2.82 \times 10^{-45} \ s \cdot cm^2$.

(2) 如果电子和正电子的动量和能量为 $\boldsymbol{p}_1 (= E_1)$ 和 $\boldsymbol{p}_2 (= E_2)$，那么 $s = (E_1 + E_2)^2 - (\boldsymbol{p}_1 + \boldsymbol{p}_2)^2 = 2E_1 E_2 (1 - \cos\theta)$，其中 θ 是两个动量之间的夹角. 这些是各向同性分布的，所以 $\langle\cos\theta\rangle = 0$ 并且 $\langle s\rangle = 2\langle E\rangle^2 = 2 \times (3.15 kT)^2$.

(3) 参考式(5.56)和式(5.51)，电子或正电子的数密度为 $N_e = (3/4) \times 2.404 \times (kT)^3/(\pi^2 h^3 c^3) = 2.39 \times 10^{31} (kT)^3 \ cm^{-3}$ (kT 以 MeV 为单位). 令相对速度 $v \sim c$，那么 $1/W = -1/\langle\sigma N_e v\rangle \sim 25/(kT)^5 \ s$.

(4) 从式(5.49)和式(5.58)得到对于 $g^* = 43/4$，有 $t = 0.74/(kT)^2 \ s$. 令 t 和 $1/W$ 相等，得到冻结温度 $kT \sim 3 \ MeV$.

注：这仅仅是一个大概的值，出于以下几个原因. 首先，对反应截面和粒子密度的计算都假设了所有的粒子是极端相对论性的，而对电子质量的修正将使反应截面、粒子密度和相对速度减小，因此冻结温度将升高. 第二，对反应截面的计算忽略了交换 Z^0 (中性弱流)的效应，这种效应将使反应截面增加约 15%，因而使临界温度降低.

第6章

6.1 如第 5 章阐述的，当式(6.1)中随着 T^5 变化的反应速率 W 降到式(5.59)中随着 $T^2 g^{*1/2}$ 变化的膨胀速率 H 之下时，中子和质子从平衡中冻结出来. 所以冻结温度 $T \propto g^{*1/6}$，其中 $g^* = (22 + 7N_\nu)/4$ 是光子、电子、正电子和中微子/反中微子的态数目，N_ν 是中微子代的数目(见 5.10 节). 对于 $N_\nu = 3$，有 $g^* = 43/4$ 和 $kT = 0.8 \ MeV$，所以对其他 N_ν 值的 kT 很容易得到. 代入式(6.4)之后，初始和最终的中子/质子之比进而氦的质量分数可以计算为假设的中微子代的数目的函数. 对中子-质子质量差 $1.4 \ MeV$ 和三种中微子味，式(6.5)中的初始中子/质子密度之比成为 0.174，这导致氦的质量分数为 0.21.

6.2 参考方程(1.18)得到反应 $\nu_e + n \rightarrow e^- + p$ 的反应截面由以下近似公式给出(让 $|T_{if}|^2 = G_F^2$)：

$$\sigma = \frac{1}{\pi \hbar^4 c^4} G_F^2 (p_f c)^2$$

这里我们取 $v_i = v_f = c$. 由 $G_F = 1.17 \times 10^{-5} (\hbar c)^3 \ GeV^{-2}$，这给出 $\sigma = 1.69 (p_f c)^2 \times 10^{-44} \ cm^2$，其中末态动量 $p_f c$ 以 MeV 为单位. 从式(1.14)得到每个中子靶的反应宽度或速率为 $W = \sigma\phi$，其中 $\phi = nc$ 是入射中微子的流量，n 是式(5.50)和式(5.56)给出的中微子数密度，即 $\phi = 2 \times 10^{42} (kT)^3$，单位为 $cm^{-2} \cdot s^{-1}$，kT 以 MeV

为单位测出. 这给出 $W = 0.05(kT)^3(p_fc)^2\,\mathrm{s}^{-1}$, 而对三种中微子味式(5.59)给出 $H = 0.7(kT)^2\,\mathrm{s}^{-1}$. 这个反应的末态动量将为 $p_fc \sim kT + Q$, 其中 $Q = 1.29\,\mathrm{MeV}$. 令 $W/H = 1$ 作为冻结条件, 给出 $kT \sim 1.5\,\mathrm{MeV}$, 可以通过试错法得到. 这高估了冻结温度, 出于以下几个原因. 首先, 在假设方程(1.18)中我们忽略了自旋效应, 并且矢量和轴矢量相互作用都包含在矩阵元中. 这将使反应截面增加而使冻结温度降低; 第二, 我们忽略了电子质量, 其值为 $0.51\,\mathrm{MeV}$, 可与 kT 相比; 第三, 应该对碰撞粒子的热谱和各向同性角分布作积分. 当考虑所有这些效应之后, 得到冻结温度约为 $0.8\,\mathrm{MeV}$.

6.3　$kT = 0.06\,\mathrm{MeV}$.

6.4　5%.

第7章

7.1　$\Delta\theta = 2GM/(bc^2)$.

注: 这太小了, 相比广义相对论给出的值小了因子 2. 这个差别的一个原因是, 在牛顿方法中, 只考虑了光子的空间坐标, 而实际上引力场也影响时间坐标, 如第 2 章中解释的. 这引起了一个时间延迟(称为夏皮罗延迟), 它必定引起一个额外的偏折(这类似于经典光学中当光从一个低密度介质传播到一个高密度介质中时光速的改变).

7.2　$v^2 = \dfrac{GM}{R}$; $v = 210\,\mathrm{km} \cdot \mathrm{s}^{-1}$; 光深 $\tau = v^2/c^2 = 10^{-6}$.

7.3　$E_R = \dfrac{4M_D M_R}{(M_D + M_R)^2} E_D \cos^2\theta$.

当 $\theta = 0$ 时, $E_R = (\max)$ 最大.

当 $M_R = M_D$ 时, $E_R(\max) = E_D$.

对于 $M_R \ll M_D$, $E_R(\max) = 4E_D\left(\dfrac{M_R}{M_D}\right)$.

对于 $M_D \ll M_R$, $E_R(\max) = 4E_D\left(\dfrac{M_D}{M_R}\right)$.

在数值问题中 $E_R \sim 70\,\mathrm{keV}$.

7.4　$1.03 \times 10^{-11}\,\mathrm{m} \cdot \mathrm{s}^{-2} \sim 10^{-12}\,\mathrm{g}$.

第8章

8.1　$\tau = \dfrac{2\pi}{\omega} = \left(\dfrac{3\pi}{G\rho}\right)^{1/2}$.

8.2　$v_s = 360\,\mathrm{m} \cdot \mathrm{s}^{-1}$, $\lambda_J = 6.88 \times 10^7\,\mathrm{m}$, $M_J = \dfrac{\pi\rho\lambda_J^3}{6} = 2.2 \times 10^{23}\,\mathrm{kg}$. (参考地

球的质量 = 6×10^{24} kg).

8.4 $t = 3\lambda^2/(c^2 t_i)$.

$\lambda = 1$ cm $t = 10^4$ y $M = 10^{16} M_S \sim$ 星系团质量;

$\lambda = 1$ mm $t = 10^2$ y $M = 10^{12} M_S \sim$ 星系质量.

8.6   14.9 Gpc.

8.7   考虑光子穿过平坦的膨胀宇宙中的一团电离气体. 从式(5.43)和式(5.44)得到穿过的(真实)坐标距离的元通过下式与红移间隔 dz 联系起来:

$$dD = \frac{c}{H_0} \frac{dz}{[\Omega_m(0)(1+z)^3 + \Omega_r(0)(1+z)^4 + \Omega_v(0) + \Omega_k(0)(1+z)^2]^{1/2}}$$

因为我们关心的是在 20 附近或更小的 z 值, 所以在一阶近似下我们可以忽略 dD 表达式的分母中除了第一项之外的所有项. 然后一个光子经过这段距离时将受到汤姆森散射的概率为

$$dP = [\Omega_b(0)(1+z)^3 \rho_c] \sigma_T N_0 \mu(z) dD$$

其中, 方括号中的乘积给出了重子——因此也是电子——在红移 z 的密度. ρ_c 是今天的临界密度, σ_T 是在 eV 能量区域中光子-电子散射的汤姆森反应截面, N_0 是阿伏伽德罗常数, $\mu(z)$ 是星际介质的电离度. 积分之后 $z = z$ 到 $z = 0$ 散射几率成为

$$P = \frac{c}{H_0} \frac{\Omega_b(0)}{[\Omega_m(0)]^{1/2}} \rho_c \sigma_T N_0 \int (1+z)^{3/2} \mu(z) dz$$

我们不知道 $\mu(z)$, 但是知道它一定随着 z 的增加而减小. 简单起见, 让我们假设恒星在 $z = z_s$ 这一有效年时形成, 在小于这个值时气体是 100% 电离的, 所以对于 $z < z_s, \mu(z) = 1$, 而对于 $z > z_s, \mu(z) = 0$. 这样, 再假设 $P = 0.1$(WMAP 实验所引用的值) 并且带入其他常数值, 我们得到 $z_s = 12$, 也可翻译成大爆炸之后约 2.5 亿年.

8.8 $v_{galaxy} \sim 2.5 \times 10^5$ m · s^{-1}; $v_{cluster} \sim 4 \times 10^5$ m · s^{-1}.

中微子均方根速度分别为 2.1×10^7 m · s^{-1}, 6.8×10^6 m · s^{-1} 和 2.1×10^6 m · s^{-1}.

8.9   我们取式(5.32)的今天的重子密度, 假设它的主要成分是质子, 得到每立方米 0.24 个质子, 这也是电子密度 $N_e(0)$. 在退耦时刻($z_{dec} \sim 1\,100$)电子密度将为 $N_e(dec) = N_e(0)(1+z_{dec})^3$. 汤姆森反应截面式(1.26d)为 $\sigma_{Th} = 6.7 \times 10^{-29}$ m^2, 给出 CMB 光子的平均自由程为 $\lambda_{Th} = 1/(N_e \sigma) = 4.7 \times 10^{19}$ m $= 1.51$ kpc, 并且假设了介质是完全电离的. 因为在 $z = 1\,100$ 附近, 重子物质仅仅是部分电离的, 所以我们取 10λ 这个值作为这个"最后散射壳"的厚度.

根据(5.43)和式(5.44), 并且假设一个由物质主导而不是辐射和真空能主导的平坦宇宙($k = 0$), 就像 $z \sim 1\,100$ 时那样, 我们得到壳的厚度 ΔD 与相应间隔 Δz 的关系如下:

$$\Delta D \sim \frac{c}{H_0} dz [\Omega_m(0)(1+z_{dec})^3]^{-1/2} = 8.1 \times 10^{21} \Delta z \text{ m}$$

令它等于最后散射壳的现在厚度,即 $10\lambda_{\text{Th}} = (1 + z_{\text{dec}}) = 5.16 \times 10^{23}$ m,我们得到 $\Delta z \sim 64$. 由式(8.64)可知,这对应于一个不确定角 $\Delta\theta \sim 0.03°$,并且引起峰在这种小角度上的涂抹.

第 9 章

9.1 $E^{-2.22}$.

9.2 110 m.

9.3 2.4 km.

9.4 一个初级的质子在深度为 x g·cm^{-2} 的大气中 dx 的微元距离内产生 π 子的概率为 $\exp(-x/\lambda)dx/\lambda$,其中相互作用尺度为 $\lambda \sim 100$ g·cm^{-2}. 若无相互作用则在前行深度为 y 的距离之后依然存活的概率为 $\exp[-(x-y)/\lambda]$,这里为了让问题简化,我们假设 π 子和质子具有相同的相互作用长度.

以 g·cm^{-2} 为单位的深度 x 与高度的关系为 $h = H\ln(X/x)$,其中 $X = 1030$ g·cm^{-2} 是总的大气深度,为了简化,我们假设大气是等温的而且是指数衰减的(严格而言只有在大气层的上三分之一才满足这些假设)且 $H = 6.5$ km.

在从 x 运动到 y 的间隔中,π 的运动距离为 $s = H\ln(y/x)$,在此期间其不衰变并且此后在微元 ds 衰变的概率为

$$dP = \exp\left(\frac{-s}{\gamma c\tau}\right)\frac{ds}{\gamma c\tau} = \frac{H}{\gamma c\tau} \cdot \frac{dy}{y} \cdot \exp\left[-\left(\frac{H}{\gamma c\tau}\right)\ln\left(\frac{y}{x}\right)\right]$$

$$= \alpha\left(\frac{x}{y}\right)^\alpha \frac{dy}{y}$$

其中,$\alpha = H/(\gamma c\tau) = E_0/E$. 其中 E 为 π 子的能量,$\gamma = E/(mc^2)$,而 m 和 τ 分别是 π 子的质量和平均寿命.因此 π 子在 dx 内产生并且存活到在深度间隔 dy 内衰变的概率为

$$P(x,y)dxdy = \frac{dx}{\lambda}\exp\left(\frac{-x}{\lambda}\right)\exp\left[-\frac{(x-y)}{\lambda}\right]\alpha\left(\frac{x}{y}\right)^\alpha \frac{dy}{y}$$

而 π 子在任意的 $x < y$ 处产生并且在 dy 衰变的概率可以由直接的积分得到:

$$P(y)dy = \frac{\alpha}{\alpha+1}\exp\left(-\frac{y}{\lambda}\right)\frac{dy}{\lambda}$$

π 子在大气中的任何地方衰变的总概率可以由 $y = 0$ 到 $y = X$ 的积分给出.由于 $X \gg \lambda$,对 y 的积分只是给出单位一.因此总的 π 子衰变概率为

$$P_{\text{decay}} = \frac{\alpha}{\alpha+1} = \frac{E_0}{E + E_0}$$

其中,$E_0 = Hmc^2/(c\tau) = 117$ GeV.

如果 π 子在天顶角为 θ 的地方产生,深度保持不变,但是所有的距离都会乘上该角的正割函数,因此只需把能量 E_0 替换成 $E_0\sec\theta$.

9.5 如果真空中只有两味的话则不可能有 CP 破坏效应,因为 CP 破坏相角需要至少三种味和一个 3×3 的混合矩阵.如果考虑地球上物质的效应之后,就会诱导出 CP 破坏效应,但是这和只有两种味道的中微子和反中微子之间才可能有的振荡振幅是不同的,因为地球不是 CP 对称的,它由物质构成而无反物质.(见附录 D)

9.6 在平行和垂直于入射中微子的方向应用能量和动量守恒,可以消去出射的反冲电子的能量和角度,这就会得到一个散射中微子的出射角 θ 和其能量 E' 的关系式,用入射能量为 E 表示为

$$\cos\theta = 1 - m\left(\frac{1}{E'} - \frac{1}{E}\right)$$

其中,m 是电子质量,同时假设中微子无质量.由于 $E\gg m$,我们可以做展开 $\cos\theta \approx 1 - \theta^2/2$,由此可得

$$\theta = \sqrt{2m\left(\frac{1}{E'} - \frac{1}{E}\right)}$$

9.7 应用 2.11 节的能动量转化关系,我们可以得到在 π 子的参照系中,μ 子的能量和动量值 E^* 和 p^*:

$$E^* = \frac{m_\pi^2 + m_\mu^2}{2m_\pi}$$

$$p^* = \frac{m_\pi^2 - m_\mu^2}{2m_\pi}$$

而对一个相对论性的 π 子其洛伦兹因子为 $\gamma = E_\pi/m_\pi$ 且 $\beta\approx1$,该 π 子衰变得到的 μ 子在实验室系中的能量为

$$E_\mu = \gamma(E^* + p^*\cos\theta^*)$$

其中 θ^* 是在 π 子的静止系中 μ 子的出射角.由于 π 子的自旋为零,这一角度分布是各向同性的,而 μ 子在实验室系中的能量也由 $(m_\mu^2/m_\pi^2)E_\pi = 0.58E_\pi$ 变到 E_π,其平均值为 $0.79E_\pi$.因此中微子的平均能量为 $0.21E_\pi$.在接下来的衰变中,μ 子衰变成一个正电子,一个电子中微子以及一个 μ 子反中微子,每一个的能量都约为 μ 子能量的三分之一,即约为 $0.26E_\pi$.因此各种反应产生的中微子平均能量如下:

$$\pi^+ \to \mu^+ + \nu_\mu \quad \langle E(\nu_\mu)\rangle = 0.21E_\pi$$

$$\mu^+ \to e^+ + \nu_e + \bar{\nu}_\mu \quad \langle E(\nu_e)\rangle = \langle E(\bar{\nu}_\mu)\rangle = 0.26E_\pi$$

这里所列的数据忽略了从 π 子中衰变产生的 μ 子的自旋极化效应,该效应会对平均能量有几个百分点的影响.

9.8 $P = 5\ \text{mW}$.

9.10 3×10^{-4}.

9.13 假设相对论性粒子束流在时间 t_0 发射了一个光信号并在时间 $(t_0 + \Delta t)$ 发射第二个光信号.取朝向地球的方向为 x 轴,并且取横向的方向为 y 轴,则束流实际的横向速度为 $\Delta y/\Delta t = v\sin\theta$,但这不是地球上观测到的速度.由于束流

是朝着地球的方向运动,其速度为 $v\cos\theta$,地球上测得的两个信号间的时间间隔为

$$\Delta t_{\mathrm{E}} = \Delta t - \frac{\Delta x}{c} = \Delta t \left(1 - \frac{v}{c}\cos\theta\right)$$

因此地球上测得的横向速度为

$$\frac{u_{\mathrm{trans}}}{c} = \frac{\Delta y}{c\,\Delta t_{\mathrm{E}}} = \frac{\beta\sin\theta}{1 - \beta\cos\theta}$$

其中 $\beta = v/c$,而 $\gamma = 1/\sqrt{1-\beta^2}$. 求微分可知当 $\sin\theta = 1/(\gamma\beta)$ 时,u_{trans}/c 最大,为 $\gamma\beta$,因此当 $\beta > 1/\sqrt{2}$ 时该值超过 1. 相反,当 $\theta > \pi/2$,将会观测到"出射束流"的横向速度小于 $\beta\sin\theta$.

第 10 章

10.1　$\omega = 0.63\ \mathrm{rad \cdot s^{-1}}$.

10.2　50 亿年.

10.3　如果质量 M 的恒星物质是由简并压支撑的,则式(10.29)给出密度:

$$\rho_{\mathrm{deg}} = \frac{4m_{\mathrm{e}}^3}{h^6}\left(\frac{Am_{\mathrm{P}}}{Z}\right)^5\left(\frac{4\pi}{3}\right)^3 M^2 G^3$$

如果 M 足够小,密度 ρ_{deg} 将低至正常固体物质密度,且原子电磁力阻碍引力塌缩. 所以不依赖于电子简并而稳定存在的最大质量由 $\rho_{\mathrm{deg}} = \rho_{\mathrm{matter}} = 10^4\ \mathrm{kg/m^3}$ 得到. 代入各类常数得到 $M \sim 5 \times 10^{27}\ \mathrm{kg}$,或约 0.25% 倍的太阳质量. 太阳系内最大的行星是木星,质量 $M = 0.001 M_\odot$,其中心密度因电子的简并性而只增加了近 10%.

10.4　年龄 $t < 660$ 年,与公元 1054 年观测到的超新星爆发起源不吻合.

10.5　粒子的视界距离为 nct_0,这里 $n = 2$($n = 3$)适用于辐射(物质)主导宇宙. 若质量为 M,则有

$$r_s = \frac{2GM}{c^2} = nct_0 \qquad \text{或} \qquad M_{\mathrm{BH}} = \frac{nc^3 t_0}{2G}$$

年龄 t_0 且临界密度 ρ_c 的宇宙的质量为 $(4\pi/3)\rho_c(nct_0)^3$. 代入国际单位制数值 $\rho_c = 9 \times 10^{-27}$ 和 $G = 6.7 \times 10^{-11}$ 后,所得质量等于 $t_0 = 1.5 \times 10^{10}/n$ 年的质量 M_{BH}.

10.6　$R \sim 10^{-15}\ \mathrm{m}$(约等于质子半径). $M \sim 10^{12}\ \mathrm{kg}$(约等于一座山的典型质量). (在式(10.51)中代入各常数得 $t = 8.1 \times 10^{66}(M/M_\odot)^3$ 年. 让 t 等于宇宙年龄 140 亿年,得 $M = 2.41 \times 10^{11}\ \mathrm{kg}$ 和 $R = 7.4 \times 10^{-16}\ \mathrm{m}$.)

10.8　对于半长轴 a 偏心率 e 的椭圆轨道,相对于椭圆焦点而言恒星的在矢径 r 处的轨道运动速度 v 满足 $v^2 = GM(2/r - 1/a)$,其中 M 为黑洞质量. 在近星点,$r = a(1-e)$,$v^2 = (GM/a)[(1+e)/(1-e)]$,而轨道周期由开普勒定律得到,$\tau^2 = 4\pi^2 a^3/(GM)$. 代入偏心率 $e = 0.87$,轨道周期 $\tau = 15$ 年 $= 4.7 \times 10^8\ \mathrm{s}$,近星点距离 17 光时 $= 1.84 \times 10^{13}\ \mathrm{m}$,我们可以得到 $a = 1.4 \times 10^{14}\ \mathrm{m}$,$M = 3.65 \times 10^6 M_\odot$,及恒星于近星点的运动速度 $v = 7\,170\ \mathrm{km/s}$.

参 考 文 献

Abassi R U, et al. 2005. Astroph. J., **622**: 910.

Abassi R U, et al. 2007. astro-ph/0703099.

Abbott B, et al. 2006. Phys. Rev., **D73**, 062001.

Abraham J, et al. 2004. Nuch. Instr. Methods, **A523**: 50.

Abraham J, et al. 2007. Pierre Auger Collaboration. Science, **318**: 938.

Adler R, Bazin M, Schiffer M. 1965. Introduction to General Relativity. McGraw-Hill.

Akerib D S, et al. 2006. Phys. Rev., **D73**, 011102; Phys. Rev. Lett., **96**, 011302.

Albrecht A, Steinhardt P J. 1982. Phys. Rev. Lett., **48**: 1220.

Alcock C, et al. 1993. Nature, **365**: 621.

Alekseev E N, et al. 1987. JETP Lett., **45**: 589.

Allen D, et al. Monthly Notices of the RAS. 2004-05-18.

Alvarez M A, et al. 2006. Astroph. J., **644**, L101.

Anderson C D. 1933. Phys. Rev., **43**: 491.

Anderson H L, et al. 1952. Phys. Rev., **85**: 934.

Arnison G, et al. 1983. Phys. Lett., **122B**: 103.

Bahcall J N. 1989. Neutrino Astrophysics. Cambridge University Press.

Bahcall J N, Pinsonneault H M, Basu S. 2001. Astroph. J., **555**: 990.

Barnett R M, et al. 1996. Review of Particle Physics. Phys. Rev., **D54**: 1.

Barrow J D. 1988. Quart. J. Roy. Astr. Soc., **29**: 101.

Bathow G, et al. 1970. Nucl. Phys., **B20**: 592.

Bennett C L, et al. 2003. astro-ph/0302207.

Bennett C L, et al. 1996. Astroph. J., **464**, L1.

Benoit A, et al. 2002. astro-ph/0206271.

Bernabei R, et al. 2002. Phys. Lett., B480: 23.

Bernabei R, et al. 2008. arXiv: 0804.2741.

Bionta R M, et al. 1987. Phys. Rev. Lett., **58**: 1494.

Bondi H, Littleton R. 1959. Nature, **184**: 974.

Bosetti P C, et al. 1978, 1982. Nucl. Phys., **B142**: 1; **B203**: 362.

Braginsky V B, Panov V I. 1972. Sov. Phys. JETP, 34: 463.

Broeils A H. 1992. Astr. and Astroph., **256**: 19.

Buks E, Roukes M L. 2002. Nature, **419**: 119.

Cabbibo N. 1963. Phys. Rev. Lett., **10**: 531.

Cameron R, et al. 1993. Phys. Rev., **D47**: 3707.

Casimir H B G. 1948. Proc. Kon. Ned. Akad., **51**: 793.

Chaboyer B. 1996. Nucl. Phys., **B51**: 11.

Chandrasekhar S. 1931. Astroph. J., **74**: 81.

Christenson J H, et al. 1964. Phys. Rev. Lett., **13**: 138.

Clochiatti A, et al. 2006. Astroph. J., **642**: 1.

Clowe D, et al. 2006. Astroph. J., **648**, L109.

Cranshaw T, Hillas A. 1959. Nature, **184**: 892.

Cronin J W. 1999. Rev. Mod. Phys., **S166**.

de Bernardis P, et al. 2002. Astroph. J., **564**: 539.

de Lapparent, **et al. 1986**. Astroph. J. Lett., **302**, L1.

Dermer C D, Proc. 30th Int. Cosmic Ray Conf., Mexico: Merida.

Dirac P A M. 1931. Proc Roy Soc, **A133**: 60.

Doroshkevich A, et al. 2003. astro-ph/0307233.

Davis R. 1964. Phys. Rev. Lett., **12**: 303.

Davis R. 1994. Prog. Part. Nucl. Phys., **32**: 13.

Ehret K, et al. 2007. arXiv: hep-ex/0702023.

Eichten T, et al. 1973. Phys. Lett., **46B**: 274.

Elgaroy O, et al. 2002. Phys. Rev. Lett., **80**, 061301.

Enge H A. 1972. Introduction to Nuclear Physics. Addison-Wesley.

Feynman R P. 1969. Phys. Rev. Lett., **23**: 1415.

Fiorini E. 2005. Physica Scripta, **T121**: 86.

Fixen D J, et al. 1996. Astroph. J., **473**: 576.

Friedmann H A. 1922. Zeit. Physik, **10**: 377.

Freedman J L, et al. 2001. Astroph. J., **553**: 47.

Friedman J T, Kendall H W. 1972. Ann. Rev. Nucl. Part. Sci., **22**: 203.

Fukuda Y, et al. 1998. Phys. Lett., **436**: 33; **433**: 9.

Fukugita M, Yanagida T. 1986. Phys. Lett., **B174**: 45.

Gell-Mann M. 1964. Phys. Lett., **8**: 214.

Georgi H, Glashow S L. 1974. Phys. Rev. Lett. , **32**: 438.

Glashow S L. 1961. Nucl. Phys. , **22**: 579.

Gribov V, Pontecorvo B. 1969. Phys. Lett. , **B28**: 493.

Greisen K. 1966. Phys. Rev. , **118**: 316.

Gundlach J H, et al. 1997. Phys. Rev. Lett. , **78**: 2523.

Guth A H. 1981, 2000. Phys. Rev. , **D23**: 347; Phys. Rep. , **333**: 555.

Halverson N W, et al. 2001. astro-ph/0104489.

Han J L, et al. 2006. Astroph. J. , **642**: 868.

Hasert F J, et al. 1973, 1974. Phys. Lett. , **46B**: 121, 138; Nucl. Phys. , **B73**: 1.

Hawking S W. 1974. Nature, **248**: 30.

Hewish A, et al. 1968. Nature, **217**: 709.

Higgs P W. 1964, 1966. Phys. Lett. , **12**: 132; Phys. Rev. , 145: 1156.

Hirata K S, et al. 1987. Phys. Rev. Lett. , **58**: 1490.

Hoyle F. 1954. Astroph. J. Suppl. , **1**: 121.

Hulse R A, Taylor J H. 1974, 1975. Astroph. J. , **191**, L59; **201**, L55.

Itzykson C, Zuber J B. 1985. Quantum Field Theory. McGraw-Hill.

Jackson J D. 1967. Classical Electrodynamics. New York: John Wiley and Sons Inc: 557.

Kamionkowski M, Kosowski A. 1999. Ann. Rev. Nucl. Part. Sci. , **49**: 77.

Kapner D J, et al. 2007. Phys. Rev. Lett. , **98**, 021101.

Klapdor-Kleingrothaus H V, et al. 2001. J. Phys. J. , **12A**: 147.

Kneib J P, et al. 1996. Astroph. J. , **471**: 643.

Kobayashi M, Maskawa K. 1972. Prog. Theor. Phys. , **49**: 282.

Koks F W J, Van Klinken. 1976. Nucl. Phys. , **A272**: 61.

Kolb E W. 1998. Proc. 29th Int. Conf. High En. Phys. Astbury A, et al, Vancouver.

Kolb E W, Turner M S. 1990. The Early Universe. Addison-Wesley.

Kronberg P P. 2004. J. Korean Astron. Soc. , **37**: 343.

Kuzmin V A, et al. 1985. Phys. Lett. , **155**: 36.

Lamoreaux S K. 1997. Phys. Rev. Lett. , **78**: 5.

Lee A T, et al. 2001. astro-ph/0104459.

Lehraus I, et al. 1978. Nucl. Instr. Meth. , **153**: 347.

Linde A D. 1982, 1984. Phys. Rev. Lett. , **B108**: 389; Rep. Prog. Phys. , **47**: 925.

Lyne A G, et al. 2004. Science, **303**: 1153.

Maki Z, Nakagawa M, Sakata S. 1962. Prog. Theor. Phys. , **28**: 870.

Mather J C, et al. 2000. Astroph. J. , **354**, L37.

Mikhaev S P, Smirnov A Y. 1986. Nuov. Cim. , **9C**: 17.

Ong R A. 1998. Phys. Rep. , 305: 93.

Peacock J A. 1999. Cosmological Physics. Cambridge: Cambridge University Press.

Peccei R, Quinn H. 1977. Phys. Rev. Lett. , **38**: 1440.

Penzias A A, Wilson R W. 1965. Astroph. J. , **142**: 419.

Perkins D H. 1972. Proc. XVI Intl. Conf. High Energy Phys. 4: 189.

Perlmutter S, et al. 1999. Astroph. J. , **517**: 565.

Politzer H D. 1974. Phys. Rep. , **14C**: 129.

Pontecorvo B. 1967. J. Exp. Theor. Phys. , **53**: 1717.

Pound R V, Snider J L. 1964. Phys. Rev. Lett. , 13: 539.

Ressell M T, Turner M S. 1990. Comments in Astrophysics, **14**: 323.

Riess A G, et al. 1998. Astroph. J. , **116**: 1009.

Riess A G, et al. 2000. Astroph. J. , **536**: 62.

Riess A G, et al. 2004. Astroph. J. , **607**: 665.

Rolfs C E, Rodney W S. 1988. Cauldrons in the Cosmos. Chicago: University of Chicago Press.

Roy A, et al. 1999. Phys. Rev. , **D60**, 111101.

Sakharov A. 1967. JETP Lett, 5: 241.

Salam A. 1967. Elementary Particle Theory. Stockholm: Almquist and Wiksell.

Schramm D N, Turner M S. 1998. Rev. Mod. Phys. , **70**: 303.

Simpson J A. 1983. Ann. Rev. Nucl. Part. Sci. , **33**: 326.

Smith N J T. 2002. UK DMC report at Dark Matter Conference.

Smoot G F, et al. 1990. Astroph. J. , **360**: 685.

Smy M. 1999. Super-Kamiokande Collaboration APS meeting, UCLA.

Sparnaay M J. 1958. Physica, **24**: 751.

Spergel D N, et al. 2003. Astroph. J. Suppl Series, **148**: 175.

Stoner E C. 1929. Phil. Mag. , **7**: 63.

Stoner E C. 1930. Phil. Mag. , **9**: 944.

Suntzeff N B, et al. 1992. Astroph. J. Lett. , **384**, L33.

Surdej J, et al. 1987. Nature **329**: 695.

Suzuki Y. 2005. Physica Scripta. , **T121**: 23.

Tannenbaum M J. 2006. Rep. Prog. Phys. , **69**: 2005.

Tegmark M, et al. 2004. Astroph. J, **606**: 702.

Tegmark M. 2005. Phyica. Scripta，**T121**：153.

't Hooft G. 1976. Phys. Rev. Lett. , **37**：8.

't Hooft G. 1976. Phys. Rev. , **D14**：3432.

Wagner R，et al. 2005. Proc. 29th Int. Conf. Cosmic Rays，4：163.

Webber W R. 1958. Nuov. Cim. Suppl. II，**8**：532.

Weekes T C. 1998. Phys. Rep. , **160**：1.

Weinberg S. 1967. Phys. Rev. Lett. , **19**：1264.

Wolfenstein L. 1978. Phys. Rev. , **D17**：2369.

Wu C S，Shaknov I. 1950. Phys. Rev. , **77**：136.

Yanagida T. 2005. Physica Scripta，**T121**：137.

Yao W M，et al. 2006. J. of Phys. , G33：1.

Yukawa H. 1935. Proc. Math. Soc. Japan，17：48.

Zatsepin G T，Kuzmin V A. 1966. JETP，4：53.

Zioutas K，et al. 2005. Phys. Rev. Lett. , **94**，121301.

Zweig R. 1964. CERN Report 8419/Th. 412.

参 考 书 目

程度相近的天体物理和宇宙学书籍：

Rolfs C E，Rodney W S. 1988. Cauldrons in the Cosmos. Chicago：University of Chicago Press.

Silk J. 1989. The Big Bang. New York：W. H. Freeman and Co.

Bergstrom L，Goobar A. 2004. Cosmology and Particle Astrophysics. 2nd ed. Chichester：Springer，Praxis Publishing.

Rowan-Robinson M. 1996. Cosmology. Oxford：Clarendon Press.

Madsen M S. 1995. The Dynamic Cosmos. London：Chapman and Hall.

Klapdor-Kleingrothaus H V，Zuber K. 2000. Particle Astrophysics. Bristol：IOP Publishing Ltd.

高等天体物理和宇宙学书籍：

Kolb E W，Turner M S. 1990. The Early Universe. New York：Addison-Wesley.

Peebles P J E. 1993. Principles of Physical Cosmology. Princeton：Princeton University Press.

Narlikar J V. 1993. Introduction to Cosmology. 2nd ed. Cambridge：Cambridge University Press.

Peacock J A. 1999. Cosmological Physics. Cambridge：Cambridge University Press.

Roos M. 2004. Introduction to Cosmology. 2nd ed. Chichester：John Wiley and Sons.

专题书籍或论文：

Kenyon I R. 1990. General Relativity. Oxford: Oxford Science Publications.

Bahcall J. 1989. Neutrino Astrophysics. Cambridge: Cambridge University Press.

Phillips A C. 1994. The Physics of Stars. Manchester Physics Serise. Chichester: John Wiley and Sons.

Gaisser T K. 1990. Cosmic Rays and Particle Physics. Cambridge: Cambridge University Press.

Lyne A G, Graham-Smith F. 1990. Pulsar Astronomy. Cambridge Astrophysics Series. Cambridge: Cambridge University Press.

Ong R A. 1998. Very High Energy Gamma Ray Astronomy. Phys. Rep. , **305**: 93-202.

Weekes T C. 1988. Very High Energy Gamma Ray Astronomy. Phys. Rep. , **160**: 1-121.

Ricci F, Brillet A. 1997. Review of Gravitational Wave Detectors. Ann. Rev. Nucl. Part. Sci. , **47**: 111.

Filippone B W. 1986. Nuclear Reactions in Stars. Ann. Rev. Nucl. Part. Sci. , **36**: 717.

Burrows A. 1990. Neutrinos from Supernova Explosions. Ann. Rev. Nucl. Part. Sci. , **40**: 181.

Cronin J W, Gibbs K G, Weekes T C, et al. 1993. Search for Discrete Astrophysical Sources of Energetic Gamma Radiation. Ann. Rev. Nucl. Part. Sci. , **43**: 687.

Putten M V. 2001. Gamma-Ray Bursts: Ligo/Virgo Sources of Gravitational Radiation. Phys. Rep. , **345**: 1.

Liddle A R, Lyth D H. 2000. Cosmological Inflation and Large Scale Structure. Cambridge: Cambridge University Press.

Longair M S. 1992. High Energy Astrophysics. 2nd ed. Cambridge: Cambridge University Press.

Zuber K. 2004. Neutrino Physics. Bristol: Institute of Physics Publishing.

索 引